U0212091

《化工过程强化关键技术丛书》编委会

编委会主任：

费维扬　清华大学，中国科学院院士

舒兴田　中国石油化工股份有限公司石油化工科学研究院，中国工程院院士

编委会副主任：

陈建峰　北京化工大学，中国工程院院士

张锁江　中国科学院过程工程研究所，中国科学院院士

刘有智　中北大学，教授

杨元一　中国化工学会，教授级高工

周伟斌　化学工业出版社，编审

编委会执行副主任：

刘有智　中北大学，教授

编委会委员（以姓氏拼音为序）：

陈光文　中国科学院大连化学物理研究所，研究员

陈建峰　北京化工大学，中国工程院院士

陈文梅　四川大学，教授

程　易　清华大学，教授

初广文　北京化工大学，教授

褚良银　四川大学，教授

费维扬　清华大学，中国科学院院士

冯连芳　浙江大学，教授

巩金龙　天津大学，教授

"十三五"国家重点出版物
出版规划项目

国家出版基金项目
NATIONAL PUBLICATION FOUNDATION

化工过程强化关键技术丛书

中国化工学会 组织编写

高剪切混合强化技术

High Shear Mixing Techniques for Process Intensification

张金利 等著

化学工业出版社

·北京·

《高剪切混合强化技术》是《化工过程强化关键技术丛书》的一个分册。高剪切混合器作为一种能量密集型的过程强化手段，近年来在其流动特性、功耗、混合与分散等方面取得了系列研究成果，已在化工、材料、食品、环境等领域获得了广泛的工业应用。本书对间歇式、连续式高剪切混合器在单相、两相（气液、液液、液固）和气液固三相体系的流动与功耗、分散与混合、相间传递及反应性能的影响规律进行了归纳总结，重点描述了操作参数、结构参数、物性参数等对高剪切混合器性能的影响，可以帮助读者更好地理解高剪切混合器的原理、性能；其次，给出了现有的高剪切混合器性能预测方法，以方便读者选择高剪切混合器进行实际生产过程的强化，形成基于高剪切强化技术的新工艺；进而，结合工业应用实例，介绍了高剪切混合器的实际工业过程强化效果，为读者提供借鉴；最后，提出了今后高剪切混合器需要开展的研究方向。

　　《高剪切混合强化技术》可帮助化工、材料、食品、环境等领域的技术人员更好地选择、使用高剪切混合器，并为利用高剪切混合技术强化混合、溶解、乳化、分散、解聚、反应等过程的研究人员提供参考。

图书在版编目（CIP）数据

高剪切混合强化技术／中国化工学会组织编写；张金利等
著．—北京：化学工业出版社，2020.6
　（化工过程强化关键技术丛书）
　国家出版基金项目　"十三五"国家重点出版物出版规划
项目
　ISBN 978-7-122-36287-2

　Ⅰ．①高…　Ⅱ．①中…②张…　Ⅲ．①化工过程-剪切-混
合器　Ⅳ．①TQ051.7

　中国版本图书馆CIP数据核字（2020）第031544号

责任编辑：徐雅妮　孙凤英　　　　　　装帧设计：关　飞
责任校对：宋　夏

出版发行：化学工业出版社（北京市东城区青年湖南街13号　邮政编码100011）
印　　装：中煤（北京）印务有限公司
710mm×1000mm　1/16　印张24　字数491千字　　2020年8月北京第1版第1次印刷

购书咨询：010-64518888　　售后服务：010-64518899
网　　址：http://www.cip.com.cn
凡购买本书，如有缺损质量问题，本社销售中心负责调换。

定　　价：198.00元

作者简介

张金利，天津大学化工学院教授，IChemE Fellow、Chartered Engineer，教育部长江学者特聘教授，教育部创新团队、国家级教学团队、教育部"全国高校黄大年式教师团队"和天津市"131人才工程"创新团队负责人。1992年、1994年、2003年

先后在天津大学获学士、硕士、博士学位。围绕着我国能源、化工、食品、轻工等行业高效、清洁生产的重大需求，与团队成员一起从分子－团簇－设备－工厂多尺度进行研究，探究了超临界、多相等复杂体系反应机理，开发了新型催化剂和特种树脂聚合体系；揭示了高剪切混合器（反应器）、微管反应器、塔式反应器、喷射环流反应器、磁场流化床反应器、杯形搅拌反应器、超临界反应器内流动、混合与传递规律，建立了多相过程设计与优化方法，创新了过程强化技术及装备，形成了高剪切混合强化技术、微尺度反应强化技术、反应分离耦合强化技术等；提出了折点法、非线性优化等水热系统优化方法，创建了综合考虑环境因素和外加流股的水热网络同时优化方法，提供了全局优化工具；实现了部分技术与装备的工业应用，与合作企业一起在中国、美国、英国等36个国家和地区推广了3000多家用户，提升了产业水平。以第一作者或通讯作者发表科研论文146篇，以第一发明人获中国发明专利授权26件，获得省部级科技奖励6项；已培养研究生87名。兼任天津市生物与制药工程重点实验室主任、中国化工学会混合与搅拌专业委员会副主任、中国化工学会化工过程强化专业委员会委员、中国化工学会化工信息技术专业委员会委员、中国职业安全健康协会常务理事、中国能源学会能源与环境专业委员会委员。

化学工业是国民经济的支柱产业，与我们的生产和生活密切相关。改革开放 40 年来，我国化学工业得到了长足的发展，但质量和效益有待提高，资源和环境备受关注。为了实现从化学工业大国向化学工业强国转变的目标，创新驱动推进产业转型升级至关重要。

"工程科学是推动人类进步的发动机，是产业革命、经济发展、社会进步的有力杠杆"。化学工程是一门重要的工程科学，化工过程强化又是其中的一个优先发展的领域，它灵活应用化学工程的理论和技术，创新工艺、设备，提高效率，节能减排、提质增效，推进化工的绿色、低碳、可持续发展。近年来，我国已在此领域取得一系列理论和工程化成果，对节能减排、降低能耗、提升本质安全等产生了巨大的影响，社会效益和经济效益显著，为践行"绿水青山就是金山银山"的理念和推进化工高质量发展做出了重要的贡献。

为推动化学工业和化学工程学科的发展，中国化工学会组织编写了这套《化工过程强化关键技术丛书》。各分册的主编来自清华大学、北京化工大学、中北大学等高校和中国科学院、中国石油化工集团公司等科研院所、企业，都是化工过程强化各领域的领军人才。丛书的编写以党的十九大精神为指引，以创新驱动推进我国化学工业可持续发展为目标，紧密围绕过程安全和环境友好等迫切需求，对化工过程强化的前沿技术以及关键技术进行了阐述，符合"中国制造 2025"方针，符合"创新、协调、绿色、开放、共享"五大发展理念。丛书系统阐述了超重力反应、超重力分离、精馏强化、微化工、传热强化、萃取过程强化、膜过程强化、催化过程强化、聚合过程强化、反应器（装备）强化以及等离子体化工、微波化工、超声化工等一系列创新性强、关注度高、应用广泛的科技成果，多项关键技术已达到国际领先水平。丛书各分册从化工过程强化思路出发介绍原理、方法，突出应用，强调工程化，展现过程强化前后的对比效果，系统性强，资料新颖，图文并茂，反映了当前过程强化的最新科研成果和生产技术水平，有助于读者了解最新的过程强化理论和技术，对学术研究和工程化实施均有指导意义。

　　本套丛书的出版将为化工界提供一套综合性很强的参考书，希望能推进化工过程强化技术的推广和应用，为建设我国高效、绿色和安全的化学工业体系增砖添瓦。

中国科学院院士：费维扬

中国工程院院士：舒兴田

高剪切混合强化技术是一种基于高剪切混合器来实现快速分子级均匀混合的过程强化技术，其关键是高剪切混合器结构创新及其与工艺的匹配。

高剪切混合器（High Shear Mixers, HSMs），又称高剪切反应器（High Shear Reactors, HSRs）、定转子混合器（Rotor-Stator Mixers）等，是一种能量密集型过程强化设备。高剪切混合器利用转子高速旋转所产生的高切线速度，在定子与转子间的狭窄间隙中形成极大的速度梯度，以及由于高频机械效应带来的强劲动能，使物料在定转子的间隙中受到强烈的剪切、挤压、摩擦、撞击、研磨、湍流和空化等综合作用，从而得到瞬间均匀精细的分散与混合。定转子间隙狭窄、转子末端线速度高、定转子间隙中的剪切速率高以及剪切头附近局部能量耗散率高，是高剪切混合器的典型特征。

按照操作模式，高剪切混合器大体上可分为间歇式、连续式两类。目前，诸多研究者已经对于间歇式、连续式高剪切混合器在单相、两相（气液、液液、液固）和三相体系的流动、功耗、混合与分散、破碎、传质、传热及反应性能与模型进行了研究；形成了各自专有技术，已经从传统的均质、乳化、溶解、分散、悬浮、结晶以及细胞破碎等物理过程拓展到化工、材料、能源领域，用于强化混合控制的快速化学反应过程。高剪切混合器被广泛应用在农业、轻工、医药以及化工和石油化工行业，实现过程强化，例如制备乳胶、黏合剂、个人护理和洗涤产品、化学品分散液、农业杀虫剂、除草剂、电池浆料等。

但是，现阶段关于高剪切混合器的几个重要问题——"何时考虑使用高剪切混合器""选用什么构型的高剪切混合器"以及"如何设计和放大高剪切混合过程"，仍没有现成的答案可循，甚至没有达成共识。因此，需要为高剪切混合器的研究人员、工程设计人员提供一本关于高剪切混合器性能及其应用方面的参考书，以尝试回答上述问题。

本书对间歇式、连续式高剪切混合器在单相、两相（气液、液液、液固）和气液固三相体系的流动与功耗、分散与混合、相间传递及反应性能的影响规律进行了归纳总结，重点描述了操作参数、结构参数、物性参数等对高剪切混合器性能的影响，可以帮助读者更好地理解高剪切混合器的原理、性能；其次，给出了现有的高剪切混合器性能预测方法，以方便读者选择高剪切混合器进行实际生产过程的强化，形成基于高剪切强化技术的新工艺；进而，结合工业应用实例，介绍了高剪切混合器的实际工业过程强化效果，为读者提供借鉴；最后，提出了今后高剪切混合器需要开展的研究方向。

本书的编写工作由天津大学张金利、李韡、秦宏云、郭俊恒、刘玉东、赵术春，上海弗鲁克科技发展有限公司周鸣亮，合肥通用研究院有限公司徐双庆共同完成。具体编写分工为：张金利编写绪论和第十章，周鸣亮和李韡编写第一至第九章中工业应用部分，郭俊恒、秦宏云编写第一章第一至第三节，赵术春、秦宏云编写第二、三章第一至第三节，刘玉东、秦宏云编写第四章第一至第三节，徐双庆、郭俊恒编写第五章第一、二节，徐双庆、郭俊恒编写第六章第一至第三节，徐双庆、赵术春编写第七章第一至第三节，徐双庆、刘玉东编写第八章第一、二节，郭俊恒编写第九章第一、二节。全书由张金利统稿。天津大学研究生陈丽莹、李潇宁和艾冰妍参与了书稿的排版工作。

本书的部分内容是国家 973 计划项目"乙炔法聚氯乙烯生产过程的高效、节能、减排科学基础"（2012CB720300）、国家自然科学基金项目"气液固三相高剪切反应器性能与模型放大研究"（21076144）和"高剪切与金属掺杂联合调控连续制备磷酸铁锂／碳的过程基础"（21476158）、教育部创新团队发展计划项目"氯碱化工清洁生产与产品高值化"（IRT1161、IRT_15R46）的研究成果，在此衷心感谢国家自然科学基金委、科技部和教育部等的大力资助。

我们尽自己最大努力呈现近年来高剪切混合技术的最新研究进展，但限于时间和水平，书中难免存在一些不足和疏漏，敬请读者指正。

著者

2020 年 1 月 5 日

目 录

绪论 / 1

第一节　高剪切混合器的构成与分类⋯⋯⋯⋯⋯⋯⋯⋯⋯⋯⋯⋯　1
第二节　高剪切混合器的性能概述⋯⋯⋯⋯⋯⋯⋯⋯⋯⋯⋯　4
　　一、高剪切混合器的流动与功耗特性⋯⋯⋯⋯⋯⋯⋯⋯　4
　　二、高剪切混合器的微混合特性⋯⋯⋯⋯⋯⋯⋯⋯⋯⋯　8
　　三、高剪切混合器的分散特性⋯⋯⋯⋯⋯⋯⋯⋯⋯⋯⋯　9
　　四、高剪切混合器的传递特性⋯⋯⋯⋯⋯⋯⋯⋯⋯⋯　10
第三节　高剪切混合器的应用概述⋯⋯⋯⋯⋯⋯⋯⋯⋯⋯　12
　　一、高剪切混合器用于溶解和乳化过程⋯⋯⋯⋯⋯⋯⋯　12
　　二、高剪切混合器用于液固破碎与分散⋯⋯⋯⋯⋯⋯⋯　13
　　三、高剪切混合器用于浸取过程⋯⋯⋯⋯⋯⋯⋯⋯⋯⋯　13
　　四、高剪切混合器用于化学反应过程⋯⋯⋯⋯⋯⋯⋯⋯　14
　　五、高剪切混合器用于纳米材料制备⋯⋯⋯⋯⋯⋯⋯⋯　14
　　六、高剪切混合器用于催化剂的制备⋯⋯⋯⋯⋯⋯⋯⋯　15
参考文献⋯⋯⋯⋯⋯⋯⋯⋯⋯⋯⋯⋯⋯⋯⋯⋯⋯⋯⋯⋯　16

第一章　单相间歇高剪切混合器 / 20

第一节　流动⋯⋯⋯⋯⋯⋯⋯⋯⋯⋯⋯⋯⋯⋯⋯⋯⋯⋯　21
　　一、单相间歇高剪切混合器内流场的测定⋯⋯⋯⋯⋯⋯　22
　　二、计算流体力学模拟方法⋯⋯⋯⋯⋯⋯⋯⋯⋯⋯⋯　28
　　三、单相径流式间歇高剪切混合器流场模拟⋯⋯⋯⋯⋯　35
　　四、捷流式间歇高剪切混合器流动模拟⋯⋯⋯⋯⋯⋯⋯　47
第二节　功耗⋯⋯⋯⋯⋯⋯⋯⋯⋯⋯⋯⋯⋯⋯⋯⋯⋯⋯　63
　　一、轴流式间歇高剪切混合器的功耗特性⋯⋯⋯⋯⋯⋯　64
　　二、径流式间歇高剪切混合器的功耗特性⋯⋯⋯⋯⋯⋯　65
　　三、捷流式间歇高剪切混合器的功耗特性⋯⋯⋯⋯⋯⋯　67
第三节　混合性能⋯⋯⋯⋯⋯⋯⋯⋯⋯⋯⋯⋯⋯⋯⋯⋯　71
　　一、宏观混合性能⋯⋯⋯⋯⋯⋯⋯⋯⋯⋯⋯⋯⋯⋯⋯　71
　　二、微混合特性⋯⋯⋯⋯⋯⋯⋯⋯⋯⋯⋯⋯⋯⋯⋯⋯　72
第四节　工业应用⋯⋯⋯⋯⋯⋯⋯⋯⋯⋯⋯⋯⋯⋯⋯⋯　78

一、选型指导 ··· 78

二、工业应用举例 ··· 79

参考文献 ··· 82

第二章　气液两相间歇高剪切混合器 / 85

第一节　流动与分散 ··· 85

第二节　功耗特性 ··· 89

一、操作参数的影响 ··· 91

二、物性参数的影响 ··· 93

三、结构参数的影响 ··· 94

四、功耗特征曲线 ··· 97

第三节　气液传质特性 ··· 97

一、操作参数的影响 ·· 100

二、物性参数的影响 ·· 101

三、结构参数的影响 ·· 102

四、氧传质系数关联式 ······································ 106

第四节　工业应用 ··· 107

一、选型指导 ·· 107

二、工业应用举例 ·· 107

参考文献 ·· 108

第三章　液液两相间歇高剪切混合器 / 110

第一节　流动与功耗 ·· 110

一、液液两相间歇高剪切混合器内的流动 ··················· 112

二、液液两相间歇高剪切混合器的功耗 ····················· 114

第二节　液液两相的乳化性能 ··································· 116

一、操作参数的影响 ·· 117

二、物性参数的影响 ·· 121

三、结构参数的影响 ·· 124

四、液液乳化性能预测 ······································ 127

第三节　液液两相的传质性能 ··································· 129

一、操作时间的影响 ·· 131

二、转子转速的影响 ·· 131

三、分散相体积分数的影响 ·································· 132

四、转子齿数的影响 ·· 132

第四节　工业应用 ··· 133

一、选型指导 ･････････････････････････････････ 133

二、工业应用举例 ･････････････････････････････ 134

参考文献 ･･････････････････････････････････････ **135**

第四章　液固两相间歇高剪切混合器 / 136

第一节　流动与功耗 ････････････････････････････ **136**

第二节　间歇高剪切混合器的溶解分散性能 ･･････････ **139**

一、定子有无及直径的影响 ･･････････････････････141

二、转子叶片直径的影响 ･･･････････････････････143

三、转子叶片倾角的影响 ･･･････････････････････145

四、转子叶片构型的影响 ･･･････････････････････146

五、定子底面开孔面积的影响 ･･･････････････････148

第三节　解聚分散性能 ･････････････････････････ **149**

一、操作参数的影响 ･･･････････････････････････151

二、物性参数的影响 ･･･････････････････････････156

三、结构参数的影响 ･･･････････････････････････157

四、固液悬浮解聚性能的预测 ･･･････････････････165

第四节　工业应用 ･･･････････････････････････････ **167**

一、选型指导 ･････････････････････････････････167

二、工业应用举例 ･････････････････････････････167

参考文献 ･･････････････････････････････････････ **169**

第五章　单相连续高剪切混合器 / 170

第一节　流动与功耗特性 ･･･････････････････････ **171**

一、流动特性 ･････････････････････････････････171

二、功率消耗特性 ･････････････････････････････185

三、停留时间分布 ･････････････････････････････197

第二节　微观混合特性 ･････････････････････････ **209**

一、操作参数的影响 ･･･････････････････････････210

二、结构参数的影响 ･･･････････････････････････212

三、物性参数的影响 ･･･････････････････････････213

四、关联式 ･･･････････････････････････････････214

第三节　工业应用 ･･･････････････････････････････ **215**

一、选型指导 ･････････････････････････････････215

二、工业应用举例 ･････････････････････････････217

参考文献 ･･････････････････････････････････････ **218**

第六章　气液两相连续高剪切混合器 / 220

第一节　流动与功耗 ···································· 220
第二节　分散与混合性能 ······························ 223
第三节　气液传质特性 ································ 224
　　一、连续高剪切混合器的气液传质性能 ··············224
　　二、连续高剪切混合器气液传质性能的预测 ··········238
第四节　工业应用 ···································· 241
　　一、选型指导 ·································· 241
　　二、工业应用举例 ······························ 241
参考文献 ·· 242

第七章　液液两相连续高剪切混合器 / 244

第一节　多相流动与液滴破碎模拟 ···················· 244
　　一、高剪切混合器内的多相流动特性 ················244
　　二、高剪切混合器内的液滴破碎模拟 ················246
第二节　液液两相的乳化与功耗性能 ·················· 248
　　一、操作参数对乳化效果的影响 ··················249
　　二、物性参数对乳化效果的影响 ··················256
　　三、结构参数对乳化效果的影响 ··················259
　　四、液液乳化性能的预测 ························ 268
　　五、功耗特性 ·································· 269
第三节　液液两相的传质性能 ························ 272
　　一、液液传质效果的评价参数 ····················272
　　二、操作参数对传质性能的影响 ··················273
　　三、物性参数对传质性能的影响 ··················276
　　四、结构参数对传质性能的影响 ··················278
　　五、液液传质性能的预测 ························281
第四节　工业应用 ···································· 282
　　一、选型指导 ·································· 282
　　二、工业应用举例 ······························283
参考文献 ·· 285

第八章　液固两相连续高剪切混合器 / 287

第一节　流动与功耗 ···································· 287
　　一、流动特性 ····································287

二、功耗特性·······289

第二节　分散与混合性能······290
一、操作参数的影响······290
二、流体物性的影响······299
三、结构参数的影响······300
四、液固分散性能的预测······310

第三节　工业应用······312
一、选型指导······312
二、工业应用举例······313

参考文献······314

第九章　气液固三相高剪切混合器 / 316

第一节　气液固三相高剪切混合器的功耗与传质特性······316
一、间歇高剪切混合器······316
二、连续高剪切混合器······321

第二节　连续高剪切反应器中合成文石型纳米 $CaCO_3$
晶体······325
一、不同反应结晶器制备样品的比较······326
二、高剪切反应结晶器转子转速的影响······329
三、反应温度和 CO_2 流量的影响······330
四、添加剂的影响······333

第三节　工业应用······337
一、选型指导······337
二、工业应用举例······338

参考文献······339

第十章　高剪切混合器研究及应用展望 / 341

第一节　高剪切混合器性能影响规律······341
一、高剪切混合器性能测定方法······341
二、结构参数对高剪切混合器性能影响的研究······342
三、多相体系高剪切混合器性能的研究······346
四、高剪切混合器噪声的研究······347
五、高剪切混合器的流固耦合分析······349
第二节　高剪切混合器的放大与优化······350
一、高剪切混合器的数值模拟放大与优化模型······350

二、机器学习在高剪切混合器的设计与优化中的应用…353

第三节　高剪切混合器强化化工过程……………………… **357**

一、高剪切混合器强化化学反应过程………………………358

二、高剪切混合器强化化工分离过程………………………358

三、高剪切混合器强化化工混合过程………………………359

参考文献………………………………………………… **359**

索引　/ 361

绪　　论

高剪切混合器（High Shear Mixers，HSMs），又称高剪切反应器（High Shear Reactors，HSRs）、定转子混合器（Rotor-Stator Mixers）、高剪切均质机（High Shear Homogenizers）等，是一种新型过程强化设备。高剪切混合器利用转子高速旋转所产生的高切线速度，在定子与转子间的狭窄间隙中形成极大的速度梯度，以及由于高频机械效应带来的强劲动能，使物料在定转子的间隙中受到强烈的剪切、挤压、摩擦、撞击、研磨、湍流和空化等综合作用，从而得到瞬间均匀、精细的分散。

第一节　高剪切混合器的构成与分类

按照操作模式大体上可将高剪切混合器分为间歇式和连续式两类。

图 0-1 是典型的间歇高剪切混合器的结构示意图。如图 0-1 所示，间歇高剪切混合器由定子、转子组成的剪切头（Generator）和搅拌轴、容器等组成。间歇高剪切混合器产品多设计为径流式、轴流式、捷流式。

图 0-2 是典型的连续高剪切混合器的结构示意图。如图 0-2 所示，连续高剪切混合器的外壳为圆筒，高剪切混合器的中心是由电机带动的旋转轴，旋转轴与外壳之间的密封一般为机械密封；旋转轴上装配着单级或多级的转子，每一级转子配对相应的定子；在混合器内壁上每级定子之间配置外撑套用于定子的定位，在旋转轴上配置内撑套用于转子的定位；为了使流体能够初始分布均匀，可以设置分布器，使待混合的两股流体中的一股流体通过分布器在另一股流体中初步分布。连续高剪

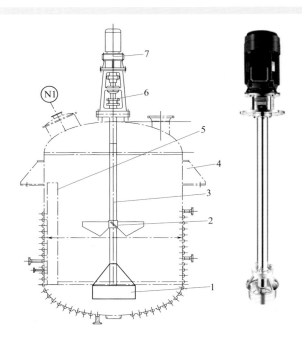

▶ 图 0-1　间歇高剪切混合器示意图

1—定转子剪切头；2—辅助桨；3—搅拌轴；4—固定支座；5—挡板；6—密封轴封；7—传动电机

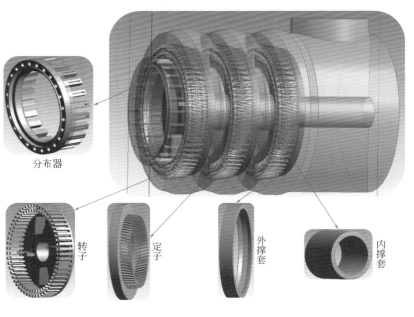

分布器

转子　　　　定子　　　　外撑套　　　　内撑套

▶ 图 0-2　连续高剪切混合器示意图

切混合器，商品化的主流设计有定转子齿合型（Rotor-Stator Teethed）或叶片网孔型（Blade-Screen）两种。

高剪切混合器的核心部件是定子和转子，不同类型的高剪切混合器定、转子形式各有不同，如图0-3所示；各种定、转子可以根据需要很方便地拆换和搭配组合，以获得更好的分散和混合效果。

(a) 叶片网孔连续型

(d) 捷流间歇型

(b) 齿合连续型　　(c) 径流间歇型　　(e) 轴流间歇型

▶ 图0-3　不同几何构型的定子、转子

高剪切混合器的定子，依据其开孔形状的不同，可以分为圆形孔式定子（Circular Hole Head）、长方形孔式定子（Slotted Head）、正方形孔式定子（Square Hole Head）等常用的几种构型，如图0-4所示。不同的定子开孔构型能够影响剪切头区域以及混合器主体区域的能量耗散，进而能够对不同的混合过程起到不同的强化作用。圆形孔式定子的开孔较大，能够提供较大的循环量和相对较小的流动阻力，适用于较大团簇颗粒的解聚以及较高黏度体系的混合等；长方形孔式定子的开孔狭窄，提供了最大区域的表面剪切，较适用于中等团簇颗粒体系以及中等黏度体系的混合等；正方形孔式定子由于其开孔数多、总开孔面积大、局部能量耗散率高，较适用于较低黏度液体的混合，例如乳液的制备以及液体中较小颗粒的破碎。

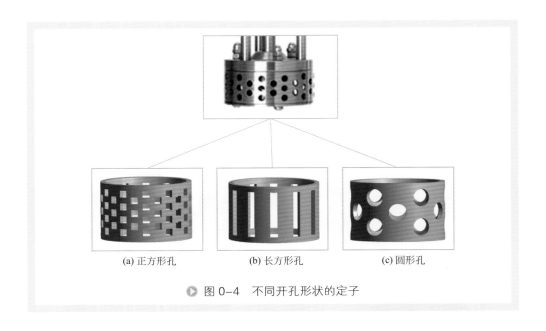

(a) 正方形孔　　　　　(b) 长方形孔　　　　　(c) 圆形孔

▶ 图 0-4　不同开孔形状的定子

第二节　高剪切混合器的性能概述

高剪切混合器的定转子间剪切间隙狭窄（100 ～ 3000μm），具有较高的转子末端线速度（10 ～ 50m/s）；转子在高速旋转过程中能够在狭窄的剪切间隙内形成极大的剪切速率（20000 ～ 100000s⁻¹）和较高的局部能量耗散速率（可达 10^5W/kg）。因此，其与搅拌釜、静态混合器等常规混合设备相比，在强化分散与破碎、促进混合与传递方面具有较大的优势。高剪切混合器的主要特性综述如下：

一、高剪切混合器的流动与功耗特性

1. 高剪切混合器的流动特性概述

间歇高剪切混合器的流场主要分为剪切头内部及其附近的高剪切区和远离剪切头的低剪切环流区。无底部挡板条件下，容易在高剪切混合器的转子区域形成空穴（Pseudo-Cavern）现象，空穴的形状和尺寸受雷诺数影响，随着雷诺数的升高，空穴变大；当高剪切头为偏心安装时，形成的空穴形状为不对称结构。定子的存在改变了转子外排流体的流动方式，使得外排流体通过定子底面开孔、侧面开孔和上端开孔排出。定子的加入使得流体在定转子剪切间隙和定子侧面开孔内受到较强的剪切作用，并产生较高的湍动能耗散水平，这有助于强化破碎和混合过程。定子射流

发生于定子开孔的前边缘位置，开孔的后边缘形成明显的涡流；定子射流区射流的切向速度方向与孔径相关，宽孔切向速度方向与转子运动方向一致，窄孔与之相反，宽孔定子下射流延伸至主体区域，窄孔定子射流在定子附近区域耗散；当转子叶片与定子开孔不重叠时，定子开孔内具有最大的质量流率；当转子叶片靠近定子开孔的前边缘时，产生了最小的质量流率，然而定子射流区产生了最大的径向射流速度。定转子剪切间隙的改变，虽然对速度、剪切速率以及湍动能耗散率分布的影响较小，但随着定转子剪切间隙的减小，定转子剪切间隙内的剪切速率显著增大。随着转子倾角的增大，定子侧面射流区和定子孔内的速度、剪切速率以及湍动能耗散率显著增加，定子底面开孔内的回流量也明显增加。随着定子底面开孔面积的增大，定子侧面射流区和速度、剪切速率以及湍动能耗散率逐渐减小，而定子底面射流区和速度、剪切速率以及湍动能耗散率显著增大。定子底面射流强度的增加有效增强了搅拌槽内主体流动强度，有利于分散相充分悬浮和分散。

由于连续高剪切反应器反应体积小、剪切间隙小、转子高速转动，其内部的流动为非常复杂的湍流。对于叶片网孔型剪切头，混合器内速度与能量耗散率分布相似，叶片扫过前端形成强烈的射流和能量耗散，且定子与转子之间也存在较大的能量耗散，这些区域有利于流体的分散和混合。对于定转子齿合型高剪切混合器，定子槽内出现局部环流，槽出口出现高速射流；混合器内存在返混，即流出剪切头的流体会被重新卷吸进入剪切间隙中；流体在远离定转子区域时的速度远远小于定转子区域，且存在局部滞流；流体流动在定转子区域和定子射流区等高能量耗散区域具有明显的各向异性。对于剪切变稀的流体，在层流状态下，定转子间隙内的流体速度值高于牛顿流体在相同位置的速度值，最外圈定子槽喷射的流体速度更大，但在定子壁面附近及腔室内存在较大面积的死区；随剪切间隙宽度的增加，最外圈定子槽喷出的速度大大降低。高剪切速率值出现在剪切间隙与转子齿附近，而远离剪切头的剪切速率很低，这种现象在非牛顿流体中表现更明显。在湍流状态下，非牛顿流体下最外层定子槽喷出的流体速度更高，形成更强的卷吸现象；随转子齿顶到定子齿底的间距增加，牛顿流体下的高剪切速率的区域面积变化不大，而幂率下的非牛顿流体的高剪切速率区域明显减小。

2. 高剪切混合器的功耗特性概述

高剪切混合器的功率消耗随混合器结构、转子的尺寸、转速以及流体的物性而变化。对于间歇高剪切混合器，功耗同时还与搅拌槽容器的尺寸、内构件（有无挡板和其他障碍物等）和剪切头安装位置（居中或偏心）等因素相关。对于连续高剪切混合器，操作流量的高低也会显著影响其功率消耗的大小。

间歇高剪切混合器可以看成一种特殊的搅拌桨，其功率消耗的测量方法与传统搅拌桨相似。所不同的是，在传统搅拌釜中桨叶的直径是唯一用于定义功率特征数 Po 和雷诺特征数 Re 的尺度。而高剪切混合器存在几个特征长度，如转子名义直径

D，定转子间的剪切间隙 δ，以及定子开孔的水力学半径 R_h 等。尽管如此，文献中一般仍推荐以转子名义直径作为基准计算各无量纲特征数。

表 0-1 总结了文献报道的间歇高剪切混合器处理牛顿型流体时的功率特征数关联式。可以发现，间歇高剪切混合器的功耗特性与传统搅拌桨相似，基于转子名义直径计算的功率特征数 Po 也在同一数量级。但需注意到，由于高剪切混合器一般操作的转速高，所以其实际功率消耗要比传统搅拌桨更高。对于捷流式高剪切混合器的 Po 随 Re 的增加，先减小后趋于恒定；当 $Re<10$ 时搅拌槽内流体流动为层流，$Re>3000$ 时搅拌槽内流体流动为湍流，$10 \leqslant Re \leqslant 3000$ 时搅拌槽内流体流动为过渡态。在层流时，随着剪切间隙的减小，层流功率常数 K_P 逐渐增加；K_P 随定子底面开孔直径的减小而增加，随着转子桨叶倾角的增加，K_P 显著增加；相较于剪切间隙和定子底面开孔直径，转子桨叶倾角的变化对 K_P 的影响最为明显。在湍流区，功率特征数 Po_t 几乎不受剪切间隙变化的影响，而随着定子底面开孔直径的减小，Po_t 逐渐增大，随着转子桨叶倾角的增加，Po_t 显著增加。捷流式高剪切混合器在整个雷诺数范围内有定子存在时的功耗大于无定子存在时的功耗，这与径流式高剪切混合器的结果不同。

表 0-1　间歇高剪切混合器的功率特征数关联式

间歇 HSM 构型	功率特征数关联式	文献
Greerco $1^1/_2$ HR	$Re<100$ 时，$Po=700/Re$；湍流区内，$Po=1.4 \sim 2.3$	[1]
Ross ME 100LC 及 Silverson L4R	层流区内，$Po \propto 1/Re$，与定子构型无关； 湍流区内，对于 Ross 系列剪切头，$Po=2.4 \sim 3.0$； 对于 Silverson 系列剪切头，$Po=1.7 \sim 2.3$	[2]
直桨叶 VMI Rayneri	正常高剪切，$Re<100$ 时 $Po=314Re^{-0.985}$；湍流区内 $Po=3$； 仅有转子，$Re<100$ 时 $Po=92.7Re^{-0.998}$；湍流区内 $Po=3$	[3]
Paravisc 桨及后弯桨叶 VMI Rayneri	仅有高剪切，$Re<100$ 时 $Po=138/Re$； 仅有 Paravisc 桨或同时有双搅拌桨，$Re<100$ 时 $Po=368/Re$	[4]
Fluko 捷流式高剪切	$Po = \dfrac{52.1 \dfrac{D}{D+D_s}(g/D)^{-0.377}(\sin\theta)^{0.405}}{Re} + 2.24\dfrac{D}{D+D_b}(\sin\theta)^{2.08}$	[5]

Kowalski 及其合作者 [6-10] 详细研究了连续高剪切混合器的功耗特性。连续高剪切混合器与间歇高剪切混合器的一个显著差别在于，它的流量通常是作为独立于转速的变量而单独控制的 [6]。连续高剪切混合器的功耗与转速和流量都有关，因而不能仅由搅拌功率特征数 Po 来表征。Kowalski[7] 提出的连续高剪切混合器的功耗模型为：

$$P_{shaft} = \underbrace{P_T + P_F}_{P_{fluid}} + P_L = Po_z \rho N^3 D^5 + k_1 Q \rho N^2 D^2 + P_L \tag{0-1}$$

式中　P_{shaft}——输入高剪切混合器的总能量，W；

P_{fluid}——混合器输送给流体的净功率，W；

P_T——转子旋转过程中克服流体阻力所需要的功率，W；

P_F——流体流经混合器需要的能量，W；

P_L——震动、噪声、进出口动能折损等所导致的能量损失，W；

Po_z——零流量时的功率特征数；

ρ——流体密度，kg/m³；

N——转子转速，r/s；

D——转子的名义直径或外径，m；

k_1——模型常数；

Q——体积流量，m³/s。

表 0-2 总结了文献报道的连续高剪切混合器处理牛顿型流体时的功率特征数关联式。研究表明，在扣除扭矩法中轴承摩擦和校正量热法中的温升后，功率损失 P_L 可忽略；功耗随着转速和操作流量的增大而增大；层流时 Po_z 与 Re 呈反比，而湍流时 Po_z 为常数；定转子的圈数和开孔率对功耗影响很大，圈数增加和开孔率下降都将使功耗上升。

表 0-2　连续高剪切混合器的功率特征数关联式

连续 HSM 构型	操作条件	功率特征数关联式			文献
Silverson 150/250MS	N=3000～12000r/min 流量 =600～4800 kg/h	Po_z=0.197，k=9.35			[8]
Silverson 150/250MS GDH-SQHS 型定子 EMSC 型定子 Ytron Z 型定子	N=3000～9000r/min Q=0.3～1.5L/s	Po_z=0.13，k_1=9.1 Po_z=0.11，k_1=10.5 Po_z=0.18，k_1=10.6			[11]
Fluko FDX 定转子齿合型 叶片网孔型	N=500～3500r/min Q=0～2000L/h	Po_z=0.147，k_1=14.49 Po_z=0.241，k_1=8.38			[12]
Ystral GmbH Conti	$P_{shaft}=Po(aRe^b)\rho QN^2D^2+P_L$ N=500～3000r/min Q=10～90m³/h	流型	a	b	[13]
TDS 1		层流	5350	−0.68	
		过渡流	62	−0.10	
TDS 2		层流	198043	−1.12	
		过渡流	128	−0.22	
		湍流	8.7	0.02	
TDS 3		层流	3.5×10	−1.8	
		过渡流	7	−0.89	
		湍流	4492654	−0.11	
TDS 5		层流	8656	−0.68	
		过渡流	125	−0.18	
		湍流	45	−0.09	

连续 HSM 构型	操作条件	功率特征数关联式	文献
Fluko FDX 定转子齿合型（牛顿＋非牛顿流体）	$Po=11.0\left(\dfrac{g}{D}\right)^{-0.735}\left(5-8\dfrac{f}{f+h}\right)\left(\dfrac{\rho N^{2-n}D^{2}}{k(K_{s})^{n-1}}\right)^{-1}$ $K_{s}=7.33\left(\dfrac{g}{D}\right)^{-0.77}\left(1-2.1\dfrac{f}{f+h}\right)$	$K_{s}=81.1\sim242.3$	[14]

二、高剪切混合器的微混合特性

根据混合尺度的不同，一般可将混合分为宏观混合、介观混合以及微观混合等，微观混合属于一种分子尺度的混合。微观混合效果直接影响一些快速竞争化学反应最终目标产物的收率和质量，例如，光气化反应、重氮偶合反应等。高剪切混合器基于局部较高的能量耗散速率和湍动强度，有望为该类反应提供一个良好的强化途径。

目前，化学方法被广泛地用于微观混合性能的测定，主要包括三种不同的反应：单一反应体系，连续竞争反应体系和平行竞争反应体系。在这些反应体系中，连续竞争反应体系和平行竞争反应体系被广泛用于评价不同类型混合器的微混合性能。碘化物 - 碘酸盐反应体系和重氮偶合反应体系分别被认为是典型的平行竞争反应体系和连续竞争反应体系[15,16]。重氮偶合体系和碘化物 - 碘酸盐体系都可用于高能量耗散率过程（高达 10^{5}W/kg）的测定，重氮偶合体系对微混合具有较好的灵敏度，而碘化物 - 碘酸盐体系具有成本低廉、方便操作等优点。

采用重氮偶合串联竞争反应体系测定连续高剪切混合器的微混合性能，研究表明：反应的离集指数 X_{s} 值随着转速的增加和流量的减小而减小，流量对微混合性能和传质性能的影响远小于转子转速的影响；采用卷吸（Engulfment）模型计算出来的微混合时间为毫秒级。

采用碘化物 - 碘酸盐体系测定高剪切混合器的微混合性能，结果表明：X_{s} 不仅随着转子转速的增加和酸浓度的减小而降低，还随着碘化物 - 碘酸盐 - 硼酸溶液与硫酸溶液流量比的增加而降低，却随着物料黏度的增加先减小后增加。进料区的物料分散情况与湍动强度对微混合性能有较大影响，通过设置进料分布器将进料直接分布在定转子高湍动能区域可以大大改善齿合型高剪切混合器的微混合性能，采用团聚模型估算得到的最优微混合时间可达 10^{-5}s。

表 0-3 对比了采用碘化物 - 碘酸盐体系测定的不同反应器的微混合性能。搅拌釜式反应器的微混合时间的量级为 $10^{1}\sim10^{2}$ms；连续管式反应器，其微混合时间的量级为 $10^{2}\sim10^{4}$ms，但其微混合时间可通过加入内构件如静态混合单元和金属泡沫等减小至 10^{0}ms；旋流混合器的微混合时间可达到 10^{-2}ms，这种混合器可以通过引入旋流并利用空化效应来强化微混合性能；旋转填料床的微混合时间可达到 10^{-1}ms；膜分散式套管反应器（MTMCR）的微混合时间为 10^{0}ms 量级；孔

阵列式套管反应器的微混合时间为 10^{-1} ms 量级；高剪切混合器的微混合时间在 $10^{-2} \sim 10^{-1}$ ms 之间；因此，高剪切混合器能够对快速竞争化学反应过程进行强化。

表 0-3　不同混合设备的微混合性能对比

混合器	H^+ 浓度 /（mol/L）	t_m/ms	量级 /ms
搅拌釜 [17]	1.0	10~200	$10^1 \sim 10^2$
静态混合器 [18]	0.068	3.8	10^0
V- 形混合器 [19]	0.03	14	10^1
T- 形混合器 [20]	0.025	1.6	10^0
Z- 形微通道 [21]	0.663	1.9	10^0
旋流混合器 [22]	0.15	0.06	10^{-2}
膜分散式套管微反应器 [23]	0.2	2.0	10^0
孔阵列式套管微通道 [24]	0.2	0.27	10^{-1}
高速分散器 [25]	0.1	0.10	10^{-1}
旋转填料床 [26,27]	0.2	0.053	10^{-2}
	0.2	0.1	10^{-1}
高剪切混合器 [28,29]	0.1	0.01	10^{-2}
	0.5	0.17	10^{-1}

三、高剪切混合器的分散特性

1. 高剪切混合器的液相分散特性概述

目前液液乳化过程已经被广泛应用于石油、化工、食品、医疗等行业。液液乳化效果直接对最终产品的质量产生影响。高剪切混合器由于具有较大的局部能量耗散速率，能够高效制备乳液，可以将液滴破碎到亚微米量级。

对于间歇高剪切混合器，乳化后液滴直径分布受转速和分散相浓度的影响最大，液滴直径随转速升高先减小后基本不变；分散相浓度增加，液滴平均直径增大；当表面活性剂浓度高于临界胶束浓度时，液滴平均直径随两相界面张力的降低而减小，而分散相黏度增加会削弱界面张力的影响；分散相黏度变大，一般会产生大的平均液滴直径；在高黏度分散相体系中，低转速下液滴直径呈单峰分布，随着转速升高液滴直径变成双峰分布；低黏度分散相液滴直径分布随转速变化的规律与高黏度恰好相反。

对于连续高剪切混合器，随转速的增加，小直径液滴体积分数增加，液滴平均直径减小；水 - 煤油乳化体系测定的 d_{32} 都大于 Kolmogorov 尺度（η），说明惯性应力起主导作用。液滴平均直径随油相体积分数以及连续相流量的增大略有增加；分散相黏度增大，液滴尺寸先变大后保持不变，直径分布范围变大，而 d_{32} 却随连续相黏度的增大而减小。除此以外，定转子的几何构型也对液相分散性能有一定影响。

2. 高剪切混合器的固相分散特性概述

悬浮、分散等液固两相过程是石油、化工、生物、医药、食品等行业的重要单元操作过程，高剪切混合器具有局部超高的湍流、剪切等综合作用，能够高效地解聚、破碎纳米颗粒聚集体，制备颗粒直径与流变性能稳定可控的悬浮液；同样常用于强化液固分散过程以获得较大的相间面积，促进液固相间传递过程，用于浸取、液固非均相催化反应等。

间歇和连续高剪切混合器的固相分散特性的实验结果一致表明：在所有实验条件下，固体颗粒的直径分布都呈双峰分布，随处理时间的增加，粗颗粒特征峰逐渐向小粒度方向偏移且体积分数减小，细颗粒特征峰略微向小粒度方向偏移且体积分数增大；最细的颗粒聚集体的尺寸约为 $100 \sim 300\text{nm}$，未观察到初级颗粒尺寸大小的纳米颗粒。因此，可以认为高剪切混合器通过侵蚀机制将纳米颗粒团聚体破碎成亚微米尺寸聚集体，这与操作模式、操作条件、定转子结构设计等无关，仅依赖于分散材料的物性参数。但是，高剪切混合器的操作模式、操作条件、定转子结构设计却能显著影响纳米颗粒团聚体的解聚动力学，其中转速对间歇和连续高剪切混合器内固体颗粒分散过程影响最大，颗粒直径随转速升高加速减小至稳定不变，细颗粒生成率随转速升高逐渐升高；停留时间也能显著影响连续高剪切混合器内固体颗粒分散过程，细颗粒生成率随停留时间减小先降低后升高，颗粒直径随停留时间减小先增大后减小；颗粒固含量对间歇和连续高剪切混合器内固体颗粒分散过程影响效果一致，随固含量的增大，细颗粒生成率升高，颗粒直径减小，但粗颗粒特征峰的直径分布略微变宽；高剪切混合器内固体颗粒分散过程受剪切间隙和转子齿隙的影响大于转子齿长，较窄的剪切间隙和较小的转子齿隙能够产生更小的颗粒直径和更高的细颗粒生成率；在低转速条件下，前弯齿和后弯齿的转子对高剪切混合器内固体颗粒分散过程的影响显著且均优于直立齿的转子。

四、高剪切混合器的传递特性

1. 高剪切混合器的气液传质特性概述

气液传质与反应过程广泛存在于石油、化工、医药、环保等工业领域；特别在吸收、加氢、氧化、磺化、卤化等过程中占有重要地位。高剪切混合器能有效地促进气泡的破碎与分散和气液界面的快速更新，从而增大气液接触面积、提高气液传质系数。

对于间歇高剪切混合器，无论定转子结构参数如何变化，气液总体积传质系数随着转速和气体流量的增加均呈增加趋势；转子叶片倾角的变化对气液总体积传质系数影响最大，60° 倾角的转子具有最高的气液总体积传质系数。随着转子叶片倾角的增加，气液总体积传质系数呈先增加后降低的趋势；定子底面开口大小对气液传质系数具有较大的影响，定子底面全开时具有最大的气液总体积传质系数；在相同的转子转速和气体流量下，转子弧型为前弯时的转子气液总体积传质系数最大。

对于连续高剪切混合器，气液相界面积和气液总体积传质系数随转子转速、液相操作流量增加而增大；气液相界面积和气液总体积传质系数随气相流量的增加先缓慢增加然后降低；气液相界面积随表面活性剂浓度的增加而增加，当表面活性剂的浓度高于临界值时，气液相界面积几乎不再变化；气液总体积传质系数随表面活性剂浓度的增加而减小，当表面活性剂浓度超过临界值时，气液总体积传质系数的下降趋势变缓，并逐步稳定下来；定转子齿合型高剪切混合器相比叶片网孔型混合器具有较优的传质性能；与定转子级数相比，分布器对传质性能影响更大。连续高剪切混合器的气液总体积传质系数 $k_L a$ 能够达到 $10^0 \sim 10^1 s^{-1}$ 数量级，气液相界面积能够达到 $10^3 \sim 10^4 m^2/m^3$ 数量级。

2. 高剪切混合器的液液传质特性概述

对于间歇高剪切混合器，在多数操作条件下传质效率均高于 90%；分散相体积分数的增加，会导致传质效率的降低；增加高剪切混合器的转速或操作时间会使得传质效率略微提升。高剪切混合器的传质效率已经较高，难以通过调整定转子结构进一步提高传质效率。

对于连续高剪切混合器，由于齿合型的能量耗散率更大，短路和沟流更少，其传质性能优于叶片网孔构型；转速和连续相流量增加均能导致液液总体积传质系数和传质效率变大，分散相流量增加则导致传质效率降低，略微影响传质系数；表面活性剂浓度的增加导致总体积传质系数和传质效率先增大后减小。对于叶片网孔型连续高剪切混合器，与定子开孔形状相比，开孔数目对传质影响更大；与转子叶片弯曲方向相比，叶片数目对传质影响更大；提高定转子区域的剪切速率，减少了定转子剪切间隙位置出现短路流体的现象，能够有效地强化传质；高剪切混合器的液液总体积传质系数 $k_L a$ 能够达到 $10^0 \sim 10^1 min^{-1}$ 数量级。

3. 高剪切混合器的固液传质特性概述

对于间歇高剪切混合器，采用固体溶解的方法测定固液传质系数，固液传质特性为：固液传质系数随着转子转速、转子叶片直径、定子直径、定子底面开孔直径的增大而增加；在转子叶片倾角 30° ~ 60° 范围内，固液传质系数随着倾角的增大而增大；后弯型叶片的固液传质系数要优于平面型叶片和前弯型叶片；对于捷流式高剪切混合器，固液传质系数 k_L 能够达到 $10^{-4} \sim 10^{-3} m/s$ 的数量级。通气与否对固液传质系数影响较为复杂，在定子底面开孔面积较小时，通气有利于提高固液传质系数；随着定子底面开孔面积的增大，通气降低了固液传质系数。

第三节 高剪切混合器的应用概述

高剪切混合器的工业应用超前于基础研究，涌现出一系列高剪切混合器知名品牌，例如，上海弗鲁克科技发展有限公司（Fluko），英国 Silverson，德国 Ekato、IKA 和 Ystral，美国 Ross 等；已经在混合、分散、溶解、乳化、浸取、破碎、反应等过程有了大量的工业应用实例。例如，上海弗鲁克科技发展有限公司和天津大学合作，已经在 19 个行业中有了 3000 多家用户，具有上万个工业应用实例。

关于高剪切混合器的应用进展概述如下：

一、高剪切混合器用于溶解和乳化过程

目前，高剪切混合器的最大工业应用领域是乳化过程，其可以实现不同黏度和相含率下的乳化；乳化后产品的分散相直径小、分布窄，产品保存期长。相应的应用举例如下：①农药水乳剂制备工艺，原来采用普通搅拌间歇制备，处理能力 3t/批；在电机功率一样的条件下，笔者采用高剪切混合设备后，可以将油滴直径从 2μm 变为 1μm，乳化时间从 3h 变为 1h，提高了乳液的稳定性。②兽用疫苗乳化工段，采用罐内普通搅拌预乳化 + 三级定转子管线式高剪切混合器精乳化的工艺后，可以将液滴直径控制到 0.9 ～ 1μm，并可以将处理效率提高 20%。

羧甲基纤维素（CMC）具有成膜、增稠、水分保持、粘接、乳化、悬浮以及胶体保护等作用，目前已经广泛地用于食品、石油、纺织、医药以及造纸等行业。在溶解羧甲基纤维素过程中，固体含量高，传统分散方法是采用普通搅拌釜经过长时间的搅拌完成，有时还会出现化不开的现象。由于捷流式高剪切混合器具有较高的局部能量耗散速率和整体的轴向循环速率的特点，能够有效强化该过程；可以将漂浮在液体表面的粉末瞬间卷吸下去，进入高剪切头内，使粒径减小，加速溶解。笔者使用捷流式高剪切混合器代替搅拌釜来进行羧甲基纤维素的溶解，可以使溶解时间由原来的每批 8h 左右降低到 2h 以下，同时提升了产品品质和稳定性。

在食品行业中，需要将稳定剂、糖、乳化剂、辅料等粉体溶解于水或牛奶中，稳定剂容易发生糊化、结块、鱼眼等现象，整体配料时间长，混合不均匀，同时白砂糖颗粒大，硬度大，对不锈钢有一定磨损。如何实现在线快速配料，同时解决糊化、结块、鱼眼、不锈钢磨损等现象，使生产效率提高，生产能耗降低一直是行业难题。上海弗鲁克科技发展有限公司研发的 PLM 固液分散混合系统通过设备高速运转产生真空，可以实现将白砂糖、稳定剂、CMC 胶体等粉体物料通过在线的形式完成与水的配液，不仅解决了糊化、结块、鱼眼等现象，而且大大缩短了整体配料时间。

二、高剪切混合器用于液固破碎与分散

高剪切混合器能够有效地强化固液混合与分散过程，PLM 固液混合系统采用喷射与液下进料相结合方式，实现了高固含量体系的在线吸粉和混粉，完全颠覆了传统投粉方式，降低了人工劳动强度，减少了粉尘的排放，降低了环境污染，同时极大提高了粉液混合的效果。PLM 固液混合系统已广泛应用于电池浆料的前期制备、悬浮农药的制备、涂料混合、油墨分散等工艺生产中。例如，采用高剪切混合器进行电池浆料分散纳米 SiO_2 粉体，可以将分散时间由 8 ~ 10h 缩短到 1 ~ 2h，可以降低功耗 50% 以上，自动化程度更高，避免了人工投料的粉尘逸出。又如，采用高剪切混合器进行农药悬浮剂分散的生产过程，农药悬浮剂是固含量 40% ~ 50% 粉体分散体系，采用高剪切混合器可解决悬浮剂粉体的结块、包覆、分层问题，将农药悬浮剂的分散相初始粒径由普通搅拌的 100 ~ 300μm 减小到高剪切的 50 ~ 80μm，混合时间由 1h 缩短到 0.5h；经过后续研磨设备处理后，最终分散粒径可达 5μm 以下，并实现了连续化生产。

基于高剪切混合器局部的高剪切速率，许多研究者[30,31]利用高剪切混合器，采用物理剥离法进行石墨烯的制备，用高剪切混合器制备石墨烯，其中 1 ~ 3 层石墨烯所占比例较高，尺寸分布狭窄，粒径均一，并且很少有结构缺陷。

三、高剪切混合器用于浸取过程

浸取是利用溶剂将固体原料中的可溶组分提取出来的单元过程。高剪切混合器用于浸取过程中，可以增大固液传质面积，提高固体内部传质速度；具有提取温度低、提取效率高、用时短和能耗低的优势，在天然产物提取等浸取过程中获得了广泛的应用。

多糖类物质不仅是一种非特异性免疫增强剂，而且具有降血糖、降血脂、抗凝血等多种生理活性。张洁等[32]采用高剪切混合器，研究了维药破布木果多糖的最佳提取工艺：在液料比为 50:1（mL:g），剪切时间为 3.0min，剪切速度为 16000r/min，破布木果多糖得率为（111.43±0.1）mg/g；高剪切分散乳化技术大大缩短了提取时间，避免有效成分的损失，在天然产物提取方面极具应用前景。

Xu 等[33]采用高剪切提取法对甜菊糖叶中的甜菊苷、莱鲍迪苷 A 和莱鲍迪苷 C 进行了提取工艺研究，优化的提取条件为：59% 乙醇水溶液，提取时间为 8min，提取温度为 68℃，在最优条件下得到的甜菊苷、莱鲍迪苷 A 和莱鲍迪苷 C 得率分别为（5.37±0.10）%，（8.68±0.13）% 和（0.99±0.03）%，提取速率远高于传统浸提法、超声法和微波法；采用高剪切混合器的粗提液中的色素、蛋白质、果胶等杂质成分的含量低于浸提法、超声法和微波法。

四、高剪切混合器用于化学反应过程

化学反应过程的总体速率除了取决于本征反应动力学特征外，还与反应原料的混合速率有关。许多快速、竞争化学反应体系都对混合过程比较敏感，反应结果依赖于混合得好坏，例如重氮偶合反应、硝化反应、光气化反应等。原料间的快速混合能有效减少副产物的生成，提高目标产物的收率。由于高剪切混合器中定转子剪切头附近超高的湍动、剪切强度以及很短的停留时间，能够强化传递限制的快速反应过程；同时，高剪切混合过程能产生较大的相界面积，使得非均相反应能容易进行。目前，高剪切混合器作为一种有效的强化途径，逐渐被应用于化学反应过程的调控。

甲苯二异氰酸酯现有工业生产过程，采用甲苯二胺与光气反应制备异氰酸酯，反应过程中甲苯二胺与光气反应生成氨基甲酰氯是快速的放热反应并生成氯化氢，氯化氢将与甲苯二胺生成氨基盐酸盐，造成反应收率的降低。高剪切混合器基于局部的高能量耗散速率和极大的相间界面积能够有效地实现甲苯二胺与光气的快速混合与反应，减少氯化氢与甲苯二胺的副反应；笔者采用高剪切混合器制备甲苯二异氰酸酯已经在（3～7）万吨/年工业装置上得到了成功应用，可以提高产品收率3%左右[34]。

有机物的氧化反应是一类重要的反应，一般由于气液传质速率的控制，反应时间较长；笔者采用高剪切混合器制备对叔丁基苯甲酸[35]，高剪切反应器能够有效地提高转化率和收率，在160℃下反应5h选择性和收率分别达到92.1%和56.8%；而在160℃下常规搅拌装置中反应5h，收率才达到20%。

乙烯基乙炔作为乙炔的下游产品，是生产氯丁橡胶和胶黏剂的重要原料，传统生产方法是由乙炔在纽兰德（Nieuwland）催化剂下发生二聚反应制得，反应器以鼓泡床反应器为主，但由于其气液传质传热效率相对较低，该反应中乙炔单程转化率和乙烯基乙炔的选择性较低。基于此，谢建伟等将高剪切反应器应用于乙炔二聚气液反应[36]，结果表明：在传统的Nieuwland催化剂和鼓泡床反应器条件下，乙炔的单程转化率为25.5%，乙烯基乙炔的选择性为76.1%；而在高剪切反应器条件下，由于其高剪切速率，使得催化剂溶液和反应气充分接触，乙炔的单程转化率显著提高，达到43.2%，而乙烯基乙炔的选择性相对保持不变。

此外，利用高剪切混合器生产高附加值精细化学品以及中间体的专利越来越多，包括氯苯[37]、线性烷基苯[38]、苯胺和甲苯二胺[39]、三氯乙醛[40]、乙酸酐[41]、醇[42]、羧酸[43]等。

五、高剪切混合器用于纳米材料制备

纳米碳酸钙是一种新型的填充材料，广泛用于造纸、染料以及塑料等领域。纳米碳酸钙主要分为方解石、球霰石以及文石等三种构型。其中文石型纳米碳酸钙是一种性能优异的复合材料补强剂。由于高剪切混合器的微观混合性能较好，反应过程中可以有效地调节过饱和度，有利于亚稳态的文石型碳酸钙的形成，能够有效地用于文石型碳酸钙的制备。笔者[44]采用高剪切混合器以聚丙烯酰胺和磷酸为添加剂，制得的文石型纳米碳酸钙纯度为 98.1%，平均直径为 50nm；而且反应时间只是普通搅拌反应器的 1/6 ~ 1/3。

橄榄石型磷酸铁锂（$LiFePO_4$）作为目前最有发展前景的锂离子动力电池正极材料之一，具有高比容量、好的循环可逆性能、低的原料成本、高的安全性能和环境友好等优点，目前已经成为电池界竞相开发和研究的热点。但其低的电子电导率和锂离子扩散系数，导致了 $LiFePO_4$ 材料在高倍率充放电条件下比容量衰减迅速，从而严重地阻碍了 $LiFePO_4$ 的商业化应用。笔者[45]采用实验室规格的高剪切混合器来制备前驱体，经水热结晶，成功地实现了对 $LiFePO_4$/C 材料粒度大小的调控。通过研究获得了高剪切混合器转子转速对前驱体沉淀和 $LiFePO_4$/C 材料的晶体结构、颗粒形貌、大小及其分布的影响规律，揭示了高剪切混合器辅助的水热法实现粒度可控的关键。在高剪切混合器转速为 1.3×10^4r/min 下制备得到的 $LiFePO_4$/C 样品，其粒度减小至 220nm，表现出了优异的电化学性能，在 0.1C 和 20C 倍率下，其放电比容量分别达到 160.1mA·h/g 和 90.8mA·h/g。

氢氧化镁是一种添加型的无机类阻燃剂，与目前应用较广泛的有机类阻燃剂相比，氢氧化镁的热分解不释放任何有毒物质，更符合安全、环保等方面的法规要求；其中水热法制得的层状纳米氢氧化镁的阻燃性能更优。笔者采用高剪切混合器强化了氯化镁溶液与氨的反应过程，然后在水热条件下继续反应，制备出了 d_{32} 为 86nm 的层状氢氧化镁；同时将反应时间缩短了 50% 以上。

六、高剪切混合器用于催化剂的制备

氮氧化物（NO_x）的危害包括光化学烟雾的形成、酸雨、臭氧损耗和温室效应，以及直接对人类呼吸系统的负面影响，是威胁人类健康并破坏环境可持续发展的有害气体之一。为了达到有效控制氮氧化物的目的，人们对 NO_x 控制技术进行了大量研究，其中 NH_3 选择性催化还原（NH_3-SCR）技术已被认为是最有效和最广泛应用的手段之一。但是，NH_3-SCR 脱硝一直面临着低温脱硝性能差和氨气逃逸严重等现象，在涂覆成型催化剂方面也面临着涂层均匀度差的问题。笔者[46]通过高速剪切混合器强化辅助共沉淀过程，获得了系列二维层状 Mn 基催化剂，与普通搅拌方法制备的催化剂相比，表现出了优异的低温脱硝性能：在 200 ~ 350℃的范围内的 NO 转化率可达 100%，当 5%H_2O 加入时，仍然可以去除 95% 以上的 NO；甚至在 50℃和 25℃条件下，NO 的转化率依然可以达到 60% 和 39%。

聚氯乙烯（PVC）是世界五大通用塑料之一，PVC 的单体是氯乙烯（VCM），现在 VCM 的主要生产技术主要有乙烯法和乙炔法。一些国家多采用乙烯法，基于我国"贫油、富煤、少气"的能源结构特点，电石乙炔法在我国 VCM 生产中是主要方法。该工艺首先用炭和生石灰为原料生产电石，然后以电石和水制备乙炔；然后，在负载 $HgCl_2$ 催化剂存在下，乙炔与氯化氢加成直接合成 VCM。但是，$HgCl_2$ 具有很高的毒性且易挥发，对人类健康和环境都造成了严重的危害。因此，亟须研发出绿色的、高效的无汞催化剂代替汞催化剂。笔者[47]采用高剪切混合器制备的钌纳米粒子催化剂在乙炔氢氯化反应中表现出较高的活性，优于在普通搅拌器中制备的催化剂；在反应温度 170℃，C_2H_2 空速 180h^{-1} 和反应物流率 V（HCl）：V（C_2H_2）=1.1：1 条件下，反应 48h 后乙炔的转化率为 97.8%，氯乙烯选择性为 99.8%。

分子筛是一种常见的催化剂，其制备过程往往需要很长的晶化时间来保证分子筛产品的质量；较长的晶化时间会导致较高的合成成本，如何缩短晶化时间，是产业与学术界共同关心的问题。笔者采用了高剪切混合器来强化陈化过程，减少了晶化时间。例如，在 SSZ-13 分子筛制备过程中，笔者[48]采用高剪切混合器强化陈化过程，高效地合成了高结晶度的 SSZ-13 分子筛。合成的 SSZ-13 分子筛晶化时间从采用普通机械搅拌陈化的 144h 缩短到高剪切混合陈化的 96h，Si/Al 由 8.2 降低为 7.3，粒径从 1.46μm 降低到 0.594μm，比表面积从 616.85m^2/g 增加到 693.53m^2/g，生长机理从奥斯特瓦尔德熟化机理变为层层吸附机理。

参考文献

[1] Myers K J, Reeder M F, Ryan D. Power draw of a high-shear homogenizer [J] . The Canadian Journal of Chemical Engineering, 2001, 79:94-99.

[2] Padron G A. Measurement and comparison of power draw in batch rotor-stator mixers [D]. College Park, Maryland:University of Maryland, 2001.

[3] Doucet L, Ascanio G, Tanguy P. Hydrodynamics characterization of rotor-stator mixer with viscous fluids [J]. Chemical Engineering Research and Design, 2005, 83(10):1186-1195.

[4] Khopkar A, Fradette L, Tanguy P. Hydrodynamics of a dual shaft mixer with Newtonian and non-Newtonian fluids [J]. Chemical Engineering Research and Design, 2007, 85(6):863-871.

[5] 郭俊恒 . 捷流式高剪切混合器流动与功耗特性研究 [D]. 天津 : 天津大学 , 2019.

[6] Cooke M, Naughton J, Kowalski A J. A simple measurement method for determining the constants for the prediction of turbulent power in a Silverson MS 150/250 in-line rotor-stator mixer [C]. Ontario:6th International Symposium on Mixing in Industrial Process Industries-ISMIP Ⅵ , 2008.

[7] Kowalski A J. An expression for the power consumption of in-line rotor-stator devices [J]. Chemical Engineering and Processing:Process Intensification, 2009, 48(1):581-585.

[8] Kowalski A J, Cooke M, Hall S. Expression for turbulent power draw of an in-line silverson high

shear mixer [J]. Chemical Engineering Science, 2011, 66(3): 241-249.

[9] Cooke M, Rodgers T L, Kowalski A J. Power consumption characteristics of an in-line Silverson high shear mixer [J]. AIChE Journal, 2012, 58 (6):1683-1692.

[10] Hall S, Cooke M, Pacek A W, et al. Scaling up of Silverson rotor-stator mixers [J]. The Canadian Journal of Chemical Engineering, 2011, 89(5):1040-1050.

[11] Özcan - Taşkın G, Kubicki D, Padron G. Power and flow characteristics of three rotor - stator heads [J]. The Canadian Journal of Chemical Engineering, 2011, 89(5):1005-1017.

[12] Cheng Q, Xu S, Shi J, et al. Pump capacity and power consumption of two commercial in-line high shear mixers [J]. Industrial & Engineering Chemistry Research, 2012, 52(1):525-537.

[13] Schönstedt B, Jacob H J, Schilde C, et al. Scale-up of the power draw of inline-rotor–stator mixers with high throughput [J]. Chemical Engineering Research and Design, 2015, 93:12-20.

[14] Zhang C, Gu J, Qin H, et al. CFD analysis of flow pattern and power consumption for viscous fluids in in-line high shear mixers [J]. Chemical Engineering Research and Design, 2017, 117:190-204.

[15] Badyga J, Bourne J R. Turbulent mixing and chemical reactions[M]. New York: Wiley, 1999.

[16] Guichardon P, Falk L, Villermaux J. Characterisation of micromixing efficiency by the iodide-iodate reaction system. Part II:kinetic study [J]. Chemical Engineering Science, 2000, 55(19):4245-4253.

[17] Guichardon P, Falk L. Characterisation of micromixing effciency by the iodide-iodate reaction system. Part I:Experimental procedure [J]. Chemical Engineering Science, 2000, 55(19):4233-4243.

[18] Fang J Z, Lee D J. Micromixing efficiency in static mixer [J]. Chemical Engineering Science, 2001, 56(12):3797-3802.

[19] Kölbl A, Kraut M, Schubert K. On the scalability of microstructured mixing devices [J]. Chemical Engineering Journal, 2010, 160(3):865-872.

[20] Schikarski T, Trzenschiok H, Peukert W, et al. Inflow boundary conditions determine T-mixer efficiency [J]. Reaction Chemistry & Engineering, 2019, 4(3):559-568.

[21] Habchi C, Della Valle D, Lemenand T, et al. A new adaptive procedure for using chemical probes to characterize mixing [J]. Chemical Engineering Science, 2011, 66(15):3540-3550.

[22] Kölbl A, Kraut M, Wenka A. Design parameter studies on cyclone type mixers [J]. Chemical Engineering Journal, 2011, 167(2-3):444-454.

[23] Ouyang Y, Xiang Y, Zou H, et al. Flow characteristics and micromixing modeling in a microporous tube-in-tube microchannel reactor by CFD [J]. Chemical Engineering Journal, 2017, 321:533-545.

[24] Li W, Xia F, Qin H, et al. Numerical and experimental investigations of micromixing performance and efficiency in a pore-array intensified tube-in-tube microchannel reactor [J]. Chemical Engineering Journal, 2019, 370:1350-1365.

[25] Nie A, Gao Z, Xue L, et al. Micromixing performance and the modeling of a confined impinging jet reactor/high speed disperser [J]. Chemical Engineering Science, 2018, 184:14-24.

[26] Yang H, Chu G, Zhang J, et al. Micromixing efficiency in a rotating packed bed: experiments and simulation [J]. Industrial & Engineering Chemistry Research, 2005, 44(20):7730-7737.

[27] Yang Y, Xiang Y, Pan C. Influence of viscosity on micromixing efficiency in a rotating packed bed with premixed liquid distributor [J]. Journal of Chemical Engineering of Japan, 2015, 48(1):72-79.

[28] Qin H, Zhang C, Xu Q, et al. Geometrical improvement of inline high shear mixers to intensify micromixing performance [J]. Chemical Engineering Journal, 2017, 319:307-320.

[29] Li W, Xia F, Zhao S, et al. Mixing performance of inline high shear mixer with a novel pore-array liquid distributor [J]. Industrial & Engineering Chemistry Research, 2019, 58:20213-20225.

[30] Liu L, Shen Z, Yi M, et al. A green, rapid and size-controlled production of high-quality graphene sheets by hydrodynamic forces [J]. RSC Advances, 2014, 4(69):36464-36470.

[31] Paton K R, Varrla E, Backes C, et al. Scalable production of large quantities of defect-free few-layer graphene by shear exfoliation in liquids [J]. Nature Materials, 2014, 13(6):624-630.

[32] 刘晓光, 吴慧敏, 王冲, 等. 响应曲面法优化高剪切分散乳化提取破布木果多糖 [J]. 石河子大学学报：自然科学版, 2017, 35(6):680-686.

[33] Xu S, Wang G, Guo R, et al. Extraction of *Stevia glycosides* from *Stevia rebaudiana* (Bertoni) leaves by high-speed shear homogenization extraction [J]. Journal of Food Processing and Preservation, 2019, 43(12):e14250.

[34] 张金利, 闫少伟, 徐双庆, 等. 用于液 - 液快速混合与反应的撞击流高剪切反应器 [P]: 中国, 200910228977.8. 2010-06-02.

[35] 齐大翠, 田富强, 张敏卿. 高剪切反应器中对叔丁基甲苯氧化过程的研究 [J]. 化学工程, 2012, 40(7):65-68.

[36] 张启霞, 游延贺, 谢建伟, 等. 高剪切反应器对乙炔二聚液相催化反应的影响 [J]. 石河子大学学报：自然科学版, 2019, 37(1):67-72.

[37] Hassan A, Bagherzadeh E, Anthony R G, et al. High shear system for the production of chlorobenzene[P]:US, 20100183486A1. 2010-07-22.

[38] Hassan A, Bagherzadeh E, Anthony R G, et al. System for making linear alkylbenzenes[P]:US, 20100266465A1. 2010-10-21.

[39] Hassan A, Bagherzadeh E, Anthony R G, et al. System and process for the production of aniline and toluenediamine[P]:US, 007750188B2. 2010-07-06.

[40] Hassan A, Bagherzadeh E, Anthony R G, et al. High shear process for the production of chloral[P]:US, 007884250B2. 2011-02-08.

[41] Hassan A, Bagherzadeh E, Anthony R G, et al. High shear system and process for the production

of acetic anhydride[P]:US, 007919645B2. 2011-04-05.

[42] Hassan A, Bagherzadeh E, Anthony R G, et al. Method of making alcohols[P]: US, 007910068B2. 2011-03-22.

[43] Hassan A, Hassan A, Anthony R G, et al. High shear system and method for the production of acids[P]:US, 20100324308A1. 2010-12-23.

[44] Yang C, Zhang J, Li W, et al. Synthesis of aragonite $CaCO_3$ nanocrystals by reactive crystallization in a high shear mixer [J]. Crystal Research and Technology, 2017, 52(5):1700002.

[45] Liu Y, Gu J, Zhang J, et al. Controllable synthesis of nano-sized $LiFePO_4$/C via a high shear mixer facilitated hydrothermal method for high rate Li-ion batteries [J]. Electrochimica Acta, 2015, 173(4):448-457.

[46] Zhou X, Dan J, Zhang J, et al. Two-dimensional MnAl mixed-metal oxide nanosheets prepared via a high-shear-mixer-facilitated coprecipitation method for enhanced selective catalytic reduction of NO with NH_3 [J]. Chemical Engineering and Processing-Process Intensification, 2019, 145:107664.

[47] 杨超. 高剪切混合器在制备纳米材料中的应用研究 [D]. 天津 : 天津大学 , 2017.

[48] Lv Y, Ye C, Zhang J, et al. Rapid and efficient synthesis of highly crystalline SSZ-13 zeolite by applying high shear mixing in the aging process [J]. Microporous and Mesoporous Materials, 2020, 293:109812.

第一章

单相间歇高剪切混合器

间歇高剪切混合器的工作原理如图 1-1 所示。高速旋转的转子在转子中心区域产生较强的离心力，物料从轴向位置被吸入至转子区域；物料在转子区域离心力的作用下被快速甩至定转子剪切间隙，物料在该区域受到强烈的剪切、挤压、摩擦、撞击、湍流以及空化等综合作用，得到瞬间的均质、乳化和分散；经高度剪切后的

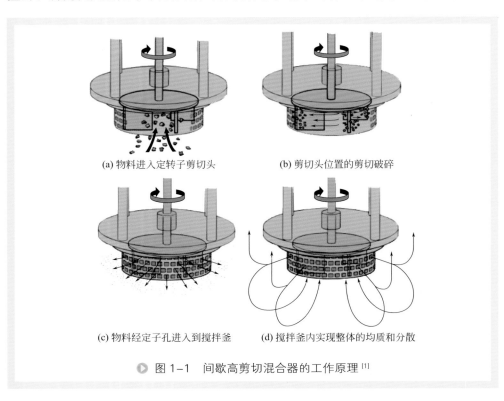

(a) 物料进入定转子剪切头　　　　　(b) 剪切头位置的剪切破碎

(c) 物料经定子孔进入到搅拌釜　　　　(d) 搅拌釜内实现整体的均质和分散

▷ 图 1-1　间歇高剪切混合器的工作原理 [1]

物料进一步经定子孔进入到搅拌槽内，参与整体循环。

间歇高剪切混合器剪切头依据不同的划分标准，可以进行不同的分类。依据流体流动形态的不同，可以分为径流式、轴流式以及捷流式等几种构型，如图1-2所示。径流式高剪切混合器的转子叶片一般为直立型，定子上设置一定数量的开孔；轴流式高剪切混合器的转子叶片一般带有一定的倾角，定子上有很少数量的开孔或者没有开孔；捷流式高剪切混合器的转子带有倾斜叶片，转子旋转同时产生径向和轴向流动，并且定子上有很多数量的开孔。在定子几何构型类似的情况下，径流式高剪切混合器拥有相对较高的局部能量耗散率，轴流式高剪切混合器拥有相对较高的整体轴向循环速率；基于径流式和轴流式高剪切混合器各自的优点，捷流式高剪切混合器可以根据转子叶片的构型、定子的开孔位置以及开孔面积，来有效地调控轴向和径向的流体流率，进而有效调控局部的能量耗散速率和整体的轴向循环速率，以此来满足不同的要求。

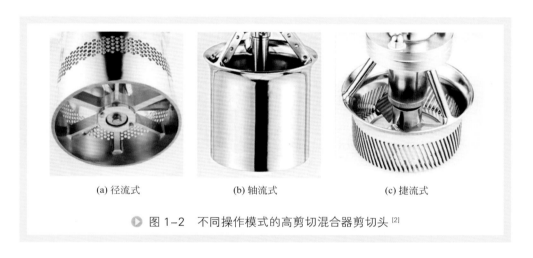

(a) 径流式　　　　　　(b) 轴流式　　　　　　(c) 捷流式

▶ 图1-2　不同操作模式的高剪切混合器剪切头 [2]

经过多年的发展，目前商用间歇高剪切混合器设备已经由实验室小试设备发展为中试设备、生产设备以及工业成套反应集成系统等，广泛应用于各行各业。

第一节　流动

高剪切混合器作为一种以流体为工作介质的过程装备，其流动特性是传递、反应的基础。高剪切混合器的流动特性与其几何构型有密切的关系，因此，对高剪切混合器的流动特性进行详细研究，理清其流动特性与几何结构的内在联系是深刻理解不同构型高剪切混合器性能以及进行过程强化的基础。

一、单相间歇高剪切混合器内流场的测定

借助物理方法直接观测是研究高剪切混合器流动特性的必要手段，它不仅能准确直接地表征高剪切混合器内的流动特性，还能为计算流体力学（Computational Fluid Dynamics，CFD）模拟方法的验证提供依据。流体流动特性研究常用的物理观测设备主要有高速 CCD 相机、粒子成像测速（Particle Image Velocimetry，PIV）、激光多普勒测速（Laser Doppler Anemometry，LDA）等。

1. 牛顿型流体

Mortensen 等 [3,4] 采用 PIV 测量方法，研究了 TPS 型（Tetra Pak Scanima）高剪切混合器的流动特性。Mortensen 等在研究过程中主要考察了高剪切混合器在两个不同区域的流动特性，两个区域的大小和位置如图 1-3 所示。较大的 FOV2 区域用于捕捉定子之外总体的流动特征；较小的 FOV1 区域用于捕获定子及附近区域的流动特性。

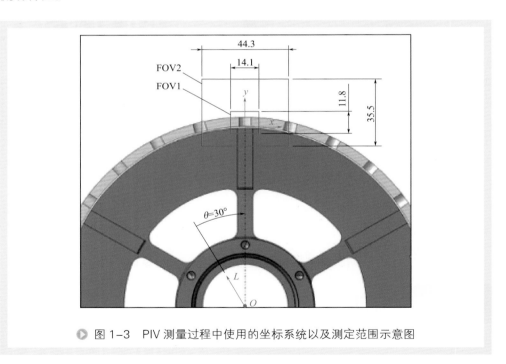

▶ 图 1-3　PIV 测量过程中使用的坐标系统以及测定范围示意图

图 1-4 给出了转子转速 1033r/min 下，不同转子位置时 FOV1 区域归一化后的二维速度分布云图，转子的角度范围为 25° ～ 30°。从图中可以看出，当转子叶片

靠近定子孔位置时［图1-4（a）］，在下游定子齿的内缘前形成了凹陷区，进入槽内的流体与停留在转子内的流体实现分离。从定子开孔内射流出的流体其运动由切

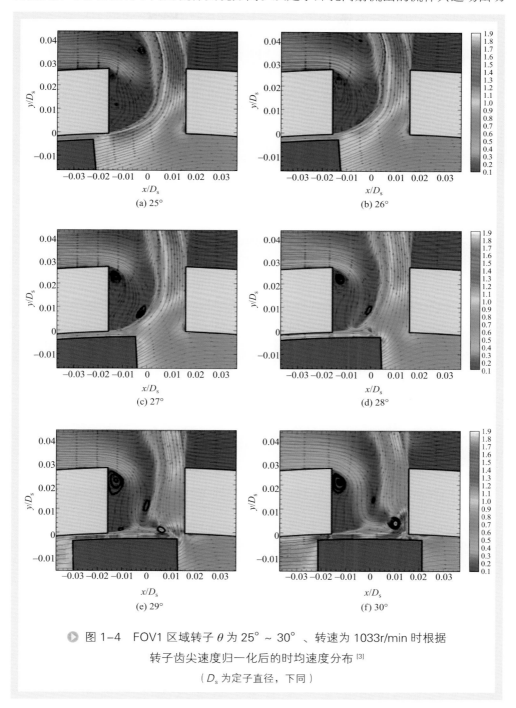

（a）25°

（b）26°

（c）27°

（d）28°

（e）29°

（f）30°

▶ 图1-4　FOV1区域转子 θ 为 25°～30°、转速为 1033r/min 时根据
转子齿尖速度归一化后的时均速度分布[3]

（D_s 为定子直径，下同）

向运动变为径向运动。射流只占据下游定子的部分开孔区域，由于射流导致的负压区，混合器内主体流动的流体返混至定子开孔内，定子开孔内的大部分区域被循环流动占据；从图中可以发现，射流速度大小几乎是转子齿尖速度的 1.3 倍，定子孔下游区域的流体速度小于转子齿尖速度的 0.8 倍。

当转子开始与定子孔位置发生重合时［图 1-4（b）］，与图 1-4（a）时相比，射流速度开始减小，此时流体以两种不同的方式进入到定子开孔，转子叶片后面的流体经定转子剪切间隙以切向运动进入定子孔，转子下游的流体以径向运动进入到未被转子堵塞的定子开孔内。如图 1-4（e）所示，两股流体在转子齿尖的前段位置汇合，引发一个突然的径向分流，在转角处产生一个强烈的旋涡，旋涡的强度可以用产生的空穴大小进行表征。当转子完全与定子开孔重合时［图 1-4（f）］，旋涡现象最明显，在这种情况下，一个狭窄的高速射流通过定转子切向的剪切间隙进入到定子开孔内。在定子开孔的前边缘处，射流速度发生改变，在涡流中心周围产生了一个明显的速度梯度。转子的前边缘位置也出现了一个复杂的流动特性，尽管转子按顺时针方向移动，但低速流体从这个间隙逆时针移动进入定子槽。

图 1-5 给出了转子转速 1033r/min 下，不同转子位置时 FOV1 区域归一化后的

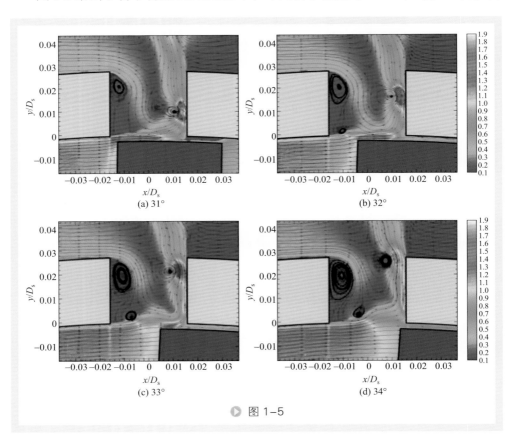

▶ 图 1-5

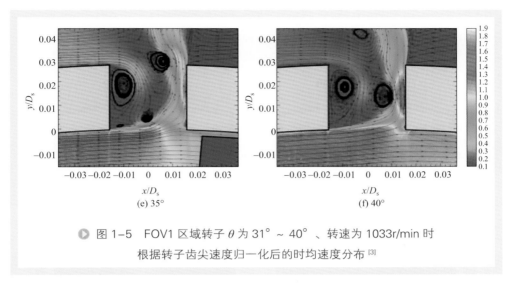

(e) 35° (f) 40°

▶ 图 1-5 FOV1 区域转子 θ 为 31°～40°、转速为 1033r/min 时
根据转子齿尖速度归一化后的时均速度分布 [3]

二维速度分布云图，转子的角度范围为 31°～40°。从图中可以看出随着转子角度的增加，进入定子孔内的流体发生变化；转子下游的进入定子孔内的流体消失，仅剩转子叶片后方以切向运动方向进入定子孔的部分。此外，还能观察到在定子开孔内出现多个旋涡，并且随着旋转角度的进一步增加，产生的强壮旋涡沿着径向方向向外移动，其最大速度可达 1.9 倍的转子齿尖速度。

图 1-6 和图 1-7 给出了单相间歇高剪切混合器在转子转速 1033r/min 下，不同转子位置时 FOV2 区域归一化后的二维速度分布云图，转子的角度范围为 0°～55°。从图中可以看出，转子区域的流动主要是切向的，在定子槽附近，流体存在径向运动。从图中可以发现，在定子射流区也存在复杂的流动特性，转子位置的不同产生了不同的循环流动，两个相邻射流之间也产生明显的差异，由混合器内主体区域返

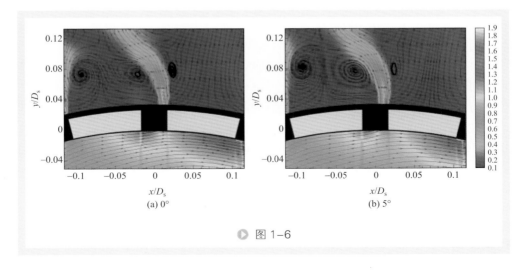

(a) 0° (b) 5°

▶ 图 1-6

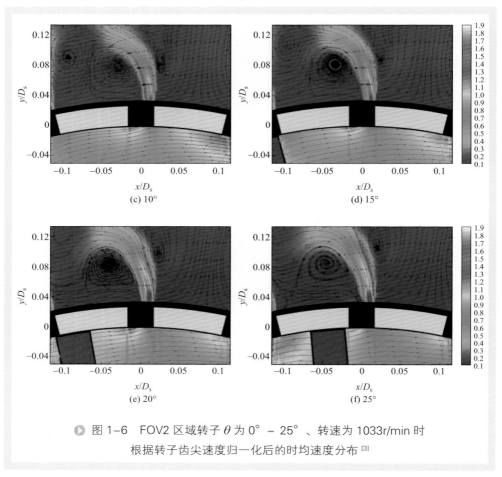

图 1-6　FOV2 区域转子 θ 为 0°～25°、转速为 1033r/min 时
根据转子齿尖速度归一化后的时均速度分布[3]

混至定子孔的流体与射流流体一起再次进入混合器内，例如图 1-6（c）所示。随着转子叶片靠近定子开孔，射流速度变大，随着转子叶片远离定子开孔，射流速度减小。

　　除了高速射流、局部环流以及液体卷吸等总体的湍流流场特征以外，实验中还捕捉到了定子开槽中的强烈旋涡。在定子开槽内可以形成明显的旋涡，旋涡的大小位置与定转子之间的相对位置有关；最高的湍动强度位于定子开槽内涡流中心及其附近区域；时均剪切速率最大的区域为定子槽射流的剪切层和定子槽涡流附近的剪切层；较大的湍流区域存在于射流区域，表明能量主要在该区域耗散。此外，在同一相对位置，不同转子转速下归一化的时均速度分布具有相似性。

2. 非牛顿型流体

　　当高剪切混合器用于剪切变稀流体时，对于开式转子，经常会出现空穴现象。Doucet 等[5] 于 2005 年采用数码相机对高剪切混合器（Rayneri Turbotest Mixer，

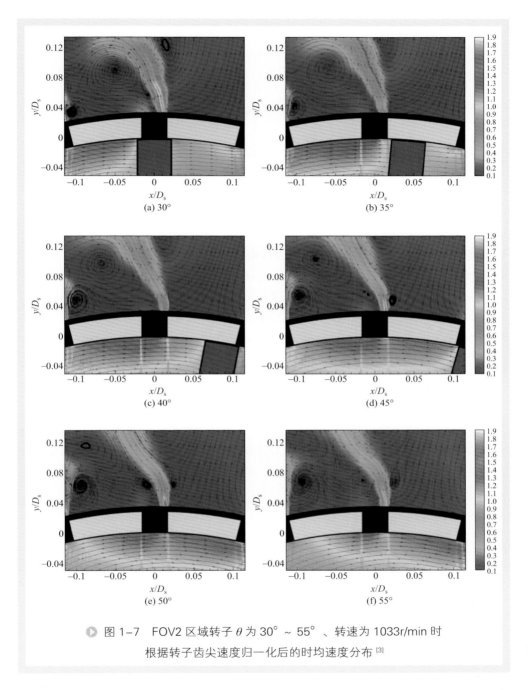

● 图 1-7　FOV2 区域转子 θ 为 30°～ 55°、转速为 1033r/min 时
根据转子齿尖速度归一化后的时均速度分布 [3]

French VMI）在黏性流体条件下的流动特性进行了报道，并且进一步对空穴现象
进行了分析。如图 1-8 所示，在单相间歇高剪切混合器无底部挡板条件下，容易
在转子区域形成空穴（pseudo-cavern）现象，空穴的形状和尺寸受雷诺特征数影

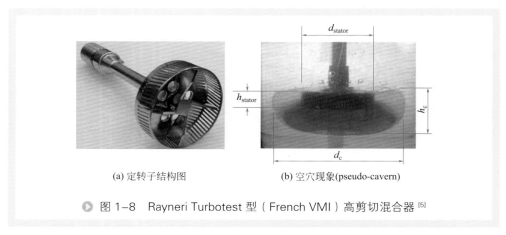

(a) 定转子结构图　　　　　(b) 空穴现象(pseudo-cavern)

▶ 图 1-8　Rayneri Turbotest 型（French VMI）高剪切混合器 [5]

响，随着转子转速升高（雷诺特征数达到 48），空穴变大。随后，Khopkar 等 [6] 对 Rayneri 型高剪切混合器与 Paravisc 搅拌桨（Ekato，Germany）组合的双轴桨的流动特性进行了研究，发现了相似的规律，即随着高剪切转子转速的增加，空穴变大，由于 Rayneri Turbotest 型高剪切为偏心安装，导致空穴形状不对称；另一方面，Paravisc 型搅拌桨的运动，能够对空穴产生破坏作用。

二、计算流体力学模拟方法

计算流体力学 (Computational Fluid Dynamics，CFD) 是采用计算机和数值方法来求解流体力学的控制方程，对流体流动、传质与传热等涉及流体力学的问题进行模拟和分析的方法 [7]。目前，CFD 模拟广泛用于涉及流体流动、传热、传质和反应的各个领域，成为开发、研究和优化各种流体装备不可缺少的辅助工具。目前，CFD 模拟在高剪切混合器的研究、设计和优化中的应用越来越多。

1. CFD 模拟的控制方程

质量守恒方程（也称为连续性流动方程）：

$$\frac{\partial \rho}{\partial t} + \mathrm{div}(\rho \boldsymbol{u}) = 0 \tag{1-1}$$

式中　ρ——流体密度，kg/m³；

　　　t——时间，s；

　　　$\boldsymbol{u}$——速度矢量，m/s。

动量守恒方程［也称为 Navier-Stokes (N-S) 方程］：

$$\frac{\partial(\rho u)}{\partial t} + \mathrm{div}(\rho u \boldsymbol{u}) = \mathrm{div}(\mu\,\mathrm{grad}\,u) - \frac{\partial p}{\partial x} + S_u \tag{1-2}$$

$$\frac{\partial(\rho v)}{\partial t} + \text{div}(\rho v \boldsymbol{u}) = \text{div}(\mu \, \text{grad} \, v) - \frac{\partial p}{\partial y} + S_v \qquad (1\text{-}3)$$

$$\frac{\partial(\rho w)}{\partial t} + \text{div}(\rho w \boldsymbol{u}) = \text{div}(\mu \, \text{grad} \, w) - \frac{\partial p}{\partial z} + S_w \qquad (1\text{-}4)$$

式中　ρ——流体密度，kg/m^3；

　　　t——时间，s；

　　　$\boldsymbol{u}$——速度矢量，m/s；

　　　p——压力，Pa；

　　　S_u——动量方程广义源项；

　　　S_v——动量方程广义源项；

　　　S_w——动量方程广义源项。

　　能量守恒方程：

$$\frac{\partial(\rho T)}{\partial t} + \text{div}(\rho \boldsymbol{u} T) = \text{div}\left(\frac{k}{c_p} \text{grad} \, T\right) + S_T \qquad (1\text{-}5)$$

式中　c_p——比热容，$J/(kg \cdot K)$；

　　　k——工作流体的传热系数，$W/(m^2 \cdot K)$；

　　　S_T——黏性耗散项；

　　　ρ——流体密度，kg/m^3；

　　　t——时间，s；

　　　$\boldsymbol{u}$——速度矢量，m/s；

　　　T——温度，K。

2. 高剪切混合器CFD模拟研究中常用的湍流模型

（1）标准 $k\text{-}\varepsilon$ 湍流模型　一方面由于使用 N-S 方程直接求解湍流的详细信息极其困难，另一方面在实际的工程应用中对瞬时流场的详细信息描述要求不高，而是重点在于考察流体湍动所引起的平均流场变化，是整体效果[7]。所以研究者将 N-S 方程转化为雷诺平均 Navier-Stokes 方程（RANS 方程）再进一步求解的方法获得相应的流场信息。雷诺平均 Navier-Stokes 方程如式（1-6）所示。

$$\frac{\partial}{\partial t}(\rho u_i) + \frac{\partial}{\partial x_j}(\rho u_i u_j) = -\frac{\partial p}{\partial x_i} + \frac{\partial}{\partial x_j}\left(\mu \frac{\partial u_i}{\partial x_j} - \rho \overline{u_i' u_j'}\right) + S_i \qquad (1\text{-}6)$$

式中　ρ——流体密度，kg/m^3；

　　　t——时间，s；

　　　x_i——坐标分量，m；

　　　x_j——坐标分量，m；

u_i——速度分量，m/s；

u_j——速度分量，m/s；

u_i'——脉动速度分量，m/s；

u_j'——脉动速度分量，m/s；

S_i——源项分量；

p——压力，Pa；

μ——黏度，Pa·s。

雷诺平均法为湍流流场的求解提供了一条路径，但是要想将雷诺平均法应用于湍流模型，就必须解决 RANS 方程中的雷诺应力项 $-\rho\overline{u_i'u_j'}$。目前，处理雷诺应力项的方法有两类，第一类是直接构建表示雷诺应力的方程进行求解，采用此类处理方法的湍流模型被称为雷诺应力模型；第二类是不直接处理雷诺应力，而是基于 Boussinesq 假设 [8] 把雷诺应力表示为湍动黏度的函数，如方程（1-7）所示。采用此类处理方法的湍流模型被称为涡黏模型。其中，根据处理湍流黏度的方程的数量可把涡黏模型分为零方程模型、一方程模型和两方程模型。

$$-\rho\overline{u_i'\,u_j'} = \mu_{\text{t}}\left(\frac{\partial u_i}{\partial x_j} + \frac{\partial u_j}{\partial x_i}\right) - \frac{2}{3}\left(\rho k + \mu_{\text{t}}\frac{\partial u_k}{\partial x_k}\right)\delta_{ij} \qquad (1\text{-}7)$$

式中　ρ——流体密度，kg/m³；

x_i——坐标分量，m；

x_j——坐标分量，m；

x_k——坐标分量，m；

u_i——速度分量，m/s；

u_j——速度分量，m/s；

u_k——速度分量，m/s；

u_i'——脉动速度分量，m/s；

u_j'——脉动速度分量，m/s；

k——湍动能，m²/s²；

δ_{ij}——kronecker delta 函数；

μ_{t}——湍动黏度，Pa·s。

标准 $k\text{-}\varepsilon$ 湍流模型是应用最广泛的两方程涡黏模型，它是基于求解湍动能 k 的方程和湍动能耗散率 ε 的方程建立。湍动能 k 的方程如式（1-8）所示，湍动能耗散率 ε 的方程 [9] 如式（1-9）所示。

流体湍动能 k 方程：

$$\rho\left(\frac{\partial k}{\partial t} + \bar{U}_i\frac{\partial k}{\partial x_i}\right) = \frac{\partial}{\partial x_i}\left[\left(\mu + \frac{\mu_{\text{t}}}{\sigma_k}\right)\frac{\partial k}{\partial x_i}\right] + G_k - \rho\varepsilon \qquad (1\text{-}8)$$

式中 ρ——流体密度，kg/m³;

x_i——坐标分量，m;

t——时间，s;

σ_k——模型常数;

G_k——平均速度梯度导致的湍动能产生项，m²/s²;

ε——湍动能耗散率，m²/s³;

k——湍动能，m²/s²;

μ——黏度，Pa·s;

μ_t——湍动黏度，Pa·s。

湍动能耗散率 ε 方程为:

$$\rho\left(\frac{\partial \varepsilon}{\partial t}+\bar{U}_i\frac{\partial \varepsilon}{\partial x_i}\right)=\frac{\partial}{\partial x_i}\left[\left(\mu+\frac{\mu_t}{\sigma_\varepsilon}\right)\frac{\partial \varepsilon}{\partial x_i}\right]+C_{1\varepsilon}\frac{\varepsilon}{k}G_k-C_{2\varepsilon}\rho\frac{\varepsilon^2}{k} \qquad (1\text{-}9)$$

式中 ρ——流体密度，kg/m³;

x_i——坐标分量，m;

t——时间，s;

σ_ε——模型常数;

$C_{1\varepsilon}$——模型常数;

$C_{2\varepsilon}$——模型常数;

G_k——平均速度梯度导致的湍动能产生项，m²/s²;

ε——湍动能耗散率，m²/s³;

k——湍动能，m²/s²;

μ——黏度，Pa·s;

μ_t——湍动黏度，Pa·s。

上述方程中 μ_t 可由方程（1-10）计算得到。$C_{1\varepsilon}$，$C_{2\varepsilon}$，C_μ，σ_k 和 σ_ε 一般由相应的实验测得，通常这些参数取值如表 1-1 所示。

$$\mu_t=\rho C_\mu\frac{k^2}{\varepsilon} \qquad (1\text{-}10)$$

式中 ρ——流体密度，kg/m³;

C_μ——模型常数;

ε——湍动能耗散率，m²/s³;

k——湍动能，m²/s²。

表 1-1 标准 k-ε 模型中的参数数值

C_μ	σ_k	σ_ε	$C_{1\varepsilon}$	$C_{2\varepsilon}$
0.09	1.0	1.3	1.44	1.92

（2）大涡模拟（Large Eddy Simulation，LES） 相比于直接数值模拟（DNS），雷诺平均法在求解流体流动过程中使用了一些近似假设，这使得其在预测准确度上稍有欠缺。DNS 的精度较高，但其需要对流体中的所有涡进行计算，随着雷诺特征数的增加，流体中涡的数量会成指数倍的增长[10]，带来了计算量的极大增加。

LES 是用瞬态 Navier-Stokes 方程对湍流中的大尺度涡进行直接求解，并将小涡对大涡的影响通过近似模型来考虑；LES 法比 RANS 法预测精度高，比 DNS 法计算量小。LES 法中通常使用滤波函数来区分大涡和小涡，例如通过滤波函数方程（1-11）可以将瞬时变量 ϕ 分为大尺度的平均分量 $\bar{\phi}$ 和小尺度分量 ϕ'。

$$\bar{\phi} = \frac{1}{V} \int_D \phi \mathrm{d}x'$$ （1-11）

式中　V——流体体积，m³；

　　　x'——实际流动区域的空间坐标，m。

因此，瞬态连续性方程和 Navier-Stokes 方程可以写成方程（1-12）和方程（1-13），即 LES 法控制方程组。

$$\frac{\partial \rho}{\partial t} + \frac{\partial}{\partial x_i}(\rho \bar{u}_i) = 0$$ （1-12）

式中　ρ——流体密度，kg/m³；

　　　x_i——坐标分量，m；

　　　t——时间，s；

　　　$\bar{u}_i$——时间平均速度分量，m/s。

$$\frac{\partial}{\partial t}(\rho \bar{u}_i) + \frac{\partial}{\partial x_j}(\rho \bar{u}_i \bar{u}_j) = -\frac{\partial \bar{p}}{\partial x_i} + \frac{\partial}{\partial x_j}\left(\mu \frac{\partial \bar{u}_i}{\partial x_j}\right) - \frac{\partial \tau_{ij}}{\partial x_j}$$ （1-13）

式中　ρ——流体密度，kg/m³；

　　　x_i——坐标分量，m；

　　　x_j——坐标分量，m；

　　　$\bar{u}_i$——时间平均速度分量，m/s；

　　　$\bar{u}_j$——时间平均速度分量，m/s；

　　　μ——湍动黏度，Pa·s；

　　　$\bar{p}$——时间平均压力，Pa；

　　　τ_{ij}——亚格子尺度应力，Pa。

与使用雷诺平均法就必须解决雷诺应力问题相似，使用 LES 法就必须解决控制方程组出现的亚格子尺度应力（SGS）τ_{ij}。通常采用构造亚格子尺度模型[11]来计算 SGS，主要的模型有 Smagorinsky-Lilly 模型、WALE（Wall-Adapting Local Eddy-viscosity）模型、Dynamic Smagorinsky-Lilly 模型、Algebraic Wall-Modeled

LES 模型和 Dynamic Kinetic Energy Subgrid-Scale 模型。其中，前两种模型较为常用，但 WALE 模型对流场在基本特征和细节上的刻画更为准确。

3. 高剪切混合器CFD模拟研究中常用的参考系模型

数值模拟计算在求解流体流动的控制方程组时通常采用静态（惯性）参考系或者动态（非惯性）参考系。高剪切混合器是一种带旋转部件的设备，在数值模拟中，它会被分为不断旋转的动域和静止不动的静域两部分[12]，需要使用动态参考系进行模拟。目前广泛用于处理动态参考系的三种模型是：单旋转参考系模型、多重参考系（Multi-Reference Frame，MRF）模型和滑移网格（Sliding Mesh，SM）模型。其中，高剪切混合器的 CFD 模拟研究中常用的参考系模型为 MRF 模型和 SM 模型。

（1）MRF 模型　　MRF 模型就是在求解时建立多个参考系，此方法通常根据动静件的结构将整个计算域分为静域和动域等多个部分，如图 1-9 所示。在动域内使用旋转参考系构建和求解运动方程，在静域内使用静止参考系构建和求解运动方程[13]。由于动静域计算所用的参考系不同，所以在动静域交界面处通常采用局部参考系转换的方法完成数据传递。虽然 MRF 模型是一种稳态近似，在动静件相互作用很强的系统中预测精度较差，

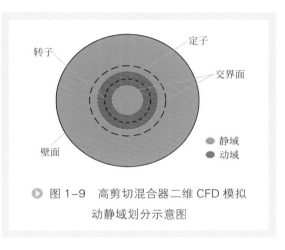

▶ 图 1-9　高剪切混合器二维 CFD 模拟动静域划分示意图

但是在动静件相互作用较弱的系统中，其还是能获得良好的预测结果。例如，一些桨叶与挡板相互作用较弱的搅拌釜。当动静件相互作用很强时，为了获得精确的计算结果，必须使用 SM 模型来进行求解。此外，MRF 模型的计算结果可以用作 SM 模型的初始流场，这会相应减小计算的时间，加速收敛速度。

（2）SM 模型　　SM 模型是在动静域交界面上，动域面与静域面不共用网格节点，在计算中两者是相互滑动的。虽然与 MRF 模型相似，模拟时都将计算域分为动域和静域两部分，但是与 MRF 模型将不同区域看作拟稳态并忽略动静域瞬态作用不同，SM 模型基于非稳态并考虑动静域瞬态作用，所以 SM 模型用于动静件相互作用很强的系统中具有很好的预测效果。计算过程中，在每一个时间步长结束时，交界面上分别与动域面和静域面相连的网格随动域面与静域面滑动，在这一过程中会出现网格的破坏与重构；同时，在动静域交界面上动量、质量等通过守恒插值的方法进行传递，这会相应增加计算量，所以，采用 SM 模型的计算速度较 MRF 模型的慢。

4. 高剪切混合器内计算网格划分

用于 CFD 模拟的软件很多，常用软件为 Fluent。Fluent 是一种基于有限体积法离散和求解控制方程组的软件，其在计算的前处理部分需要将整个计算域划分成大量具有一定体积的小微元体，即计算网格。网格包括节点、控制体积、界面和网格线四要素。在二维结构中常用的网格有四边形和三角形，在三维结构中常用的网格有四面体、六面体等。网格还被分为结构型网格和非结构型网格，常用的结构型网格主要有长方形、正方形、长方体、正方体等；常用的非结构型网格主要有四面体、锲形体等 [7]。一般认为在模拟计算中结构型网格比非结构型网格在网格质量和计算量上更具有优势。

网格划分虽然是 CFD 模拟前处理中的多个环节之一，但其在模拟过程中具有举足轻重的地位。网格的数量，一方面决定模拟计算的速度，另一方面决定模拟计算所需要的储存容量；网格的质量，一方面决定计算收敛的速度，另一方面决定计算结果的可靠性。所以，在网格划分时要尽可能多地绘制适应几何模型和物理量分布形态的结构型网格，以减小网格数量、提高网格质量。

高剪切混合器不但几何结构复杂，而且定转子附近各物理场量的梯度较大；因此，只有精准绘制适应几何模型和物理量分布形态的高质量网格才能获得准确的模拟结果，这为高剪切混合器内的网格编辑提出了更高的要求。为了解决既要保证网格数量不过多，又要确保在结构复杂、物理场量梯度较大的区域尽可能地绘制精细网格的难题，需要采用分块处理和根据速度梯度加密的方法。

以捷流式高剪切混合器的网格划分为例：首先，根据速度、流型等物理场量的分布预估结果对流体域进行分块处理，如图 1-10 所示，将整个静域分为 9 块。其次，根据流体速度梯度在不同块内的分布，设置不同的网格尺寸；基本原则为在速度梯度高的地方设置较小的网格尺寸，在靠近混合器筒壁的部分设置较大的网格尺寸。

最后，在 Fluent 内根据速度梯度对网格进行自适应性加密处理，以获得更为符合物理场分布形态的结构精细网格 [14,15]。具体的网格绘制结果如图 1-11 所示。由图 1-11 可以看到计算域内以规整的结构型网格为主，不同区块的网格尺寸不同，定子转子附近区域网格被充分加密；转子域和定子附近的静域内的网格尺寸为 0.1 ~ 2mm，其他区域网格尺寸为 2 ~ 5mm。

此外，一些研究者就高剪切混合器定转子区域内绘制多大尺寸的网格进行了探究，其中，Mortensen 等 [4] 通过对比 CFD

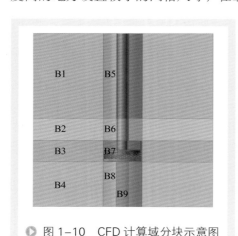

▶ 图 1-10　CFD 计算域分块示意图

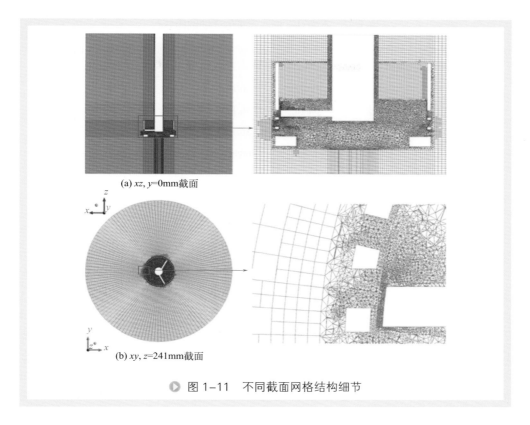

(a) *xz*, *y*=0mm截面

(b) *xy*, *z*=241mm截面

▶ 图 1-11　不同截面网格结构细节

模拟与 PIV 测量所得的速度分布结果得到，在定子侧面开孔内，沿周向至少划分50 层网格，才能使得 CFD 模拟能准确获得定子开孔内流体的流动细节。

三、单相径流式间歇高剪切混合器流场模拟

　　笔者采用 CFD 模拟研究了具有不同开孔尺寸和开孔形式定子（见图 0-4）的径流式高剪切混合器。剪切头置于搅拌槽中心，圆柱形搅拌槽直径和物料液位高度相同，均为 150mm，剪切头定子底面距搅拌槽底 50mm。径流式高剪切混合器的转子为四叶直立叶片型，转子直径 D 为 26mm，转子叶片高 16mm；定子内径 D_s 为28mm，外径 31mm，定子侧面开孔区高度与转子叶片高度相同。定子侧面长方形开孔为单排，圆形和正方形开孔为 7 排，呈交错排列。不同形式定子的具体的结构参数如表 1-2 所示。

　　CFD 模拟中计算网格划分方法如前面所示，网格总数约 360 万，网格尺寸为0.02～2mm。计算过程中，首先采用 MRF 方法的稳态模拟获得初始流场，再采用瞬态的 SM 方法进行模拟。瞬态模拟过程中时间步长设置为 1/200 的转子旋转周期。

表 1-2　不同开孔形式定子的详细结构参数

编号	定子侧面开孔形式	定子侧面开孔尺寸 /mm	水力学半径 h_r/mm	定子侧面开孔率 /%	定子侧面开孔数	定子底面开孔直径 D_b/mm	剪切间隙 /mm
B1	长方形	2.65×16	1.137	36.1	12	21	1
B2	正方形	2.46×2.46	0.615	36.1	84	21	1
B3	圆形	2.777	0.694	36.1	84	21	1
B4	圆形	3.6	0.900	60.8	84	21	1
B5	圆形	2.4	0.600	27.0	84	21	1
B6	圆形	2.777	0.694	36.1	84	28	1
B7	圆形	2.777	0.694	36.1	84	14	1
B8	圆形	2.777	0.694	36.1	84	0	1

　　图 1-12 为模拟计算中所设定的各监测面的位置示意图。监测面 Plane1 用于监测定子底面开孔内流体流量，监测面 Plane2 用于监测定子侧面开孔内流体流量。图 1-13 为不同结构的径流式高剪切混合器定转子附近的速度矢量分布图。由图 1-13（a）可知，对于径流式高剪切混合器，定子侧面开孔内有明显的射流存在，这主要由于转子叶尖的高速切向流体撞击在定子孔壁的前缘，切向速度转换为径向速度所致。此外，定子侧面又存在径向回流，外排射流均位于定子孔的前沿区域，径向回流位于定子孔的后沿区域；这是由于高速流体在孔的前沿发生折射形成径向射流的同时，带动孔中间区域流体也向外流动而孔后沿区域流体向中间流动进而形成环流，定子侧面孔内外排流量和回流量分别记为 Q_{so} 和 Q_{si}。此外，在图 1-12（b）所示的 −45° 到 45° 范围内，沿着转子的旋转方向分布的定子侧面开孔内外排射流的速度在逐渐减小，径向回流的流速略微增加。由图 1-13（b）中轴向截面的速度矢

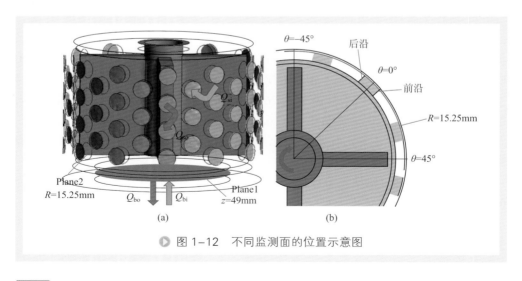

图 1-12　不同监测面的位置示意图

量分布结果可知，定子侧面开孔内的外排射流速度由定子上部开孔到定子下部开孔逐渐减弱，而回流流速由定子上部开孔到定子下部开孔逐渐增加；特别的是，位于定子上部的定子侧面开孔内的外排射流出现于孔的上边沿区域，而其余定子侧面开孔内的外排射流出现于孔的下边沿区域。此外，图 1-13（b）和（c）中所示 B3 的定子底面开孔内仅存在轴向回流流型；B6 定子底面开孔内不仅存在轴向回流流型，还存在轴向外排流型，对应流量分别记为 Q_{bo} 和 Q_{bi}。造成 B3 和 B6 定子底面开孔内外排流型不同的原因可能与定子开孔直径大小有关。

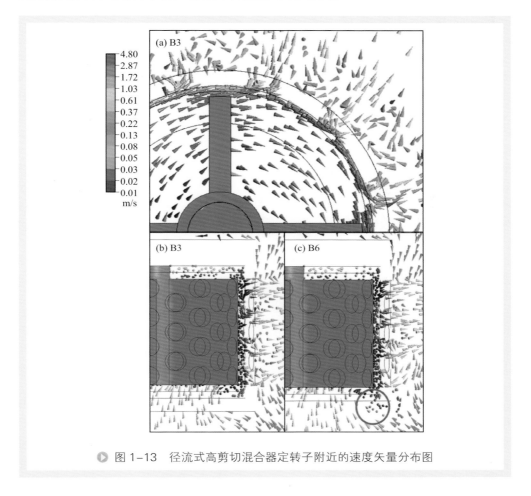

🔺 图 1-13　径流式高剪切混合器定转子附近的速度矢量分布图

由图 1-14 中速度矢量分布的结果可知，转子叶片外排流体由定子侧面开孔沿径向排出，外排流体到达桶壁后流体流向在壁面处发生折射一部分流体向上流动，另一部分流体向下流动。向上流动的流体到达液面后在搅拌轴的作用下转而向下流动，形成上部环流；向下流动的流体，在搅拌槽底面发生折射转而向上流动，经定子底面开孔被转子吸入剪切头内进而继续循环，形成了下部环流。受到转子吸入和

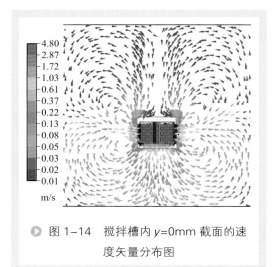

▶ 图 1-14 搅拌槽内 $y=0$mm 截面的速度矢量分布图

排出流体的影响，搅拌槽的下部环流的流体流速相对较高。

图 1-15 为转子转速 3000r/min 时，B3 型高剪切混合器不同定转子相对位置下的速度矢量分布图。从图中可以发现，定子孔位置的流型明显受转子叶片位置影响，当转子叶片接近定子开孔前沿时，定子孔内射流的速度和射流的宽度最大，随着转子叶片向定子前沿移动的过程中，定子孔内的射流速度和宽度逐渐减小。此外，在高速射流的背面，大量流体返混至定子开孔内，在孔的后沿附近区域形成明显的环流。

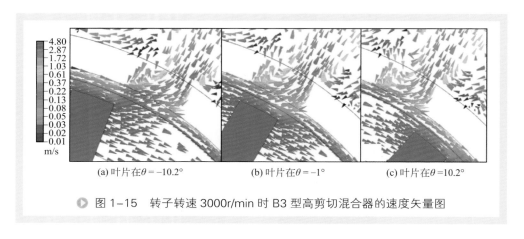

(a) 叶片在 $\theta=-10.2°$ (b) 叶片在 $\theta=-1°$ (c) 叶片在 $\theta=10.2°$

▶ 图 1-15 转子转速 3000r/min 时 B3 型高剪切混合器的速度矢量图

图 1-16 为不同转子转速下径流式剪切头附近归一化速度 V/V_{tip} 的分布结果。由图 1-16 中可以看到，在定子外侧射流区归一化速度 V/V_{tip} 的分布在不同转子转速下略有不同；但在转子区域和定子侧面开孔内归一化速度 V/V_{tip} 的分布近乎相同。图 1-17 中，不同转子转速下定子侧面孔内归一化径向速度分布的结果近乎相同，则更能说明这一点。这预示着对于径流式高剪切混合器，不同转子转速下混合头附近流体流型相似，流体流速与转子叶尖速度 V_{tip} 成正比。

图 1-18 为不同转子转速下，径流式剪切头附近归一化湍动能耗散率 $\varepsilon/(N^3D^2)$ 大于 1.0 的区域分布图。由图 1-18 中可以得到，不同转子转速下最大的归一化湍动能耗散率，总是分布在孔的前沿附近区域。此外，与归一化速度分布相似，虽然不同转速下归一化湍动能耗散率，在转子外围射流区分布略有差异，但在转子区域和

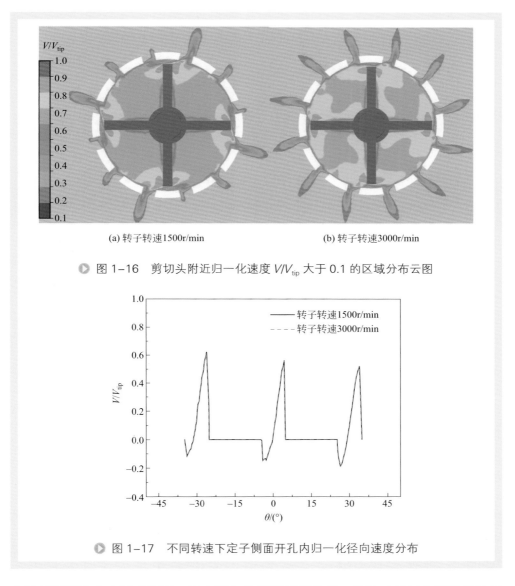

(a) 转子转速1500r/min　　　　　　　　(b) 转子转速3000r/min

▶ 图 1-16　剪切头附近归一化速度 V/V_{tip} 大于 0.1 的区域分布云图

▶ 图 1-17　不同转速下定子侧面开孔内归一化径向速度分布

定子侧面开孔分布近乎相同。这表明与普通搅拌桨类似，径流式剪切头附近能量耗散率与 $N^3 D^2$ 成正比。

　　表 1-3 为转子转速 3000r/min 时径流式剪切头附近的流体流量，其中转子外排流体的总流量 Q_{tot} 由式（1-14）计算得到，定子侧面开孔的平均单孔外排流体流量 Q_{aso} 由式（1-15）计算得到。

$$Q_{tot} = Q_{so} + Q_{bo} \tag{1-14}$$

式中　Q_{tot}——转子外排流体的总流量，L/min；

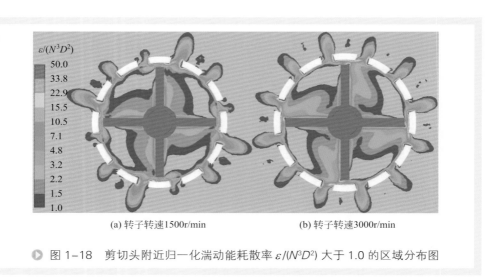

(a) 转子转速1500r/min   (b) 转子转速3000r/min

图 1-18　剪切头附近归—化湍动能耗散率 $\varepsilon/(N^3D^2)$ 大于 1.0 的区域分布图

Q_{so}——定子侧面开孔外排流体流量，L/min；

Q_{bo}——定子底部开孔外排流体流量，L/min。

$$Q_{aso} = \frac{Q_{so}}{n} \qquad (1\text{-}15)$$

式中　n——定子侧面开孔数目；

　　　Q_{aso}——定子侧面开孔的平均单孔外排流体流量，L/min。

由表 1-3 中 B1、B2 和 B3 的结果可知，定子侧面开孔率和定子底面开孔直径相同的情况下，定子侧面外排流量与定子侧面开孔形式有关。就 Q_{so} 而言，圆形孔最大，正方形孔次之，长方形孔最小。此外，就 Q_{aso} 来说，长方形孔最大，圆形孔次之，正方形孔最小。

表 1-3　径流式剪切头附近的流体流量（转子转速 3000r/min）

编号	$Q_{so}/$（L/min）	$Q_{si}/$（L/min）	$Q_{bo}/$（L/min）	$Q_{bi}/$（L/min）	$Q_{tot}/$（L/min）	$Q_{aso}/$（L/min）
B1	27.6	5.8	0	21.8	27.6	2.300
B2	28.5	5.5	0	23.0	28.5	0.339
B3	29.0	5.9	0	23.1	29.0	0.346
B4	33.4	7.7	0	25.7	33.4	0.397
B5	24.9	4.6	0	20.3	24.9	0.296
B6	29.0	5.8	4.8	28.0	33.8	0.345
B7	21.1	6.1	0	15.0	21.1	0.251
B8	5.0	5.0	0	0.0	5.0	0.059

由图1-19可知，B1的定子外围高速射流区的长度和宽度要显著大于B2和B3，而B2和B3的差别较小；这与总开孔数有关，表1-3中的B1的Q_{aso}值明显大于B2和B3的，而B2的和B3的相近，则印证了这一原因。此外，还可以得到相比于B1的，B2和B3定子外围射流区速度分布更为均匀，这与开孔的列数有关。

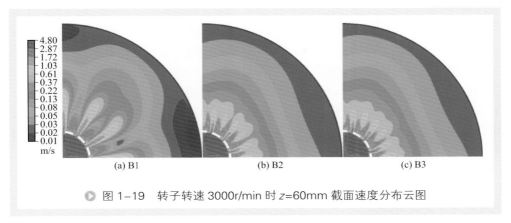

● 图1-19　转子转速3000r/min 时 z=60mm 截面速度分布云图

图1-20中径向速度分布结果表明，定子孔内径向速度从后沿到前沿之间分布为：先负方向增大，然后向正方向变化越过零点后达到最大值，再下降到零；最大的径向射流速度出现在定子孔的前沿附近，而最大的回流流速出现在定子孔后沿附近。此外，无论定子孔的几何结构如何，转子叶片上游沿转子旋转方向分布的定子孔内的径向外排流体流速逐渐减小，而回流流速逐渐增大，这与图1-13（a）中观察到的结果相符。笔者还发现，虽然长方形开孔的Q_{aso}要大于圆形和正方形开孔的，但其孔内外排射流的最大流速却较低，最大射流速度与Q_{so}近乎成正比。

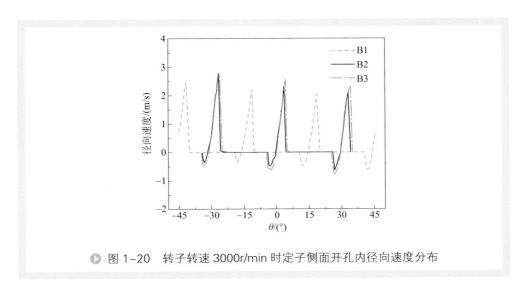

● 图1-20　转子转速3000r/min 时定子侧面开孔内径向速度分布

图 1-21 剪切速率分布和图 1-22 湍动能耗散率分布结果相似,在定子内侧、定子开孔内和定子外围射流区的剪切速率和湍动能耗散率较高,从定子外围到搅拌槽壁面之间剪切速率和湍动能耗散率逐渐降低。在定子侧面开孔内,与速度分布相似,高剪切速率区和高湍动能耗散率区域位于孔的前沿,这与高速流体在孔的前沿发生碰撞折射有关,在这一过程中产生极大的速度波动和能量损耗。此外相比于长方形开孔,圆形开孔和正方形开孔的定子外围射流区的剪切速率和湍动能耗散率分布更加均匀。速度、剪切速率和湍动能耗散率分布的结果表明,带有长方形开孔的定子其单孔内射流能延伸至搅拌槽桶壁附近,射流的强度、射流区剪切速率和湍动能耗散率更大,射流在定子外围主流区耗散相当的能量,这更适合于主体混合要求较大的场合。而带有正方形孔和圆形孔的定子由于在剪切头附近的剪切速率和湍动能耗散率分布更加均匀集中,这用于制备小颗粒(或液滴、气泡)尺寸分散系的场合中可能会获得更窄的粒径分布范围。

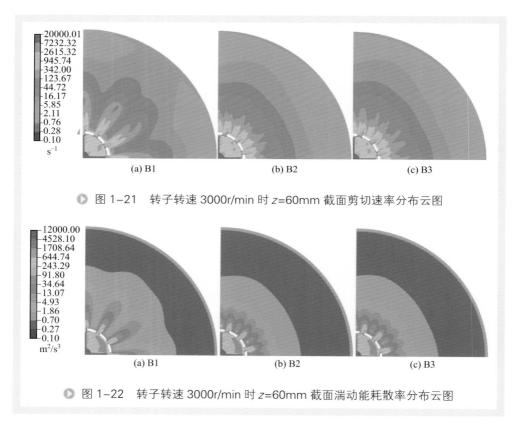

图 1-21　转子转速 3000r/min 时 z=60mm 截面剪切速率分布云图

图 1-22　转子转速 3000r/min 时 z=60mm 截面湍动能耗散率分布云图

对比图 1-23(a)、(b)和图 1-19(c)的结果发现,随着定子侧面开孔率的增加,定子外围流体流速增加,这与表 1-3 中 B3、B4 和 B5 所对的 Q_{so} 的值变化规律相符。这主要是由于随着定子侧面开孔率的增加,转子外排流体的流道变大、流动

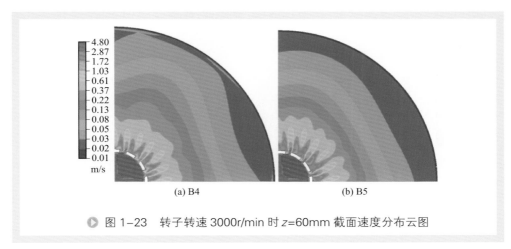

(a) B4　　　　　　　　　　(b) B5

▶ 图 1-23　转子转速 3000r/min 时 z=60mm 截面速度分布云图

阻力降低，进而使得转子的排液能力提高，外排流体的量增大；最终导致定子外围射流区的流体流速提高。图 1-24 中径向速度分布的结果表明，B4 定子孔内正向流速分布的宽度大于 B5，这是由于定子侧面开孔直径的增大导致。此外，更为显著的是随着开孔率的增加，定子侧面开孔内射流的速度逐渐降低。这主要是因为：虽然随着定子侧面开孔率增加，孔内外排流体的流量增加；但是，孔的总面积也显著增加，导致流速降低。

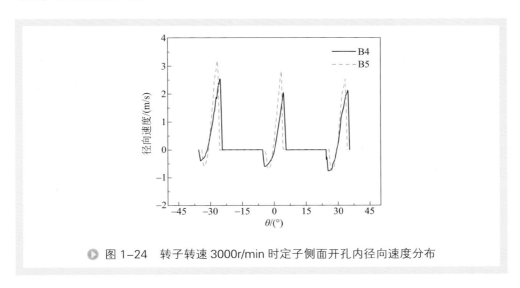

▶ 图 1-24　转子转速 3000r/min 时定子侧面开孔内径向速度分布

　　图 1-25 和图 1-26 剪切速率和湍动能耗散率分布的结果表明，随着定子侧面开孔率的增加，定子外围区域剪切速率和湍动能耗散率逐渐增加。这是因为随着定子侧面开孔率增加，外排射流流量增大，外排射流与搅拌槽内主流的相互作用强度增加，使得流体内部的扰动增加，最终导致剪切速率和湍动能耗散率增加。此外，还

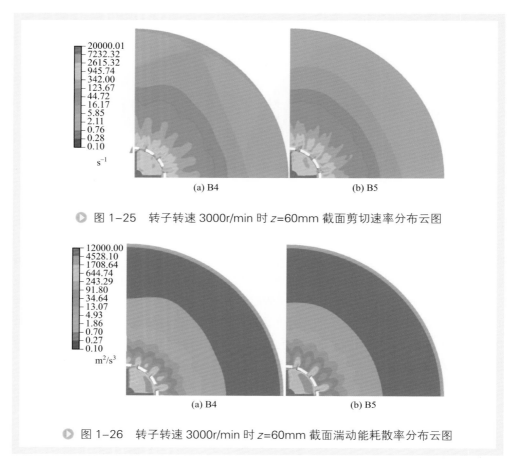

图 1-25　转子转速 3000r/min 时 z=60mm 截面剪切速率分布云图

图 1-26　转子转速 3000r/min 时 z=60mm 截面湍动能耗散率分布云图

可以看到，相比于 B5 的，B4 定子侧面开孔内的高剪切速率区域的面积较小。这是因为，不仅 B5 定子孔内流体的径向速度高于 B4 的，而且 B5 定子侧面开孔的直径要小于 B4 的。这表明 B5 定子孔内的速度梯度较大，剪切速率也相应较大。相比于 B3 和 B4 的，B5 的定子侧面开孔内流体流速和高剪切速率区最大，这预示着在定子侧面外排流量相差不大的情况下，当转子转速相同时，具有较小侧面开孔直径的定子用于解聚和乳化过程，可能会获得更小的粒径分布结果。

　　图 1-27 中速度分布的结果表明，随着定子底面开孔直径的减小，定子侧面射流区和定子孔内的高流速区域的面积逐渐减小，表 1-3 中 B6、B7 和 B8 的径向外排流量 Q_{so} 以及图 1-28 中定子开孔内径向速度分布逐渐减小更能说明这一点。造成上述现象的主要原因是，随着定子底面开孔直径的减小，由定子底面吸入剪切头的流体的流动阻力增大，转子的排液能力降低。根据表 1-3 中 B3、B6、B7 和 B8 定子侧面外排流量 Q_{so} 的结果，笔者发现随着定子底面开孔直径的增加，定子侧面孔内外排流量增加的幅度逐渐减小，图 1-20 和图 1-28 中 B3、B6、B7 和 B8 定子的

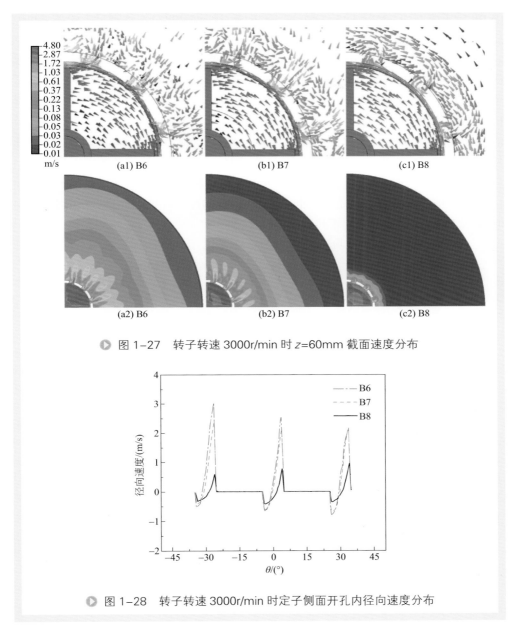

图 1-27　转子转速 3000r/min 时 z=60mm 截面速度分布

图 1-28　转子转速 3000r/min 时定子侧面开孔内径向速度分布

孔内径向速度增加量减小的变化趋势与之相印证。这主要是由于定子侧面开孔率和开孔形式不变，随着径向外排流量的增加，外排流体的流速增加，外排流体与定子壁面的碰撞概率和湍动程度增加，从而导致外排阻力增大，最终导致外排流量增加量逐渐减小。此外，对比图 1-27（a1）、（b1）和（c1）可以得到，B8 中沿转子旋转方向分布的定子孔内外排流体流速逐渐增大，这与 B6 和 B7 的结果相反，图 1-28

中 B8 定子侧面由 –45° 到 45° 分布的开孔内流体径向速度分布逐渐增大的结果也能反映这一规律；需要注意的是 B8 中定子底面开孔为零。

由图 1-29 和图 1-30 中剪切速率和湍动能耗散率的分布结果可知，随着定子底面开孔直径的增加，定子外围射流区剪切速率和湍动能耗散率逐渐增大。这可能是由于转子径向外排流量增加，导致定子侧面孔内射流流速增大，但外排流量变化对搅拌槽内主体流动影响较小，导致射流流速与主体流动流速差距增大，进而使得射流区域速度梯度增大、流体湍动增强，最终导致剪切速率和湍动能耗散率增加。此外，随着定子开孔的增加，定子侧面开孔内剪切速率和湍动能耗散率也呈增加趋势，这预示着定子底面开孔的增加，更有利于破碎和解聚过程；需要注意的是，图 1-13（c）中可以看到，当定子底面全开时会有部分流体沿定子内侧壁面向下排出形成短路，这反而不利于解聚和破碎过程。

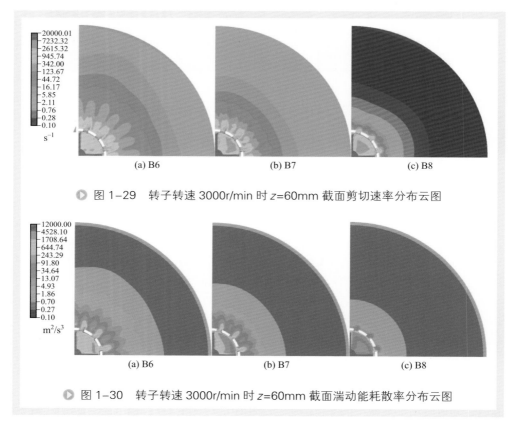

图 1–29　转子转速 3000r/min 时 z=60mm 截面剪切速率分布云图

图 1–30　转子转速 3000r/min 时 z=60mm 截面湍动能耗散率分布云图

图 1-31 为带有不同底面开孔直径的定子的高剪切混合器的无量纲排量 $Q_{tot}/(ND^3)$ 与功率特征数的关系图。图中结果表明，在恒定转子转速和定子侧面开孔率下，功率特征数 Po 正比于无量纲排量。

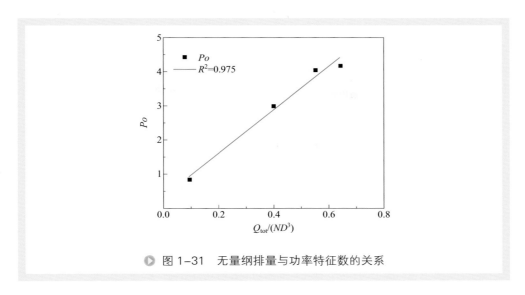

图 1-31　无量纲排量与功率特征数的关系

四、捷流式间歇高剪切混合器流动模拟

捷流式高剪切混合器可以根据转子叶片的构型、定子的开孔位置以及开孔面积，来调控轴向和径向的流体流率，进而调控局部的能量耗散率和整体的轴向循环速率，来满足不同需求。为了揭示定转子剪切间隙、转子叶片倾角和定子底面开孔直径的变化对捷流式高剪切混合器功耗和流场特性影响的一般规律，笔者通过实验和 CFD 模拟的方法对捷流式高剪切混合器进行了详细的研究。

捷流式剪切头被置于一个直径和液位高度均为 800mm 的搅拌槽的中心，剪切头转子底面与桶底距离为液位高度的 1/3。剪切头由三叶折页式的转子和带有侧面开孔的定子组成。剪切头定子内径为 158mm，厚 4mm，上端面为全开式，下端面为半开式，下底板厚 10mm，侧面开五排圆形孔，各排呈交错排列，总开孔个数为130 个，所开圆形孔直径 8mm。高剪切混合器定转子剪切头的几何结构细节如图1-32 所示。不同构型捷流式高剪切混合器的详细结构参数如表 1-4 所示。

在 CFD 模拟计算所用的三维几何模型由约 840 万个四面体和六面体混合网格组成，转子域内的网格尺寸为 0.1～2mm，流体域的网格尺寸为 2～5mm，定转子附近网格结构细节如图 1-33 所示。模拟采用 MRF 方法和标准 k-ε 模型，增强壁面函数。转子每旋转一周为一个计算周期（Tr）。模拟计算采用的时间步长为Tr/200，动量方程采用二阶迎风格式。通过监测计算的迭代残差小于 10^{-4} 且转子壁面扭矩至恒定值作为计算收敛的判断标准。模拟所得的流体流量、时均速度、时均剪切速率和时均湍动能耗散率的结果均为最后一个计算周期内的时均值。通过对比实验和 CFD 模拟所得的功耗来验证模型的适用性。

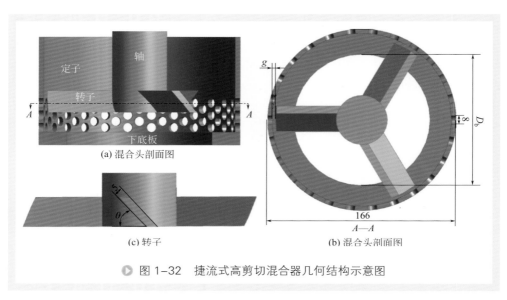

图中文字：轴，定子，转子，下底板，A，A，(a) 混合头剖面图，g，8，D_b，166，A—A，(b) 混合头剖面图，2，θ，(c) 转子

▶ 图 1-32　捷流式高剪切混合器几何结构示意图

表 1-4　不同捷流式高剪切混合器的详细结构参数

编号	转子直径 D/mm	转子叶片倾角 θ/(°)	剪切间隙宽度 g/mm	定子底面开孔直径 D_b/mm
RS0[①]	156	47	—	—
RS1	152	47	3	120
RS2	154	47	2	120
RS3	156	47	1	120
RS4	156	30	1	120
RS5	156	60	1	120
RS6	154	47	2	82
RS7[②]	154	47	2	158

① RS0 构型不含定子。

② RS7 构型只在 CFD 模拟中考察。

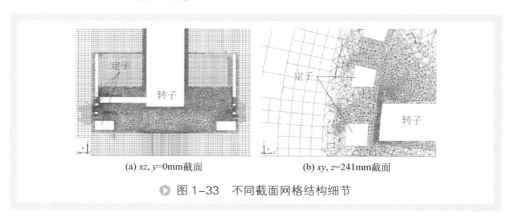

图中文字：定子，转子，(a) xz, y=0mm 截面，定子，转子，(b) xy, z=241mm 截面

▶ 图 1-33　不同截面网格结构细节

计算域内数据采集平面及其位置如图 1-34 所示。Plane1、Plane2 用来采集并展示搅拌槽内轴向和径向截面的速度、剪切速率和湍动能分布，Plane6 用来采集和展示正对混合器转子±60° 范围内定子侧面开孔中的速度分布、剪切速率和湍动能分布。Plane3、Plane4 和 Plane5 用于监测进出捷流式高剪切混合器剪切头的流体的体积流量。

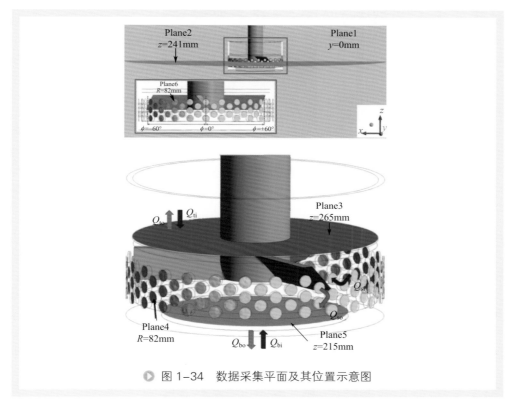

● 图 1-34 数据采集平面及其位置示意图

捷流式高剪切混合器定转子附近区域以及定子侧面开孔内时均速度分布如图 1-35 所示。图 1-35（a）表明，径向分布的定子侧面开孔中既存在径向射流，又存在径向回流，这与图 1-13 中径流式高剪切混合器结果相似。此外，图 1-35（a）中还可以看到，转子叶尖附近的孔内以径向射流为主，转子叶片下游的孔内射流出现在孔的上沿，转子叶片上游的孔内射流出现在孔的下沿，转子叶片上游的孔内回流现象明显。图 1-35（c）表明，轴向分布的定子侧面开孔内也存在射流和回流，转子叶片下方的孔以射流为主，上方的孔以回流为主。图 1-35（b）表明定子底面开孔中也同时存在回流和射流，开孔的中心区域以向上的回流为主，两侧区域以向下的射流为主。这是捷流式高剪切混合器所特有的流型。与此同时，在图 1-35（b）中还可以清晰地观察到，在定子内侧、转子叶片的右上方区域存在逆时针流动的环流，靠近搅拌轴附近区域以向下的回流为主，靠近定子内壁附近区域以向上的射流为主。

图 1-36 为不同转子转速下，搅拌槽内不同截面归一化速度 V/V_{tip} 的分布结果。

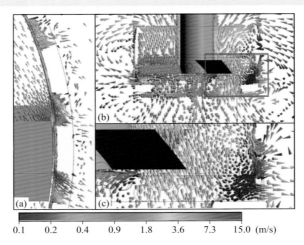

0.1　0.2　0.4　0.9　1.8　3.6　7.3　15.0 (m/s)

图 1-35　转子转速 1600r/min 时捷流式高剪切混合器混合头附近时均速度矢量分布图

（a）xy 截面；（b）（c）xz 截面

由图 1-36 可以看到，不同转子转速下，定子内侧区域归一化速度 V/V_{tip} 的分布相似；定子侧面和定子底面区域在不同的转子转速下归一化速度 V/V_{tip} 的分布出现明显的差异。随着转子转速的增加，转子叶片前沿所对应的定子外侧射流区的 V/V_{tip} 值明显增大，定子底面开孔下方射流区的 V/V_{tip} 值明显增大，这预示着随着转子转速的增加，定子外围流体的流型会发生显著的变化。

图 1-37 为剪切头附近归一化湍动能耗散率 $\varepsilon/(N^3D^2)$ 大于 0.1 的区域的分布云图，可以明显地看到，不同转子转速时，剪切头区域的归一化湍动能耗散率分布并

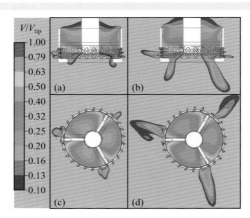

图 1-36　剪切头附近归一化速度 V/V_{tip} 大于 0.1 的区域分布云图

（a）（b）xz 截面；（c）（d）xy 截面；

（a）（c）转子转速 500r/min；（b）（d）转子转速 1500r/min

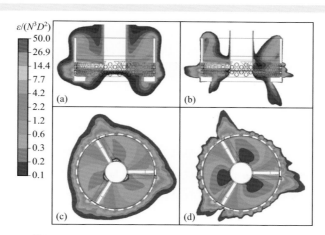

图 1-37　剪切头附近归一化湍动能耗散率 $\varepsilon/(N^3D^2)$ 大于 0.1 的区域分布云图

（a）（b）xz 截面；（c）（d）xy 截面；
（a）（c）转子转速 500r/min；（b）（d）转子转速 1500r/min

不相同，转子转速 500r/min 时相应的数值明显较大。这一结果与图 1-18 中径流式高剪切混合器的归一化湍动能耗散率的分布结果并不相同，这可能与定转子构型有关，预示着在捷流式剪切头附近湍动能耗散率与 N^3D^2 不成正比。

表 1-5 为进出捷流式高剪切混合器的流体的体积流量（$Q_{tot}=Q_{to}+Q_{bo}+Q_{so}$）。对比 RS1、RS2 和 RS3 的结果可以发现，随着剪切间隙的减小，进入剪切头的流体总流量略有增加，但定子侧面开孔中射流流量没有明显变化；这是由于 RS1、RS2 和 RS3 的转子叶片的直径相差很小。对比 RS3、RS4 和 RS5 的结果可以发现，随着转子叶片倾角的增加，进入剪切头的流体总量和定子底面开孔内的射流流量先增大后减小，定子底面开孔的回流量和侧面开孔内的射流流量有明显增加。这是由于随着转子叶片倾角的增加，转子叶片在轴向的投影面积增加，进而增大了转子叶片

表 1-5　通过各监测面的流体的体积流量

转子转速（r/min）	编号	Plane3 回流流量 Q_{ti} /(L/min)	Plane5 回流流量 Q_{bi} /(L/min)	Plane4 回流流量 Q_{si} /(L/min)	Plane3 外排流量 Q_{to} /(L/min)	Plane5 外排流量 Q_{bo} /(L/min)	Plane4 外排流量 Q_{so} /(L/min)	外排总流量 Q_{tot} /(L/min)
250	RS1	111.29	6.08	3.15	72.01	41.27	7.24	120.52
	RS2	114.67	6.28	3.40	74.37	42.32	7.65	124.34
	RS3	120.76	5.37	3.68	75.25	46.53	8.03	129.81
	RS4	98.97	3.64	4.18	54.99	44.74	7.05	106.78
	RS5	124.22	8.39	4.40	91.54	37.22	8.23	137.00
	RS6	111.06	0.02	3.28	91.53	13.58	9.25	114.36
	RS7	111.19	34.32	3.53	48.24	95.40	5.40	149.04

转子转速（r/min）	编号	Plane3 回流流量 Q_{ti} /(L/min)	Plane5 回流流量 Q_{bi} /(L/min)	Plane4 回流流量 Q_{si} /(L/min)	Plane3 外排流量 Q_{to} /(L/min)	Plane5 外排流量 Q_{bo} /(L/min)	Plane4 外排流量 Q_{so} /(L/min)	外排总流量 Q_{tot} /(L/min)
1600	RS1	2167.97	39.46	66.93	375.56	1307.82	590.97	2274.35
	RS2	2280.84	37.47	67.55	416.54	1339.58	629.74	2385.86
	RS3	2337.02	35.51	83.19	461.15	1387.49	607.08	2455.71
	RS4	1706.22	6.72	56.52	159.67	1105.52	504.27	1769.46
	RS5	2008.75	116.03	47.99	595.79	761.83	815.14	2172.77
	RS6	1673.51	7.49	35.83	540.98	277.98	897.86	1716.82
	RS7	2373.87	211.13	195.00	422.90	2002.59	354.52	2780.01

的有效作用面积，增强了转子的排液能力，特别是径向排液能力，使得定子侧面开孔内射流流量增大；但是，由于定子的阻碍，流体通过定子侧面开孔外排的阻力比通过其他方向外排的阻力要大，随着转子倾角的增加，定子侧面开孔内流量的进一步增加，流体流动的阻力也相应迅速增加，这反而抑制了流体的流动，导致总流量下降。对比 RS2、RS6 和 RS7 的结果可以发现，随着定子底面开孔的减小，通过定子侧面开孔和转子上方平面的外排流量增加，总流量和其他流量均减小；这是由于定子底面开孔的减小，不仅阻碍了流体从定子底面开孔流出，还增大了流动阻力。

图 1-38 为转子转速 1600r/min 时不同剪切间隙宽度的捷流式高剪切混合器流

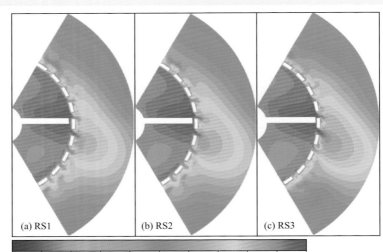

0.001　0.003　0.007　0.018　0.047　0.122　0.320　0.838　2.192　5.734　15.000　(m/s)

▶ 图 1-38　转子转速 1600r/min（$Re \approx 4400$）时 Plane2 截面（$R<200\text{mm}$）时均速度分布云图

场在 xy 截面（$R<200\text{mm}$）时均速度分布云图。对比图 1-38（a）、（b）和（c）的结果可以得到，随着剪切间隙的减小，定子外侧高速射流区的长度有所增加，但宽度先增大后减小，这与表 1-5 中转子转速 1600r/min 时 RS1、RS2 和 RS3 所对应的 Q_{so} 值先增大后减小的趋势一致。造成上述现象的原因是，当定转子剪切间隙减小时，转子直径也相应地增加，这使得转子的排液能力略有增加。表 1-5 中 RS1、RS2 和 RS3 所对应的总排量 Q_{tot} 和定子侧面开孔内排量 Q_{so} 总体上均逐渐增加，与时均速度的变化相互印证。

对比图 1-39 中（a1）、（b1）和（c1）的结果可知，与层流趋势相似，湍流时随着剪切间隙的减小，定转子剪切间隙内和定子外围射流区的剪切速率在逐渐增高。由图 1-39 中（a2）、（b2）和（c2）的结果可知，位于转子叶尖附近的定子侧面开孔内的剪切速率要高于远离转子叶尖的孔，靠近定子底面的孔内时均剪切速率要普遍高于位于它们上方孔的。对比图 1-40 中 RS1、RS2 和 RS3 的时均剪切速率分布以及剪切速率的时均值和最大值可以发现，随着剪切间隙的减小，搅拌槽内时均剪切速率的分布向较大值方向偏移。造成层流和湍流时，时均剪切速率分布随剪切间隙减小而逐渐增大的原因，包含两个方面：①由于转子叶尖附近的流体具有较高速度，而定子壁面附近的流体流速接近于零，随着剪切间隙的减小，速度梯度必然增大，剪切速率随之增加。②由表 1-5 可知，随着剪切间隙的减小，RS1、RS2 和 RS3 的转子总排量 Q_{tot} 值逐渐增大，通过剪切头的流体总量增加，在定子总开孔面积没有变化情况下，这导致了定转子剪切头附近区域流体剪切速率的增加。

对比图 1-41 中（a1）、（a2），（b1）、（b2）与（c1）、（c2）的结果表明，在转

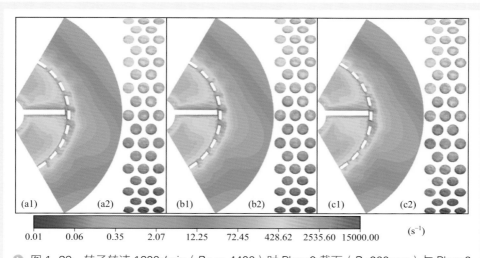

0.01　0.06　0.35　2.07　12.25　72.45　428.62　2535.60　15000.00　(s^{-1})

▶ 图 1-39　转子转速 1600r/min（$Re \approx 4400$）时 Plane2 截面（$R<200\text{mm}$）与 Plane6 截面时均剪切速率分布云图

（a1）（a2）RS1；（b1）（b2）RS2；（c1）（c2）RS3

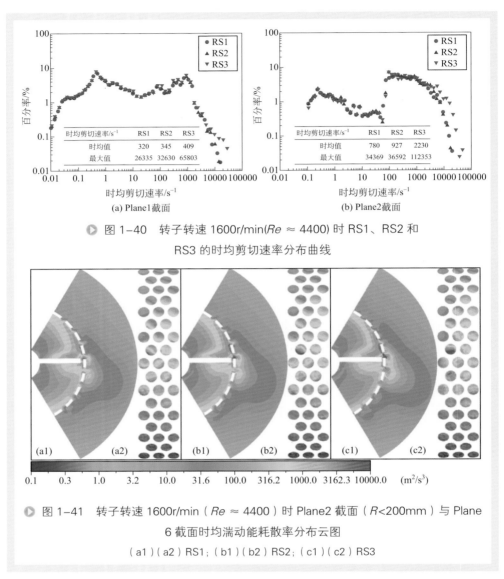

图 1–40　转子转速 1600r/min(*Re* ≈ 4400) 时 RS1、RS2 和
RS3 的时均剪切速率分布曲线

图 1–41　转子转速 1600r/min（*Re* ≈ 4400）时 Plane2 截面（*R*<200mm）与 Plane
6 截面时均湍动能耗散率分布云图
（a1）（a2）RS1；（b1）（b2）RS2；（c1）（c2）RS3

子扫掠区，定转子剪切间隙区、定子孔内和定子外围射流区具有相对较高的时均湍动能耗散率。此外，转子背面区域与转子叶尖附件的定子孔内的时均湍动能耗散率最高。定子侧面开孔中，靠近定子底面的孔内的时均湍动能耗散率普遍高于靠近定子上端面的孔。随着剪切间隙的减小，定子外围射流区和定子侧面开孔内的湍动能耗散率逐渐增加，这与定子侧面外排流量、时均速度和时均剪切速率的变化趋势相似，可见流量、时均速度分布、时均剪切速率和时均湍动能耗散率分布的变化规律具有一致性。

图 1-42 为层流时，具有不同转子倾角的捷流式高剪切混合器在 Plane1 截面上

时均速度大于 0.03m/s 的区域分布图。对比图中结果可知，层流时，转子倾角的改变对定子侧面射流的影响较小，这是由于随着转子倾角的增加，总流量 Q_{tot} 虽略有增加，但由于 Q_{tot} 与 Q_{so} 比值较大（12～14），所以 Q_{so} 仅有微小增加，在时均速度分布云图上没有明显差别。此外，随着转子倾角的增加，RS3 和 RS4 的定子底面附近时均速度大于 0.03m/s 的区域面积相近但均明显大于 RS5，这与表 1-5 中转子转速 250r/min 时 RS4 和 RS3 所对应的 Q_{bo} 的数值相近且均明显大于 RS5 所对应

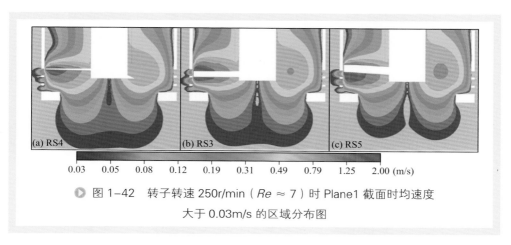

0.03　0.05　0.08　0.12　0.19　0.31　0.49　0.79　1.25　2.00 (m/s)

▶ 图 1-42　转子转速 250r/min（$Re \approx 7$）时 Plane1 截面时均速度
大于 0.03m/s 的区域分布图

的 Q_{bo} 值相互印证。

对比图 1-43 中（a1）与（b1）所示的时均速度分布云图，可以发现：在湍流时，随着转子叶片倾角的增加，定子底面开孔下方射流区的面积、射流强度和宽度明显减小，这与层流结果相似；但是随着转子叶片倾角的增加，定子侧面射流的强度和射流区的长度有明显增加，这与层流结果不同。上述的这一变化规律与表 1-5 中转子转速 1600r/min 时 RS3 和 RS5 所对应的 Q_{bo} 值明显减小、Q_{so} 值显著增大的趋势相一致。

对比图 1-38（c）与图 1-43 中（a2）和（b2）的结果可以明显看到，在湍流时，随着转子倾角的增加，定子侧面射流区的面积和射流强度明显增大，定子孔内的流体时均速度也逐渐增大。造成定子侧面射流区时均速度分布在层流和湍流时随转子叶片倾角增加的变化趋势不同的原因，可能是层流时转子叶片的总排量 Q_{tot} 较小，定子底面开孔较大，侧面开孔较小，流体经定子底面开孔排出的阻力较小，经定子侧面排出的阻力较大，大部分流体由定子底面排出，表 1-5 中转子转速 250r/min 时 RS3、RS4、RS5 的 Q_{bo} 与 Q_{so} 的比值很大（5～7）则能印证这一点；当湍流时，转子叶片的总排量 Q_{tot} 增大，经定子底面和侧面开孔内排出的流体的流量也迅速增加，使得相应的排出阻力增加，但定子底面的排出阻力增大程度小于定子侧面排出的，使得经定子侧面排出的流体流量明显增多，Q_{bo} 与 Q_{so} 的比值由层流时的 5～7 减小到湍流时的 2～3。湍流时，Q_{tot} 与 Q_{so} 的比值为 3～4，远小于层流时的比值 12～14，所以随转子倾角和 Q_{tot} 的增大，Q_{so} 值增加显得相对明显。此外，随着转子倾角的增加，

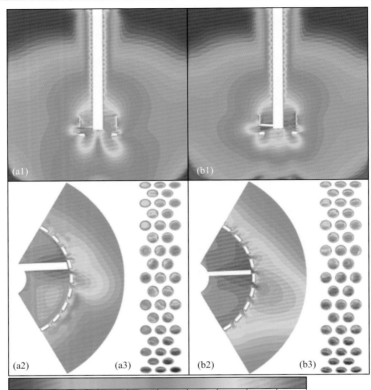

图 1-43　转子转速 1600r/min（$Re \approx 4400$）时 Plane1 截面，Plane2 截面
（$R < 200$mm）和 Plane6 截面的时均速度分布云图
（a1）（a2）（a3）RS4；（b1）（b2）（b3）RS5

层流和湍流总排量 Q_{tot} 增大的主要原因是随着转子叶片倾角的增加，转子在轴向的投影增加，造成转子在轴向的扫掠面积增大，从而增大了转子的排液能力。

　　由图 1-44 中的结果，笔者发现转子倾角的改变，对定子下方的回流流型有明显的影响，定子底面开孔处流体流型随着转子角度的增加，以外排射流为主逐渐变为以向上回流为主。表 1-5 中 RS4、RS3 和 RS5 的 Q_{bi} 的数值逐渐增大，能更好地说明这一现象。图 1-44 中 RS3 的结果显示，定子底面开孔中流出的两侧射流在定子底部与搅拌槽底区域的中间位置处发生折返形成回流；而 RS4 的结果中虽没有观察到明显的折返点，但表 1-5 中 RS4 的 Q_{bi} 值大于零，说明在 RS4 定子底面开孔中有回流存在，可能这一折返点更靠近转子；RS5 的结果中，这一折返点出现在搅拌槽底面附近，所以随着转子倾角的增加，射流折返形成回流的折返点逐渐下移。转子倾角的增加，会引起定子底面区域的流体流型发生明显转变，这预示着流体在

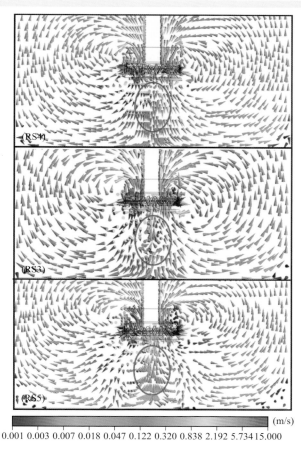

(RS4)

(RS3)

(RS5)

0.001 0.003 0.007 0.018 0.047 0.122 0.320 0.838 2.192 5.734 15.000　(m/s)

▶ 图 1-44　转子转速 1600r/min（$Re \approx 4400$）时 Plane1 截面时均速度矢量分布云图

定子下方区域产生的卷吸效果会有所不同，进而会对固体颗粒、粉体团聚体的悬浮和再循环产生一定影响。

　　对比图 1-45 中（a1）和（b1）可知，在湍流区，时均剪切速率随转子倾角变化的规律与时均速度分布变化规律相似，随着转子倾角的增加，定子侧面射流区和底面射流区的时均剪切速率水平逐渐增高，图 1-39（c1）、（c2）与图 1-45 中（a2）、（a3）和（b2）、（b3）所示的定子侧面射流区和定子孔内的时均剪切速率分布结果也能说明这一规律。时均剪切速率分布的变化规律与外排流量 Q_{bo} 与 Q_{so} 的值变化规律相同，这说明剪切头附近外排流体流量、时均速度分布和时均剪切速率分布，随转子倾角的增加的变化趋势具有一致性。对比图 1-40 和图 1-46 中 RS3、RS4 和 RS5 在 Plane1 和 Plane2 截面上剪切速率分布的统计结果可以得到，随着转子角度的增加，剪切速率的时均值逐渐增加，剪切速率分布曲线向较大值方向偏移。这预示捷流式高剪切混合器转子倾角越大越可能适用于乳化操作。

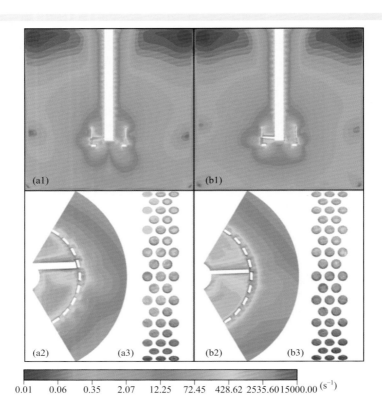

0.01　0.06　0.35　2.07　12.25　72.45　428.62 2535.60 15000.00 (s⁻¹)

▶ 图1-45　转子转速1600r/min（*Re* ≈ 4400）时 Plane1 截面、Plane2 截面
（*R*<200mm）和 Plane6 截面的时均剪切速率分布云图
（a1）（a2）（a3）RS4；（b1）（b2）（b3）RS5

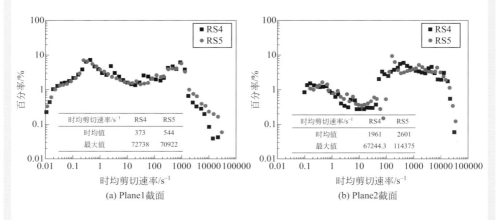

(a) Plane1截面　　　　　　　　　　　(b) Plane2截面

▶ 图1-46　转子转速1600r/min（*Re* ≈ 4400）时 RS4 和 RS5 的
时均剪切速率分布曲线

对比图 1-41（c1）、（c2）与图 1-47（a1）、（a2）和（b1）、（b2）可知，在湍流时，随着转子叶片倾角的增加，转子叶尖附近、定子孔内和定子外围射流区时均湍动能耗散率逐渐增加，与这些区域的流量、速度、剪切速率分布的变化趋势相同，造成上述变化的原因是转子倾角的改变导致了流体排量的变化。此外，还发现转子背面区域的湍动能耗散率随着转子倾角的增加逐渐增加，这是由于转子形式的改变导致转子背面涡流形态发生变化，进而增加了涡流摩擦损耗。

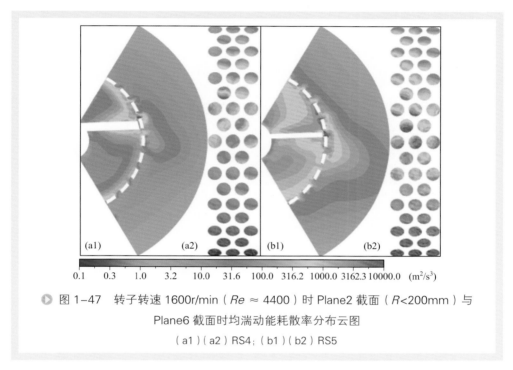

🔘 图 1-47　转子转速 1600r/min（$Re \approx 4400$）时 Plane2 截面（$R<200mm$）与

Plane6 截面时均湍动能耗散率分布云图

（a1）（a2）RS4；（b1）（b2）RS5

对比图 1-48 中 RS6、RS2 和 RS7 在 Plane1 和 Plane2 截面的时均速度分布结果可知，随着定子底面开孔直径的增大，定子侧面射流区的面积和流体时均速度明显降低，这与表 1-5 中 RS6、RS2 和 RS7 所对应的 Q_{so} 的值变化相一致。此外，随着底面开孔直径的增大，定子底面射流区的时均速度和时均剪切速率逐渐增大，靠近搅拌槽壁面区域的流体时均速度也明显增大，这是由于定子底面下排流体 Q_{bo} 的增加，使得搅拌槽内流体的主流强度得到增强，表 1-5 中 RS6、RS2 和 RS7 所对应的 Q_{bo} 值的增大，更能解释这一现象。

图 1-49 和图 1-50 中，时均剪切速率和时均湍动能耗散率的变化趋势与时均速度的变化趋势相同，可见时均速度、时均剪切速率和时均湍动能耗散率随定子底面开孔直径的变化规律一致。随着定子底面开孔的减小，定子外围射流区、定子侧面开孔孔内以及定转子剪切间隙内的时均剪切速率逐渐增加，这预示着在乳化、破碎操作中定子底面开孔较小的构型可能会获得更小的粒径分布结果。

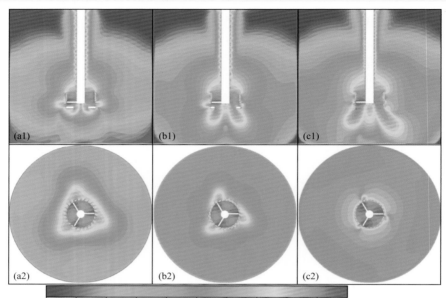

0.001 0.003 0.007 0.018 0.047 0.122 0.320 0.838 2.192 5.734 15.000 (m/s)

▶ 图 1-48　转子转速 1600r/min（$Re \approx 4400$）时 Plane1 截面与
Plane2 截面的时均速度分布云图
（a1）（a2）RS6；（b1）（b2）RS2；（c1）（c2）RS7

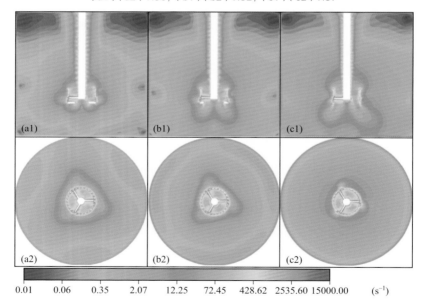

0.01 0.06 0.35 2.07 12.25 72.45 428.62 2535.60 15000.00 (s⁻¹)

▶ 图 1-49　转子转速 1600r/min（$Re \approx 4400$）时 Plane1 截面与
Plane2 截面的时均剪切速率分布云图
（a1）（a2）RS6；（b1）（b2）RS2；（c1）（c2）RS7

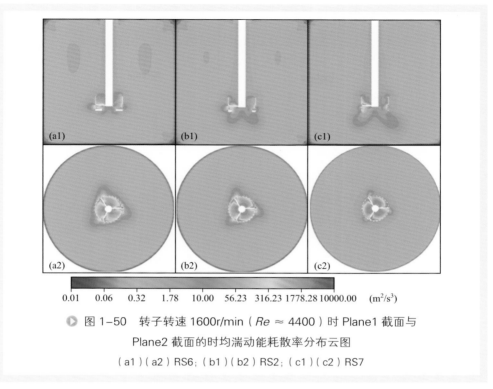

0.01 0.06 0.32 1.78 10.00 56.23 316.23 1778.28 10000.00 (m²/s³)

▶ 图 1–50　转子转速 1600r/min（$Re \approx 4400$）时 Plane1 截面与
Plane2 截面的时均湍动能耗散率分布云图
（a1）（a2）RS6；（b1）（b2）RS2；（c1）（c2）RS7

为了研究定子底面开孔形状对捷流式高剪切混合器流动特性的影响，笔者还设计了定子底面开多圆孔和三角形孔的定子。具体的几何结构如图 1-51 所示，结构参数如表 1-6 所示，所有定子的开孔率相同。

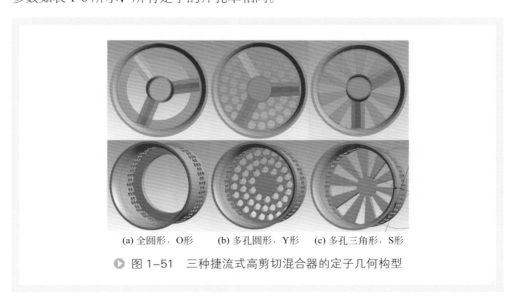

(a) 全圆形，O形　　　(b) 多孔圆形，Y形　　　(c) 多孔三角形，S形

▶ 图 1–51　三种捷流式高剪切混合器的定子几何构型

表 1-6　捷流式高剪切混合器定子的结构参数

特征名称	特征尺寸
O 形定子底部开孔结构尺寸	
开孔直径	120mm
Y 形定子底部开孔结构尺寸	
所开圆孔直径	15mm
最内排圆孔圆心所在圆的半径	23.38mm
每层孔之间间距	3.38mm
开孔层数	3
最内层开孔数	10
中间层开孔数	19
最外层开孔数	23
每层孔分布情况	圆周 360° 均匀分布
S 形定子底部开孔结构尺寸	
中心圆柱直径	40mm
三角形孔角度	16.47°
开孔数	10
孔分布情况	圆周均匀分布

图 1-52 为三种不同定子构型高剪切混合器的速度分布云图，从图中可以看出

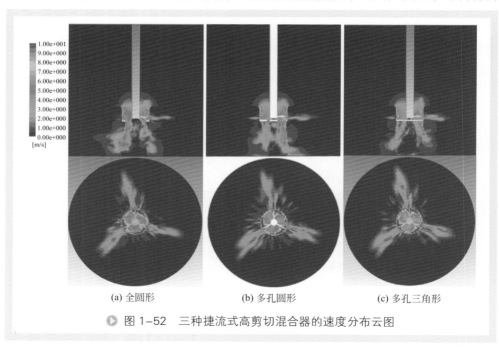

(a) 全圆形　　　　　　(b) 多孔圆形　　　　　　(c) 多孔三角形

⊙ 图 1-52　三种捷流式高剪切混合器的速度分布云图

全圆形底面高剪切混合器在定子下端形成比较大的速度分布，其次是多孔圆形底面定子，再次是多孔三角形底面定子；多孔圆形底面定子高剪切混合器由于底部多孔封板的存在，使其在底部也有相对较高的速度分布。另外由于多孔圆形底部封板增加了底部的流通阻力，导致更多的流体从侧面位置的定子开孔中发生射流，其射流大小优于其他两种构型。

图 1-53 为三种不同定子构型高剪切混合器的剪切速率分布云图，从图 1-53 中可以看出，多孔圆形底面定子高剪切混合器在定子下端位置产生相对较大的剪切速率，再次是多孔三角形底面定子在靠近定子开孔边缘位置产生了相对较大的剪切速率，全圆形底面定子由于底部中心位置无封板，导致在底部开孔位置产生了相对较小的剪切速率。另外，从图中也可以发现，在定子开孔的侧壁位置，多孔圆形底面定子的产生了相对较大的剪切速率，其次是多孔三角形底面定子的，最后是全圆形底面定子的。

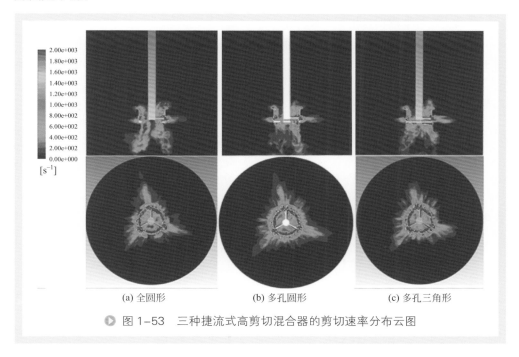

(a) 全圆形　　　　　　(b) 多孔圆形　　　　　　(c) 多孔三角形

图 1-53　三种捷流式高剪切混合器的剪切速率分布云图

第二节　功耗

高剪切混合器的设计和放大准则存在较大争议。设备供应商一般基于恒定转子末端线速度（ND）和恒定的剪切间隙来设计和放大高剪切混合器，该准则等同于维持剪切间隙中恒定的名义剪切速率。Bourne 与 Studer[16] 同样认为基于恒定转子末端线速度比基于恒定能量密度的放大准则更优。与此相反，Utomo 等 [17] 认为，在湍流区内高剪切混合器的放大应当基于恒定的能量密度（N^3D^2，单位质量流体的能量耗散率）与几何相似性，而恒定转子末端线速度的准则会导致设备放大后能量密度偏低而不能维持相近的分散效果，使得放大失败。

高剪切混合器的选型放大，功耗特性是一个重要的参数。间歇高剪切混合器功率消耗的测量方法与传统搅拌桨相似，通常采用扭矩法，借助固定在搅拌轴上的扭矩传感器测得搅拌轴上的扭矩值，由方程（1-16）计算得到高剪切混合器功耗：

$$P_{fluid} = 2\pi N (M_{total} - M_{lost}) \tag{1-16}$$

式中　　P_{fluid}——净功耗，W；

　　　　N——转子转速，r/s；

　　　　M_{total}——总扭矩，N·m；

　　　　M_{lost}——摩擦损失扭矩，N·m。

此外，在传统搅拌釜中通常将搅拌器的直径作为定义 Po 和 Re 的特征尺度；而对于高剪切混合器存在多个水力学特征长度，如转子名义直径 D，定转子剪切间隙 g，以及定子开孔水力学半径 R_h 等。尽管如此，文献中一般仍推荐以转子名义直径作为基准计算各无量纲特征数。功率特征数 Po 和雷诺特征数 Re 的计算公式如下：

$$Po = \frac{P_{fluid}}{\rho N^3 D^5} \tag{1-17}$$

$$Re = \frac{\rho N D^2}{\mu} \tag{1-18}$$

式中　　ρ——物料密度，kg/m³；

　　　　D——转子名义直径，m；

　　　　μ——物料黏度，Pa·s。

一、轴流式间歇高剪切混合器的功耗特性

Myers 等 [18] 测量了轴流式间歇高剪切混合器 Greerco 11/2 HR 在层流、过渡流以及湍流区内的功耗。实验中，剪切头居中安装在搅拌釜中心，搅拌釜直径与物料液位高度均为 600mm，剪切头距离釜底 42 ～ 252mm。剪切头的转子直径为 84mm，定转子剪切间隙 0.25mm。采用甘油 / 水溶液和玉米糖浆作为牛顿流体，羧甲基纤维素水溶液作为非牛顿流体。首先以水为工作流体研究了几何结构对于湍流功耗的影响。图 1-54 为向上泵送模式下的功率曲线图。结果表明：湍流操作条件下，功耗主要受到泵送模式（pumping mode，包括向上泵送或者向下泵送）的影响，特别是湍流状态下，向下泵送模式比向上泵送模式的功耗高 40% 左右；而其他几

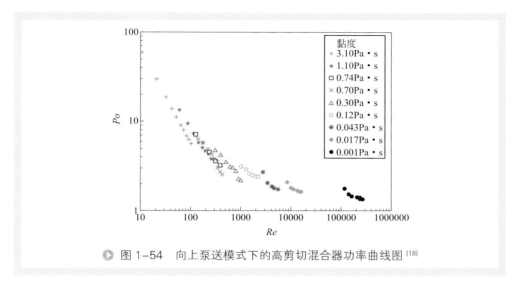

图 1-54　向上泵送模式下的高剪切混合器功率曲线图 [18]

何参数的影响较小，如离底间隙以及上导流板安装位置等。

间歇高剪切混合器的功耗特性与传统搅拌桨等其他混合装置相似，但由于定子的存在以及定转子构型的差异，使得间歇高剪切混合器相较于传统搅拌桨有更宽的功率特征数变化范围。对于间歇高剪切混合器，在层流区，功率特征数与雷诺特征数呈反比（ $Po \propto Re^{-1}$ ），即功率特征数与雷诺特征数乘积为定值。Myers 等 [18] 指出在雷诺特征数小于 100 时轴流式高剪切混合器 Greerco 11/2 HR 处于层流区，其功率特征数与雷诺特征数乘积为 700，即 $Po=700/Re$。随着雷诺特征数的逐渐增加功率特征数逐渐减小。当雷诺特征数高于 10^4 时，即在湍流区，功率特征数趋于稳定，此时 $Po=1.4 \sim 2.3$。

二、径流式间歇高剪切混合器的功耗特性

Padron[19] 测定了两种径流式、实验室规格的间歇高剪切混合器的功耗特性。其中，Ross ME 100 LC 系列径流式高剪切混合器转子直径 34mm，定转子剪切间隙 0.5mm；Silverson L4R 系列径流式高剪切混合器转子直径 28mm，定转子剪切间隙 0.2mm。高剪切混合器偏心安装，釜中无挡板，采用牛顿型工作流体。研究发现，层流区内功率特征数 Po 与雷诺特征数 Re 成反比，而且基本与定子的几何构型无关。由于 Silverson 系列的剪切间隙更窄，其在相同雷诺特征数 Re 下消耗的功率稍高。当雷诺特征数 $Re \approx 10^4$ 时达到完全湍流，而 Ross 系列混合器的过渡流区域较小。湍流区内，两种混合器的功率特征数均为常数且与定子结构有关，对于 Ross 系列 $Po=2.4 \sim 3.0$，而对于 Silverson 系列 $Po=1.7 \sim 2.3$。

Doucet 等 [5] 研究了径流式间歇高剪切混合器 VMI Rayneri Turbotest Mixer 居中安装在无挡板釜中时的功耗特性。其中，高剪切混合器转子为四叶直立叶片型，

转子直径为 85mm，定转子剪切间隙为 1.5mm；高剪切混合头与釜底的距离为液位高度的 1/3。实验采用葡萄糖水溶液作为牛顿流体，黄原胶和羧甲基纤维素钠为非牛顿流体。研究结果表明，定子的存在与否对高剪切混合器在层流区的功耗有显著影响。有定子存在时，高剪切混合器在层流区的功率常数 $K_p=Po \cdot Re$ 为无定子时的三倍以上。而定子存在与否对于湍流功率特征数没有影响，两种构型的 Po 均为 3，与 Padron 报道的配置有长槽型开孔定子的 Ross 系列高剪切混合器相近 [19]；同时，该发现与 Calabrese 等 [20,21] 的结论吻合，即间歇高剪切混合器在层流区的功耗主要受定子的影响，而湍流区的功耗主要与转子排出的射流有关。对于带有 VMI Rayneri 直立叶片的高剪切混合器，当 $Re<100$ 时 $Po=314Re^{-0.985}$，湍流区内 $Po=3$；仅有转子时，当 $Re<100$ 时 $Po=92.7Re^{-0.998}$，湍流区内 $Po=3$。

Khopkar 等 [6] 考察了在碟形底、无挡板搅拌釜内，间歇高剪切混合器与传统搅拌桨组合使用时的功耗特性。传统 Paravisc 桨轴向中心安装，VMI Rayneri 系列间歇高剪切混合器为偏心安装；高剪切混合器转子为后弯叶片，定子外径为 90mm，定转子剪切间隙为 2mm。采用葡萄糖水溶液作为牛顿流体，羧甲基纤维素为非牛顿流体；基于定子的外径（定子的外径为 90mm）计算雷诺特征数 Re 以及功率特征数 Po。当 Paravisc 桨静止时，后弯桨叶的 VMI Rayneri 系列高剪切混合器在层流区内的功率常数 K_p 为 138（转子的名义直径为 85mm，改按转子名义直径计算 $K_p=164$）即 $Po=138/Re$，远低于 Doucet 等报道的 K_p 值 [5]。表明在相同雷诺特征数下，后弯桨叶型 VMI Rayneri 系列高剪切混合器比直桨叶型的功耗低。研究还发现，无论高剪切混合器存在与否，对 Paravisc 桨的功耗特性没有明显影响，表明该高剪切混合器的泵送能力较差。不过，高剪切混合器的加入，不仅能使物料间的混合启动更早，而且能加快混合速率。混合器的偏心安装，不仅打破了体系的对称性，而且起到了类似挡板的作用。

James 等 [22] 研究了三种设备尺度（L5M、AX3 和 GX10）Silverson 系列间歇高剪切混合器的功耗特性。L5M 型高剪切混合器转子直径 31.71mm，定子直径 32.17mm，定子侧面开有圆孔，孔直径 1.59mm，孔数 304；AX3 型高剪切混合器转子直径 50.55mm，定子直径 51.05mm，定子侧面开有圆孔，孔直径 1.59mm，孔数 200；GX10 型高剪切混合器转子直径 114.30mm，定子直径 114.80mm，定子侧面开有圆孔，孔直径 1.59mm，孔数 1728。层流时受流体阻力摩擦影响为主，有定子的高剪切混合器的功率特征数大于无定子的；湍流时受转子排液量的影响为主，有定子的功率特征数低于无定子的。层流时，功率特征数 K_p 和 Metzner-Otto 常数 K_s 随着定子直径的增加而增大；湍流时，功率特征数则无此规律。对于 Silverson 系列间歇高剪切混合器，层流时功率特征数 K_p 和 Metzner-Otto 常数 K_s 放大规则分别为：$K_p=5891 D_s^{0.56}$，$K_s=2060 D_s^{0.77}$；湍流时，无定子的 Silverson 型高剪切混合器的功率特征数为：

$$Po = 9.28 \frac{D}{D_{\mathrm{V}}} + 1.598 \qquad (1-19)$$

式中　Po——功率特征数；

　　　D——转子直径，m；

　　　D_{V}——搅拌釜直径，m。

　　有定子时的功率特征数为：

$$Po = 1.6 \left(\frac{\min(h_{\mathrm{r}})}{D} \right)^2 + 1.2 \qquad (1-20)$$

式中　Po——功率特征数；

　　　D——转子直径，m；

　　　h_{r}——水力半径，m。

三、捷流式间歇高剪切混合器的功耗特性

　　笔者对表 1-4 中所示的不同构型的捷流式间歇高剪切混合器的功耗特性进行了研究。从图 1-55 中可以看到，RS3 的层流功率常数 K_P 为 167，明显大于 RS0 的 100。这说明在层流区，与普通三叶桨相比，定子的加入，明显增加了混合器的功耗，这与 James 等研究径流式高剪切混合器 L5M 所得的结果类似 [22]。造成这一结果的原因主要有三个方面：①定子的加入阻碍了转子外排流体的流动，使一部分流体由定子底面开孔排出，另一部分流体经定子侧面开孔排出，部分流体在定子附近或者定子壁面上发生折射，使得流动方向发生改变，形成了新的循环涡流。流体流动方向的改变和涡流的形成与耗散会消耗一定的能量，这导致了功耗的增大。②高

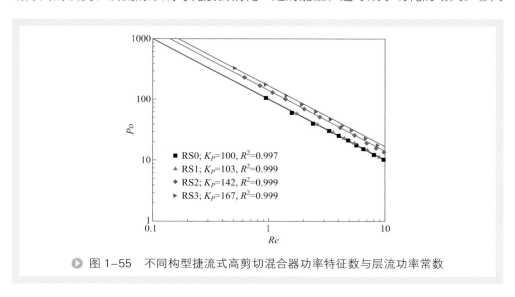

图 1-55　不同构型捷流式高剪切混合器功率特征数与层流功率常数

剪切混合器一个重要的特点是存在定转子剪切间隙，剪切间隙在高剪切混合器能量耗散中起到重要作用。转子叶尖附近的流体具有很高的流动速度，而定子壁面处流体的流速近似于零，这使得流体在狭窄的剪切间隙内存在巨大的速度梯度和剪切速率梯度，这导致流体在这一区域内产生较大的摩擦损耗。③一部分经定子孔排出的流体在进出定子孔时，流道截面发生突变，使流体呈现射流态，这导致流体流速分布发生剧烈变化，进而增大流体内部的黏性摩擦损耗。

对比图 1-55 中 RS1、RS2 和 RS3 的结果可知，在层流时，随着定转子剪切间隙由 3mm 减小到 1mm，捷流式间歇高剪切混合器的功耗呈明显的增加趋势，功率常数 K_P 由 103 增大到 167。通过上面分析得知，随着剪切间隙的减小，剪切间隙中流体的速度梯度和剪切速率梯度逐渐增大，进而导致流体内部的摩擦损耗增加，这是导致功耗增加的最重要因素。另一方面，伴随剪切间隙的减小，转子直径也略微增大，转子直径的增加会导致捷流式间歇高剪切混合器功耗的增大。此外，对比 RS1、RS2 和 RS3 的结果，笔者发现在剪切间隙等距离减小的同时，混合器层流功率常数的增加幅度呈降低趋势，这可能是由于剪切间隙的减小虽然增大了速度梯度，但是具有高速度梯度和能量耗散率的定转子剪切间隙的体积也在不断减小。

由图 1-56 中的结果可知，不同定转子构型的捷流式间歇高剪切混合器的湍流功率特征数 Po_t 为一个定值。对比 RS0 和 RS3 的结果发现，相比于无定子的情况，定子的存在会造成混合器的湍流功率特征数 Po_t 略有增加，造成这一结果的原因与层流区相同。由 RS1、RS2 和 RS3 的结果得到，剪切间隙由 3mm 减小到 1mm 时，湍流功率特征数 Po_t 并没有发生明显的变化，这表明剪切间隙大小对捷流式间歇高剪切的湍流功耗影响不大。对比图 1-55 和图 1-56 中 RS0 与 RS3 的结果发现，无论是在层流区还是在湍流区，有定子时的功耗均大于无定子时的功耗，这与 James

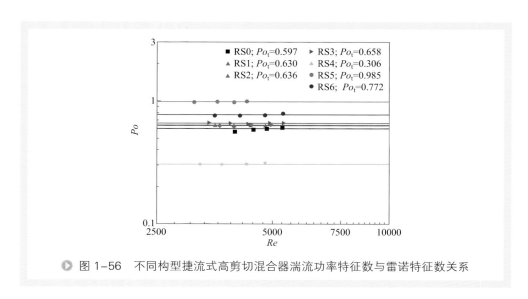

图 1-56　不同构型捷流式高剪切混合器湍流功率特征数与雷诺特征数关系

等[22] 测得的径流式高剪切有无定子时的功耗规律不同，这可能是由于功耗不仅与转子叶片构型有关，还与叶片数目有关。

图 1-57 中结果表明，在层流区，无论捷流式间歇高剪切混合器的转子叶片的倾角如何变化，功率特征数和雷诺特征数始终呈线性关系。对比 RS4、RS3 和 RS5 的结果发现，随着转子叶片倾角由 30° 增加到 60°，层流功率特征数由 139 增加到 173。对比图 1-57 中 RS4、RS3 和 RS5 的结果表明，在湍流区，当转子叶片倾角由 30° 增加到 60° 时，高剪切混合器的湍流功率特征数 Po_t 有明显的增加，其值由 0.306 增加到 0.985，这表明转子叶片倾角的变化，对高剪切混合器湍流功耗有显著的影响。无论是层流区还是湍流区，捷流式间歇高剪切混合器功耗，均随转子倾角的增加而增大。这可能由两方面原因导致：①随着转子倾角的增加，转子叶片在轴向的投影面积增大，这使得转子叶片对流体的有效作用面积增大，同时转子叶尖扫掠过的面积也随之增大，进一步增加了叶尖所对应的剪切间隙区的有效体积，这增大了捷流式间歇高剪切混合器转子扫掠区和剪切间隙区的能量耗散；②随着转子倾角的增加，通过定子侧面开孔排出的流体量增加，进而提高定子孔间射流流速，导致定子开孔区和射流区的湍动能耗散率增加。此外，笔者还发现，在湍流区转子倾角的改变对功耗的影响要显著大于层流区的，这可能是由于湍流时经定子孔外排流体显著增加，流体在定子壁面折射和定子孔间射流速度波动造成的能量损耗成为功耗的主要部分。

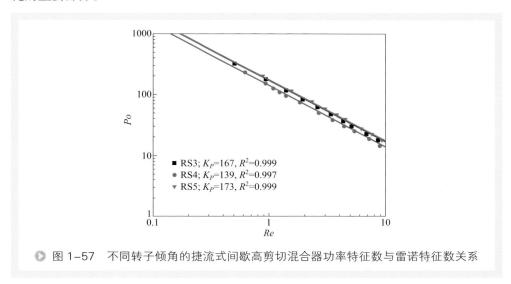

● 图 1-57　不同转子倾角的捷流式间歇高剪切混合器功率特征数与雷诺特征数关系

图 1-58 的结果表明，对于不同底面开孔大小的定子，其功率特征数与雷诺特征数仍呈线性关系。随着定子底面开孔直径由 120mm 减小到 82mm，层流功率特征数由 142 增加到 154。由图 1-56 中 RS2 和 RS6 的结果来看，随着定子底面开孔直径由 120mm 减小到 82mm，捷流式间歇高剪切混合器湍流功率特征数由 0.636 增

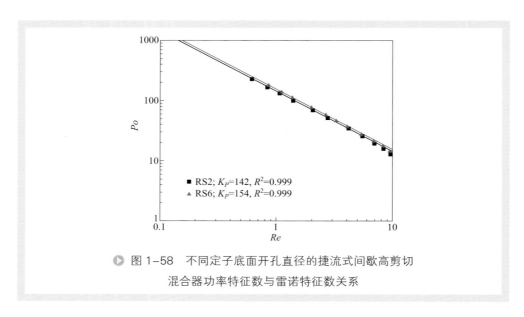

图1-58　不同定子底面开孔直径的捷流式间歇高剪切
混合器功率特征数与雷诺特征数关系

加到0.772。这表明定子底面开孔的大小对高剪切混合器的功耗有较大的影响。这主要是由于定子底面开孔减小，导致经定子底面排出流体的量减小，经定子侧面开孔排出的流体增加。定子侧面开孔内的孔间射流速度和射流量增大会导致定子侧面开孔区和射流区的速度梯度、速度湍动程度和射流区面积增大，进而导致这些区域的能量耗散增大。此外，定子底面开孔直径的减小也会导致在定子底面发生折返的流体量的增加，这一定程度上也增大了功耗。

笔者对表1-4中所示的捷流式间歇高剪切混合器的功耗进行了关联，得到了相应的功耗关联式，其时均偏差为11.3%，最大偏差为30.3%。

$$Po = \frac{52.1D/(D+D_s)(g/D)^{-0.377}(\sin\theta)^{0.405}}{Re} + 2.24\frac{D}{D+D_b}(\sin\theta)^{2.08} \qquad （1-21）$$

式中　Po——功率特征数；

Re——雷诺特征数；

θ——转子叶片倾角，(°)；

g——剪切间隙，m；

D——转子直径，m；

D_b——定子底面开孔直径，m；

D_s——定子内径，m。

关联式的适用范围为：$Re>1$。

第三节 混合性能

混合是化工过程最基本的单元操作之一，根据尺度不同可以分为宏观混合、介观混合和微观混合。

一、宏观混合性能

Khopkar 等 [6] 使用酸碱颜色变化方法，考察了高剪切混合（VMI-Rayneri，France）与普通搅拌桨（Ekato，Germany）组合下的间歇型混合器内的混合时间。搅拌釜直径 0.4m，中心安装的普通搅拌桨外径为 0.374m，偏心安装的定转子剪切头外径为 0.09m。研究结果表明，在普通搅拌桨转速为 10r/min 时，高剪切混合器转子转速从 0r/min 增大到 750r/min，混合时间从 400s 降低至 100s。

James 等 [23] 研究了三种设备尺度（L5M、AX3、GX10）Silverson 系列间歇高剪切混合器的混合时间。研究结果如图 1-59 所示，在相同的转子转速和转子直径下，间歇高剪切混合器的混合速度和效率要低于传统的叶轮搅拌桨，这可能是由于定子限制了流体的流动；间歇高剪切混合器内的流体混合状态与搅拌桨的存在明显的差异，虽然高剪切混合器径向速度较大，但是由于定子的存在，限制了整个釜内的宏观流动，导致了剪切头附近混合速度很快，但整个混合器内的混合较慢。

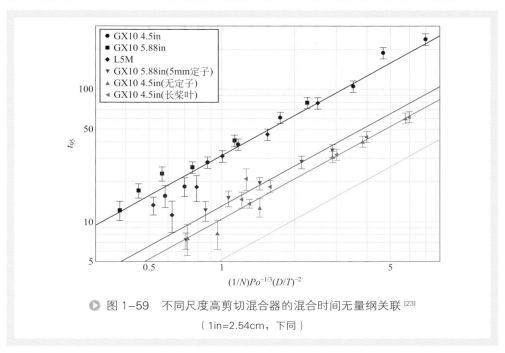

▶ 图 1-59 不同尺度高剪切混合器的混合时间无量纲关联 [23]

（1in=2.54cm，下同）

Grenville 和 Nienow[24] 研究了装有叶片具有不同长宽比的桨叶的搅拌系统，获得式（1-22）所示的无量纲混合时间关联式。其中，搅拌系统内物料液位高度等于或小于搅拌釜的直径。

$$t_{95}N = 5.2Po^{-1/3}\left(\frac{D}{T}\right)^{-2}\left(\frac{H}{T}\right)^{1/2} \qquad （1\text{-}22）$$

式中　t_{95}——95% 的混合时间；

　　　Po——功率特征数；

　　　D——搅拌桨叶的直径，m；

　　　T——搅拌釜的直径，m；

　　　H——液体的高度，m；

　　　N——转子转速，r/s。

Rodgers 等[25] 进一步扩展了该关联式，当搅拌釜内的液位高度比搅拌釜直径大时，表达式为（1-23）：

$$t_{95}N = 5.2Po^{-1/3}\left(\frac{D}{T}\right)^{-2}\left(\frac{H}{T}\right)^{b} \qquad （1\text{-}23）$$

式中　t_{95}——95% 的混合时间；

　　　Po——功率特征数；

　　　D——搅拌桨叶的直径，m；

　　　T——搅拌釜的直径，m；

　　　H——液体的高度，m；

　　　N——转子转速，r/s；

　　　b——指数，与搅拌桨的几何构型相关。

类比于搅拌釜内无量纲混合时间的关联式（1-22）和式（1-23），James 等[23] 提出高剪切内部的混合时间表达式为：

$$t_{95}N = 31.5Po^{-1/3}\left(\frac{D}{T}\right)^{-2} \qquad （1\text{-}24）$$

式中　t_{95}——95% 的混合时间；

　　　Po——功率特征数；

　　　D——转子直径，m；

　　　T——搅拌釜的直径，m；

　　　N——转子转速，r/s。

二、微混合特性

化学方法被广泛用于微观混合特性测定，主要包括单一反应体系、平行竞争反应体系、连续竞争反应体系。其中，平行竞争反应体系（如碘化物 - 碘酸盐反应体系）与连续竞争反应体系（如重氮偶合反应体系）被广泛用于评价不同类型混合器的微观混合特性。

例如，碘化物 - 碘酸盐平行竞争反应体系描述如下[26]：

$$H_2BO_3^- + H^+ \longrightarrow H_3BO_3 \tag{Ⅰ}$$

$$5I^- + IO_3^- + 6H^+ \longrightarrow 3I_2 + 3H_2O \tag{Ⅱ}$$

$$I^- + I_2 \rightleftharpoons I_3^- \tag{Ⅲ}$$

反应器内部不同的混合状况将导致不同的产物分布，该产物分布可以代表反应器内部的微观混合状态。因此进一步可用离集指数 X_s 来定量反应产物分布，评价连续高剪切混合器的微观混合特性。离集指数 X_s 可由方程（1-25）计算得到：

$$X_s = \frac{2(n_{I_2} + n_{I_3^-}) / n_{H_0^+}}{6[IO_3^-]_0 / (6[IO_3^-]_0 + [H_2BO_3^-]_0)} \tag{1-25}$$

式中　n_{I_2}——反应后 I_2 物质的量，mol；

　　　$n_{I_3^-}$——反应后 I_3^- 物质的量，mol；

　　　$n_{H_0^+}$——初始 H^+ 物质的量，mol；

　$[IO_3^-]_0$——物料中初始 IO_3^- 浓度，mol/L；

$[H_2BO_3^-]_0$——物料中初始 $H_2BO_3^-$ 浓度，mol/L。

X_s 的范围为 0 到 1，X_s 值越小表示微观混合特性越好。在理想状况下，$X_s=0$ 表示加入的 H^+ 可以完全被分散，完全与 $H_2BO_3^-$ 反应以获得最大的微混合性能。相反，$X_s=1$ 表示完全离集状态发生。

笔者采用碘化物 - 碘酸盐平行竞争反应体系，研究了 Fluko-FA30D 型径流式高剪切混合器的微混合特性。径流式高剪切混合头被置于直径 70mm 搅拌槽的中心，搅拌槽内初始液位高度为 130mm，剪切头定子底端到搅拌槽底部的距离为 45mm。剪切头以及不同结构的转子如图 1-60 所示。

图 1-61 为评价间歇高剪切混合器微混合性能的实验流程示意图。碘化物 - 碘酸盐 - 硼酸溶液置于搅拌槽中，实验开始后，通过柱塞泵将 0.15mol/L 的稀硫酸溶液送入搅拌槽中。进料管口位于剪切头内，与转子的径向距离为 0.5mm。进料管出口平面与混合器轴向的夹角定义为进料角度，实验中采用了 3 种进料角度，分别为 0°、45° 和 90°。反应结束，停止剪切并取样。

1. 转子转速和稀硫酸溶液流量对微混合性能的影响

转子转速和稀硫酸溶液流量对微混合性能的影响如图 1-62 所示。实验使用六齿转子，稀硫酸溶液流量变化范围为 30 ～ 200mL/min，进料口直径为 2.0mm，进料角度为 90°，进料管中心与转子中心距离 4.5mm，进料口到转子底的距离为

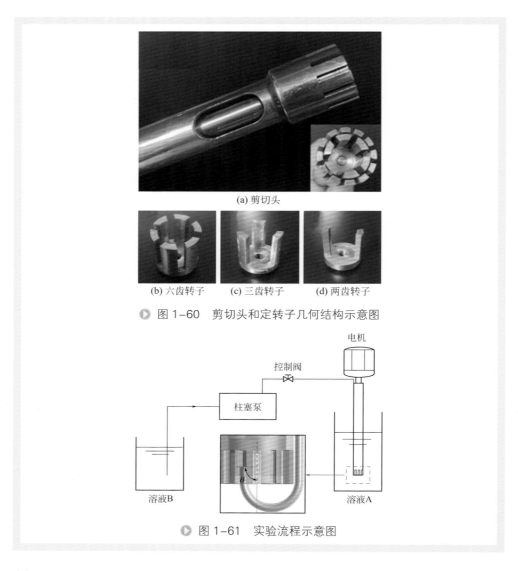

(a) 剪切头

(b) 六齿转子　　(c) 三齿转子　　(d) 两齿转子

▶ 图 1-60　剪切头和定转子几何结构示意图

电机

控制阀

柱塞泵

溶液B

溶液A

▶ 图 1-61　实验流程示意图

6.0mm。

从图 1-62 中还可以看出，无论稀硫酸溶液流量如何变化，离集指数 X_s 均随转子转速的增加先减小后增大。这主要是由两方面因素引起：①随着转速的增加，混合器内湍动能显著提高，有利于微混合性能的提高；②随着转子转速的提高，剪切头附近出现了严重的返混，不利于微混合性能的提高。二者共同作用，导致存在微混合性能最优的转子转速。

此外，从图 1-62 中还可以得到，不同转子转速下，离集指数 X_s 都随着稀硫酸溶液流量的增加先减小后增大，且转折处的临界稀硫酸溶液流量随着转子转速的增加而增大。这主要是由两方面因素共同作用引起的：①随着稀硫酸溶液流量增加，

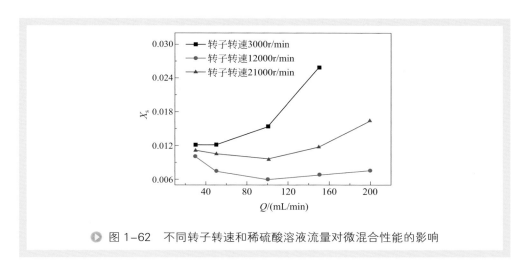

图 1-62　不同转子转速和稀硫酸溶液流量对微混合性能的影响

稀硫酸溶液的射流速度增大，进料口附近因射流产生的湍动能增大，有利于微混合性能的提高；②随着稀硫酸溶液流量增加，单位时间内引入的稀硫酸溶液的质量增大，局部酸浓度提高，降低了微混合性能。两个相反因素的共同作用，导致最优进料流量的存在。另外，因为转子转速的增加会导致剪切头附近流体的湍动增强，所以随着转子转速的增加，最优的稀硫酸溶液流量逐渐增大。

2. 进料口位置对微混合性能的影响

进料口位置对微混合性能的影响如图 1-63 所示。进料管中心与转子中心距离变化范围为 $0 \sim 4.5mm$，采用六齿转子，进料口直径为 2.0mm，进料角度为 90°，进料口到转子底的距离为 6.0mm，H^+ 流量为 50mL/min。

相同转子转速下，随着进料口从转子中心向转子内壁移动，离集指数 X_s 越来

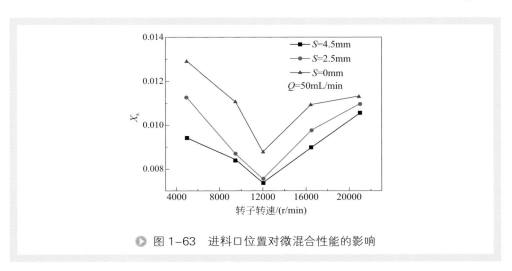

图 1-63　进料口位置对微混合性能的影响

越小，且进料口位置越靠近转子内壁，离集指数 X_s 随转子转速的变化量越小。例如：进料口处于转子中心时，转子转速从 5000r/min 增加到 12000r/min，X_s 值从 0.0129 降低至 0.00879，降低了 31.9%；而进料口处于转子齿内壁时，X_s 值从 0.00944 降低至 0.00738，降低了 21.8%。这是因为进料口越靠近转子内壁，进料口附近流体的流动速度越大、湍动能也越高，有利于微混合性能提高。此外，转子中心和内壁处的流体速度和湍动能，随着转子转速的增加而提高的比例不同，转子中心提高的比例大于转子内壁，因此转子中心受转子转速的影响更大。

3. 进料口角度对微混合性能的影响

进料口角度对微混合性能的影响如图 1-64 所示。角度改变范围为 0° ~ 90°，采用六齿转子，进料管直径为 0.5mm，进料口到转子齿底的距离为 6.0mm，进料管中心与转子中心距离 4.5mm，H^+ 流量为 50mL/min。

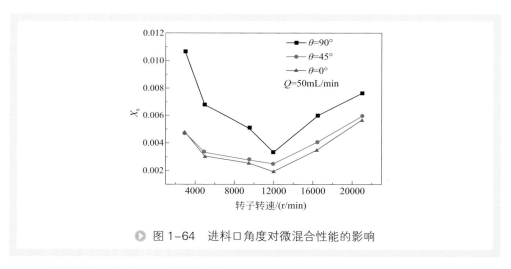

● 图 1-64　进料口角度对微混合性能的影响

不同进料口角度下，离集指数 X_s 依然随转子转速的增加先减小后增大，仍然在转子转速为 12000r/min 附近取得最小值。同一转速下，离集指数 X_s 随着进料口角度的减小，先急剧减小，然后缓慢变小。例如：在转子转速为 21000r/min 时，进料口角度从 90° 减小至 45° 时，X_s 值从 0.007653 降低至 0.005988，降低了 21.7%；而夹角从 45° 进一步降低至 0° 时，X_s 值从 0.005988 降低至 0.005677，仅降低了 5.19%。这是因为，当进料口角度为 90° 时，稀硫酸溶液沿轴向射流进入剪切头，与因转子排液而径向流动的碘化物 - 碘酸盐 - 硼酸溶液成 90° 夹角碰撞混合后进入定转子间隙的高湍动区域，在进入定转子高湍动能区域之前已经发生反应；并且随着稀硫酸溶液流量的增大，部分没有及时反应掉的 H^+ 进入转子底部的低湍动区与碘离子、碘酸根混合反应；造成了微混合性能变差。随着进料口角度的减小，更多的稀硫酸溶液直接射流进入定转子间隙的高湍动区域进行反应，微混合性能不断提升。进料口角度变为45°后，稀硫酸溶液不会射流到转子底部，而定转子间隙湍动强度沿着转子高度变化很小，所以进料口角度从45°变为0°，离集指数X_s缓慢降低。

4. 转子齿数对微混合性能的影响

转子齿数对微混合性能的影响如图1-65所示。转子齿数分别为2、3、6，进料口直径为2.0mm，进料口角度为90°，进料管中心与转子中心距离4.5mm，进料口到转子底的距离为6.0mm，H^+流量为50mL/min。

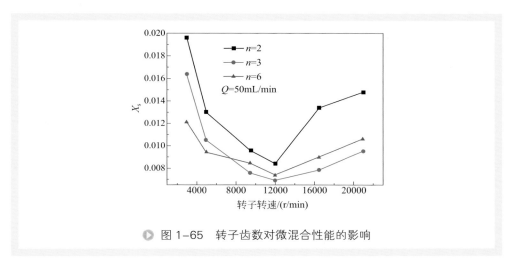

● 图1-65 转子齿数对微混合性能的影响

从图1-65中可以看出，不同齿数下，离集指数X_s均随着转子转速的提高，先减小后增大，约在转子转速为12000r/min时取得最低值。在低转子转速下，离集指数X_s随着齿数的增加而减小；而在高转子转速下，离集指数X_s随着齿数的增加，先减小后增加，在齿数为3时取得最低值。这可能是由于不同齿数下齿缝内的排液量、湍动强度差异造成的。①随着齿数的增加，转子的开槽面积减小，流体通过转子开槽进入定转子间隙的阻力增大，在转子内与碘离子、碘酸根反应增多，导致了离集指数X_s增大；②随着齿数的增加，转子对液体的推动力增加，提高了液体的速度和湍动程度，降低了离集指数X_s。在低转子转速下，转子齿数的增加，对提高流体速度和湍动度的贡献大于对增加流体通过转子开槽的贡献，使离集指数X_s随着齿数的增加而减小。在高转子转速下，转子齿数从3增加到6，对提高流体速度和湍动度的增幅作用很小，而使流体通过转子开槽进入定转子间隙的阻力增大，所以，齿数为3时的离集指数X_s小于齿数为6的。

一、选型指导

间歇高剪切混合器选型的通用原则如下：

（1）明确目标和混合体系性质。确定混合系统需要达成的目标；明确物料的理化性质，包括黏度、密度、表面张力等。

（2）高剪切混合器的选型。根据混合目标来确定需要的流型，以确定选用轴流式、径流式还是捷流式；根据实际积累的工程经验，在多数情况下，捷流式的混合效果会更好；在实际的工业化应用中，常采用 CFD 模拟来为高剪切混合器的选型提供依据。

（3）定转子剪切头的选择。剪切头的几何构型对搅拌与混合效果产生最直接的影响。在混合设计过程中，剪切头的选型需要满足在最小的功耗下实现物料间的有效混合，还要操作安全、设备投资费用低等。在一般的操作过程中，定子上开孔较大的构型，在操作过程中，能够给流体提供较大的循环量和相对较小的流动阻力，适用于较大团簇颗粒的解聚以及较高黏度体系的混合等；定子上开孔较小的构型，能够为流体提供最大区域的表面剪切，较适用于中等团簇颗粒体系以及中等黏度体系的混合等；开孔尺寸小，开孔数目多的定子由于局部能量耗散率高，较适用于较低黏度液体的混合，例如乳液的制备以及液体中较小颗粒的破碎等。

（4）混合容器。需要根据物料的特性、混合要求以及生产规模等确定搅拌容器的形状和尺寸，确定容器容积时需要合理地选择装料系数，提高设备利用率，一般为立式圆筒状，特殊场合可为方形等。有加热需求时一般设置加热夹套。混合器内部也可设置换热器，以满足设备生产过程中移热/加热的需求。

（5）安装方式。间歇高剪切混合器剪切头的安装方式一般采用顶装式，但对于一些特殊的操作状况，也可以采用底部安装方式。对于大型间歇高剪切混合器，建议采用底装式。

（6）搅拌轴。间歇高剪切混合器的转子转速较高，其搅拌轴需要有足够的机械强度和刚性，以避免在高速旋转过程中搅拌轴发生偏移，导致定转子发生碰撞，损坏设备。对于大型间歇高剪切混合器，为了避免搅拌轴过重，在保持足够机械强度的条件下，搅拌轴也可以设置圆形空心轴。搅拌轴的支撑方式一般选用搅拌釜内带支撑的搅拌轴，其支撑位置一般选在定子位置，其支撑轴可以固定于釜底部位置，也可以直接固定于顶部设备安装位置，一般与剪切头同时安装，确保安装过程不对剪切头的定转子剪切间隙大小产生影响。

（7）轴封。常用的轴封装置为填料密封和机械密封。相比填料密封，机械密封的泄漏量更少，使用时间长，单位摩擦功耗少。高剪切混合器的转子转速较高，其对轴封的要求程度也相应提高，为了防止高速旋转过程中轴封发热，对轴封装置带来摩擦损坏，高剪切的轴封装置常配置循环冷却系统。

（8）传动装置。高剪切混合器一般需要配置高频电机，选择传动装置时要保证同轴度和刚度；区别于普通搅拌，一般不需要安装变速箱。

（9）驱动电机。根据高剪切混合器结构和混合目标，确定出转子转速范围，根据最大转子转速确定轴功率，根据传动装置、轴封和电机效率来确定出电机功率；根据工艺特点，来确定电机防爆等级。

（10）换热。首先确定待处理体系的热效应和热特性，确定单位时间最大供热或移热量，根据计算和工程经验，确定混合容器夹套换热面积是否满足需求；如不满足需要，需要在混合器内设置换热器；或者增加循环泵，将混合器内流体循环进入外部换热器换热。

（11）高剪切混合器内部组件。高剪切混合器内由于高剪切混合器定子的存在，在多数操作状况下不需要设置单独的挡板。可根据实际工况需求，安装辅助搅拌来提高宏观混合性能。

（12）过流部件的材质。要根据处理体系的要求来选择合适的过流部件材质，例如，食品行业最低要求要选用不锈钢。在处理含固体系时，既要考虑腐蚀要求，又要考虑磨蚀要求。

对于单相间歇高剪切混合器用于反应过程的强化，要注意在流加操作模式时，应该优化流加流体的进料位置和进料的分布结构；一般要将进料多点分布在剪切头的定子外壁或转子内壁。此外，建议在实验室小试反应工艺优化过程中，就充分考虑进料位置和结构的影响。

对于单相流体的混合，可以直接选用成熟的间歇高剪切混合设备。每个生产厂家都有选型手册，可以直接选用；例如，上海弗鲁克科技发展有限公司的 FJ/FJE 系列捷流式混合器具有良好的宏观及微观混合性能，不需要额外的搅拌来辅助宏观混合，是最常用的间歇高剪切混合器。FJ/FJE 系列捷流式混合器的设备结构如图 1-66 和图 1-67 所示，选型表如表 1-7 和表 1-8 所示。

二、工业应用举例

1. 高剪切混合器强化化学反应

酸催化芳烃醚化是精细化工中一种重要的反应，传统的反应过程采用搅拌釜作为反应器来滴加烯烃；采用带有内置换热器的捷流式间歇高剪切混合器作为反应器，可以将流加速度提高 2 倍，缩短了反应时间，提高了生产效率。

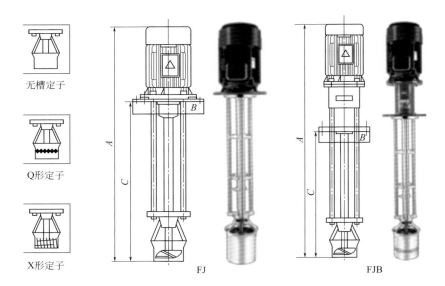

無槽定子

Q形定子

X形定子

FJ

FJB

▶ 图 1-66 FJ 系列捷流式混合器的设备结构示意图

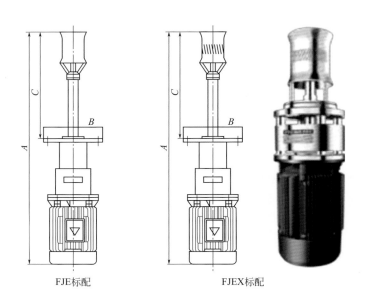

FJE标配

FJEX标配

▶ 图 1-67 FJE 系列捷流式混合器的设备结构示意图

高剪切混合强化技术

表 1-7　FJ 系列高剪切混合器选型表

型号	功率 /kW	转速 /(r/min)	标准 / 最大 /mm			处理量 /L
			C	B	A	
FJ/FJB90	1.5	2900	430/530	200	730	10 ～ 70
FJ/FJB100	2.2	2900	650	265	1196	50 ～ 150
FJ/FJB120	4	2900	750/1000	290	1395	100 ～ 400
FJ/FJB140	7.5	2900/1470	833/1100	350	1580	200 ～ 1000
FJ/FJB160	11	2900/1470	840/1700	350	1770	300 ～ 1500
FJ/FJB180	18.5	2900/1470	1190/1950	485	2175	500 ～ 2000
FJ/FJB200	22	2900/1470	1200/1950	485	2250	800 ～ 2500
FJ/FJB220	30	2900/1470	1355/2700	485	2525	1000 ～ 3500
FJ/FJB240	37	2900/1470	1395/2700	485	2585	1500 ～ 6000
FJ/FJB270	55	1470	1638	640	2995	2000 ～ 10000
FJ/FJB290	75	1470	1648	640	3050	3000 ～ 12000
FJ/FJB300	90	1470	1655	640	3120	4000 ～ 15000
FJ/FJB320	110	980	1680	755	3325	5000 ～ 17000
FJ/FJB350	132	980	2000	755	3760	6000 ～ 18000

注：1. 表中上限处理量是指介质为"水"时测定的数据；
2. 如介质黏度或固含量较高，建议与管线式高剪切分散乳化机配合使用；
3. 如有高温、高压、易燃易爆、腐蚀等特殊工况时，须提供详细准确的参数；
4. 本表数据如有更改，恕不另行通知，正确参数以提供的实物为准。

表 1-8　FJE 系列高剪切混合器选型表

型号	功率 /kW	转速 /(r/min)	B/mm	C/mm	A/mm	处理量 /L
FJE/FJEX90	1.5	2900	100	170	795	10 ～ 70
FJE/FJEX100	2.2	2900	110	200	870	50 ～ 150
FJE/FJEX120	4	2900	130	225	1080	100 ～ 400
FJE/FJEX140	7.5	2900	160	255	1305	200 ～ 1000
FJE/FJEX160	11	2900	170	255	1470	300 ～ 1400
FJE/FJEX180	18.5	2900/1470	260	335	1680	500 ～ 1800
FJE/FJEX200	22	2900/1470	280	395	1800	800 ～ 2500
FJE/FJEX220	30	2900/1470	300	395	1995	1000 ～ 3500
FJE/FJEX240	37	2900/1470	320	395	2040	1500 ～ 6000
FJE/FJEX270	55	1470	360	550	2115	2000 ～ 10000

型号	功率 /kW	转速 /(r/min)	B/mm	C/mm	A/mm	处理量 /L
FJE/FJEX290	75	1470	380	550	2700	3000 ～ 12000
FJE/FJEX300	90	1470	410	550	2700	4000 ～ 15000
FJE/FJEX320	110	980	430	600	3150	5000 ～ 17000
FJE/FJEX350	132	980	450	705	3150	6000 ～ 18000

　　注：间歇式捷流分散混合机底装式一般使用在大型的容器上，可以有效地将能耗控制在合理的范围内，这种安装形式几乎不受容器形状的限制，侧装式的设备是根据容器尺寸和工况来非标定制。

2. 高剪切混合器实现表面活性剂稀释

　　70% 的表面活性剂和水两者之间很难通过自然扩散的方式实现完全的溶解，但采用高剪切混合器在短时间内就可实现两者之间的混合，可通过调整高剪切混合器定转子的圈数来满足不同处理量和工况的要求。与传统普通混合方式相比，采用高剪切混合器能够使表面活性剂混合得更加均匀，缩短处理时间，提高生产能力；不需要额外给溶液加热，节省能源消耗；不会出现无法分散的情况，能够有效提升产品的质量。采用高剪切混合器单批次生产能够节约 20min，有效增加处理能力，提升生产效率。

3. 高剪切混合器用于高浓度糖浆的快速稀释

　　虽然糖浆能与水以任意比例互溶，但食品和饮料行业常用的高纯度糖浆原料黏度可达 20Pa·s，远大于水，实现大批量高浓度糖浆快速稀释对于普通的搅拌器来说并不容易。生产中使用捷流式高剪切分散混合机（Fluko FJB200-X 捷流分散混合机）用于高浓度糖浆快速稀释，能够将高浓度糖浆与水快速充分混合，效率可达传统搅拌桨的 10 倍以上，极大地提高了稀释效率。

参考文献

[1] Silverson[EB/OL]. [2018-6-20]. http://www.silverson.hk/.

[2] 上海弗鲁克科技发展有限公司 [EB/OL]. [2018-6-20]. http://www.fluko.com/.

[3] Mortensen H H, Calabrese R V, Innings F, et al. Characteristics of batch rotor-stator mixer performance elucidated by shaft torque and angle resolved PIV measurements [J]. The Canadian Journal of Chemical Engineering, 2011, 89 (5): 1076-1095.

[4] Mortensen H H, Arlov D, Innings F, et al. A validation of commonly used CFD methods applied to rotor stator mixers using PIV measurements of fluid velocity and turbulence [J]. Chemical Engineering Science, 2018 (177): 340-353.

[5] Doucet L, Ascanio G, Tanguy P A. Hydrodynamics characterization of rotor-stator mixer with

viscous fluids [J]. Chemical Engineering Research and Design, 2005, 83 (10): 1186-1195.

[6] Khopkar A R, Fradette L, Tanguy P A. Hydrodynamics of a dual shaft mixer with Newtonian and non-Newtonian fluids [J]. Chemical Engineering Research & Design, 2007, 85 (6): 863-871.

[7] 王福军. 计算流体动力学分析——CFD 软件原理与应用 [M]. 北京: 清华大学出版社, 2004.

[8] Fluent Inc. Fluent user's guide, Fluent Inc[Z]. 2003.

[9] Launder B E, Spalding D B. Mathematical models of turbulence [M]. London: Academic Press, 1972.

[10] Versteeg H K, Malalasekera W. An introduction to computational fluid dynamics: the finite volume method [M]. Harlow: Pearson Education, 2007.

[11] Smagorinsky J. General circulation experiments with primitive equations [J]. Monthly Weather Review, 1963 (91): 99-164.

[12] 温正. Fluent 流体计算应用教程 [M]. 北京: 清华大学出版社, 2013.

[13] Luo J Y, Gosman A D. Prediction of impeller induced flows in mixing vessels using multiple frames of reference [J]. Institute of Chemical Engineers Symposium Series, 1994, 136: 549.

[14] Zhang C, Gu J, Qin H, et al. CFD analysis of flow pattern and power consumption for viscous fluids in in-line high shear mixers [J]. Chemical Engineering Research and Design, 2019, 117: 190-204.

[15] Xu S, Cheng Q, Li W, et al. LDA measurements and CFD simulations of an in-line high shear mixer with ultrafine teeth [J]. AIChE Journal, 2014, 60 (3): 1143-1155.

[16] Bourne J R, Studer M. Fast reactions in rotor-stator mixers of different size [J]. Chemical Engineering and Processing: Process Intensification, 1992, 31 (5): 285-296.

[17] Utomo A T, Baker M, Pacek A W. Flow pattern, periodicity and energy dissipation in a batch rotor-stator mixer [J]. Chemical Engineering Research and Design, 2008, 86: 1397-1409.

[18] Myers K J, Reeder M F, Ryan D. Power draw of a high-shear homogenizer [J]. Canadian Journal of Chemical Engineering, 2001, 79 (1): 94-99.

[19] Padron G A. Measurement and comparison of power draw in batch rotor-stator mixers [D]. College Park, USA: University of Maryland, 2001.

[20] Atiemo-Obeng V A, Calabrese R V. Rotor-stator mixing devices. Handbook of industrial mixing: Science and practice [M]. New Jersey: John Wiley & Sons, 2004: 479-505.

[21] Calabrese R, Francis M, Kevala K, et al. Fluid dynamics and emulsification in high shear mixers [C]//Lyon, France: Proc. 3rd World Congress on Emulsions, 2002: 1-10.

[22] James J, Cooke M, Trinh L, et al. Scale-up of batch rotor–stator mixers: Part 1—Power constants [J]. Chemical Engineering Research and Design, 2017, 124: 313-320.

[23] James J, Cooke M, Kowalski A, et al. Scale-up of batch rotor-stator mixers: Part 2—Mixing and emulsification [J]. Chemical Engineering Research and Design, 2017, 124: 321-329.

[24] Grenville R K, Nienow A W. Blending of miscible liquids [M]. New Jersey: John Wiley & Sons,

2004.

[25] Rodgers T L, Gangolf L, Vannier C, et al. Mixing times for process vessels with aspect ratios greater than one [J]. Chemical Engineering Science, 2011, 66 (13): 2935-2944.

[26] 李文鹏 . 孔阵列套管微通道强化微混合与液 - 液传质性能的研究 [D]. 天津 : 天津大学 , 2019.

第二章

气液两相间歇高剪切混合器

气液传质与反应过程广泛存在于石油、化工、医药、环保等工业领域，例如，采用化学吸收法完成原料气净化、产品提纯、废气处理，采用加氢、氧化、磺化、卤化等反应过程制备精细化学品，等等。气液传质与反应过程可以根据分散相的不同分成两种，一种是将液相作为分散相分散在气体中，另一种是将气体作为分散相分散在液体中。根据气液两相流型不同，通常可选用鼓泡反应器、喷雾反应器、降膜反应器、搅拌反应器、环流反应器等不同类型的反应器完成气液接触与反应操作。

本书所指的气液分散和混合过程是指气体为分散相、液体为连续相的过程。该过程需要采用合适的设备给予流体足够的湍动能，并将进入混合器或反应器内的气体破碎成尽可能小的气泡，增加气液两相的相界面积；同时减少气泡的上升速度，增加气泡在液相中的停留时间以及气液两相间的接触时间。

由于间歇高剪切混合器内部存在高度湍流和强烈剪切作用，且具有物料停留时间调整方便、处理量大、定子转子剪切头适配方便等优点，可有效强化受传质过程控制的气液两相溶解、吸收、解吸和反应等过程，以提高相应过程的生产强度。因此，本章将介绍气液两相间歇高剪切混合器的性能及其应用。

第一节 流动与分散

气液两相间歇高剪切混合器的气液两相流动与分散过程跟搅拌釜有很大的相似性。在气液两相搅拌反应器中，气体以小气泡的形式分散在液相中。影响气液分散效果的参数有很多，包括气液两相的物性参数、搅拌器的结构参数及过程的操作参数（搅拌转速、通气速率）等。其中，搅拌转速是一个很重要的影响因素，在气体的通气速率一定的条件下，气液分散状态随着搅拌转速的增加而发生变化，如图2-1所示。气液分散状态可分为以下三类[1]：

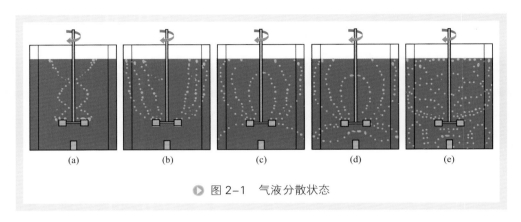

图 2-1 气液分散状态

（a）气泛状态（flooding）：在通气速率一定的条件下，当搅拌桨的转速比较低时，大部分气泡没有被打碎，而直接从气体分布器入口上升到液面而逸出，气液分散效果不好，相当于鼓泡塔。如图2-1（a），（b）所示。

（b）载气状态（loading）：当搅拌转速达到一定值时，气泛现象会消失，气泡会被破碎，并在搅拌桨叶的作用下基本上得到分散；此时气泡可以流动到搅拌反应器内壁区域，但是在气体分布器下方区域分散效果不好，不能达到搅拌反应器底部，如图2-1（c）所示。从气泛状态转变为载气状态存在一个临界转速，称为泛点转速，与通气速率成正比。

（c）完全分散状态（complete dispersion）：当继续增大搅拌转速时，气泡直径会更小，气泡在搅拌反应器内能够分散良好，随着液相流动至搅拌反应的各个区域；此时搅拌反应器内可以分为三个区域，搅拌桨附近区域、搅拌桨上方区域、搅拌桨下方区域，如图2-1（d），（e）。由载气状态转变为完全分散状态有一个临界转速，称为完全分散转速；由于载气状态的搅拌转速范围比较窄，通常情况下泛点转速与完全分散转速相差不大。

一个良好的气液混合设备应该实现气体在搅拌釜中的完全分散。为了获得更好的传质、传热面积，需要产生直径更小、更均匀的气泡。早期认为在搅拌设备中是通过搅拌器直接将大气泡破碎成小气泡从而实现气液分散的过程。Van't Riet等采用六片直叶圆盘涡轮桨进行气液分散时发现[2]，在搅拌桨叶片的下方会形成较大的负压旋涡，从分布器进入搅拌釜的气体首先被吸入旋涡内，形成所谓的气穴。最近的研究认为气液分散是受气穴控制的。

气相在液体中的分布很难得到定量的数据，可以通过高速摄像获得气体分布的定性观测。本节即通过高速摄像的方法观测了高剪切混合器的气液混合过程。其中气体通过 2mm 内径的不锈钢导管进入高剪切混合器的定转子中心位置。这种进气方式有助于充分利用高剪切混合器气液破碎作用，从而获得更小的气泡。

图 2-2 展示的是在高剪切混合器的转子转速为 3000r/min 时通入少量气体的过程。实验中采用的是实验室规模的带定转子齿合型剪切头的径流式高剪切混合器，剪切头的定子有 12 齿，定子内径 20mm，齿间距 2mm；转子有 6 齿，转子外径 19mm，齿间距 3mm。从图中可以很清楚地看到，转子转速 3000r/min 时，开始通气时在剪切头的外部会产生小的气泡环，如图 2-2（b）所示（t=243ms），然后气泡会受浮力作用向液相的上部流动，如图 2-2（c）、（d）所示（t=485ms、727ms）。图 2-3 为高剪切混合器在转速 6000r/min 时，通过少量气体时的气液两相混合过程。同样地，在剪切头的外部会产生小的气泡环，如图 2-3 中（b）所示（t=243ms）。但是，转速 6000r/min 时产生的气泡直径要比转速为 3000r/min 时小得多。与 3000r/min 不同的是，转速 6000r/min 时的部分气泡先向剪切头下方运动［如图 2-3（c）、（d）所示］，直至到达容器底部之后触底的气泡转向向上运动。在运动过程中部分小气泡会聚并成大气泡，达到一个相对稳定的状态［如图 2-3（e）、（f）所示］。能够观察到在整个连续相内存在气相浓度梯度，局部气含率最高的地方出现在剪切头附近。

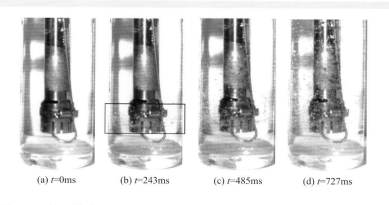

(a) t=0ms　　　(b) t=243ms　　　(c) t=485ms　　　(d) t=727ms

图 2-2　转子转速 3000r/min，通入少量空气条件下，间歇高剪切混合器流型

通过对比图 2-2 与图 2-3，可以发现，3000r/min 下的气泡聚集在剪切头附近，没有很好地弥散至整个液相。将转速增大至 6000r/min 时，离开剪切头区域的气泡数量显著变多，气相在液相中的含率增大。尽管局部气含率最高的区域仍然集中于剪切头上部，但无疑增加转子转速，气体在连续相中的分布更加均匀。Czerwinski 等 [3] 也通过高速摄像得到了类似结果。

图 2-4 为正常操作通气流量下，不同转子转速下间歇高剪切混合器内稳定的气液混合过程。图 2-4（a）为转子转速为 0r/min 时的气液混合状态，从图中可以看到，由于气体进口位于转子中心位置，此时气体从定转子中心逸出。当转子转速为

(a) *t*=0ms (b) *t*=243ms (c) *t*=485ms (d) *t*=727ms (e) *t*=969ms (f) *t*=1211ms

▶ 图 2-3　转子转速 6000r/min，通入少量空气条件下，间歇高剪切混合器的流型

(a) 0r/min　　(b) 3000r/min　　(c) 10000r/min　　(d) 20000r/min

▶ 图 2-4　正常通气条件下间歇高剪切混合器的流型

3000r/min 时 [图 2-4（ b ）]，气体经定转子剪切破碎后均匀地从定转子剪切间隙逸出，此时由于转子转速不高，气泡受到的破碎作用不强，且易发生聚并，气泡直径较大，在剪切头上方的局部区域气含率不高，而且在剪切头下方流体区域气含率也非常低。当转子转速增加至 10000r/min 时，可以看到气泡直径明显下降，在剪切头下方气含率仍然很低，在剪切头附近气含率较高，在剪切头上方气含率要比低转速下均匀得多。当转速进一步增加至 20000r/min 时，在剪切头附近的气泡直径进一步减小，经过定转子剪切头的气泡被破碎到很小，气泡在上升的过程中由于压力变化和聚并的发生逐渐变大；同样，在剪切头附近气泡最小、气含率最高。在剪切头下方也有很多气泡。综上，径流式高剪切混合器剪切头附近的气体有很强的破碎

作用，但也易造成剪切头下方区域的气含率不高。

第二节 功耗特性

能量消耗是在气液两相工业设备设计、选型和放大过程中必须要考虑的因素之一。因为能量消耗是生产过程操作费用的一部分，成本问题是企业生产关注的问题之一。由于功率消耗的大小能够反映设备运行时所需求的能量，因此可以用于比较不同类型的混合设备之间的能量消耗性能的优劣。

本节中介绍的高剪切混合器在气液两相过程中的功耗特性采用扭矩法测得。测量过程中需要考虑到摩擦力的作用，气液混合的净功耗 P_g 等于实际所测定的搅拌功耗减去转轴的摩擦功耗。相关计算公式如下：

$$P_g = 2\pi N(M_2 - M_1) \tag{2-1}$$

式中　N——搅拌转速，r/s；

　　　M_1——转子轴空载的扭矩，N·m；

　　　M_2——转子轴负载下的扭矩，N·m；

　　　P_g——净功耗，W。

实验在中试规模、400L 体积的釜中进行，选用了捷流式的间歇高剪切混合器作为实验研究对象，结构细节参见第一章。

实验过程中使用了多种不同结构和功能的转子。所有的转子叶片厚度均为 5mm。每种转子的细节描述如下：

（1）三种不同直径的直立型转子，其对应的直径分别为：Rt1-45 转子直径 152mm，Rt2-45 转子直径 154mm，Rt3-45 转子直径 156mm；每种转子的叶片倾角均为 45°。

（2）四种不同叶片倾角的转子（如图 2-5 所示），分别是 Rt2-30 的倾角为 30°，Rt2-45 的倾角为 45°，Rt2-60 的倾角为 60°，Rt2-90 的倾角为 90°；四种不同叶片倾角的转子的直径均为 154mm。

（3）选用了两种不同弧型的转子与直立型转子进行对比，三种转子的直径均为 154mm、叶片倾角均为 45°。如图 2-6 所示，Rt2-45 为直立型转子，Rt2-back 为后弯型转子，Rt2-forward 为前弯型转子。

（4）不同主体流动方向转子的比较。流向的改变是通过调整高剪切转子叶片的倾斜方向实现的，如图 2-7 所示。Rt2-45 为下压型转子，在该转子的作用下，转子附近的流体（包括气体与液体）被向下排挤出剪切头；Rt2-up 为提升型转子，即将转子附近的流体向上抬升离开定转子区域。

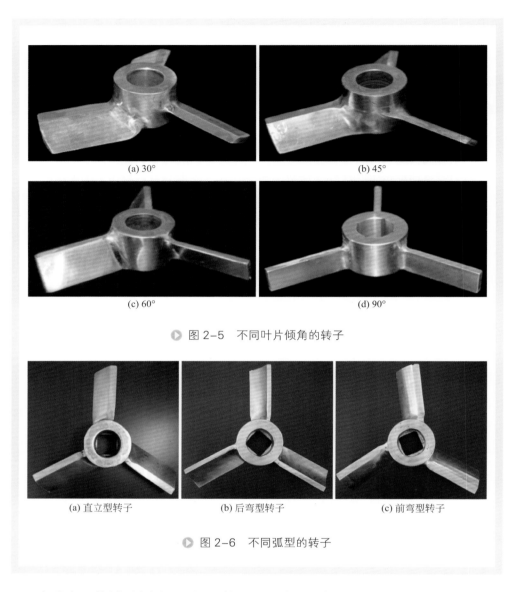

(a) 30°　　　　　　　　　　　　　　(b) 45°

(c) 60°　　　　　　　　　　　　　　(d) 90°

▶ 图 2-5　不同叶片倾角的转子

(a) 直立型转子　　　　　(b) 后弯型转子　　　　　(c) 前弯型转子

▶ 图 2-6　不同弧型的转子

　　实验中，使用了如图 2-8（a）所示的圆形开孔定子。设计了三种不同的定子内径：St1 定子的内径为 158mm，St2 定子的内径为 162mm，St3 定子的内径为 176mm。所有的定子厚度均为 4mm，侧面开 5 排直径 8mm 的圆形孔，圆形孔按照三角形排列，总开孔个数为 130 个。定转子是按照图 2-8（b）所示的方式装配使用的。实验中采用安装在混合器底部的单圈圆盘式气体分布器。圆盘直径大于定子内径。

(a) 下压型转子　　　　　　　　　　　　　(b) 提升型转子

▶ 图 2-7　不同流向的转子

(a)　　　　　　　　　　　　　　(b)

▶ 图 2-8　定子的几何构型（a）和定转子的组合方式（b）

一、操作参数的影响

1. 转子转速的影响

图 2-9 为转子转速对气液两相间歇高剪切混合器功耗的影响。实验中使用的转子型号为 Rt2-45，三种不同内径的定子型号分别为 St1、St2 和 St3，气相流量固定

为 100L/min。从图 2-9 可知，在转速 500 ~ 2000r/min 下所测得的高剪切混合器轴功率在 2.8 ~ 1426.2W 范围内；高剪切混合器的功耗随着转速的增加而逐渐增大，并且功耗曲线的斜率也越来越大。需要指出，在本节中，由于分布器的直径大于定子内径，气相的加入，对高转子转速下功耗的影响要大于低转子转速下的影响[4]。这是因为在转子转速较低的情况下，从分布器出来的气体可能不与转子接触而直接逸出。随着转子转速的提高，更多的气体进入定转子剪切区域。相对于纯水相的功耗，气液两相的功耗有所下降。

2. 气相流量的影响

图 2-10 为气相流量对气液两相间歇高剪切混合器功耗的影响。转子型号为

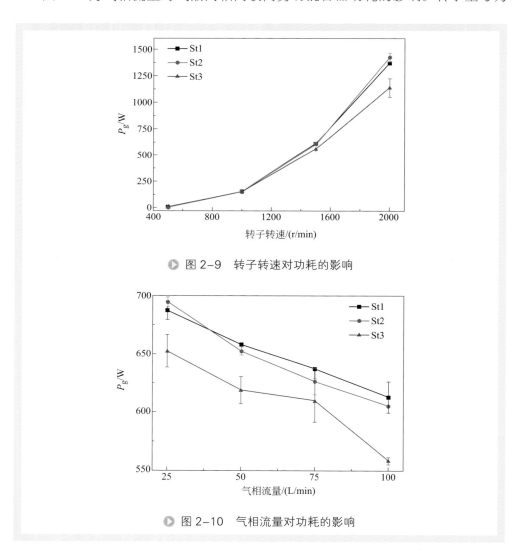

▶ 图 2-9　转子转速对功耗的影响

▶ 图 2-10　气相流量对功耗的影响

Rt2-45，三种不同内径的定子型号分别为 St1、St2 和 St3，转子转速为 1500r/min。从图 2-10 可知，在 25～100L/min 下所测得的轴功率在 558.2～694.3W 范围内，功耗随着气相流量的增加而逐渐降低。如在内径为 176mm 的 St3 定子条件下，通气量为 100L/min 时，功耗下降为通气量 25L/min 时的 86%。这是因为在转子叶片的旋转过程中，气体在叶片背面形成气穴，气相流量越大，气穴所占的体积越大，降低了叶片的旋转阻力[5]。另外，不同的通气量也会导致流体的平均密度不同，从而引起功耗的变化。

二、物性参数的影响

本节主要考虑表面张力对气液两相间歇高剪切混合器功耗的影响。表面张力的改变是通过在连续相中加入乙醇来实现的，乙醇加入量越大，气液表面张力越小。实验中改变乙醇的体积分数分别为 5% 和 10%，以在对流体其他性质改变较小的前提下来改变表面张力。实验中采用的定子结构为 St3，转子结构为 Rt2-45。

图 2-11 为表面张力对气液两相间歇高剪切混合器功耗的影响。从图 2-11 可知，乙醇的加入会使得气液两相间歇高剪切混合器的功耗降低。如图 2-11（a）所示，在转子转速 2000r/min 下，含有 10% 体积分数的乙醇水溶液体系的功耗与纯水的相比，下降约 20%。如图 2-11（b）所示，在气相流量 75L/min 的情况下，体积分数为 5% 的乙醇水溶液体系的功耗与纯水的相比，下降约 14%。这可能是两方面的原因导致了功耗随乙醇体积分数的增加而下降：①乙醇的加入降低了连续相的密度，高剪切混合器的功率消耗因此降低；②随着表面张力的降低，气泡更容易被破碎，并且气泡间的聚并现象减少，连续相中的气含量增加，从而降低了体系的功耗。但是，表面张力的减小和功耗的降低并非简单的线性关系；如图 2-11（a）中，当高剪切混合器的转子转速低于 1500r/min 时，功耗随乙醇浓度变化不大。

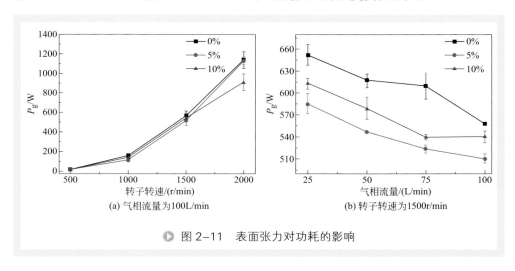

(a) 气相流量为100L/min　　　　　(b) 转子转速为1500r/min

● 图 2-11　表面张力对功耗的影响

三、结构参数的影响

1. 定子内径的影响

从图 2-8 和图 2-9 可以得到定子内径对气液两相间歇高剪切混合器功耗特性的影响规律。

定子内径对功耗的影响主要是通过剪切间隙（定子内径到转子叶尖的距离）的改变引起的，而剪切间隙在高剪切混合器能量耗散中起到重要作用。转子叶尖附近的流体具有最高的流动速度，定子壁面处流体的流速近似于零，这使得流体在狭窄的剪切间隙内存在巨大的速度梯度和剪切速率梯度，最终流体在这一区域内产生较大的摩擦损耗。从图 2-8 和图 2-9 中可以看出，定子内径的增大导致剪切间隙的增大，功率消耗因此而减小。

2. 转子直径的影响

在考察转子直径的影响时，固定定子结构为 St1。实验结果如图 2-12 所示。由图 2-12（a）可以看出，随着转子直径的增加，气液混合的功耗增大。原因包括两方面：①转子直径的增加导致转子扫过的流体体积增大，排液量增大，需要的功耗增多；②转子直径的增加导致了剪切间隙的减小，功率消耗随之相应增大。由图 2-12（b）可以看出，在相同转子直径下，气相流量的增加，使功率消耗呈近似线性下降。这也说明，随着高剪切定转子结构的变化，气相流量增加导致高剪切混合器的功耗下降这一规律不变。

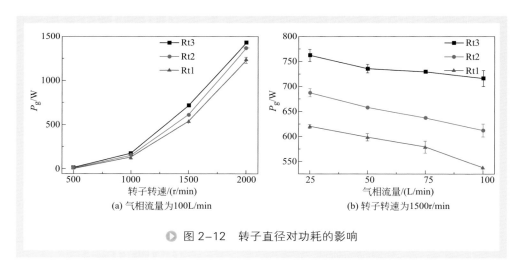

(a) 气相流量为100L/min (b) 转子转速为1500r/min

图 2-12 转子直径对功耗的影响

3. 转子倾角的影响

为了考察转子倾角（30°、45°、60°、90°）对气液混合功耗的影响，采用的转子型号分别为 Rt2-30、Rt2-45、Rt2-60 和 Rt2-90。当转子倾角为 90° 时，高剪切混合器的流动形式为径流，其他角度的流动形式以轴流为主。

从图 2-13 可以看到高剪切混合器的功耗在 30° ～ 60° 范围内随转子倾角的增加而增大，而转子倾角达到 90° 时的功耗却略小于 60° 时的功耗。这主要原因由第一章关于捷流式高剪切流动过程的模拟可知：①随着转子倾角的增加，转子叶片在轴向的投影面积增大，导致转子叶片对流体的有效作用面积增大，同时导致转子叶片叶尖扫掠过的面积增加，进一步增加了叶尖所对应的剪切间隙区的有效体积；从总体上增大了捷流式高剪切混合器转子扫掠区和剪切间隙区的能量耗散。②随着转子倾角的增加，经定子侧面开孔排出的流体的量发生改变，使得通过定子侧面开孔排出的流体量增加，进而提高定子孔间射流流速，增大定子开孔区和射流区的湍动能耗散。③随着转子倾角的增加，经定子底面开孔排出的流体的量发生改变，使得通过定子底面开孔排出的流体量减少。三者共同作用的结果，导致了气液两相间歇高剪切混合器的功耗随着转子角度的增加先增加后减小。

从图 2-13（b）中还可以看到，气相流量对不同转子倾角高剪切混合器的影响程度不同。当转子倾角为 30° 或者 45° 时，气相流量的增加不会使功耗明显下降，而当转子倾角超过 60° 时，功耗随气相流量的增加而明显减小。这也说明转子倾角变大，对气泡的破碎能力增强，小气泡的增多，改变了气液混合体系的气含率，进而影响到功率消耗特性。

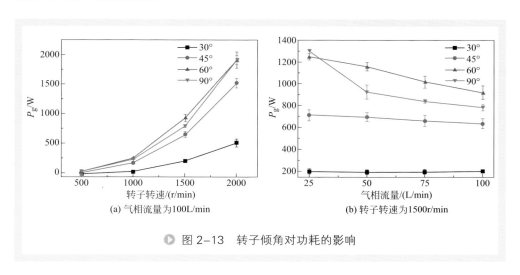

(a) 气相流量为100L/min   (b) 转子转速为1500r/min

▶ 图 2-13　转子倾角对功耗的影响

4. 转子弧型的影响

图 2-14 为转子弧型对气液两相间歇高剪切混合器功耗的影响；定子型号为 St3，三种不同的转子分别为直立型转子 Rt2-45、后弯型转子 Rt2-back、前弯型转子 Rt2-forward，气相流量固定为 100L/min。从图 2-14 中可以看出，三种弧型转子

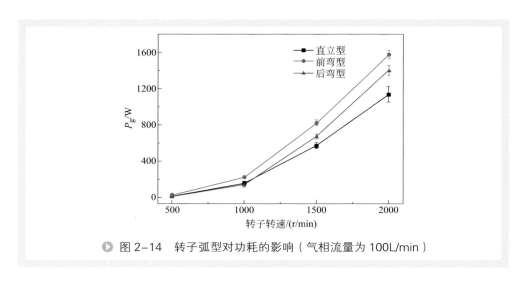

图 2-14　转子弧型对功耗的影响（气相流量为 100L/min）

的功耗随着转速的增加而增加；在相同转速下，三种弧型转子的功耗大小分别为前弯型转子 > 后弯型转子 > 直立型转子。造成上述结果的原因可能是：①转子由直立变为弧型，转子叶片叶尖变长，与流体相互作用的叶尖面积增加，增大了能量耗散；②前弯型转子与后弯型转子相比，流体从叶片表面滑脱的阻力更大，排液量更大，导致了前弯型转子的功耗大于后弯型转子的。

5. 液体流向的影响

图 2-15 为液体流向对气液两相间歇高剪切混合器功耗的影响；定子型号为St3，两种不同的转子分别为下压式转子 Rt2-45 和提升式转子 Rt2-up，气相流量固定为 100L/min。从实验结果可知，下压式转子的功耗要远大于提升式转子的功耗。

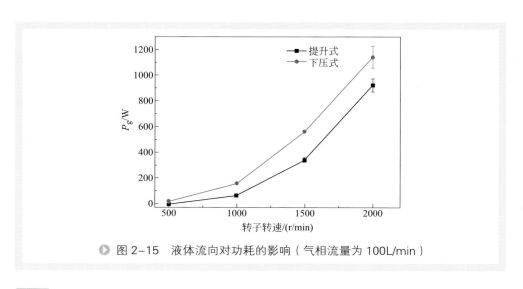

图 2-15　液体流向对功耗的影响（气相流量为 100L/min）

如图 2-15 所示，当转子转速较低为 500r/min 时，二者尚且相差不大。随着转子转速的增加，二者的差距越来越大。当转子转速为 2000r/min 时，下压式转子的功耗为 1240.2W，提升式转子的功耗为 1136.6W。这是因为下压式转子混合器内的流动方式为流体从剪切头的侧面和底部流出，从剪切头底部排出的流体，向下运动，到达搅拌槽底部后流体发生转向进而靠近搅拌槽壁面向上流动，使得搅拌槽内整体流动速率增加，增加了功率消耗。

四、功耗特征曲线

笔者通过使用无量纲功率特征数 Po_g 和雷诺数 Re_g 进一步研究气液两相条件下间歇式高剪切混合器的功耗特性，处理分析 Po_g 与 Re_g 的关系得到气液两相条件下间歇式高剪切混合器的功耗特性曲线，如图 2-16 所示。在相同雷诺数下比较不同构型高剪切混合器的功率特征数发现，转子桨叶倾角和桨叶弧型的变化对高剪切混合器的功耗影响最为显著，因此在实际工业应用中应着重注意上述两个结构特征的优化。

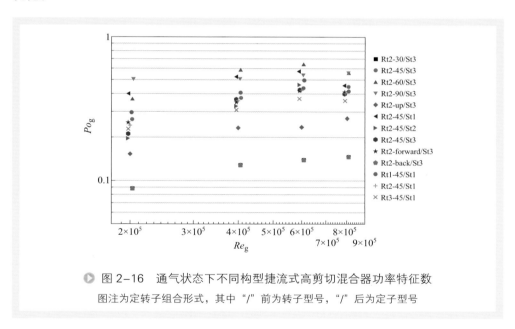

图 2-16　通气状态下不同构型捷流式高剪切混合器功率特征数

图注为定转子组合形式，其中 "/" 前为转子型号，"/" 后为定子型号

第三节　气液传质特性

本节将介绍间歇高剪切混合器的气液传质性能。通过实验测定了捷流式高剪切

混合器的氧传质系数，系统考察了操作参数、物性参数和结构参数对传质效果的影响。

对于各类设备的气液传质性能一般通过传质系数与相界面积的乘积 $K_L a$ 来表示，$K_L a$ 即总体积传质系数。传质系数的测量手段有很多，常见的方法主要有二氧化碳吸收法、气体成分分析法、亚硫酸钠氧化法、动态法等。动态法药品消耗量小，测量准确，鉴于实验是在中试规模下进行，本节采用动态法测定传质系数。该方法测量的是空气中的氧在水中的传质系数，故下文中将测得的 $K_L a$ 称为氧传质系数。该方法被很多研究人员广泛应用，并且取得了很好的实验效果[6]。

动态法测量氧传质系数包括以下步骤：首先向水中充入氮气或加入亚硫酸钠，除尽其中的氧，使溶液中的溶氧浓度为零；然后再向反应器中充入空气，液相中的溶氧浓度随时间逐渐增加，直至达到饱和溶氧浓度；通过溶氧电极测定整个实验过程中溶氧浓度随时间的变化关系，即可得到氧传质系数。

一般假定在停气和充气的过程中，氧气的浓度呈现出阶跃性变化。其计算公式如（2-2）所示：

$$\frac{\mathrm{d}c}{\mathrm{d}t} = k_L a(c^* - c) - q_{O_2} c_x = \mathrm{OTR} - \mathrm{OUR} \qquad （2-2）$$

式中　$\dfrac{\mathrm{d}c}{\mathrm{d}t}$ ——液相中氧气累积速率，mg/(L·s)；

　　　OTR——氧气从气相到液相的传质速率，mg/(L·s)；

　　　OUR——液相中的耗氧速率，mg/(L·s)；

　　　c^*——液相中饱和溶氧浓度，mg/L；

　　　c——瞬时溶氧浓度，mg/L。

本节中实验耗氧速率 OUR=0，即 $q_{O_2} c_x = 0$，故可得到：

$$\frac{\mathrm{d}c}{\mathrm{d}t} = k_L a(c^* - c) = \mathrm{OTR} \qquad （2-3）$$

由式（2-3）积分得到式（2-4），根据式（2-4）即可求出氧传质系数：

$$\ln(c^* - c) = -k_L a t \qquad （2-4）$$

在实验过程中，通过测量溶氧浓度随时间的变化关系，如图 2-17 所示。在图 2-17 中的 A 点以前，溶氧电极测量反应器中的溶氧浓度，通常是一恒定值；在 A 点处向反应器中充入氮气或加入亚硫酸钠以除去溶液中的氧气，使反应器中的溶氧浓度下降为零，如图 2-17 中的 AB 段所示。在 B 点处，开始向反应器中充入空气，反应器中的溶氧浓度逐渐增加到 C 点，之后开始逐渐趋于饱和，直至最终达到饱和溶氧浓度，如 CD 段所示。根据 CD 段可以得出在该实验条件下的饱和溶氧浓度，根据 BCD 段的溶氧浓度的上升速率，可算出氧传质系数。

由于在 BCD 段充气过程中，反应器中的溶氧浓度很难完全达到饱和状态，为

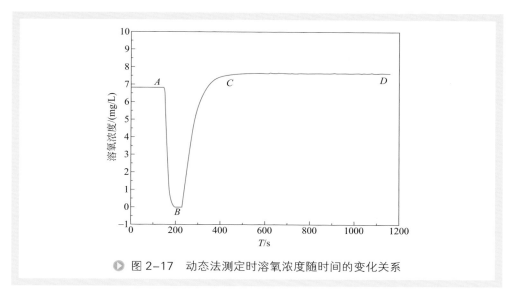

● 图2-17　动态法测定时溶氧浓度随时间的变化关系

了得到更精确的拟合效果，实验中在利用式（2-4）计算氧传质系数时，取溶氧浓度从零变化至饱和溶氧浓度的90%来进行计算。

利用动态法测量氧传质系数的缺陷在于必须要考虑到溶氧电极的响应时间 τ_r，否则会对实验测量精度有严重的影响。溶氧电极的响应时间的测定方法是将溶氧电极从溶氧浓度为零的亚硫酸钠溶液中转移至溶氧浓度为饱和溶氧浓度的水溶液中，溶氧浓度从零达到饱和溶氧浓度的63%所需要的时间即为溶氧电极的响应时间，对于一般商业溶氧电极而言，其响应时间一般为5s。Van't Riet证明[7]当 $\tau_r \leqslant 1/(k_L a)$ 时，实验测量的氧传质系数的相对误差小于6%，需要考虑电极响应时间滞后对氧传质系数的影响；当 $\tau_r \leqslant 1/(5k_L a)$ 时，实验测定的氧传质系数的相对误差小于3%，可以忽略溶氧电极响应时间滞后的影响。为了解决电极响应时间滞后对氧传质系数的影响，可用式（2-5）校正：

$$\frac{dc_{me}}{dt} = \frac{c - c_{me}}{\tau_r} \tag{2-5}$$

式中　c_{me}——通过溶氧电极测定的溶氧浓度。

联立式（2-3）与式（2-5）求解，即得到经过校正后的用于计算氧传质系数的公式，如式（2-6）所示：

$$c_{me} = c^* + \frac{c^* - c_0}{1 - \tau_r k_L a}[\tau_r k_L a \exp(-t/\tau_r) - \exp(-k_L a)] \tag{2-6}$$

由于实验所用的搅拌槽体积为400L，利用充入氮气来除尽水溶液中的氧气需要耗费大量的氮气和时间；因此，选择加入亚硫酸钠来除去水溶液中的氧气。由于反应器体系中存在反应后的硫酸钠，氧传质系数的值与硫酸钠的浓度有关；Imai

等[8]的研究表明，当溶液中硫酸钠浓度低于10mol/m³时，氧传质系数的值不受影响。实验中所加入的亚硫酸钠全部反应后，生成硫酸钠的浓度远低于10mol/m³，因此可不考虑硫酸钠对氧传质系数的影响。

为了减少温度对氧传质系数的影响，Jackson等[9]结合Stokes-Einstein方程和表面更新传质理论模型研究了在0～30℃的温度范围内氧传质系数与温度（θ）之间的关系，得到了氧传质系数的温度校正公式，如式（2-7）所示：

$$(k_La)_{25℃} = 1.02^{25-\theta}(k_La)_\theta \qquad (2-7)$$

实验中采用捷流式高剪切混合器作为研究对象，其详细结构参数可以参见本章第二节。

一、操作参数的影响

1. 转子转速的影响

图2-18为转子转速对气液两相间歇高剪切混合器氧传质系数的影响。采用的转子型号为Rt3-45，三种不同内径的定子分别为St1定子、St2定子和St3定子，气相流量固定为100L/min。如图2-18所示，在转子转速500～2000r/min下，各尺寸定子所测得的氧传质系数在0.006～0.033s⁻¹范围内，氧传质系数随着转子转速的增加而逐渐增大。这是因为随着转速的增加，转子末端的线速度变大，意味着输入流体更多的能量，能够在转子桨叶背面产生更大的负压气穴，使气泡在负压的作用下破碎成小气泡，可以使得气泡破碎得更小，相间传质面积增大；同时，更高的流体速度使得传递边界层厚度变薄、气液表面快速更新，减小了气液两相的传质阻力。

从图2-18还可以看出，随着转子转速的增加，氧传质系数的增大速度逐渐减

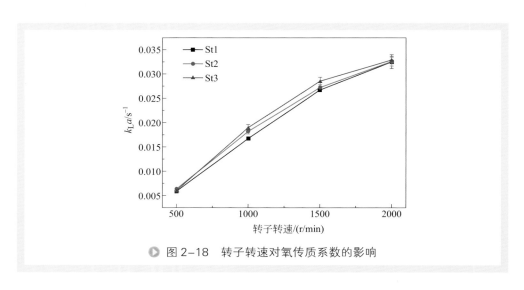

图2-18 转子转速对氧传质系数的影响

缓，有接近稳定的趋势，这个现象在考察其他结构参数对间歇高剪切混合器气液传质性能的影响时也都存在；这说明继续增加转子转速对气液传质性能的影响越来越小，即增加转子转速不能无限制地提升间歇高剪切混合器的气液传质性能。

2. 气相流量的影响

图 2-19 为气相流量对气液两相间歇高剪切混合器氧传质系数的影响；转子型号为 Rt3-45，三种不同内径的定子分别为 St1 定子、St2 定子和 St3 定子，转子转速为 1500r/min。从图 2-19 可以看出，在气相流量 25 ～ 100L/min 条件下，所测得的氧传质系数在 0.014 ～ 0.029s^{-1} 范围内，氧传质系数随着气相流量的增加而增大。这是因为：①随着气相流量的增加，会有更多的气泡生成，混合器内平均气含率增大，气液接触面积增大；②气相流量的增大也会强化液相的湍动，有利于气液表面更新和液相主体内氧输运。

从图 2-19 还可以看出，随着气相流量的增加，氧传质系数的增速越来越慢，有接近稳定的趋势；这说明继续增加气相流量对提高气液传质性能的作用越来越小。这是因为气相流量的增加会使整体气含率、流体流动速度和湍动程度增加，有利于传质；但是，也会增加气泡聚并的概率，使得整体平均气泡直径增大。根据气穴理论，当气相流量过大时，搅拌器附近的气穴会发生聚并，合并为大气穴，大气穴会包裹整个搅拌器，气体穿过搅拌器从液面逸出，使气液传质性能恶化。

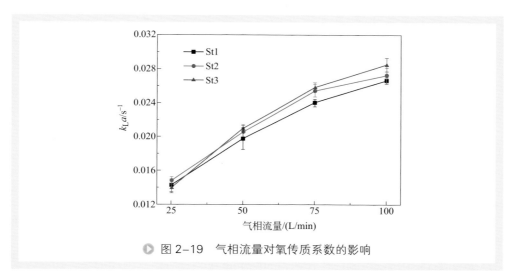

图 2-19　气相流量对氧传质系数的影响

二、物性参数的影响

图 2-20 为表面张力对气液两相间歇高剪切混合器氧传质系数的影响，实验中采用的定子结构为 St-3，转子结构为 Rt2-45。从图 2-20 中可以看出表面张力的降低能够显著提升气液传质能力。从图 2-20（a）可知，在低转速（500r/min）下，

乙醇体积分数从 0% 增加至 10%，氧传质系数由 0.006s⁻¹ 提高到 0.012s⁻¹，提升了 1 倍；当转速在 1500r/min 时，乙醇体积分数为 10% 体系的氧传质系数是不含乙醇的 2.8 倍。从图 2-20（b）可知，在不同的气相流量下，随表面张力减小，氧传质系数提高，乙醇体积分数为 10% 时，氧传质系数是不含乙醇的 2.5 ～ 4.5 倍。乙醇体积分数从 0 增加至 10%，氧传质系数增大的原因是：表面张力的降低，更有利于气泡破碎，抑制气泡的聚并，增加体系的气含率，提高了气液相界面积，强化了传质。

但是降低表面张力对提高氧传质系数存在极限；如图 2-20（a）所示，当转子转速超过 1500r/min 时，乙醇体积分数 5% 和 10% 的氧传质系数已经非常接近。从图 2-20（b）中也能看出，当高剪切混合器转速为 1500r/min 时，乙醇的体积分数从 5% 增加到 10%，氧传质系数的增大十分有限。这主要是因为，随着表面张力的降低，气液相界面积先迅速增大后再基本保持不变。

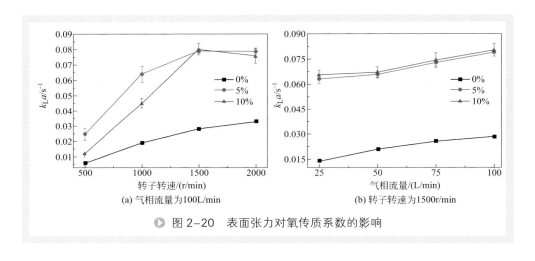

(a) 气相流量为 100L/min

(b) 转子转速为 1500r/min

▶ 图 2-20　表面张力对氧传质系数的影响

三、结构参数的影响

1. 定子内径的影响

从图 2-18 和图 2-19 可以得到定子内径对气液两相歇高剪切混合器气液传质特性的影响规律。

从图 2-18 中可以看到，在转速为 500r/min 下，三种定子内径的高剪切混合器的氧传质系数没有明显的差别，St1、St2 和 St3 定子的直径分别为 158mm、162mm 和 176mm，其氧传质系数分别为 0.0058s⁻¹、0.0063s⁻¹ 和 0.0061s⁻¹。随着转子转速的增加，不同定子内径高剪切混合器之间的氧传质系数的差别变大；当转子转速增加至 1000r/min 时，St1、St2 和 St3 定子的氧传质系数分别为 0.017s⁻¹、0.018s⁻¹ 和 0.019s⁻¹。其原因是：在转子转速较低时，转子的排液量较小，混合器内液体流动速度较低，对气体运动影响较小，气体的上升主要靠气体自身的升力；此时搅拌槽内的气液分散状态并没有达到完全分散状态，其氧传质系数较低，此时剪切头结构参数对氧传质系数的影响不大。当转速进一步增加时，气体在混合器内受液体作用增大，被进一步分散，气液达到完全分散状态，气液相界面积和界面更新速率同步增加，使得氧传质系数以更快的速率增加；此时液体排量随定子内径的增加而增加，因而氧传质系数随着定子内径的增大而增加。当转速大于 2000r/min 时，St1、St2 和 St3 定子的氧传质系数的区别又开始变得不明显，这表明当转子转速超过 2000r/min 时，定子尺寸的影响已经居于次要地位。

从图 2-19 中可以看出，当气相流量为 25L/min 时，St2 定子的氧传质系数要高于 St1 和 St3，随着气相流量的增加，同样发现定子内径越大，传质效果越好。鉴于增大定子内径会减少设备功耗，因此，在使用高剪切混合器进行气液传质时可以考虑选用稍大的定子内径。

2. 转子直径的影响

在考察转子直径的影响时，固定定子结构为 St1。实验结果如图 2-21 所示。图 2-21（a）为不同直径转子的氧传质系数随转子转速的变化，固定气相流量为 100L/min。可以看到在 500r/min 时，Rt3，Rt2，Rt1 转子对应的氧传质系数差距不大。随着转速的进一步增加，可以看到大直径转子的氧传质系数略高于小直径转子的，这是因为大的转子直径能导致转子扫过的流体体积增大，使得排液量增大，破碎气泡能力增强，有利于强化气液传质。图 2-21（b）揭示了气相流量对不同转子直径高剪切混合器的氧传质系数的影响，高剪切混合器的转子转速为 1500r/min。当气相流量最小为 25L/min 时，Rt1、Rt3 转子的氧传质系数略高于 Rt2 的，随着气相流量的增加，Rt3 转子表现出较大的优势，在流量达到 100L/min 时，$k_L a$ 增速放缓。总体来说，在实验范围内，增大转子直径对提高气液传质效果影响有限，而且转子直径的增大

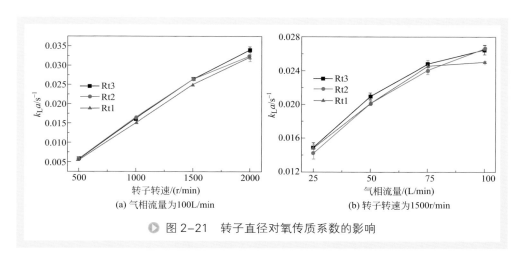

(a) 气相流量为100L/min　　　(b) 转子转速为1500r/min

▶ 图 2-21　转子直径对氧传质系数的影响

会导致功耗的增加。

3. 转子倾角的影响

为了考察转子倾角（30°、45°、60°、90°）对氧传质系数的影响，采用的转子型号分别为 Rt2-30、Rt2-45、Rt2-60 和 Rt2-90。当转子倾角为 90° 时，高剪切混合器的流动形式为径流，其他角度的流动形式以轴流为主。

图 2-22（a），（b）为转子角度对于间歇高剪切混合器的气液传质性能的影响。从图 2-22（a）中可以看出，随着转子转速的增加，Rt2-30 转子的氧传质系数始终最小，这是因为当转子叶片倾角为 30° 时，剪切头处流体多从定子底部轴向排出，从定子侧面开孔流出的流体最少，定子开孔对气泡的破碎作用最差，导致大量的大气泡受浮力作用直接从液面逸出。其次，Rt2-90 转子的气液传质性能也比较差，这是因为此时混合器内的流场基本为径向流动，虽然进入剪切头的气体受到的破碎作用较强，但是由于缺乏轴向混合，使得剪切头下方区域内的气含率降低，降低了氧传质系数。然而，由于 Rt2-90 转子对气泡的破碎作用很强，Rt2-90 转子的氧传质系数仍大于 Rt2-30 转子的。当转子转速为 500r/min 时，Rt2-30、Rt2-45、Rt2-60 和 Rt2-90 转子的氧传质系数分别为 $0.0046s^{-1}$、$0.006s^{-1}$、$0.0075s^{-1}$ 和 $0.0068s^{-1}$；随着转子转速的增加，Rt2-60 的氧传质系数始终最大，与 Rt2-45 转子的氧传质系数差距几乎不变，但是与 Rt2-90、Rt2-30 转子的差距在变大。这表明，Rt2-60 转子使得搅拌槽内的流体在轴向、径向具有较好的流形分布与混合效果，这使其具有最优的气液传质效果。

图 2-22（b）是转子转速为 1500r/min 时，不同倾角转子的氧传质系数随气相流量的变化过程。从图中可以看到，随着气相流量的增加，Rt2-30 转子的氧传质系数始终最小，Rt2-60 的氧传质系数始终最大。在气相流量为 25L/min 时，转子 Rt2-90 的氧传质系数要大于转子 Rt2-45 的，这可能是因为在低气相流量情况下，大部

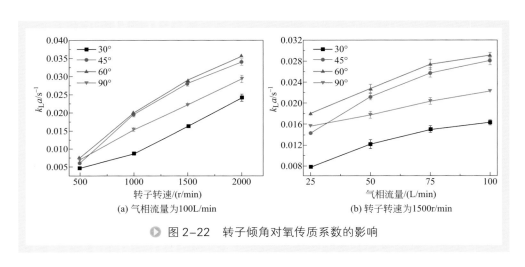

(a) 气相流量为100L/min   (b) 转子转速为1500r/min

图 2-22　转子倾角对氧传质系数的影响

分气体会进入剪切头，90°倾角转子对气泡的破碎效果要优于45°倾角转子的，此时气泡破碎作用的影响比流动形式的影响更重要。随着气相流量的增大，Rt2-45转子的氧传质系数会超过Rt2-90转子的，并且差距逐渐拉大，这是因为随着气相流量的增加，要使更多的气体进入剪切头，需要更大的轴向循环流量。

4. 转子弧型的影响

图2-23为转子弧型对气液两相间歇高剪切混合器气液传质性能的影响。定子型号为St3，三种不同的转子分别为直立型转子Rt2-45、后弯型转子Rt2-back、前弯型转子Rt2-forward。从图2-23中可以看出，三种转子弧型的氧传质系数随着转速、气相流量的增加而增加；在相同转速、流量下，前弯型转子的氧传质系数最大，后弯型转子和直立型转子的相差不大。这可能是：①转子由直立型变为弧型，转子桨叶叶尖变长，与流体相互作用的叶尖面积增加，增大了对气泡的破碎作用；②前弯型转子与后弯型转子相比，流体从叶片表面滑脱的阻力更大，排液量更大，并且前弯型转子对气体的破碎作用最强；③后弯型转子叶尖对气泡的破碎强于直立型转子，但是由于后弯，气体容易从转子叶面滑脱，转子叶面对气体破碎作用弱于直立型转子；因此，二者的氧传质系数相差不大。总体来说，可以通过改变转子叶片的弧型为前弯，来提高间歇高剪切混合器的气液传质性能。

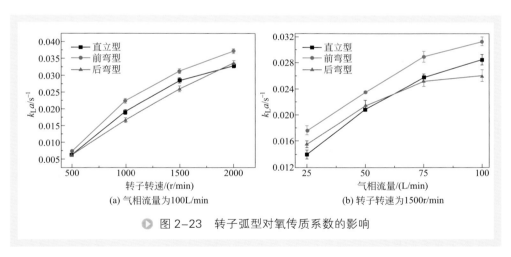

(a) 气相流量为100L/min　　　　(b) 转子转速为1500r/min

图 2-23　转子弧型对氧传质系数的影响

5. 液体流向的影响

图2-24为液体流向对气液两相间歇高剪切混合器氧传质系数的影响；定子型号为St3，两种不同的转子分别为下压式转子Rt2-45和提升式转子Rt2-up。从实验结果来看，下压式转子的气液传质性能要远优于提升式转子。

如图2-24（a）所示，当高剪切混合器的转速为500r/min时，提升式转子的氧传质系数为0.0054s^{-1}，下压式转子的氧传质系数为0.0061s^{-1}，二者差别不大；但是随着转子转速的增加，二者的差距越来越大，2000r/min 时下压式转子的氧传质系数为 0.033s⁻¹，提升式转子的氧传质系数仅有下压式转子的 67.7%。从图 2-23（b）中可以看到，气相流量最小为 25L/min 时，提升式转子和下压式转子的氧传质系数分别时 0.011s⁻¹ 和 0.014s⁻¹，提升式转子的氧传质系数是下压式转子的 78.6%，随着气相流量的增加，差距越来越大。综合图 2-24（a）、（b）可以得出，下压式转子的氧传质性能优于提升式转子，这是因为由于空气与水的密度相差很大，在水中气泡受浮力作用会很快上升。而提升式转子无疑加速了气体的上浮过程，缩短了气体在釜内的停留时间，不利于气泡破碎和传质过程。而下压式转子刚好相反，可以促进连续相与上浮的气泡碰撞混合，并使整个混合器内形成比较均匀的气体分散状态。因此，建议采用下压式转子进行间歇气液高剪切混合器的气液传质操作。

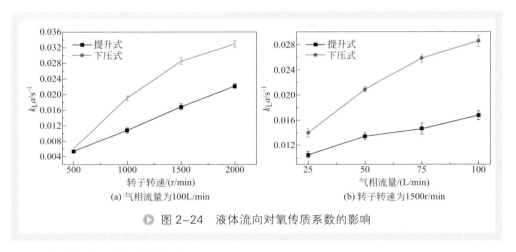

图 2-24　液体流向对氧传质系数的影响

四、氧传质系数关联式

在实际工业过程中，组分从气相到液相的传质过程往往是其控制步骤，气液传质系数是衡量气液两相搅拌反应器混合效果和传质性能的关键参数之一[10,11]。现有研究表明，气液传质系数与气液两相搅拌反应器的搅拌功耗和表观气速有关。相关的结论也可以推广到高剪切混合器中。

为了设备的设计、选型与放大，笔者将实验测定的氧传质系数与单位体积功耗、设备转速和表观气速进行关联，回归得到了 2 个计算氧传质系数的经验公式（2-8）和式（2-9）：

$$k_{L}a = 0.00368(ND)^{1.048}V_{s}^{0.364} \tag{2-8}$$

$$k_{L}a = 0.0024(P_{g}/V)^{0.294} \tag{2-9}$$

式中　P_{g}——搅拌功耗，W；

　　　V——混合器中连续相体积，m³；

N——转子转速，s^{-1}；

D——转子外径，m；

V_s——表观气速，m/s。

以上公式的适用范围：转子转速 500 ～ 2000r/min，气相流量 25 ～ 100mL/min。

第四节 工业应用

一、选型指导

常见的气液过程主要有气体溶解、气体吸收、气液反应，对于这三类常见的气液过程，如果全混流状态，对这三类过程没有影响，则都可以选用气液两相间歇高剪切混合器对其进行强化。如果其本征动力学为快速过程，建议选用第六章介绍的连续气液两相高剪切混合器。

对于采用间歇高剪切混合器进行气液两相间歇过程的强化，建议选择捷流式高剪切混合器；捷流式高剪切混合器的种类，可以参阅上海弗鲁克科技发展有限公司的网站。

捷流式高剪切混合器的剪切头结构设计建议为：倾角为 60° 的直立型转子或者前弯型转子，定转子间隙 ≥ 10mm，转子为下压式旋转。

建议在气液两相间歇高剪切混合器内设置气体分布器，将气体进行初始分布。

对于气液两相间歇高剪切混合器的功耗，可以利用本章的数据进行初步估算，也可以请专业设备公司技术部门确定。

对于气液两相高剪切混合器进行气液反应过程的强化，建议进行实验室的小试研究，然后选用与小试设备相匹配的工业规模高剪切混合器。

对于非牛顿型流体的气液混合与传质，建议由客户提供其流变学特性，与专业设备公司技术部门进行非标设备的设计。

对于剪切变黏流体，要慎重选用高剪切混合器。

二、工业应用举例

1. 吸收氨气配制氨水溶液

在精细化工生产过程中，经常会用到一定浓度的氨水，氨水的配制过程中有一种模式是利用回收的氨气在稀氨水中鼓泡来制得氨水；现有工艺是采用搅拌釜进行吸收，存在着吸收速度慢、吸收不完全的问题。采用捷流式高剪切混合器并增加了搅拌槽内换热器后，可以将气态氨迅速吸收为氨水，减少了氨水配制时间；同时，抑制了气态氨的逃逸，减轻了环境污染。

2. 芳烃烷基的氧化反应

芳烃烷基氧化反应生成酸是一类重要的反应，一般为气液传质速率控制的反应过程，反应时间长，随气体带出的反应原料多；同时，精细化工企业由于装备与管理水平的限制，大多采用常压搅拌釜、以压缩空气为氧源来进行氧化反应。现有工艺存在的主要问题是：①搅拌桨结构没有优化设计，其气液传质性能较差；②气体没有进行有效的初始分布；③间歇反应的时间比较长；④出口空气中氧含量很高，存在爆炸风险；⑤单位产品空气用量大，被空气带走的有机物多。采用捷流式气液两相间歇高剪切混合器作为反应器来代替搅拌釜，优化了气体分布器，适当提高了反应器的高径比；通过改造后，可以减少约30%的空气流量，降低反应时间50%以上。

参考文献

[1] 王凯，虞军. 搅拌设备 [M]. 北京：化学工业出版社，2003.

[2] Van't Riet K, Smith J M. The trailing vortex system produced by Rushton turbine agitators [J]. Chemical Engineering Science, 1975, 30 (9): 1093-1105.

[3] Czerwinski F, Birsan G. Gas-enhanced ultra-high shear mixing: A concept and applications [J]. Metallurgical and Materials Transactions B, 2017, 48 (2): 983-992.

[4] Rewatkar V B, Joshi J B. Role of sparger design in mechanically agitated gas-liquid reactors. Part I: Power consumption [J]. Chemical Engineering & Technology, 1991, 14 (5): 333-347.

[5] De Jesus S S, Moreira Neto J, Santana A, et al. Influence of impeller type on hydrodynamics and gas-liquid mass-transfer in stirred airlift bioreactor [J]. AIChE Journal, 2015, 61 (10): 3159-3171.

[6] Miron A S, Camacho F G, Gomez A C, et al. Bubble-column and airlift photobioreactors for algal culture [J]. AIChE Journal, 2000, 46 (9): 1872-1887.

[7] Van't Riet K. Review of measuring methods and results in nonviscous gas-liquid mass transfer in stirred vessels [J]. Industrial & Engineering Chemistry Process Design and Development, 1979, 18 (3): 357-364.

[8] Imai Y, Takei H, Matsumura M. A simple Na_2SO_3 feeding method for K_La measurement in large-scale fermentors [J]. Biotechnology and Bioengineering, 1987, 29 (8): 982-993.

[9] Jackson M L, Shen C C. Aeration and mixing in deep tank fermentation systems [J]. AIChE Journal, 1978, 24 (1): 63-71.

[10] De Lamotte A, Delafosse A, Calvo S, et al. Investigating the effects of hydrodynamics and

mixing on mass transfer through the free-surface in stirred tank bioreactors [J]. Chemical Engineering Science, 2017, 172: 125-142.

[11] De Jesus S S, Neto J M, Maciel Filho R. Hydrodynamics and mass transfer in bubble column, conventional airlift, stirred airlift and stirred tank bioreactors, using viscous fluid: a comparative study [J]. Biochemical Engineering Journal, 2017, 118: 70-81.

第三章

液液两相间歇高剪切混合器

液液不互溶两相间的混合是化工及整个过程工业领域重要的单元操作之一，通常用于制备均一稳定的乳液，或者通过获得大的相界面积，促进传递过程的进行，实现如萃取分离、芳烃硝化反应、乳液聚合反应等传质控制过程的强化。

在工业生产和实验室中，常用的混合设备是搅拌釜，其设备简单，操作方便，但是很难产生较小的分散相液滴。使用间歇搅拌釜进行液液混合，存在乳液分散度和均匀性不好，以及批次不稳定的缺陷；另外，处理高黏度或高分散相含量物系时，其分散效果往往也不尽如人意。

Cohen[1] 于 1998 年比较了不同类型混合器的液滴破碎性能。其中，高压均质机可以制备出直径为亚微米级的乳液液滴，不过其能耗高且处理量较小，一般用于低黏度物系；胶体磨也能够制备出直径较小的液滴，但是同样有处理量小的问题；高剪切混合器通过调整定转子结构，可以取得优良的乳化性能，获得较小的分散相液滴。

第一节 流动与功耗

高剪切混合器的流动特性与其几何构型有密切的关系，对流动特性的研究是进行设备选型、结构改进从而提高两相的分散与传质性能的基础。

液液两相体系的基本流型分析，可采用染色法、热变色晶体法（Thermochromic Crystals，TC）、激光诱导荧光法（Laser-Induced Fluorescence，LIF）等方法对某一相进行"标记"，再借助于目视、静止拍照、高速摄影等手段来观测。液液两相体系中分散相含量较低时，可以采用激光多普勒测速仪（Laser Doppler Anemometry，LDA）或粒子成像测速仪（Particle Image Velocimetry，PIV），通过选用适宜示踪粒子、背景去除与关联分析等技术分析高剪切混合器内部两相的速度分布特征。液液两相体系中的分散相浓度可通过取样离线分析法、光学探针法、电阻断层摄影法等检测方法获得[2,3]。但是一旦分散相含量稍高，液液混合体系的光学透过性就会变差，且高剪切混合器内部结构复杂而紧凑，操作转速较高，所以在线实验测定高剪切混合器内的液液两相速度场、相含率等特征存在较大难度，目前鲜有此方面研究的文献报道。

通过 CFD 模拟的方法研究液液两相间歇高剪切混合器的内部流场是一种较为方便可行的方法；相对于单相模拟，多相流场的计算，目前尚不成熟，最常用的方法是采用欧拉 - 欧拉双流体模型进行模拟。

在欧拉 - 欧拉双流体模型中，连续性方程和动量方程分别表示如下[4]：

第 i 相的连续性方程：

$$\frac{\partial}{\partial t}(\varphi_i \rho_i) + \nabla \cdot (\varphi_i \rho_i \bar{u}_i) = 0 \qquad (3\text{-}1)$$

式中　t——时间，s；

　　　φ_i——i 相的体积分数；

　　　ρ_i——i 相的密度，kg/m³；

　　　$\bar{u}_i$——i 相的速度矢量，m/s。

第 i 相的动量方程：

$$\frac{\partial}{\partial t}(\varphi_i \rho_i \bar{u}_i) + \nabla \cdot (\varphi_i \rho_i \bar{u}_i \bar{u}_i) = -\varphi_i \nabla p + \varphi_i \rho_i g + \nabla \cdot \tau_i + \nabla \cdot R_i + M_{\mathrm{d}} \qquad (3\text{-}2)$$

式中　p——两相共有的压力，Pa；

　　　g——重力加速度矢量，m/s；

　　　τ_i——i 相的黏性应力张量，N/m²；

　　　R_i——i 相的雷诺应力张量，N/m²；

　　　M_{d}——相间作用力，N/m³。

两相的相间作用力通常包括三种：曳力（drag forces，F_{d}），升力（lift forces，F_{l}）和虚拟质量力（virtual mass force，F_{vm}）。对于液液两相流动，通常只考虑曳力作用而忽略其他作用力。曳力的计算表达式[4]：

$$F_{\mathrm{d}} = \alpha_{\mathrm{d}} \alpha_{\mathrm{c}} \times \frac{3}{4} C_{\mathrm{D}} \frac{\rho}{d_{\mathrm{d}}} |u_{\mathrm{d}} - u_{\mathrm{c}}| (u_{\mathrm{d}} - u_{\mathrm{c}}) \qquad (3\text{-}3)$$

上式　α_{d}——分散相体积分数；

　　　α_{c}——连续相体积分数；

　　　C_{D}——曳力系数；

　　　u_{d}——分散相速度，m/s；

u_c——连续相速度，m/s。

本章模拟中，曳力系数采用 Schiller-Naumann 模型，表达式如下[4]：

$$C_d = \begin{cases} \dfrac{24}{Re}(1 + 0.15Re^{0.687}) & Re \leqslant 1000 \\ 0.44 & Re > 1000 \end{cases} \tag{3-4}$$

图 3-1（a）为模拟的定转子齿合型高剪切混合器的几何结构，其定子外径 25mm、齿数 12、齿缝宽度 2mm，转子外径 19mm、齿长 14mm、齿数 6、齿缝宽度为 3mm，定转子剪切间隙为 0.5mm。

网格划分的局部示意如图 3-1（b）所示。在定转子及邻近区域采用四面体非结构网格，其他区域采用六面体网格，高剪切混合器内网格的划分方法和策略可参阅第一章。计算域体积为 $1.5 \times 10^{-3} \mathrm{m^3}$，网格数量约为 500 万。

分散相为煤油，密度 $786.6 \mathrm{kg/m^3}$，黏度 $0.0015 \mathrm{Pa \cdot s}$；连续相为水，密度 $998.2 \mathrm{kg/m^3}$，黏度 $0.001003 \mathrm{Pa \cdot s}$。计算采用的压力速度耦合格式为 Phase coupled SIMPLE，湍流模型采用标准 k-ε 两方程模型，旋转区域采用多重参考系方法处理。实验模拟的分散相体积分数为 10%、20%、40%，转子转速为 3000r/min、5000r/min、7000r/min、9000r/min。

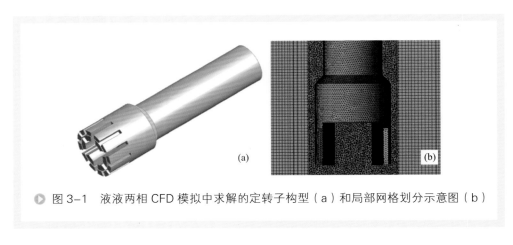

图 3-1　液液两相 CFD 模拟中求解的定转子构型（a）和局部网格划分示意图（b）

一、液液两相间歇高剪切混合器内的流动

图 3-2 为 CFD 模拟的定转子齿合型高剪切混合器内轴向截面的速度云图，其转子转速为 9000r/min，分散相体积分数为 40%。从图中可以看到，连续相与分散相的速度分布云图十分相似，仅是数值大小有所不同。后文中以连续相的速度云图为主，来分析高剪切混合器内的速度分布特征。可以看到，定转子齿合型高剪切混合器流动形式为径流，主体流动混合欠佳。在剪切头附近区域，流体速度较大；在远离剪切头区域，流体的流动速度较小，在搅拌槽底部存在局部的滞流。

图 3-3 为径向截面上 CFD 模拟的连续相速度、湍动能、湍动能耗散率和剪切速

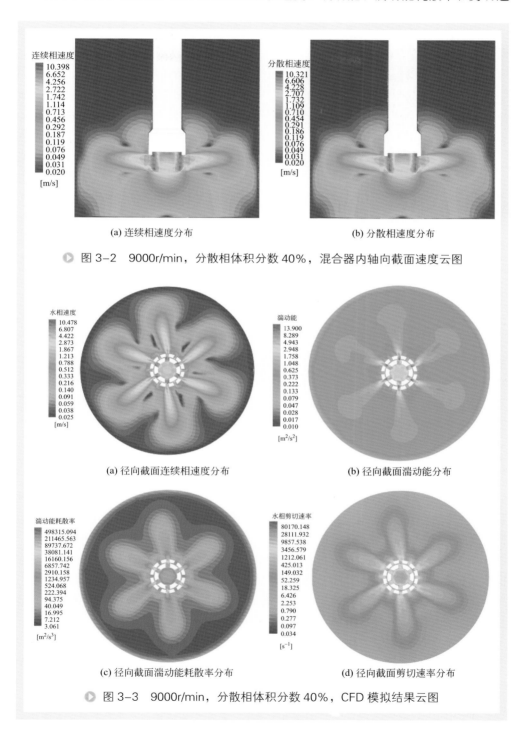

(a) 连续相速度分布　　　　　　　　　　　　(b) 分散相速度分布

▶ 图 3-2　9000r/min，分散相体积分数 40％，混合器内轴向截面速度云图

(a) 径向截面连续相速度分布　　　　　　　　(b) 径向截面湍动能分布

(c) 径向截面湍动能耗散率分布　　　　　　　(d) 径向截面剪切速率分布

▶ 图 3-3　9000r/min，分散相体积分数 40％，CFD 模拟结果云图

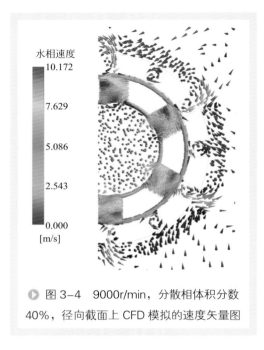

水相速度

10.172

7.629

5.086

2.543

0.000
[m/s]

▶ 图 3-4　9000r/min，分散相体积分数 40%，径向截面上 CFD 模拟的速度矢量图

率的分布云图；转子转速为 9000r/min，分散相体积分数为 40%。从图中可以看出，在定转子齿缝、剪切间隙内流体速度很大，在转子齿缝对应的定子开孔区域存在明显的射流现象，流体以较高的速度从定子齿间喷出，而转子齿间区域对应的转子齿附近流体会因为碰撞定子壁而反射。同样地，在定转子开孔内流体的湍动能较大，说明这些位置的湍流脉动比较剧烈；定转子区域内和高速射流区是湍动能耗散的主要区域。在定转子区域和射流区剪切速率较大，说明在这些区域分散相更容易破碎。与传统搅拌设备相比，高剪切混合器提供了较大的速度梯度、更多的强剪切和高湍动能耗散区域，可以预见将会产生更优的乳化效果。

图 3-4 为 CFD 模拟的定转子区域及其附近的速度矢量图，从图中可以看出高剪切混合器在定转子区域存在复杂的流动。在转子孔内存在极高的速度梯度，在定子开孔内存在明显的射流，以及由射流引发的循环流动。径向运动的射流一直延伸至釜壁，随后由径向运动变为轴向运动，在釜中形成整体循环。可以看到在定子下方有明显的轴向速度。从图中也可以观察到在定子开孔位置存在明显的返混。

二、液液两相间歇高剪切混合器的功耗

液液两相体系高剪切混合器的功率消耗特性可通过扭矩法实验获得，其实验过程与单相高剪切混合器相似，也可通过 CFD 模拟获得。笔者利用 CFD 模拟过程中监测扭矩的方法，得到了上述定转子齿合型高剪切混合器的功率消耗特性。

图 3-5 为定转子齿合型间歇高剪切混合器的功耗随转子转速和分散相体积分数的变化。从图中可以看到，随着高剪切混合器转子转速的增加，其功率消耗迅速上升。而功率消耗随着分散相体积分数的增加而有所减小，这种减小主要是由于分散相体积分数增加之后，液液混合物的平均密度减小所导致的。

图 3-6 为平均能量耗散率和功率特征数（Power Number，Np）随分散相体积分数和高剪切混合器转子转速的变化。对于液液两相物系，其平均能量耗散率和功率特征数的计算与单相体系相似，有所区别的是公式中的密度采用分散相和连续相的平均密度来代替。

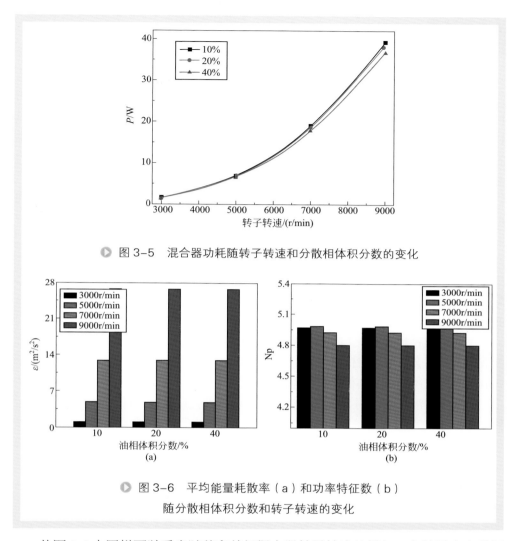

▶ 图 3-5　混合器功耗随转子转速和分散相体积分数的变化

▶ 图 3-6　平均能量耗散率（a）和功率特征数（b）
随分散相体积分数和转子转速的变化

　　从图 3-6 中同样可以看出随着高剪切混合器转子转速的增加，定转子齿合型间歇高剪切混合器的平均能量耗散率迅速增加，但功率特征数略有降低。由于煤油与水的黏度相差不大，密度有所差别，分散相体积分数的增加造成平均密度的改变与功率的变化几乎呈线性关系；因此，相同转子转速、不同分散相体积分数下的平均能量耗散率和功率特征数几乎没有变化。液液两相的混合功率与单相的功率规律一致，这启发我们在计算液液两相的混合功率消耗时，可以根据单相功耗的平均能量耗散率或功率特征数估计液液两相的功率消耗。需要指出的是与平均能量耗散率相比，局部能量耗散率更能够有效反映液液两相的分散性能。高剪切混合器的定转子几何结构对其功率消耗特性影响很大，这点和单相的规律一致，在此不再赘述。

实验中使用的分散相为煤油，连续相为水。每次操作加入物料的总体积为1.5L。为了抑制分散相液滴的聚并，实验中使用的表面活性剂为Tween80，用量100mg/L，实验用量远大于其临界胶束浓度[5]，不必考虑乳化过程中液滴聚并产生的影响。实验中高剪切混合器的转子转速范围为5000～13000r/min，操作时间的考察范围为5～75min，分散相体积分数为1%、5%、10%和15%。

实验中探究了两种不同形式的剪切头。其中，叶片网孔型剪切头为2叶片、圆形开孔定子的捷流式混合器，其定子内径为25mm，转子外径为23.5mm，见图3-7（a）。定转子齿合型剪切头的定子几何构型和尺寸固定不变，如图3-7（b）所示，其外径为25mm，齿数为12，齿缝宽度为2mm；实验设计了结构参数不同的6个齿合型转子，如图3-7（c）～（h）所示，分别考察了剪切间隙、齿数、齿长的影响。剪切间隙有1mm、0.75mm、0.5mm三种，齿数有2齿、3齿、6齿三种，齿长有8mm、14mm两种。

实验中通过恒温槽，控制物料的温度为25℃。由于采用的是稀乳液体系，且乳液稳定，不会在测定时间内发生聚并；因此，通过离线采样，用激光粒度仪测定乳液的液滴直径分布及其他相关数据。

表示平均液滴直径的方法有很多，如体积平均直径 d_{43}，面积平均直径 d_{32}（又称 Sauter 平均直径或当量比表面直径），长度平均直径 d_{21}，数量平均直径 d_{10}，颗粒累积分布为 50% 的液滴直径 d_{50} 等，通常用 Sauter 平均直径 d_{32} 表示乳液中的液滴尺寸，其表示与所测颗粒群的粒度均匀并且粒形、总表面积、总体积相等的一个假想颗粒群的液滴直径，d_{32} 的计算公式及其与分散相体积分数、相界面积的关系分别为式（3-5），式（3-6）：

$$d_{32} = \frac{\sum_{i=1} f_n(d_i)d_i^3}{\sum_{i=1} f_n(d_i)d_i^2} = \frac{\sum_{i=1} f_v(d_i)}{\sum_{i=1} \dfrac{f_v(d_i)}{d_i}} \tag{3-5}$$

$$a = 6\varphi / d_{32} \tag{3-6}$$

式中　$f_n(d_i)$——液滴直径 d_i 的数量频率；

$\quad\quad\quad f_v(d_i)$——液滴直径 d_i 的体积频率；

$\quad\quad\quad a$——单位体积的相界面面积，m^{-1}；

$\quad\quad\quad \varphi$——分散相体积分数。

下面介绍操作参数、物性参数和结构参数对间歇高剪切混合器液液两相乳化性能的影响。

(a) 叶片网孔型剪切头

(b) 定转子齿合型剪切头

(c) 齿合型转子：外径19mm，
齿长14mm，6齿

(d) 齿合型转子：外径18.5mm，
齿长14mm，6齿

(e) 齿合型转子：外径18mm，
齿长14mm，6齿

(f) 齿合型转子：外径19mm，
齿长8mm

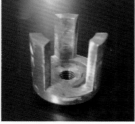
(g) 齿合型转子：外径19mm，
齿长14mm，3齿

(h) 齿合型转子：外径19mm，
齿长14mm，2齿

图 3-7　两种不同构型的剪切头及不同结构参数的齿合型转子

一、操作参数的影响

1. 操作时间及转子转速的影响

在考察转子转速和操作时间对乳化效果的影响时，分散相体积分数为1%，采用图 3-7（b）所示的定转子齿合型剪切头，转子结构见图 3-7（c）。煤油-水乳液的液滴直径分布如图 3-8 所示。从图中可以看到，乳液的液滴直径分布呈现出双峰分布的形式。随着剪切时间的增加，液滴直径分布明显向小的方向偏移，小液滴峰所占比例逐渐增大，有和大直径液滴峰融合的趋势。从图 3-9 中，5000r/min 下 d_{32} 随操作时间变化的曲线可以看出，乳液的 d_{32} 由 5min 时的 6.9μm 减小到 35min 时

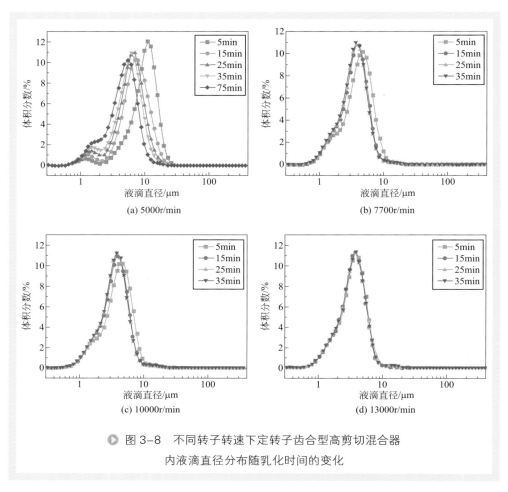

图 3-8　不同转子转速下定转子齿合型高剪切混合器
内液滴直径分布随乳化时间的变化

的 4.1μm，继续进行乳化，接近平衡的 d_{32} 为 3.5μm。液滴破碎跟高剪切混合器提供的能量输入具有密切关系，一开始分散相液滴直径较大，容易破碎，所以开始液滴直径减小趋势明显；随着分散相液滴直径的不断减小，进一步破碎需要更多的能量。故液滴直径随操作时间减小的速度会逐渐减缓，直至达到破碎与聚并平衡，液滴直径不再变化。

通过对比图 3-8 中不同转子转速下的液滴直径分布，发现随着转子转速的提高，乳液的液滴直径分布明显向液滴直径减小的方向偏移，且达到平衡 d_{32} 的时间愈来愈短，当转子转速较大时，很短的时间内就能完成液滴的破碎、分散、混合，形成均匀稳定的乳液。主要原因是：①随着转子转速的增加，高剪切混合器定转子内产生更大的离心力和剪切力，单位时间内输入系统的能量增多，湍动能、能量耗散率与剪切速率均增大，进入定转子区的液体被破碎成更加细小的液滴，从而促进了乳化过程；②由于转子转速增加，会增加叶片的排液能力，导致更多的流体从定转子之间的间隙排出，增加了单位时间内分散相液滴循环剪切的次数。由图 3-8（d）可以明显地看出，当高剪切混合器转子转速为 13000r/min 时，4 个取样时间的液滴直径分布曲线几乎重叠，说明在该转速条件下，经过实验最低的操作时间 5min，体系即达到液滴破碎与聚并的平衡。

图 3-9 为油相体积分数 1%，不同转子转速下定转子齿合型高剪切混合器内乳液液滴 d_{32} 随乳化时间的变化关系图；从图中可以看出，乳化时间为 5min 时，转子转速为 5000r/min、7700r/min、10000r/min、13000r/min 下，乳液的 d_{32} 分别为 6.9μm、3.3μm、3.2μm、2.9μm；在乳化时间为 35min 时，转子转速为 7700r/min、10000r/min 的乳化过程也基本达到平衡，而转子转速为 5000r/min 的，尚未达到平衡稳定。

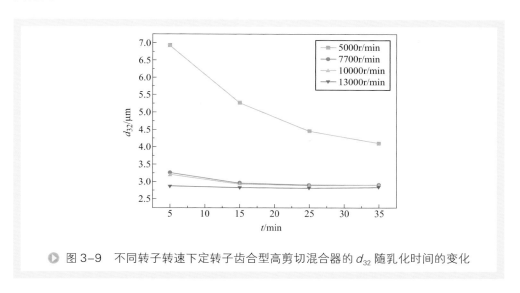

● 图 3-9　不同转子转速下定转子齿合型高剪切混合器的 d_{32} 随乳化时间的变化

2. 分散相体积分数的影响

在考察分散相体积分数的影响时，采用图 3-7（b）所示的定转子齿合型剪切头，转子结构如图 3-7（c）所示。图 3-10 分别展示了转子转速 5000r/min、10000 r/min 时，分散相体积分数 5%，10% 和 15% 的乳液液滴直径分布。结合图 3-8（a）和（c）（分散相体积分数为 1%），分析得出：随着分散相体积分数的提高，液液两相破碎的难度越来越大，液滴尺寸较小的峰随油相体积分数的增大而减小。从图 3-8 中可以看出，1% 分散相体积分数的乳液，在 5000r/min 下表现出明显的双峰分布；在图 3-10 中，分散相体积分数为 5% 和 10% 时，同样具有双峰分布的趋势；但是在 15% 分散相体积分数下的液滴直径分布几乎为单峰，液滴尺寸较小的峰很微弱。在 10000r/min 下，1%、5% 的乳液乳化 15min 以后的分布曲线基本重叠，10%、15% 乳液随时间变化的四条分布曲线都已重叠；说明对不同分散相体积分数的油水乳液，当转子转速增加到一定大小后，就可以在短时间实现均匀的乳化，平均液滴直径不再随操作时间的增加而产生较大的变化。

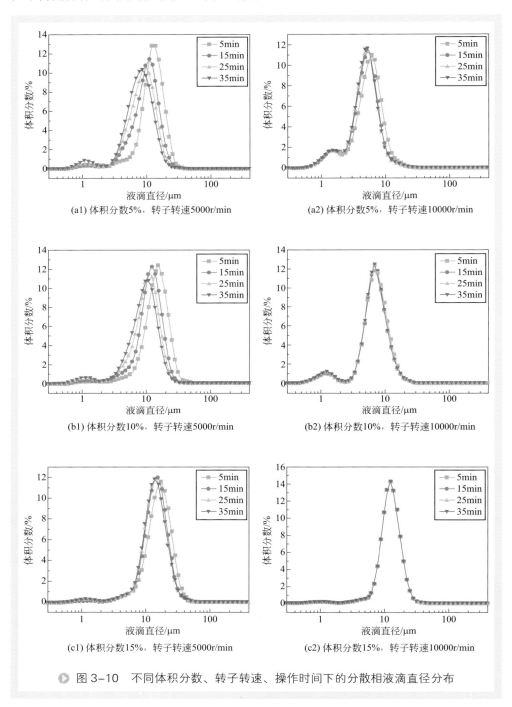

图 3-10 不同体积分数、转子转速、操作时间下的分散相液滴直径分布

从图 3-11 中可以看出，转子转速 5000r/min 条件下，随着分散相体积分数的增加，乳液的 d_{32} 越来越大。这是由于三方面的因素造成的：①随着分散相体积分数的增加，单位时间内通过高剪切头给予单位质量分散相的能量随之降低，导致了随着分散相体积分数的增加，乳液的 d_{32} 越来越大；②由于煤油水体系中存在乳化剂来抑制液滴聚并，随油相的加入，连续相流体的湍流强度会发生衰减，一些包含较低能量的较小尺度的湍流涡消失，导致其破碎液滴的作用减弱，液滴不能被进一步破碎，只能随大尺度湍流涡流动，结果乳液的液滴直径就会增大，随油相体积分数的增大，因为"湍流抑制"（Turbulence Dampening，TD）[6]，湍流强度的衰减越严重，对液滴直径的影响就会越大；③随着分散相体积分数的增加，单位体积中油滴数量增加，增加了油滴聚并的概率。

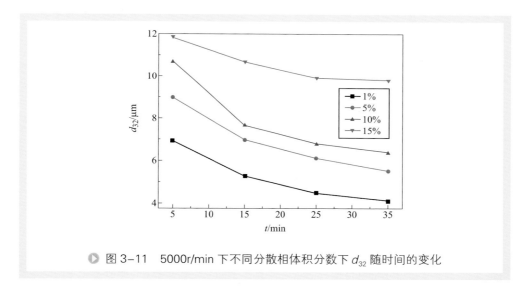

▶ 图 3-11　5000r/min 下不同分散相体积分数下 d_{32} 随时间的变化

二、物性参数的影响

1. 分散相黏度的影响

Padron[7] 以不同黏度的硅油作为分散相、水作为连续相研究了 Silverson LR4T 间歇高剪切混合器的分散相黏度对乳化性能的影响。实验结果如图 3-12 所示，从图中可以看出，当分散相黏度在较小范围内，即约 $10 \sim 100mPa \cdot s$ 时，平均液滴直径的变化很小，此时分散相黏度对液滴破碎效果的影响有限。当分散相黏度超过 $100mPa \cdot s$ 后，d_{32} 随分散相黏度的增加表现出明显变大的趋势，但对于更高的分散相黏度 $1000mPa \cdot s$ 和 $10000mPa \cdot s$，平均液滴直径却不再增加，而是再次表现出 d_{32} 保持近似不变的规律。他认为这是延伸变形流动破碎机理所致，即黏度较高的液滴被一系列的短暂的湍流涡拉伸成丝状，进而破碎成较小的液滴。当黏度增大时，液滴的破碎过程中附属液滴（satellite drops）的数量会增加。

图 3-13 为 Liu 等[8] 研究了三种不同分散相黏度下，转子转速对液滴直径分

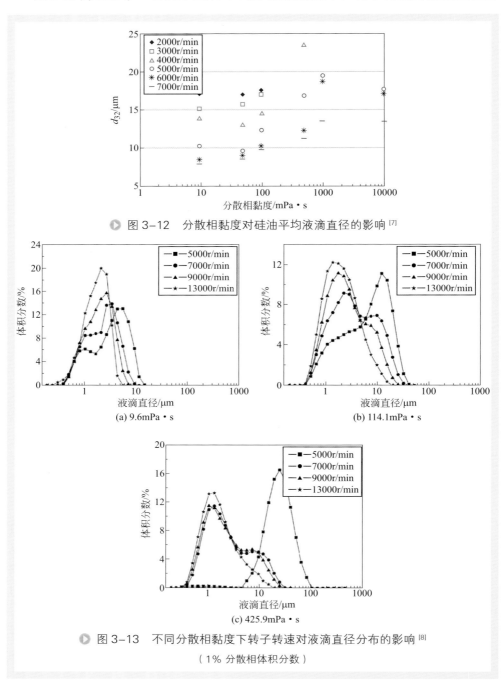

图 3-12　分散相黏度对硅油平均液滴直径的影响[7]

(a) 9.6mPa·s

(b) 114.1mPa·s

(c) 425.9mPa·s

图 3-13　不同分散相黏度下转子转速对液滴直径分布的影响[8]

（1% 分散相体积分数）

布的影响结果。他们的实验中以不同黏度的原油为分散相，使用的表面活性剂为Lutensol XP50。从图 3-13 中可以看出：在所有黏度下，较低转子转速的乳液液滴直径呈现出双峰分布，在高黏度 425.9mPa·s 下，双峰现象更加明显。随转子转速的增加，液滴直径分布曲线中大液滴的体积分数减小，而小液滴的体积分数增大，尤其是较高黏度下小液滴体积分数增加的幅度显著增大，这与 Pardon 的实验结果相一致 [7]。在 13000r/min 的转子转速下，液滴直径分布为单峰。在黏度最高为 425.9mPa·s 下，如图 3-13（c）所示，液滴直径分布在较低转子转速下为单峰，随着转子转速的升高呈双峰分布，在最高转子转速下再次变为单峰分布。

图 3-14 为 Liu 等 [8] 研究的 7000r/min 下分散相黏度对液滴直径分布的影响。从图中可以看到随着分散相黏度的增大，小峰的面积越来越小，液滴直径分布逐渐向右移动，他们认为分散相黏度的增加，增大了液滴形变的阻力，进而导致液滴直径分布变宽，液滴平均直径增大。

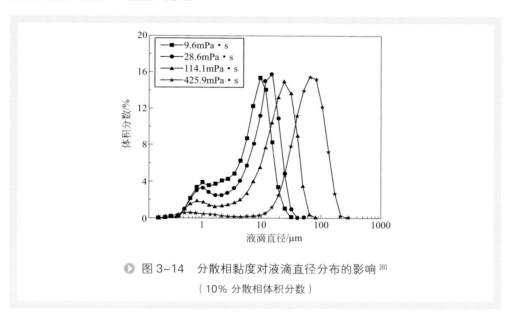

图 3-14　分散相黏度对液滴直径分布的影响 [8]

（10% 分散相体积分数）

2. 界面张力的影响

Padron[7] 采用硅油 - 水体系，研究了界面张力对间歇高剪切混合器乳化性能的影响。从图 3-15 中可以看到，当表面活性剂的浓度低于临界胶束浓度（CMC），表面活性剂导致的界面张力梯度会引起马兰戈尼应力（Marangoni stresses）的变化，进而会影响液滴尺寸；液滴直径 d_{32} 表现为：先随表面活性剂浓度的增加而增大，达到峰值，而后会随之减小。研究表明，马兰戈尼应力对于低黏度（$10^{-5}m^2/s$）的油滴影响较小，d_{32} 随界面张力的降低而一直下降，对于较高黏度（$10^{-2}m^2/s$）的油滴影响最大，其 d_{32} 随界面张力的降低先下降后上升。

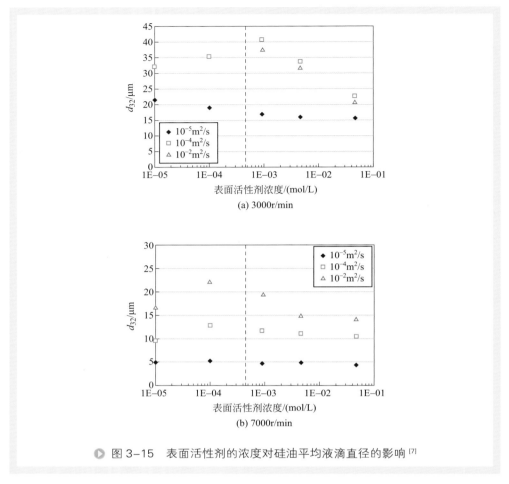

图 3-15　表面活性剂的浓度对硅油平均液滴直径的影响 [7]

三、结构参数的影响

1. 剪切头形式的影响

考察结构参数的影响时，分散相的体积分数均为1%。笔者研究了图3-7（a）所示的叶片网孔型和图3-7（b）所示的定转子齿合型［转子结构如图3-7（c）所示］两种形式的剪切头，在相同操作条件下的液液乳化性能。图3-16为叶片网孔型剪切头不同转子转速、不同操作时间下的乳液液滴直径分布；对比图3-8中定转子齿合型高剪切混合器的结果可以发现，叶片网孔型高剪切混合器对煤油-水的乳化能力要明显弱于定转子齿合型高剪切混合器；随着操作时间和转子转速的增加，定转子齿合型的液滴直径分布逐渐变窄，最大液滴直径可减小至10μm左右，而叶片网孔型的液滴直径分布始终较宽，其最大液滴直径减小不明显，约在20～30μm；相同转子转速和操作时间下，定转子齿合型高剪切混合器的d_{32}始终小于叶片网孔

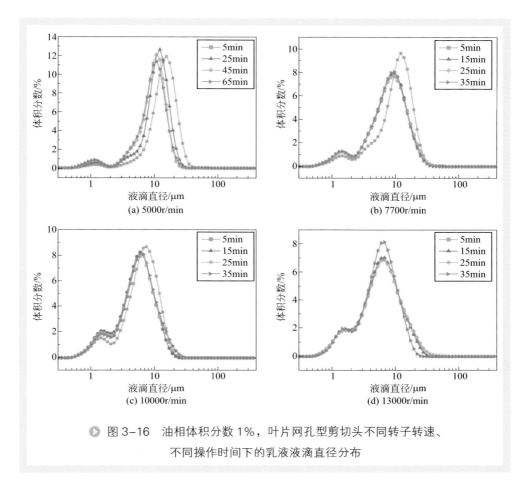

図 3-16　油相体积分数 1%，叶片网孔型剪切头不同转子转速、
不同操作时间下的乳液液滴直径分布

型的。

2. 转子齿数的影响

定转子齿合型高剪切头如图 3-7（b）所示，油相体积分数为 1%，操作时间为 15min，考察 5000r/min 和 10000r/min 下图 3-7（c）、（g）、（h）所示的 6 齿、3 齿和 2 齿转子的乳化性能。

由图 3-17 可以发现，在转子转速较低时，随着转子齿数的增加，乳化性能明显提升。这是因为，增加转子齿数会使得转子转动过程中单位时间的剪切面积增大，增大了转子的排液能力，进而增加剪切速率和湍动能耗散程度。尽管齿数的增加不会改变液滴直径分布的形状，但液滴直径分布逐渐向减小的方向移动。在转子转速为 5000r/min 下，三种齿数下的 d_{32} 分别为 2 齿的 6.97μm，3 齿的 6.32μm，6 齿的 5.17μm。转子转速为 10000r/min 下，齿数对乳化性能的影响不明显，三种齿数的 d_{32} 都约为 3μm；由此，也表明了转子转速是影响乳化性能最重要的因素。

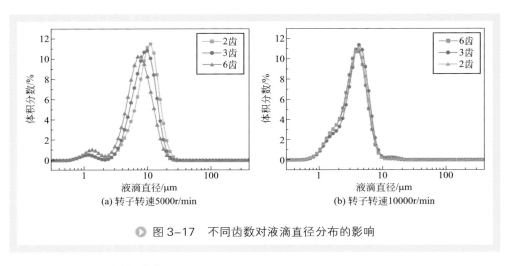

图 3-17　不同齿数对液滴直径分布的影响

3. 剪切间隙的影响

实验中采用图 3-7（b）所示的定转子齿合型剪切头，搭配图 3-7（c）、（d）、（e）所示的转子，来考察不同定转子剪切间隙对乳化性能的影响。乳化时间为 15min。鉴于剪切头的定子尺寸固定不变，剪切间隙的改变实际上是通过改变转子外径实现的。图 3-7（c）、（d）、（e）代表的剪切间隙分别为 0.5mm，0.75mm 和 1mm。实验结果如图 3-18 所示。当转子转速为 5000r/min 时，剪切间隙越窄，乳化效果越好，原因在于：①减小剪切间隙，使得定转子剪切间隙内的速度梯度增大，对液滴的破碎能力增强；②由于小剪切间隙的转子直径略大，输入的能量和转子的扫略区域略大。因此，小的剪切间隙有利于乳化过程。剪切间隙为 1mm，0.75mm 和 0.5mm 的 d_{32} 分别为 5.9μm、5.25μm 和 5.20μm，剪切间隙从 1mm 减小到 0.75mm，对分散相的破碎能力明显提升；但剪切间隙 0.75mm 缩小至 0.5mm，乳化性能基本不变。

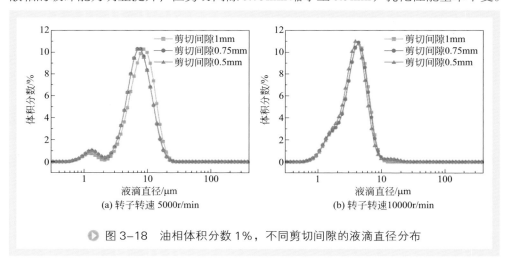

图 3-18　油相体积分数 1%，不同剪切间隙的液滴直径分布

这表明通过减小剪切间隙来提高乳化效果存在一个极限值。剪切间隙的减小会增大高剪切混合器的功耗；因此，不宜采用过小的剪切间隙。当转子转速为 10000r/min 时，乳化 15min 后，剪切间隙为 0.5mm、0.75mm 和 1mm 的 d_{32} 都在 3μm 左右；在高转子转速下，剪切间隙的变化对分散相平衡状态下的 d_{32} 影响很小。

4. 转子齿长的影响

考察了图 3-7（c）、（f）所示转子齿长对乳化性能的影响，乳化时间为 5min。其实验结果如图 3-19 所示。由图 3-19 可以发现，增加转子齿长，增大了转子的剪切面积和排液能力，强化了液液破碎。转子转速 5000r/min 下，8mm 齿长转子的 d_{32} 为 6.4μm，14mm 齿长转子的 d_{32} 为 5.2μm；转子转速 10000r/min 下，两种齿长的乳化效果区别不大。

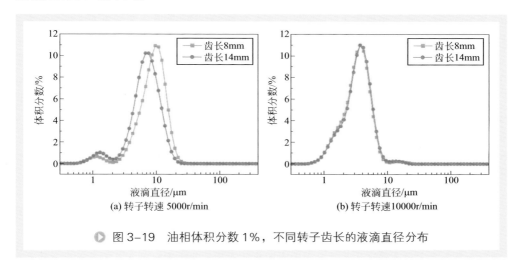

图 3-19　油相体积分数 1%，不同转子齿长的液滴直径分布

总结定转子齿合型高剪切混合器剪切头结构参数对乳化效果的影响，可以发现，在低转子转速下，转子齿数和转子齿长对液滴破碎效果影响较为显著，增加齿数和齿长可以在一定程度上提高乳化效果；而剪切间隙的大小对剪切效果的影响稍弱，但窄剪切间隙更具优势。在高转子转速条件下，定转子结构参数变化对平衡时的乳化效果影响不明显。

四、液液乳化性能预测

在给定混合器的结构、两相物性和操作条件下，若能获取所得液滴的平均尺寸及其尺寸分布，便能很好地指导乳化过程的设备选型、设计与放大，具有足够精度的液滴平均尺寸及其尺寸分布预测关联式十分重要。基于液滴受力平衡的理论模型已被广泛应用于搅拌釜与静态混合器中的乳化过程设计与放大。需要指出的是，虽然液滴受力平衡理论模型在推导过程中假设各向同性湍流，偏离了大部分实际混合器内的真实流动状况，但经过实践证明，该理论模型具有较好的预测效果和指导意义。由于液滴破碎过程中受力平衡这一理论基础与过程设备类型本身无关，因而该方法可推广到高剪切混合器中。

理论上，当假设液滴之间的聚并可以忽略时，受力平衡理论模型得到的最大稳定液滴尺寸（d_{max}）与混合器内局部最大的湍动能耗散率（ε_{max}）直接相关。考虑几何相似的湍流混合系统，当功率特征数一定时，d_{max} 与 ε_{max} 的依赖关系可以整理为无量纲韦伯特征数的函数形式。韦伯特征数是乳化过程中十分重要的参数，表示液滴受到的连续相惯性力与自身表面力的比值。Hall 等 [9] 推荐将韦伯特征数作为连续高剪切混合器内乳化过程放大的重要依据。另外需要指出的是，实际应用中常倾向使用 Sauter 平均直径 d_{32} 代替最大液滴直径 d_{max} 来表达乳液中的液滴尺寸，因为 d_{32} 与分散相含量、相界面积直接相关。大量实验证据表明，同一实验体系下 d_{max} 与 d_{32} 成比例关系。

根据液滴尺寸和 Kolmogorov 微尺度 η 的相对大小，Padron[7] 总结了不同子区内 d_{32} 的理论关联式［见式（3-7）、式（3-8）和式（3-9）］，包括惯性子区（$L_T \gg d \gg \eta$）、惯性力起主导作用的黏性子区（$d < \eta$）、黏性力起主导作用的黏性子区（$d \ll \eta$）。

$$（L_T \gg d \gg \eta）\quad \frac{d_{32}}{D} = C_1 We^{-3/5} \left[1 + C_2 V_i \left(\frac{d_{32}}{D} \right)^{1/3} \right]^{3/5} \tag{3-7}$$

$$（d < \eta）\quad \frac{d_{32}}{D} = C_1 (WeRe)^{-1/3} \left[1 + C_2 V_i Re^{1/2} \left(\frac{d_{32}}{D} \right) \right]^{1/3} \tag{3-8}$$

$$（d \ll \eta）\quad \frac{d_{32}}{D} = C_1 We^{-1} Re^{1/2} (1 + C_2 V_i Re^{-1/4}) \tag{3-9}$$

式中　L_T——湍流宏观尺度，m；

　　　d——液滴尺寸，m；

　　　η——Kolmogorov 长度尺度，m；

　　　d_{32}——Sauter 平均直径，m；

　　　D——转子名义直径，m；

　　　We——韦伯特征数，$We = \dfrac{\rho_c N^2 D^3}{\sigma}$；

　　　Re——雷诺特征数；

　　　V_i——黏度函数，$V_i = \dfrac{\mu_d ND}{\sigma} \left(\dfrac{\rho_c}{\rho_d} \right)^{1/2}$。

当分散相黏度很高或很低时，可根据 $V_i \to \infty$ 或 $V_i \to 0$ 对上述各式进行简化。分

散相含量 Φ 对液滴尺寸的影响一般可通过加入形如（$1+C\Phi$）的修正式来体现。

此外，还可将 d_{32} 与混合器内的能量密度（energy density）进行经验关联[10]：

$$d_{32} \propto E_V^b = \left(\frac{P_{fluid}}{Q}\right)^b \qquad (3\text{-}10)$$

式中 E_V——能量密度，J/m^3；

     P_{fluid}——输送给流体的净功率，W；

     Q——体积流量，m^3/s；

     b——拟合常数。

表 3-1 列出了文献报道的高剪切混合器内乳化过程中平均液滴直径的关联式，表中大部分模型是在忽略液滴间聚并体系下得到的。

表 3-1   高剪切混合器内乳化过程中的平均液滴直径关联式

液滴平均直径关联式	备注	文献
$\dfrac{d_{32}}{D} = 0.038We^{-0.6}$ $\dfrac{d_{32}}{D} = 0.0037\left(We^{-1}Re^{\frac{1}{2}}\right)$	间歇高剪切混合器；稀乳液体系，无表面活性剂，分散相含量和黏度均很低。采用视频探头原位测得液滴尺寸分布	[11, 12]
$\dfrac{d_{32}}{D} = 0.055We^{-\frac{3}{5}}\left[1+2.06V_i\left(\dfrac{d_{32}}{D}\right)^{\frac{1}{3}}\right]^{\frac{3}{5}}$ $\dfrac{d_{32}}{D} = 0.093(WeRe)^{-\frac{1}{3}}\left[1+24.44V_iRe^{\frac{1}{2}}\left(\dfrac{d_{32}}{D}\right)\right]^{\frac{1}{3}}$	间歇高剪切混合器；有无表面活性剂体系均有考察。显微照相与图像分析方法测得液滴尺寸分布。通过修正物性参数，将有无表面活性剂条件下的 d_{32} 数据关联在一起	[7]
$d_{32} = 84.3(ND)^{-1.125}$	间歇高剪切混合器，考察含表面活性剂的乳化，采用马尔文 3000 进行液滴直径分析；将三个不同尺度高剪切混合器得到的液滴直径进行关联	[13]

第三节   液液两相的传质性能

两种互不相溶液液体系之间的质量传递是许多化工过程的基础。一般工业上通过搅拌、超声、填料塔等手段或者设备实现液液两相间的传质。通过之前的介绍可知，高剪切混合器具有优良的乳化性能，可以在较短时间内制造出微米级的液滴，如此细小的液滴可以提供极大的相间传质面积，因此在液液传质领域有很大的应用前景。

笔者在实验中采用的是水 - 苯甲酸 - 煤油萃取体系来考察高剪切混合器的液液相间传质性能，初始状态下苯甲酸作为溶质仅存在于煤油（分散相）中，并向纯水（连续相）中传递。实验中的操作参数为：转子转速 4500 ~ 7500r/min，操作时间 2 ~ 20min，分散相体积分数 33%、50%、67%，两相总体积为 2L 且保持不变。考察的叶片网孔型高剪切混合器结构如图 3-7（a）所示，定转子齿合型高剪切混合器的结构如图 3-7（b）所示，齿合型转子为图 3-7（c）的 6 齿和图 3-7（h）的 2 齿转子。

通过传质效率（mass-transfer efficiency，E）来衡量液液两相的传质效果，其物理意义为传质的实际效果与所能达到的理论效果之比。具体到水 - 苯甲酸 - 煤油萃取体系：

$$E = \frac{c_{ORG}^{INT} - c_{ORG}^{FIN}}{c_{ORG}^{INT} - c_{ORG}^{*}} \tag{3-11}$$

式中　c_{ORG}^{INT}——设备开启前有机相中苯甲酸的浓度，mol/L；

c_{ORG}^{FIN}——操作后有机相中苯甲酸的浓度，mol/L；

c_{ORG}^{*}——与水相中苯甲酸浓度相对应的有机相中苯甲酸的平衡浓度，mol/L。

c_{ORG}^{*} 可通过式（3-12）求解：

$$c_{ORG}^{*} = K_p c_{AQ}^{FIN} \tag{3-12}$$

式中　K_p——苯甲酸在油相和水相里的平衡分配系数；

c_{AQ}^{FIN}——操作后连续相中苯甲酸的浓度，mol/L。

c_{ORG}^{INT}，c_{ORG}^{FIN} 可以通过在实验前后对煤油中的苯甲酸直接进行酸碱滴定得到，除此之外，苯甲酸在水相与有机相间的分配系数也在实验中测得，下面介绍其计算过程。

由于苯甲酸在水里发生解离，其在水相的总浓度 c_{AQ}^{TOT} 可以通过式（3-13）表示：

$$c_{AQ}^{TOT} = c_{AQ}^{HA} - c_{AQ}^{A^-} \tag{3-13}$$

式中　c_{AQ}^{HA}——水相中未发生解离的苯甲酸浓度，mol/L；

$c_{AQ}^{A^-}$——在水相中发生解离的苯甲酸浓度，mol/L。

c_{AQ}^{HA} 可以通过解离平衡来计算，计算公式为式（3-14）。解离常数 $K_A = 6.159 \times 10^{-5}$ [14]。

$$c_{AQ}^{HA} = \frac{2c_{AQ}^{TOT} + K_A - \sqrt{\left(2c_{AQ}^{TOT} + K_A\right)^2 - 4\left(c_{AQ}^{TOT}\right)^2}}{2} \tag{3-14}$$

有机相中同时存在苯甲酸的单体和二聚体，苯甲酸在有机相中的总浓度 c_{ORG}^{TOT} 可以用式（3-15）来计算。

$$c_{ORG}^{TOT} = c_{ORG}^{MON} + 2c_{ORG}^{DIM} \tag{3-15}$$

式中　c_{ORG}^{MON}——有机相中苯甲酸单体的浓度，mol/L；

c_{ORG}^{DIM}——有机相中苯甲酸二聚体的浓度，mol/L。

苯甲酸在有机相与水相中的实际分配系数为K_p，定义式为式（3-16）。

$$K_p = \frac{c_{ORG}^{TOT}}{c_{AQ}^{HA}} \frac{c_{AQ}^{HA}}{c_{AQ}^{TOT}} = \frac{c_{ORG}^{MON} + 2c_{ORG}^{DIM}}{c_{AQ}^{HA}} \frac{c_{AQ}^{HA}}{c_{AQ}^{TOT}}$$

$$= [K_p^{MON} + 2K_D(K_p^{MON})^2 c_{AQ}^{HA}] \frac{c_{AQ}^{HA}}{c_{AQ}^{TOT}} \qquad （3-16）$$

式中 K_p^{MON}——有机相与水相中苯甲酸单体（在水相中表示未解离的那部分苯甲酸）的分配系数；

K_D——苯甲酸分子在有机相中的二聚常数。

这两个参数可以通过对式（3-17）进行线性拟合得到：

$$K_p^{ADJ} = \frac{c_{ORG}^{TOT}}{c_{AQ}^{HA}} = \frac{c_{ORG}^{MON} + 2c_{ORG}^{DIM}}{c_{AQ}^{HA}} = K_p^{MON} + 2K_D(K_p^{MON})^2 c_{AQ}^{HA} \qquad （3-17）$$

通过实验，测定出调整分配系数K_p^{ADJ}与水相中苯甲酸单体浓度具有良好的线性关系：

$$K_p^{ADJ} = 0.20375 + 128.8\, c_{AQ}^{HA} \quad （R^2 = 0.998） \qquad （3-18）$$

一、操作时间的影响

图 3-20（a）展示了叶片网孔型高剪切混合器和定转子齿合型高剪切混合器的传质效率随时间的变化，实验中固定转子转速为 4500r/min，有机相的体积分数为 50%；叶片网孔型高剪切混合器和定转子齿合型高剪切混合器的结构参数详见本章第二节的图 3-7（a），（b），（c）及相关描述。从图 3-20（a）可以得出，随着操作时间的增加，两种类型高剪切混合器的传质效率均有所增加。叶片网孔型的高剪切混合器的传质效率随时间增加的程度更显著，定转子齿合型高剪切混合器的增幅不明显。总体来看，定转子齿合型高剪切混合器在不同操作时间内的传质效果要优于叶片网孔型，在操作时间 2min 时，叶片网孔型和定转子齿合型高剪切混合器的传质效率分别达到了约 85% 和 94%，即两种高剪切混合器均能在短时间内达到很高的传质效率。

二、转子转速的影响

图 3-20（b）为转子转速对两种类型高剪切混合器传质性能的影响。实验中固定操作时间 5min，油相体积分数 50%。随着转子转速的增加，两种混合器的传质效率略有增加；叶片网孔型和定转子齿合型高剪切混合器的传质效率分别从 4500r/min 下的 93.0% 和 90.1% 达到了 7500r/min 下的 97.3% 和 95.0%。由于它们在转子转速

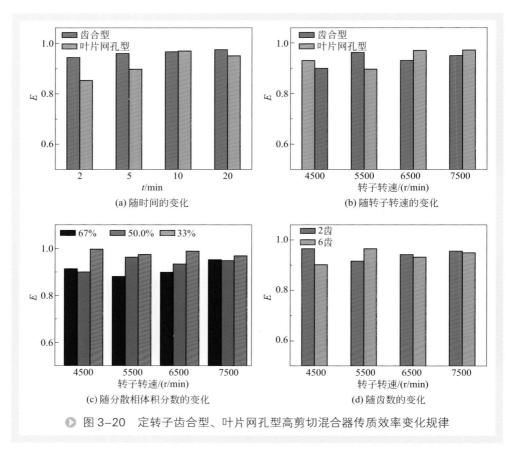

(a) 随时间的变化　　　　　　　　　　(b) 随转子转速的变化

(c) 随分散相体积分数的变化　　　　　(d) 随齿数的变化

▶ 图 3-20　定转子齿合型、叶片网孔型高剪切混合器传质效率变化规律

下达到 5500r/min 以后传质效率变化不大，故对于类似煤油 - 苯甲酸 - 水这类易发生相间质量传递的体系，不需要过于提高操作时间和转子转速来强化传质。

三、分散相体积分数的影响

图 3-20（c）为两种类型的高剪切混合器传质效率随分散相体积分数的变化。实验中固定操作时间 5min。当高剪切混合器的转子转速低于 6500r/min 的情况下，分散相体积分数从 33% 增加至 67% 时高剪切混合器的传质效率会发生明显的下降，但仍有接近 90% 的传质效率。当转子转速为 7500r/min 时，传质效果受分散相体积分数的影响不大。

四、转子齿数的影响

如图 3-20（d）所示，当转子齿数从 6 齿减少为 2 齿，高剪切混合器的传质效率并没有明显下降，这说明在水 - 苯甲酸 - 煤油萃取体系中，高剪切混合器的传质效率已经较高，难以通过调整定转子结构进一步提高传质效率。这也启发我们在进行液液传质过程的设备选型时，在兼顾设备处理能力同时，可以选择功耗较小的几何构型。

第四节 工业应用

一、选型指导

与传统间歇搅拌釜相比，高剪切混合器具有明显的优势，能更好地强化液液两相的乳化和传质过程。又因其与搅拌设备结构类似，很多时候可以直接在原有设备基础上进行替换。

针对液液两相的混合体系，许多高剪切混合器供应商均推出了多种型号的间歇高剪切混合器。例如，上海弗鲁克发展有限公司推出了 FA，FAS，FAB，FM，FMB，FMS，FAE，FME 等可适用于液液两相的高剪切混合器。通常，液液两相过程对高剪切混合器并无特殊要求。

间歇高剪切混合器的选型，同样可以参考第一章的选型原则。建议重点考虑如下几个因素：

（1）转子转速或者线速度，需要根据工艺要求的乳化性能或者传质效果确定，一般选择转子线速度 ≥ 10m/s。

（2）综合考虑能耗和混合（传质）效果的影响，选择合适的剪切头形式，建议优选捷流式剪切头；如果乳液稳定性要求严格，建议选择定转子齿合型剪切头，配用轴流式搅拌桨，采用高剪切混合器和普通搅拌桨联用模式。

（3）对于定子的侧面开孔，综合考虑加工费用与乳化性能，建议采用多排的圆形开孔，圆孔直径为 4 ～ 6mm，圆孔采用三角形排列。对于定子的底面，建议设置底板，在底板上开圆形大孔，孔径要大于底板直径的 90%。

（4）对于高剪切混合器的搅拌槽尺寸，通常由每一批的处理量决定。每个厂家不同型号的高剪切混合器都有根据处理量的选型表，如表 3-2 所示。

表 3-2　FA 系列高剪切混合器选型标准

型号	功率 /kW	转子转速 /（r/min）	适用容积 /L
FA90	1.5	2900	10 ～ 50
FA100	2.2	2900	50 ～ 100
FA120	4	2900	100 ～ 300

型号	功率 /kW	转子转速 /（r/min）	适用容积 /L
FA140	7.5	2900	200～800
FA160	11	2900	300～1000
FA180	18.5	2900	500～1500
FA200	22	2900/1470	800～2000
FA240	37	2900/1470	1500～5000
FA270	55	1470	2000～8000

二、工业应用举例

由于间歇设备存在处理量小、批次不稳定等固有缺陷，工业上采用连续设备取代间歇设备的趋势愈发明显。但是间歇高剪切混合器在部分精细化工、日用化工等领域处理液液两相体系时仍有不可替代的作用。

1. 膏霜的生产

膏霜是一类具有护肤作用的高黏度乳化型产品，生产原料以脂溶性物料为油相，包括硅油、羊毛脂、乳化剂等，以水、甘油、黄原胶等为连续相。乳化过程中物料黏度高达 $1.5×10^2 Pa·s$，因此，如何解决高黏度物料的剪切分散并使成品达到稳定的乳化状态是目前生产工艺的难点。

膏霜的生产可采用低速搅拌器与高剪切混合器联用。生产过程中，首先将物料溶解后、顺序投料至乳化罐，通过罐内低速搅拌器进行混合，同时开启底装式间歇高剪切混合器进行高速剪切。高剪切混合器的定转子剪切头可以产生超强的剪切力，能迅速将物料吸到剪切头附近，将油相和水相接触、乳化，使得液滴直径迅速变小，提高物系黏度，在较短时间（约 10min）内达到理想的膏体。为确保油水乳化液滴直径分布尽量达到均匀，乳化罐内有三组剪切头；能够确保剪切无死角，油水物料能够受到均匀的剪切分散。得到的产品膏霜外观光泽度高，肤感细腻，人体吸收率高，产品可以长期稳定放置。

2. 农药水乳剂的制备

传统上农药水乳剂的制备过程在普通间歇搅拌设备中进行，处理能力约 3t/ 批。在电机功率一样的条件下，采用间歇高剪切混合器后，可以将农药油滴直径从普通搅拌设备的 2μm 变为高剪切混合器的 1μm，提高了产品的质量和稳定性；同时，每批乳化的操作时间从 3h 变为 1h，缩短了生产时间，提高了生产能力。

3. 乳化燃料的生产

乳化燃料是指将柴油或重油等燃料油和水进行乳化，得到的乳化产品，用于改善燃油的燃烧效率，节约能源，减少环境污染。主要包括柴油乳化、重燃料油乳化、生物柴油乳化、残余油乳化等。通过普通搅拌制备的乳化燃料，通常稳定性较差，容易油水分层，导致燃烧过程不稳定。高剪切混合器由于其转子转速较高，局部能量耗散率较高，乳化后得到的油包水型乳液的液滴直径较小，分布窄，能够达到两个月油水不分层，其雾化性能、燃烧性能以及稳定性都得到大幅提升。

参考文献

[1] Cohen D. Part 2-How to select rotor-stator mixers [J]. Chemical Engineering，1998, 105 (8): 76-79.

[2] Paul E L，Atiemo-Obeng V A，Kresta S M. Handbook of industrial mixing: science and practice [M]. New Jersey: John Wiley & Sons，2004.

[3] Mavros P. Flow visualization in stirred vessels: A review of experimental techniques [J]. Chemical Engineering Research and Design, 2001, 79 (2): 113-127.

[4] ANSYS Fluent Theory Guide, ANSYS Inc. 2011.

[5] Weiss J, McClements D J. Mass transport phenomena in oil-in-water emulsions containing surfactant micelles: solubilization [J]. Langmuir, 2000, 16 (14): 5879-5883.

[6] Cohen R D. Effect of turbulence damping on the steady-state drop size distribution in stirred liquid-liquid dispersions [J]. Industrial & Engineering Chemistry Research, 1991, 30 (1): 277-279.

[7] Padron G A. Effect of surfactants on drop size distributions in a batch, rotor-stator mixer [D]. College Park, MD USA: University of Maryland, 2004.

[8] Liu C, Li M, Liang C, et al. Measurement and analysis of bimodal drop size distribution in a rotor-stator homogenizer [J]. Chemical Engineering Science, 2013, 102: 622-631.

[9] Hall S, Cooke M, Pacek A W, et al. Scaling up of silverson rotor-stator mixers [J]. The Canadian Journal of Chemical Engineering, 2011, 89 (5): 1040-1050.

[10] Karbstein H, Schubert H. Developments in the continuous mechanical production of oil-in-water macro-emulsions [J]. Chemical Engineering and Processing: Process Intensification, 1995, 34 (3): 205-211.

[11] Calabrese R V, Francis M K, Mishra V P, et al. Measurement and analysis of drop size in a batch rotor-stator mixer [C]. Delft, The Netherlands: Elsevier, 2000: 149-156.

[12] Calabrese R. Fluid dynamics and emulsification in high shear mixers [C]. Lyon, France: Proc. 3rd World Congress on Emulsions, 2002.

[13] James J, Cooke M, Kowalski A, et al. Scale-up of batch rotor-stator mixers: Part 2—Mixing and emulsification [J]. Chemical Engineering Research and Design, 2017, 124: 321-329.

[14] Jones A V, Parton H. The thermodynamic dissociation constant of benzoic acid and the entropy of the benzoate ion [J]. Transactions of the Faraday Society, 1952, 48: 8-11.

第四章

液固两相间歇高剪切混合器

悬浮、分散、溶解、结晶等液固两相过程是石油、化工、生物、医药、食品等行业的重要单元操作过程，主要用途包括：①解聚、破碎纳米颗粒聚集体，制备颗粒直径与流变性能稳定可控的悬浮液，用作抗磨损、防紫外线、环境催化剂等功能性涂层/涂料，以及抛光浆料、墨水、水煤浆等；②强化液固分散过程以获得较大的相间比表面积，促进液固相间传递过程，用于液固非均相催化反应、浸出等；③加快固体溶解、控制溶液结晶过程的过饱和度与温度等参数的均匀性；④破坏微生物细胞，强化生物发酵系统的产物分离与回收过程；等等。悬浮、分散、溶解、结晶等液固两相过程可以通过搅拌釜、静态混合器等设备实现。由于高剪切混合器的转子末端线速度高、剪切力大、湍动能耗散率高，可在液固两相物系的内部产生高度湍流和强烈剪切作用，可有效强化液固两相混合分散过程，快速分散解聚易团聚粉体，从而提高液固两相间的传质与反应性能[1]。其中，间歇高剪切混合器还具有批次处理、操作灵活、适用工况范围宽等优点，本章主要介绍液固体系间歇高剪切混合器的性能与应用。

第一节 流动与功耗

在处理液固两相物系时，高剪切混合器的流动特性研究一般包括基本流型、分散相局部浓度（固含率）、速度场与湍动场特性等分析。液固两相流体既有连续性质的液体，又有离散性质的固体颗粒，这些离散的颗粒弥散分布在流体中，因此两相流体问题远比单相流体问题复杂得多。目前，难以测量整个体系中流动特性，特别是在高能量耗散区域。

　　Kamaly 等 [2] 在对间歇高剪切混合器两种不同结构设计的定转子头 MICCRA D-9 和 VMI 的悬浮解聚性能进行实验研究的过程中使用量热法测定功率输入。发现 MICCRA D-9 和 VMI 的功率特征数分别为 2.56 和 2.40，在湍流状态下间歇型定转子剪切头的功率特征数范围为 1 ~ 3[3]。Doucet 等 [4] 使用几何形状结构细微不同的 VMI 定转子头测定了功率消耗，报告了功率特征数为 3.0。他们的结果表明 Po 在雷诺数大于 100 时是恒定的。

　　为了分析间歇高剪切混合器处理液固两相物系时的功率消耗特性，笔者在中试规模的 Fluko FJQ 型间歇高剪切混合器实验装置（图 4-1）上，采用叶片网孔型定转子剪切头，利用扭矩法实验研究了间歇高剪切混合器在处理液固两相物系时功率

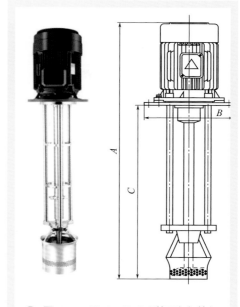

▶ 图 4-1　Fluko FJQ 型间歇高剪切混合器实验装置

消耗特性的规律。实验所用高剪切混合器定转子剪切头的几何结构细节见图 4-2 和

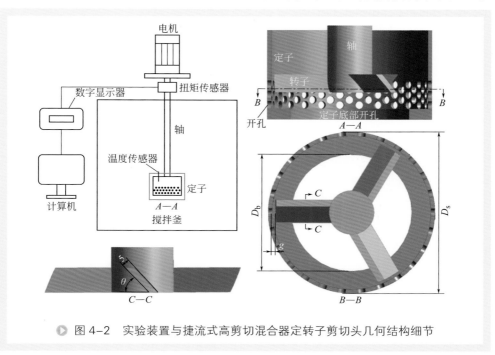

▶ 图 4-2　实验装置与捷流式高剪切混合器定转子剪切头几何结构细节

表 4-1、表 4-2。

表 4-1　不同捷流式高剪切混合器转子的详细结构参数

结构	D/mm	θ/(°)	桨叶类型
R1	152	45	直叶
R2	154	45	直叶
R3	156	45	直叶
R4	154	30	直叶
R5	154	60	直叶
R6	154	45	后弯弧形
R7	154	45	前弯弧形

表 4-2　不同捷流式高剪切混合器定子的详细结构参数

结构	D_s/mm	D_b/mm	结构	D_s/mm	D_b/mm
S1	158	158	S4	176	140
S2	162	162	S5	176	100
S3	176	176			

与传统的搅拌釜类似，间歇高剪切混合器通常使用无量纲功率特征数 Po 和雷诺数 Re 来研究高剪切混合器的功耗特性，Po 与 Re 的关系曲线即为高剪切混合器的功耗特征曲线，如图 4-3 所示。

分析图 4-3 中的结果可知，在实验研究的雷诺特征数范围内（$Re > 5000$），不

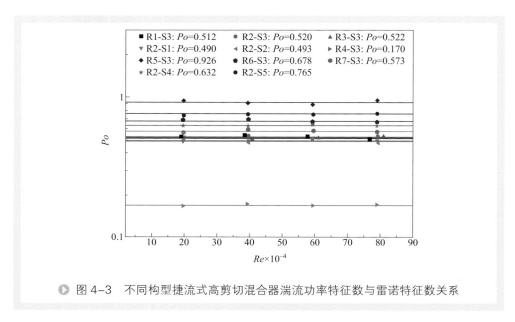

图 4-3　不同构型捷流式高剪切混合器湍流功率特征数与雷诺特征数关系

同构型捷流式高剪切混合器的功率特征数 Po 相对恒定。Padron[3] 研究指出在层流中，功率特征数与雷诺特征数成反比，并且与定子几何形状无关；在湍流中，功率特征数相对恒定，并取决于定子的几何形状。对比图中不同构型的直立型捷流式高剪切混合器功率特征数的实验结果，可以发现功率特征数 Po 与转子直径 D、定子直径 D_s 以及转子叶片倾角 θ 的变化成正比，与定子底面开孔直径 D_b 成反比。使用与之相关的无量纲参数式 $\sin\theta$ 和 $(D+D_s)/D_b$，对直立型桨叶的功率特征数进行无量纲关联，获得的关联式如下所示，方程计算值与实验值吻合良好，平均偏差 2.7%，最大偏差 5.0%。

$$Po = 0.875 \left(\frac{D+D_s}{D_b} \right)^{0.66} (\sin\theta)^3 \qquad (4\text{-}1)$$

第二节　间歇高剪切混合器的溶解分散性能

固液分散、相间传质是工业上广泛存在的过程，在吸附、结晶、废水处理、制药等领域中作为主要工艺单元起到重要作用。一般来说，固体颗粒在液相中的溶解速度，主要可以通过增大溶解驱动力、颗粒表面积和质量传递系数三方面进行强化。通过改变温度来增加饱和浓度提高溶解性可以产生更大的浓度梯度，从而提供更大的溶解驱动力；将固体颗粒粉碎或改变颗粒的悬浮状态可以增加颗粒的有效传质表面积；改变液固两相混合方式、混合强度和混合器结构等各种因素来改变质量传递系数。

笔者采用配备不同定转子剪切头的间歇高剪切混合器进行球形氯化钙固体颗粒溶解实验，对比不同定转子剪切头构型对固液传质性能的影响；同时结合 CFD 数值模拟的方法模拟流场情况，研究了间歇高剪切混合器结构参数对固体颗粒溶解与混合时间和液固两相间传质系数的影响规律，为间歇高剪切混合器在固液传质方面的应用提供基础。

实验中，氯化钙固体的溶解量由归一化的无量纲电导率的时间轨迹进行分析研究 [5, 6]。

$$\chi_i(t) = \frac{C_i(t) - C_i(0)}{C_i(\infty) - C_i(0)} \qquad (4\text{-}2)$$

式中　$\chi_i(t)$——瞬时无量纲电导率；

$C_i(0)$，$C_i(\infty)$——对应于实验初始的电导率和固体完全溶解后最终的电导率。

根据常用的 95% 原则 [7,8]，对于间歇高剪切混合器，采用 t_{95} 来确定氯化钙颗粒的溶解并混合均匀的时间（以下，简称为溶解时间），即为示踪剂标准化浓度达到最终值的 95% 水平所需的时间。

为了确定溶解过程的强度，计算了溶解过程传质系数。计算假设混合物是单分散的，所有氯化钙颗粒都是球形的，在溶解过程中其形状保持不变，所有颗粒的初始直径相同，混合物的主要成分不含杂质。从固体颗粒到液相的溶质的体积质量通量可描述为

$$\frac{dc}{dt} = k_L a(c_{sat} - c) \qquad (4-3)$$

式中　c_{sat}，c——氯化钙的饱和溶解度和 t 时刻溶液中溶解的氯化钙的浓度，kg/m³；

k_L——传质系数，m/s；

a——每单位体积溶液含有颗粒表面积，m⁻¹。

假设传质系数在溶解过程中是恒定的，而 a 是随时间变化的，对于球形颗粒，t 时刻 a 可以表示为：

$$a = \frac{6}{d_p} \frac{c_s}{\rho_s} \qquad (4-4)$$

式中　c_s——t 时刻溶解氯化钙的浓度，kg/m³；

ρ_s——固体颗粒密度，kg/m³。

假设在溶解期间颗粒数量恒定，颗粒粒径 d_p 可以表示为

$$d_p = d_{p,0} \sqrt[3]{\frac{c_s}{c_{s,0}}} \qquad (4-5)$$

式中　$d_{p,0}$——初始颗粒直径，mm；

$c_{s,0}$——初始时固体颗粒的浓度，kg/m³。

式（4-5）可以改写为

$$a = \frac{6}{d_{p,0}} \frac{c_s}{\rho_s} \sqrt[3]{\frac{c_{s,0}}{c_s}} \qquad (4-6)$$

最后将等式（4-6）引入等式（4-3）之后，可以将质量通量计算为

$$\frac{dc}{dt} = k_L \times \frac{6c_s}{\rho_s d_{p,0}} \sqrt[3]{\frac{c_{s,0}}{c_s}} (c_{sat} - c) \qquad (4-7)$$

传质系数 k_L 通过将方程式（4-7）拟合到实验得到的氯化钙浓度变化的数据中来估算。

由于计算过程中假定了所有时刻，颗粒不存在粒径分布，且颗粒为球形；因此计算得到的传质系数，其大小与实际值具有很大差异，但是可以用其来进行定性比较。

一、定子有无及直径的影响

固体颗粒在加入搅拌槽后，会同时经历分散和溶解过程，同时会受到剪切力作用发生破碎。对固体颗粒溶解、混合均匀产生较大影响的因素包含三个方面：①流体在搅拌槽内的流动状态，这决定固体颗粒的分散状态；②颗粒与流体之间的相对运动情况，这影响固体颗粒附近的浓度梯度；③颗粒受剪切作用的情况，这影响固体颗粒的有效传质面积。

如图 4-4 和图 4-5 所示，在相同单位质量功率消耗下，定子结构的存在，减小了固体颗粒溶解、混合均匀所需要的时间；在相同转子转速下，传质系数有了明显的增加。分别对比图 4-6 中（a）、（b）和（c）、（d）可以发现，定子的存在增大了平均剪切速率大于 500s⁻¹ 的区域的面积，极大地提高了转子附近区域的剪切速率水

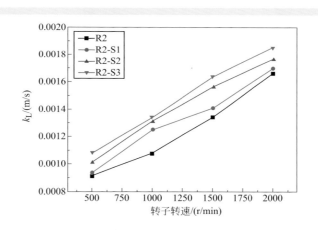

> 图 4-4　不同定子构型下传质系数随转子转速的变化

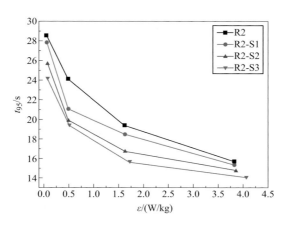

> 图 4-5　不同定子构型下溶解时间 t_{95} 的变化规律

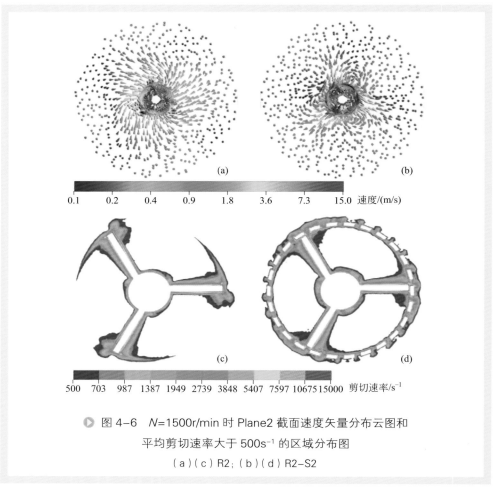

图 4-6　$N=1500r/min$ 时 Plane2 截面速度矢量分布云图和
平均剪切速率大于 $500s^{-1}$ 的区域分布图
（a）（c）R2；（b）（d）R2-S2

平，有效地增强了高剪切混合器的剪切破碎效果。

　　造成这一结果的原因，主要来自三个方面：①定子的加入，改变了转子外排流体的流动方向，流体部分由定子底面以及定子侧面开孔排出，另一部分流体由于定子结构的限制，在定子附近或者定子壁面上发生折射，使得流动方向发生改变，形成了新的循环涡流，又再次受到转子叶片的作用，湍动强度进一步加强，固体颗粒在此区域内的溶解速率大幅度加强；②高剪切混合器的结构特点是转子结构与定子结构之间的剪切间隙较小，转子叶尖附近的流体具有很高的流动速度，而定子壁面处流体的流速近似于零，这使得流体在狭窄的间隙内存在巨大的速度梯度和剪切速率梯度，这导致流体在这一区域内产生巨大的能量耗散，氯化钙固体颗粒在剪切间隙内受到极大的剪切作用，从而发生破碎，使得颗粒粒径减小、传质面积增大，导致溶解速率加快；③经定子侧面圆孔排出的固液混合流体在进出定子孔时，流道截面发生突变，这导致流体流速分布发生剧烈变化，流体呈现射流态，射流态下的固液混合更加剧烈，溶解更加迅速。

在实验研究的定子直径范围内，定子直径越大，氯化钙固体颗粒的溶解与混合效果越好。对比图 4-4~图 4-6 的结果可知，定子尺寸的增大，使得内部高湍动区域的体积增大，固体颗粒随主体流动时在高湍动区域的停留时间增加，固体颗粒在高湍动区域的传质明显增加，所以导致整个过程的溶解时间减少；定子结构尺寸的增加，导致定子底面面积增大，流体下排流量增大，流体主体循环流动速度加快，固液相的相对流动速度增加，溶解速度加快。

二、转子叶片直径的影响

图 4-7 和图 4-8 显示了不同转子叶片直径对传质系数 k_L、溶解混合均匀时间的影响。结果表明：在相同单位质量功率下，转子直径增加，传质效果增强，溶解、

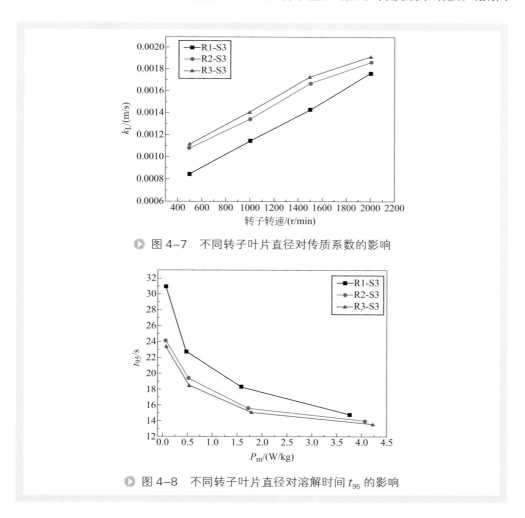

▶ 图 4-7 不同转子叶片直径对传质系数的影响

▶ 图 4-8 不同转子叶片直径对溶解时间 t_{95} 的影响

混合均匀所需时间减小。

对比图 4-9 中（a1）、（b1）和（c1）的结果可知，随着转子叶片直径的增大，定转子剪切间隙内和定子外围射流区的剪切速率在逐渐增高。转子叶片直径的增加使得转子叶片的有效作用面积增加，一方面增强了流体在搅拌槽内主体循环的强度，改善了固体颗粒的悬浮状况；另一方面在定子结构不变的状况下，转子叶片直径增加，剪切间隙的宽度减小，剪切间隙中流体的速度梯度和剪切速率梯度逐渐增大，固体颗粒在定子内部受到的破碎作用更加显著，传质效果增强。

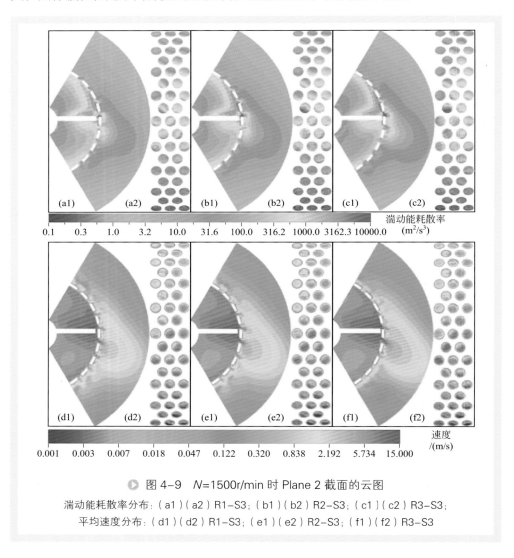

▶ 图 4-9　N=1500r/min 时 Plane 2 截面的云图

湍动能耗散率分布：（a1）（a2）R1-S3；（b1）（b2）R2-S3；（c1）（c2）R3-S3；

平均速度分布：（d1）（d2）R1-S3；（e1）（e2）R2-S3；（f1）（f2）R3-S3

湍动能耗散率随转子直径增大而逐渐增大的原因，可能有两个方面：①由于转子叶尖附近的流体具有较高速度而定子壁面附近的流体流速接近于零，随着剪切间隙的减小速度梯度必然增大，剪切速率随之增加；②随着转子叶片的增大，转子总排液量逐渐增大，通过高剪切混合头的流体的总量在增加，在定子总的开孔面积没有变化的情况下，必然造成流体流速的增加，进而导致定转子混合头附近区域流体剪切速率的增加。

三、转子叶片倾角的影响

从图 4-10 和图 4-11 可以看出，在较低功率输入下，转子倾角的增加，明显增强了液固传质效果，但是，随着输入功率的增加，不同倾角转子叶片结构的影响明显降低，输入的单位质量功率越高，不同桨叶倾角的传质效果越趋于一致。由图4-12 中模拟结果可知，随着转子倾角的增加，定子侧面射流的强度和射流区的长度

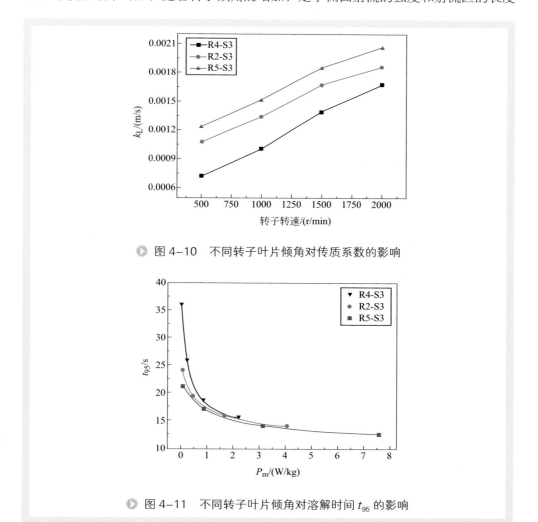

图 4-10　不同转子叶片倾角对传质系数的影响

图 4-11　不同转子叶片倾角对溶解时间 t_{95} 的影响

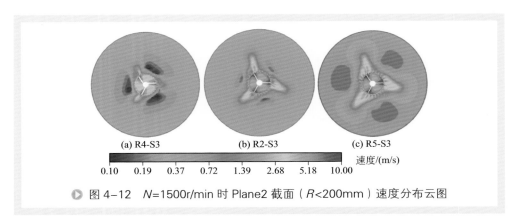

(a) R4-S3   (b) R2-S3   (c) R5-S3

速度/(m/s)

0.10   0.19   0.37   0.72   1.39   2.68   5.18   10.00

▶ 图 4-12 N=1500r/min 时 Plane2 截面（R<200mm）速度分布云图

有明显增加，定子孔内的流体平均流速也逐渐增大。转子叶片在轴向的投影面积增大，这使得转子叶片对流体的主体流动效果增强，使得固体颗粒的悬浮效果增强，颗粒随主体的循环速度加快，通过定转子结构的次数增加，固体颗粒在高湍动区域的停留时间增加，传质效果增强。同时桨叶叶尖掠过的定子侧面开孔面积也随之增大，进一步增加了叶尖所对应的剪切间隙区的有效体积。从总体上增大了捷流式高剪切混合器转子扫掠区和剪切间隙区的能量耗散。另一方面，随着转子倾角的增加，导致经定子侧面开孔和定子底面开孔排出的流体量发生改变，使得通过定子侧面开孔排出的流体量增加，进而提高定子孔间射流流速，这会导致定子开孔区和射流区的湍动能耗散率增加。

四、转子叶片构型的影响

如图 4-13 和图 4-14 所示，单位质量功率输入下传质效果为：后弯型叶片优于

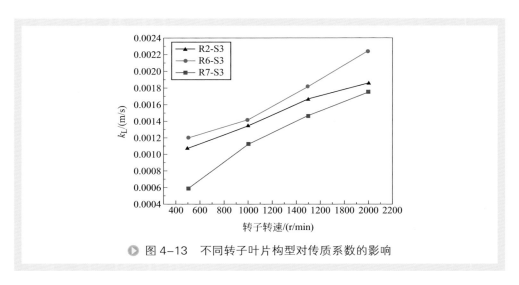

▶ 图 4-13   不同转子叶片构型对传质系数的影响

直立型叶片，直立型叶片优于前弯型叶片。从图 4-15 的模拟结果可以看到，在定转子结构内部，不同构型叶片下流场的速度和剪切速率的分布基本一致；定子附近的射流强度，后弯型叶片要明显弱于直立型叶片和前弯型叶片，表示在后弯型叶片作用下流体从定子侧面孔隙中排出的流量相对较少；在定转子结构外的主体流动

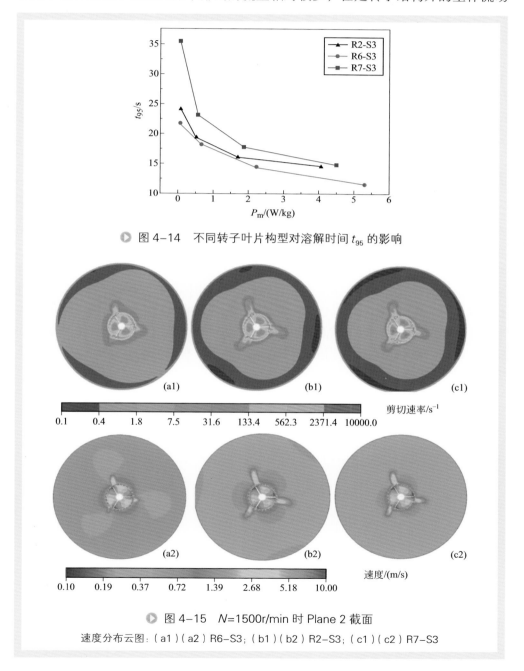

> 图 4-14　不同转子叶片构型对溶解时间 t_{95} 的影响

> 图 4-15　N=1500r/min 时 Plane 2 截面
速度分布云图：（a1）（a2）R6-S3；（b1）（b2）R2-S3；（c1）（c2）R7-S3

区，不同结构流体流动速度和剪切速率的变化规律一致即后弯型叶片强于直立型叶片，直立型叶片强于前弯型叶片，后弯型叶片作用下的流体的轴向流动强度要强于直立型和前弯型叶片，这说明流体更多地从定子下部的开孔中排出，使得流体的轴向流动增强，这与固液传质效果的规律一致，这说明对于捷流式高剪切混合器的不同构型转子，相对于定子侧面射流的增强，定子底面外排流体流动强度的增加，更能使固液传质效果增强。

后弯型叶片和前弯型叶片作为弧形桨，与流体有更大的迎液接触面，所以相比于直叶桨消耗的功率更多；后弯型叶片迎液面为凹面，能够包含部分流体，增加叶片对流体的作用时间，相比于平面型叶片和前弯型叶片，流体经过后弯型叶片时会产生更大的轴向速度，从而增加流体主体循环流动的强度，使得固体颗粒有更加充分的悬浮效果，与流体之间形成较剧烈的相对运动，从而加速颗粒的溶解过程。

五、定子底面开孔面积的影响

图 4-16 和图 4-17 结果表明，随着定子底面开孔的减小，固液传质效果显著变差。对比图 4-18 中的计算结果可以看到，随着定子底面开孔直径的增大，定子侧面射流区的面积和流体速度明显降低，底面射流区的流体平均速度明显增大；并且随着定子底面开孔直径的增大，靠近搅拌槽壁区域的流体平均速度也明显增大，这是由于定子底面下排流体流速及通量的增加，使得搅拌槽内流体的主体循环强度得到增强。定子底面开孔减小导致经定子底面排出流体的量减小，经定子侧面开孔排出的流体的量增加。经定子底面排出流体的量减小，会导致固体颗粒的悬浮效果变差，使得部分颗粒沉降到搅拌槽底部，堆积在一起，有效传质面积大大减少，完全溶解并混合均匀的时间显著增加。

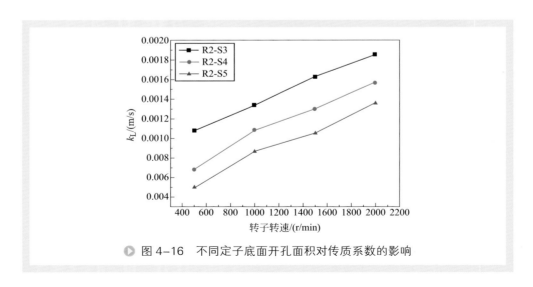

▶ 图 4-16　不同定子底面开孔面积对传质系数的影响

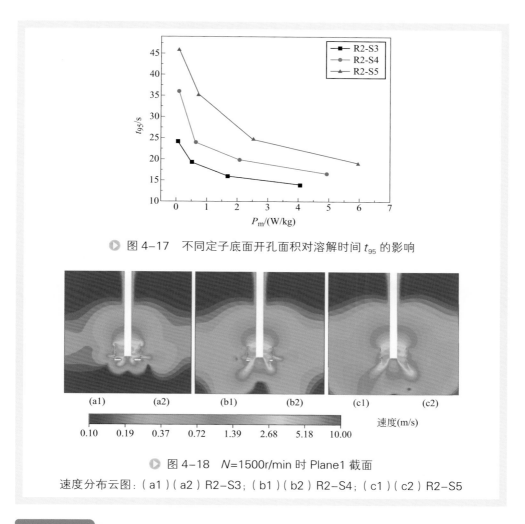

▶ 图4-17 不同定子底面开孔面积对溶解时间 t_{95} 的影响

（a1）　　（a2）　　　　（b1）　　（b2）　　　　（c1）　　（c2）

速度(m/s)

0.10　0.19　0.37　0.72　1.39　2.68　5.18　10.00

▶ 图4-18 $N=1500r/min$ 时 Plane1 截面

速度分布云图:（a1）（a2）R2-S3;（b1）（b2）R2-S4;（c1）（c2）R2-S5

第三节 **解聚分散性能**

　　间歇高剪切混合器在处理纳米颗粒作为分散相的液固两相体系过程中,同时存在着固体颗粒的解聚和聚并过程、固体颗粒在液相中的分散过程。在纳米流体的尺寸范围内,颗粒的表面积与颗粒的体积比很高,以至于所有的相互作用都受到范德华吸引力和表面力等短程力的控制。液相中的纳米粒子由于它们的布朗运动而相互接触,在不存在排斥力作用时,它们将在范德华力作用下团聚在一起。在纳米悬浮液的制备工艺中,需要加入例如亲水气相二氧化硅(Aerosil 200V)、疏水气相二氧化硅(R816)、疏水气相纳米氧化铝(Aeroxide Alu C)等不溶或难溶的纳米颗粒助剂来强化悬浮液的分散以及均匀程度,此时添加到液体介质中的纳米颗粒粉末会形成比原始颗粒尺寸大得多的结构——聚集体和附聚物，其尺寸大小通常为亚微米量级。

如果液固两相物系所处环境中存在的附加应力能够克服将附聚物保持在一起的颗粒间相互作用力，则可以通过如图 4-19 所示的三种不同破碎机制 [9] 将颗粒团聚体进行解聚分散。

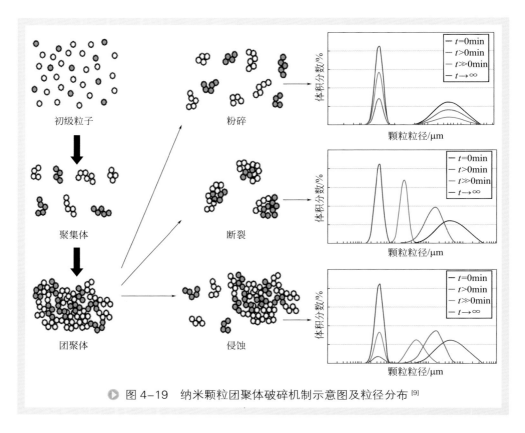

图 4-19　纳米颗粒团聚体破碎机制示意图及粒径分布 [9]

在侵蚀和粉碎的破碎机制下会产生如图 4-19 所示双峰粒径分布。当大尺寸颗粒团聚体被粉碎成能达到的最小尺寸的碎片时，此时最小尺寸碎片通常为聚集体或初级原始颗粒，粗颗粒的体积分数逐渐减少，而细颗粒的体积分数逐渐增加；在大尺寸颗粒团聚体破裂的情况下，颗粒团聚体逐渐被破碎成较小尺寸的颗粒团聚体，粒径分布会向左移动，分布范围也变得更窄；当较小尺寸的颗粒聚集体碎片从较大尺寸的颗粒团聚体表面侵蚀剥落时，粗颗粒特征峰向左移动，粗颗粒体积分数减少，细颗粒特征峰略微向左移动，细颗粒体积分数增加。

笔者在 Fluko FA30D 间歇高剪切混合器内，使用配备标准直立型转子的剪切头，考察了 Aerosil 200V 亲水型二氧化硅纳米颗粒的解聚分散机制。如图 4-20 所示，粒径分布呈双峰分布，细颗粒特征峰略微向左移动，细颗粒体积分数增加，粗

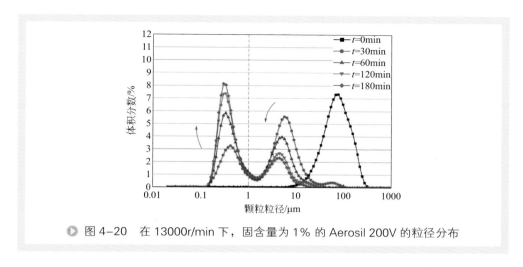

▶ 图 4-20 在 13000r/min 下，固含量为 1% 的 Aerosil 200V 的粒径分布

颗粒特征峰向左移动，粗颗粒体积分数减少，说明 Aerosil 200V 亲水型二氧化硅纳米颗粒在间歇高剪切混合器中的解聚过程符合侵蚀机制，并且对于确定性质的固体颗粒，其在间歇高剪切混合器中的解聚分散机制与操作条件和能量输入无关，仅依赖于颗粒自身的理化性质。

Kamaly 等 [2] 研究认为侵蚀是亲水性纳米二氧化硅（Aerosil 200V）团聚体解聚过程主要的机制，并且能够得到的最小尺寸的颗粒粒径与操作条件、定转子几何形状无关。Pacek 等 [10] 提出解聚的机制取决于聚集体的大小和能量强度，在足够高的能量输入下，初级聚集体从次级聚集体的表面剪切，侵蚀机制是解聚的主要机制。L.Xie 等 [11] 通过研究发现高剪切混合器通过侵蚀机制将纳米颗粒团聚体解聚成亚微米尺寸聚集体，他们认为解聚产生的最大聚集体尺寸在惯性子范围内，但最小聚集体的尺寸处于亚 Kolmogorov 尺寸范围内，因此惯性和黏性剪切机制的组合可能是解聚的原因。

笔者采用 Fluko FA30D 间歇高剪切混合器进行了液固分散实验，探讨了固体颗粒的解聚机理，分析了操作参数、流体物性、混合器几何结构对间歇高剪切混合器液固分散性能的影响规律。

一、操作参数的影响

1. 转子转速的影响

笔者使用配备了直立型标准定转子剪切头间歇高剪切混合器，以四种转子转速，获得了 1%（质量分数）的 Aerosil 200V 纳米二氧化硅颗粒的粒径分布随时间演变规律，如图 4-21 所示。图 4-21（a）、（b）、（c）、（d）分别为在转子转速 7000r/min、10000r/min、13000r/min 和 16000r/min 下，处理 1%（质量分数）的

Aerosil 200V 悬浮液不同时刻得到固体颗粒的粒径分布；对比不同转子转速在同一时刻的粒径分布发现，随着转子转速的升高，粗颗粒特征峰左移趋势显著，粗颗粒体积分数减少速率加快，细颗粒特征峰略微左移，细颗粒体积分数增加速率显著提高，说明转子转速升高能够有效强化高剪切混合器内固体颗粒的解聚过程。对比图4-21（a）、（b）、（c）、（d）中不同循环时间下的固体颗粒的粒径分布还发现，随着循环时间的推移，在相对低转子转速（7000r/min）下，粗颗粒特征峰向左移动，但粗颗粒特征峰峰值随时间延长先增加后减小，粗颗粒体积分数随时间延长变化很小，细颗粒体积分数由30min时的0.76%变为180min时的16.11%，细颗粒特征峰逐渐显现；在相对高转子转速（10000r/min、13000r/min、16000r/min）下，粗颗粒体积分数随时间延长而显著减小；粗颗粒特征峰左移，细颗粒体积分数随时间延长而显著增加，细颗粒特征峰略微左移。

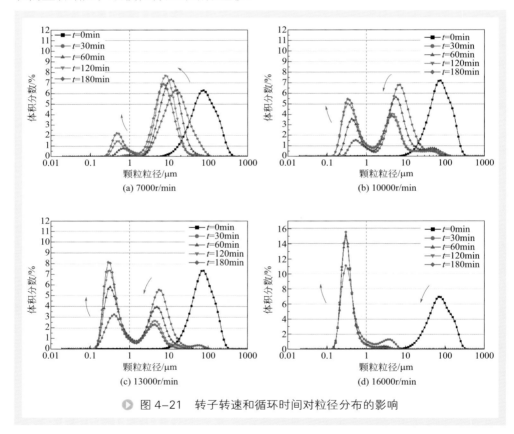

图 4-21　转子转速和循环时间对粒径分布的影响

　　图4-22说明在180min的循环时间内，高剪切混合器内的大部分固体颗粒在7000r/min转子转速下还处于团聚体形态，粗颗粒的体积分数为83.89%，表明此时固体颗粒的解聚过程刚开始发展；在10000r/min、13000r/min转子转速下，高剪切混合器内的粗颗粒的体积分数分别为48.83%、32.04%，表明此时固体颗粒团聚体

得到有效解聚，但固体颗粒的解聚过程还未完成；值得注意的是在 16000r/min 转子转速下，高剪切混合器内的粗颗粒的体积分数近似为零，表明固体颗粒解聚过程已完成。

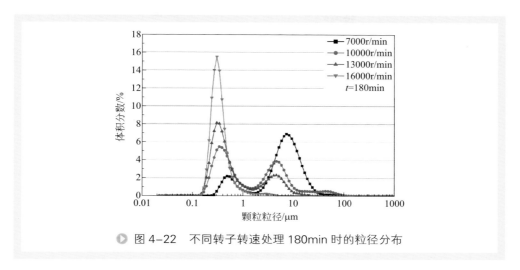

图 4-22　不同转子转速处理 180min 时的粒径分布

　　根据细颗粒生成速率评估固体颗粒的解聚动力学能够在更宽范围的条件下分析和解释结果。如图 4-23 所示，对于给定的 1%（质量分数）的 Aerosil 200V 纳米二氧化硅悬浮液，在 16000r/min 下的细颗粒生成速率最快，约为在 10000r/min 下的细颗粒生成速率的 8 倍左右。图 4-23 表明随着转子速度的增加，单位功率输入的增加，细颗粒生成速率显著增加。这是因为在处理过程中增加转子速度，增加了定转子剪切间隙的剪切力，并增加了单位时间的功率输入，增加了局部能量耗散率，导致团聚体附聚物的解聚速率加快。

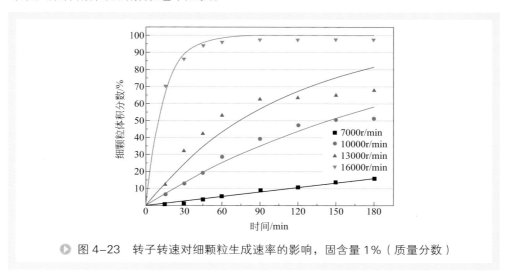

图 4-23　转子转速对细颗粒生成速率的影响，固含量 1%（质量分数）

如图 4-24 所示，对于宽范围的操作条件，随着转子转速和功率输入的增加，细颗粒的粒径尺寸减小趋势和粗颗粒的粒径尺寸减小趋势变得更陡峭；解聚过程趋于稳定时，细颗粒的粒径尺寸和粗颗粒的粒径尺寸变得更小。这说明固体颗粒的解聚机制虽然与转子转速的大小无关，但转子转速可以显著影响固体颗粒的解聚动力学。

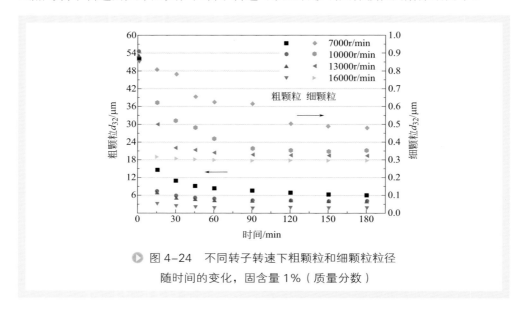

● 图 4-24　不同转子转速下粗颗粒和细颗粒粒径
随时间的变化，固含量 1%（质量分数）

2．固含量的影响

颗粒固含量的变化会影响颗粒的聚集过程及团聚形态，液固两相物系中颗粒的组合方式取决于所占总体积的体积分数。对于低固体含量，颗粒之间的距离大于它们的半径尺寸，此时它们可以在布朗运动的驱动下自由移动。但随着体系中固含量的增加，流体动力学相互作用以及颗粒碰撞概率的影响变得明显，从而增强了颗粒的聚集。固含量作为重要操作参数之一，其对液固分散过程的影响同时体现在悬浮液流变特性的改变、颗粒聚集体解聚动力学的变化两个方面。

固含量（质量分数）1% 和 5% 的悬浮液之间的黏度大致相同，大约为 0.0035Pa•s，但随着固含量增加至 10%，悬浮液黏度接近 0.01Pa•s。

笔者在转子转速 10000r/min 下，研究了 Aerosil 200V 固含量（质量分数）为 1%、5% 和 10% 的悬浮液的液固分散性能。研究结果表明：①如图 4-25 所示，固含量为 1%～10% 范围内，Aerosil 200V 悬浮液中的颗粒粒径分布都呈双峰，细颗粒特征峰略微左移且体积分数增加，粗颗粒特征峰向左移动且体积分数减少，说明此时 Aerosil 200V 悬浮液中的固体颗粒解聚过程符合侵蚀机制，并且此过程的解聚机制与颗粒固含量无关；②比较相同循环时间内、不同固含量体系的颗粒粒径分布发现，随着固含量的升高，细颗粒体积分数增加，粗颗粒体积分数显著减小，说明适当提高固含量有益于促进固体颗粒的解聚；③对比不同固含量下悬浮液中细颗粒生成率（图4-26），可以发现在相同转子转速和循环时间内，10%固含量的悬浮液

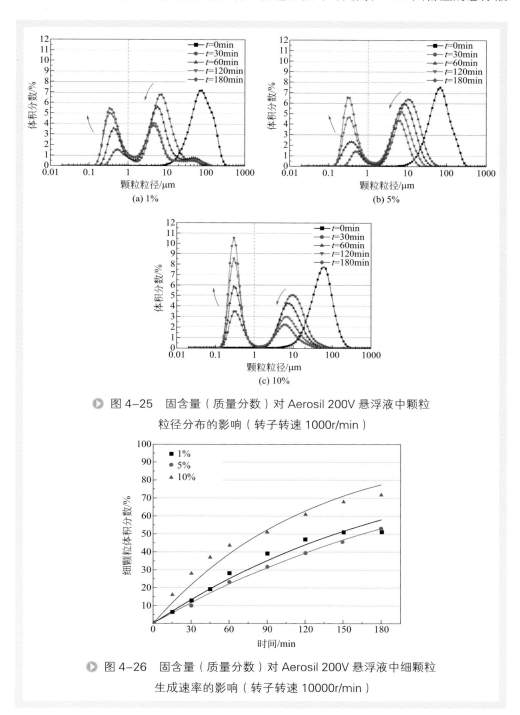

图 4-25　固含量（质量分数）对 Aerosil 200V 悬浮液中颗粒
　　　　　粒径分布的影响（转子转速 1000r/min）

图 4-26　固含量（质量分数）对 Aerosil 200V 悬浮液中细颗粒
　　　　　生成速率的影响（转子转速 10000r/min）

具有最高细颗粒生成率，1% 和 5% 固含量的悬浮液的细颗粒生成率大致相等。这是因为固含量 1% 和 5% 的悬浮液之间的黏度差异很小，因此固含量增加到 5% 不会影响侵蚀速率。这说明在制备 Aerosil 200V 纳米二氧化硅悬浮液时，选用较高的固含量有利于强化固体颗粒的解聚分散过程。

二、物性参数的影响

虽然疏水气相二氧化硅团聚体（Aerosil R816）与亲水气相二氧化硅团聚体（Aerosil 200V）的初态尺寸分布、干粉形态以及纳米聚集体的结构非常相似，但是两种纳米粉末的解聚机制和解聚动力学仍存在某些差异。P. Ding 等 [12] 对疏水性、亲水性气相二氧化硅团聚体的解聚动力学进行了研究；对比 Aerosil R816 和 Aerosil 200V 悬浮液的瞬态颗粒尺寸分布表明，在解聚分散过程的初期，亲水性二氧化硅的大团聚体主要通过断裂而解聚，而疏水性二氧化硅的解聚过程中断裂和侵蚀同时发生。

悬浮液 pH 值的变化会导致聚集体表面上的静电荷变化，影响颗粒之间作用力而改变解聚动力学。聚集体表面 Zeta 电位的绝对值越高，静电排斥力越大，颗粒的解离变得越容易。如图 4-27 和图 4-28（T=20℃）所示，Pacek 等 [10] 研究发现，在低温下，pH=7、9 时的解聚速率比 pH=4 时的快；随着温度升高，pH 值对破碎动力学的影响恰恰相反，在 pH=4 时的解聚速率比高 pH 值时的快。他们认为温度和 pH 都对解聚速率的动力学具有强烈影响，但对初级聚集体的最终尺寸大小几乎无影响。

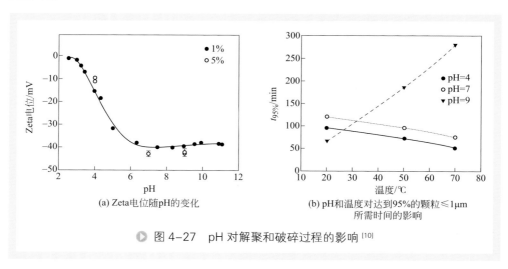

(a) Zeta电位随pH的变化   (b) pH和温度对达到95%的颗粒≤1μm
所需时间的影响

▶ 图 4-27   pH 对解聚和破碎过程的影响 [10]

P.Ding 等 [12] 比较了不同 pH 时固含量 5% 的悬浮液中疏水性和亲水性纳米聚集体的体积分数，如图 4-29 所示。图中显示，在不同 pH 时疏水性纳米聚集体的累积尺寸分布是重叠的，这说明 pH 实际上对疏水性纳米粉末（Aerosil R816）的解聚过程没有影响。如图 4-29（b）所示，pH 对亲水性纳米粉末（Aerosil 200V）解聚速率的影响更加明显，随着 pH 值的增加，亲水性纳米粉末的解聚速率显著增加。这是因为当 pH 从 4 增加到 9 时，二氧化硅纳米聚集体表面会形成更多的硅烷醇基团，并且这些基团的电离增加了颗粒表面的负电荷，从而导致静电排斥力的增加，进而导致解聚速率的增加。

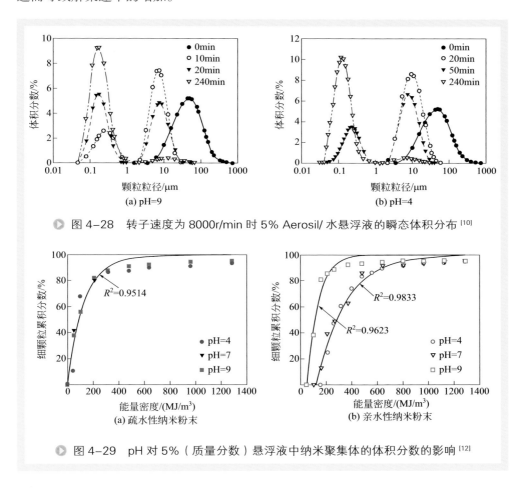

● 图 4-28　转子速度为 8000r/min 时 5% Aerosil/ 水悬浮液的瞬态体积分布 [10]

● 图 4-29　pH 对 5%（质量分数）悬浮液中纳米聚集体的体积分数的影响 [12]

三、结构参数的影响

　　亲水性纳米二氧化硅聚集体通过侵蚀机制发生解聚，聚集体解聚过程能够达到的最小粒径不依赖于定转子的几何结构；但是高剪切混合器的结构参数对于解聚速度具有重要影响。笔者采用叶片网孔型和定转子齿合型高剪切混合器，研究了结构参数对 Aerosil 200V 纳米二氧化硅颗粒在水中分散过程的影响。定转子齿合型剪切头的剪切间隙分别为0.5mm、0.75mm、1mm，转子齿数分别为2、3、6，转子齿长分别为13mm、15mm、19mm，转子叶片弯曲方向分别为直立、前弯、后弯。叶片网孔型定转子剪切头为2齿桨叶，配备圆孔定子。具体结构细节见图3-7。在配备了多种不同结构的定转子剪切头的间歇高剪切混合器内，Aerosil 200V纳米二氧化硅悬浮液中颗粒粒径分布呈现双峰，细颗粒体积分数增加，粗颗粒体积分数减少且粗颗粒特征峰左移，说明Aerosil 200V纳米二氧化硅悬浮液中颗粒解聚过程均以磨蚀机理为主导；定子转子剪切头的不同结构并不能改变颗粒解聚的机制，但是可以影响悬浮液中颗粒的解聚动力学；齿合型间歇高剪切混合器处理Aerosil 200V纳米二氧化硅悬浮液能够得到的最小颗粒粒径尺寸在300～350nm范围内，且不依赖于定转子剪切头的结构（图4-30）。

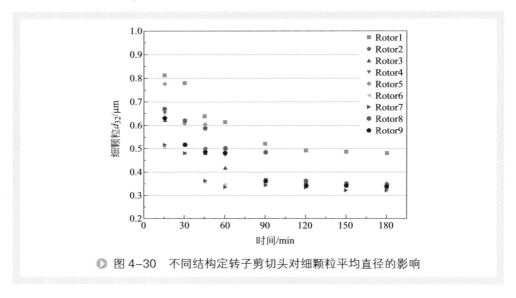

▶ 图4-30　不同结构定转子剪切头对细颗粒平均直径的影响

1. 剪切头形式的影响

为了比较叶片网孔型剪切头和定转子齿合型剪切头对Aerosil 200V纳米二氧化硅颗粒解聚过程的影响，笔者采用Fluko FA30D间歇高剪切混合器并配备了叶片网孔型剪切头和定转子齿合型剪切头对Aerosil 200V悬浮液的解聚、分散特性进行了实验研究。如图4-31所示，可以明显看到配备定转子齿合型剪切头的高剪切混合器内Aerosil 200V悬浮液中颗粒粒径分布更优，其对应的细颗粒体积分数增加速率更快，粒径分布范围更窄，颗粒粒径尺寸更均一。基于相同循环时间对比发现：在配备定转子齿合型剪切头的高剪切混合器内Aerosil 200V悬浮液中细颗粒体积分数更高，且粗颗粒特征峰的左移趋势更显著；定转子齿合型剪切头处理过的Aerosil 200V悬浮液中的细颗粒生成率也远高于叶片网孔型剪切头处理过的Aerosil 200V悬浮液中的细颗粒生成率（图4-32）；如图4-33所示，定转子齿合型剪切头处理过

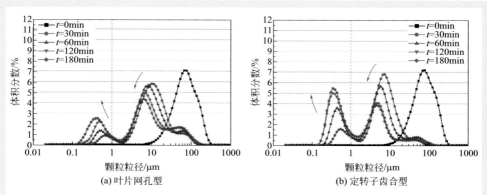

(a) 叶片网孔型　　　　　　　　　　　　　(b) 定转子齿合型

图 4-31　不同类型的定转子剪切头对颗粒粒径分布的影响

（转子转速 10000r/min，固含量 1%）

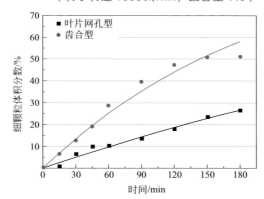

图 4-32　不同类型的剪切头对细颗粒生成速率的影响

（转子转速 10000r/min，固含量 1%）

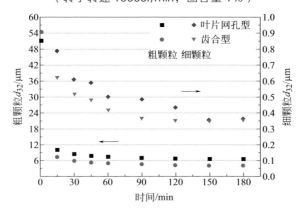

图 4-33　不同类型的剪切头对颗粒粒径 d_{32} 的影响

（转子转速 10000r/min，固含量 1%）

的 Aerosil 200V 悬浮液中的固体颗粒具有更小尺寸的粗颗粒粒径，同时细颗粒粒径能够在更短的循环时间内达到最小尺寸。以上结果说明，相较于配备叶片网孔型剪切头的高剪切混合器，配备定转子齿合型剪切头的高剪切混合器能够快速有效减小固体颗粒的粒径大小，这是因为定转子齿合型剪切头具有更小的开孔面积和更窄的剪切间隙，导致产生湍动程度更高的定子孔射流区，固体颗粒在定子齿和转子齿受到的剪切作用更剧烈，固体颗粒的碰撞剪切概率更高。

2. 转子齿数的影响

为了探究不同转子齿隙的定转子剪切头对 Aerosil 200V 悬浮液中颗粒破碎过程的影响，笔者设计了齿数分别为 2 齿、3 齿和 6 齿的转子，并采用 Fluko FA30D 间歇高剪切混合器对 Aerosil 200V 悬浮液的解聚、分散特性进行了实验研究。如图 4-34 所示，随着转子齿数增多，即转子齿隙减小，高剪切混合器内 Aerosil 200V 悬浮液中颗粒粒径分布范围变得更窄，细颗粒体积分数增加速率更快。基于相同循环时间分析发现：在配备 6 齿转子的高剪切混合器内 Aerosil 200V 悬浮液中细颗粒体积分数最高且粗颗粒体积分数最小，粗颗粒特征峰左移趋势最明显；如图 4-35 所

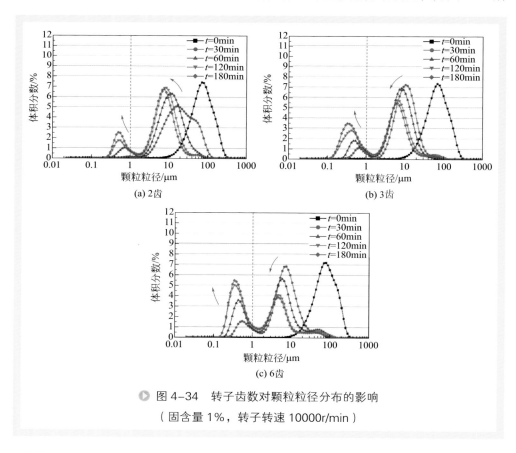

图 4-34　转子齿数对颗粒粒径分布的影响

（固含量 1%，转子转速 10000r/min）

示，随着齿数的增多、转子齿隙的减小，悬浮液中细颗粒生成率大大提高，6齿转子对应的悬浮液中细颗粒生成率最高，接近3齿转子对应的悬浮液中细颗粒生成率的2倍，为2齿转子对应的悬浮液中细颗粒生成率的4倍；分析图4-36可以发现，与配备2齿转子的高剪切混合器内悬浮液的细颗粒粒径减小趋势相比，配备3齿和6齿转子的高剪切混合器内悬浮液的细颗粒粒径减小趋势更为陡峭，配备3齿和6齿转子的高剪切混合器能够在更短的循环时间内使悬浮液中颗粒粒径达到最小尺寸。这说明，对于间歇高剪切混合器，适当增加齿数、减小转子齿隙有助于强化高剪切混合器内的固体颗粒解聚过程，这是因为转子齿隙的减小意味着开孔面积减小，导致流体经转子作用由定子孔喷射时的湍动能耗散率更高，整体流场的湍动程度更强，固体颗粒受定子和转子碰撞作用的概率更高且剪切作用次数增多。

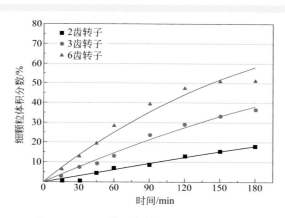

▶ 图4-35　转子齿数对细颗粒生成速率的影响

（转子转速10000r/min，固含量1%）

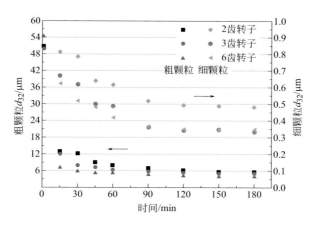

▶ 图4-36　转子齿数对粗颗粒及细颗粒 d_{32} 粒径的影响

（转子转速10000r/min，固含量1%）

3. 剪切间隙的影响

笔者在 Fluko FA30D 间歇高剪切混合器中实验探究了三种定转子剪切间隙分别为 0.5mm、0.75mm、1mm 的定转子剪切头对 Aerosil 200V 悬浮液中颗粒解聚过程的影响。如图 4-37 和图 4-38 所示，在相同循环时间内，随着定子和转子之间剪切间隙的增大，高剪切混合器内悬浮液中细颗粒生成率得到有效提高，细颗粒粒径的减小速率略微加快，但三者在总的循环时间内处理得到的悬浮液中细颗粒和粗颗粒的粒径尺寸大小基本一致。这说明对剪切间隙的结构优化能够有效提高悬浮液中的细颗粒生成率，但对于促进悬浮液中颗粒粒径的减小几乎没有帮助。

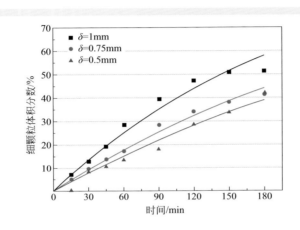

▶ 图 4-37　剪切间隙对 Aerosil 200V 悬浮液中细颗粒生成速率的影响
（转子转速 10000r/min，固含量 1%）

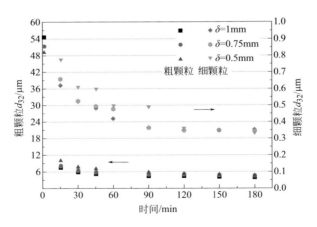

▶ 图 4-38　剪切间隙对 Aerosil 200V 悬浮液中粗颗粒及细颗粒 d_{32} 粒径的影响
（转速 10000r/min, 固含量 1%）

4．转子齿长的影响

笔者设计了三种齿长分别 13 mm、16 mm 和 19 mm 的转子，并在 Fluko FA30D 间歇高剪切混合器中考察了不同转子齿长的定转子剪切头对 Aerosil 200V 悬浮液中颗粒解聚过程的影响。如图 4-39 所示，随着转子齿长的增加，悬浮液中颗粒的粒径分布范围更窄，细颗粒体积分数增长加快。对比相同循环时间内悬浮液中颗粒粒径分布和细颗粒生成率发现：更长的转子齿长对应着悬浮液中更高的细颗粒体积分数和更小的粗颗粒体积分数，类似的，更长的转子齿长对应着悬浮液中更高的细颗粒生成率（图 4-40），这是因为转子齿的长度更长，使得能量输入更多，从而会产生更强烈的径向流动，提高了整体流场的湍动强度，进而增强了定转子剪切头对固体颗粒的碰撞和剪切作用。

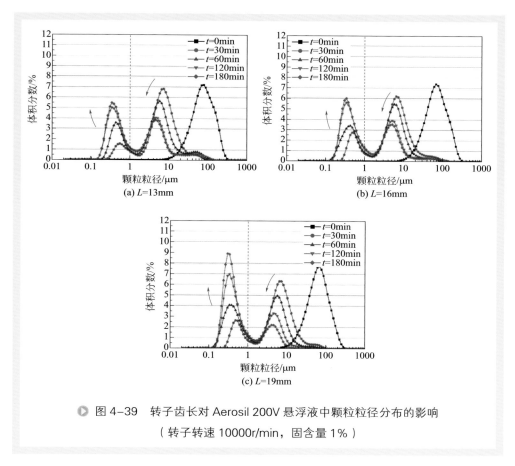

图 4-39　转子齿长对 Aerosil 200V 悬浮液中颗粒粒径分布的影响
（转子转速 10000r/min，固含量 1%）

5．转子齿向的影响

笔者设计直立型、前弯型和后弯型三种齿向的转子，并在 Fluko FA30D 间歇高剪切混合器中考察了转子齿向对 Aerosil 200V 悬浮液中颗粒解聚过程的影响。如图 4-41 所示，相比于配备前弯型转子和后弯型转子的高剪切混合器，配备直立型转子的高剪切混合器内悬浮液中颗粒粒径分布更好，颗粒粒径分布范围更窄，细颗粒体

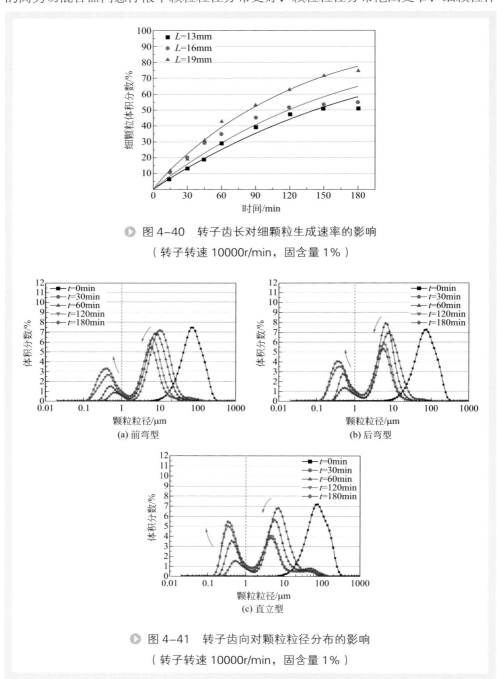

▶ 图 4-40　转子齿长对细颗粒生成速率的影响

（转子转速 10000r/min，固含量 1%）

(a) 前弯型

(b) 后弯型

(c) 直立型

▶ 图 4-41　转子齿向对颗粒粒径分布的影响

（转子转速 10000r/min，固含量 1%）

积分数增长更快，粗颗粒特征峰左移趋势更明显。对比相同循环时间内三者的破碎行为发现：配备直立型转子的高剪切混合器内悬浮液中细颗粒体积分数更高，细颗粒生成率也更高（图 4-42），这是因为前弯型转子和后弯型转子在结构上具有斜向的齿，导致釜内的轴向流动更强，径向流动变弱，削弱了定转子剪切头对固体颗粒的碰撞和剪切作用。这说明转子齿向对 Aerosil 200V 悬浮液中颗粒解聚过程存在着一定的影响，为有效地提高悬浮液中的细颗粒生成率，应该选用配备直立型转子的高剪切混合器。

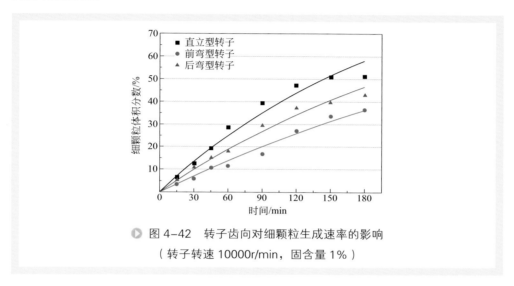

图 4-42　转子齿向对细颗粒生成速率的影响

（转子转速 10000r/min，固含量 1%）

四、固液悬浮解聚性能的预测

　　笔者在对间歇高剪切混合器的液固分散性能的考察中考虑到悬浮液中固体粒径多呈双峰分布，因此着重对悬浮液中的粗颗粒和细颗粒分别考虑，基于固体颗粒的粒径分布分别建立了粗颗粒平均直径关联模型、细颗粒体积分数关联模型。图 4-43 显示了不同转子转速下配备标准齿合型定转子的 Fluko FA30D 间歇高剪切混合器内 1%（质量分数）Aerosil 200V 水悬浮液中粗颗粒平均直径，其与单位质量能量呈幂率关系，如式（4-8）所示，说明粗颗粒平均直径关联模型非常好地描述了能量输入对固体颗粒解聚过程的影响。

$$d_{32}(C){=}AE_m^{-B} \tag{4-8}$$

式中　$d_{32}(C)$——粗颗粒 Sauter 平均直径，mm；

　　　　A——模型常数；

　　　　E_m——单位质量能量，kJ/kg；

　　　　B——模型常数。

其中，转速为 7000r/min 时，A=40.11，B=0.37；

转速为 10000r/min 时，A=18.37，B=0.26；

转速为 13000r/min 时，A=14.62，B=0.22。

图 4-44 所示为不同转子转速下配备标准齿合型定转子的 Fluko FA30D 间歇高剪切混合器内 1% 的 Aerosil 200V 水悬浮液中细颗粒体积分数，其同样与单位质量能量呈幂率关系，如式（4-9）所示，说明细颗粒体积分数关联模型相当好地描述了能量输入与固体颗粒解聚生成细颗粒过程的关系。

$$F = AE_m^B \tag{4-9}$$

式中　F——细颗粒体积分数；

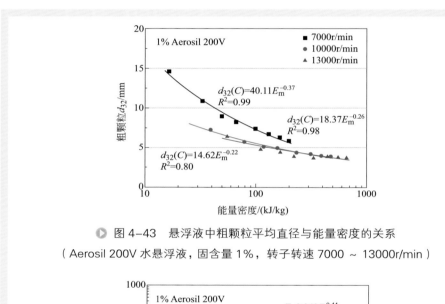

▶ 图 4-43　悬浮液中粗颗粒平均直径与能量密度的关系

（Aerosil 200V 水悬浮液，固含量 1%，转子转速 7000 ~ 13000r/min）

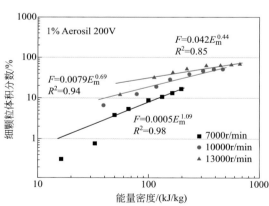

▶ 图 4-44　悬浮液中细颗粒体积分数与能量密度的关系

（Aerosil 200V 水悬浮液，固含量 1%，转子转速 7000 ~ 13000r/min）

A——模型常数；

E_m——单位质量能量，kJ/kg；

B——模型常数。

其中，转速为 7000r/min 时，$A=0.0005$，$B=1.09$；

转速为 10000r/min 时，$A=0.0079$，$B=0.69$；

转速为 13000r/min 时，$A=0.042$，$B=0.44$。

第四节 工业应用

一、选型指导

对于间歇高剪切混合器进行固液混合时，选型的主要依据是固体的堆积密度。

当固体颗粒的堆积密度小于液体时，建议选择捷流式高剪切混合器，采用下压式操作。利用高速旋转的转子带动液流在导流腔的作用下会产生强烈的液体垂直环流，将固体颗粒迅速带到高剪切头内部，利用剪切头内部的超高的剪切力将固体颗粒破碎、解聚、溶解，随着整体液流的循环被均匀分散到容器中。采用捷流式高剪切混合器时，如果每批处理量很大，导致高剪切混合器的旋转轴较长时，建议降低混合器的高径比，在容器内设置多组高剪切头来满足工艺的要求。

对于固体颗粒的堆积密度大于液体的，建议采用剪切头底装式的高剪切混合器。安装在容器底部的高剪切头，采用特殊设计的密封结构能够保证物料不泄漏，能提供较宽的处理量范围，可适应多种黏度及工艺要求，适合于膏霜类、乳剂、悬浮剂的分散、乳化、均质、混合。对于底装式高剪切混合器，要特别注意密封结构的选择，要充分考虑避免固体粒子的堵塞。

对于剪切头的设计：①建议剪切间隙为 1～2mm；②转子叶片在功耗允许的条件下，尽可能采用多叶片、高叶片；③定子的厚度要足够，使固体颗粒在定子孔内有更长的单次停留时间；④定子底面要有底板，并保留适当的底部开孔面积。

二、工业应用举例

1. 高剪切混合器制备食品饮料

在 40℃水中溶解奶粉制成含量 15%（质量分数）的液体奶，由于天气原因奶粉会结块，用普通搅拌器操作时间较长。通过使用捷流式高剪切混合器，依靠其剪切间隙狭窄、转子末端线速度高等特点带来的剪切破碎能力以及高的湍动能耗散率，可以在原料由于储藏条件变化造成结块等恶劣状态下，快速、高效地达到大处理量的需求，可在 4000L 搅拌罐中 10～15min 之内完成对一批次物料的处理，物料达到充分混合、溶解。

2. 高剪切混合器制备香精香料

工业上生产香精香料的物料体系一般为少量精油类物料、水相以及阿拉伯胶、黄原胶等粉体，工艺上需要经过投入精油和水溶液液体进行乳化，完成初乳过程；以及罐内通水，人工投入大量的粉体，固含量超过 40% 以上的混合分散过程。应用高剪切混合器提高了混粉效率，粉体混合均一，初乳粒径约为 5～7μm，后期精乳高压循环 2 遍就能满足工艺要求。

3. 高剪切混合器制备阻燃剂

反应法制备阻燃剂，在水热合成阶段，温度最高可达 180℃，最高压力可达 2.7MPa，要求反应生产的晶体物料处于悬浮状态，不沉淀，同时保证晶体粒径，不能长大。反应物料体系为：氯化镁溶液，中性无色透明液体；氨水，挥发性、强碱性、无色透明液体；氢氧化镁浆液，固液混合物。原料物料由合成计量槽送入反应器内，在反应器内混合反应，由轴流式高剪切控制晶体的形成与阻燃剂粒度。

4. 高剪切混合器制备农药水悬浮液

农药水悬浮剂的基本配方组成为：有效成分约 40%～50%，润湿分散剂 3%～7%，增稠剂 0.1%～0.5%，防冻剂 5%，加水至 100%，pH 调节剂和消泡剂根据需要适当添加。首先农药水悬浮剂中的原药颗粒间易聚合可使颗粒粒径变大，甚至结块；其次，由于颗粒大小不一导致奥氏熟化现象的产生，即颗粒在制剂中出现晶体长大的现象；再次，农药水悬浮剂是粗分散体系，在重力作用下原药颗粒易沉降，长时间放置会出现颗粒沉积和分层现象。使用高剪切混合器对农药水悬浮剂进行分散剪切，使得粒径迅速变小。可将固含量 50% 的水悬浮剂分散混合均匀达标，同时彻底解决了悬浮剂中出现的粉料包覆、团聚、结块等问题，减小了物料粒径。

5. 高剪切混合器制备特种橡胶

特种橡胶颗粒大小约 4～5mm，常温下极富弹性，不易剪切破碎，剪切时容易形成拉丝现象；工艺要求橡胶颗粒在低温液氮下剪切破碎。由于此橡胶颗粒密度较大，在液氮中可能处于沉淀状态，影响破碎效果。同时液氮在室温非密闭状态下会有氮气挥发出来。高剪切混合器在开始启动时，先在低转速 2000r/min 下运转一小段时间，使大颗粒物料进行初步粉碎，再提升转速，进行精细粉碎。同时应将工作头尽量接近容器的底部，这样橡胶颗粒在向底部沉淀时会进入工作头的搅拌区，进行破碎并在流动作用下上升，然后再次沉淀，以此循环，完成破碎。

6. 高剪切混合器将粉体分散于MDI和DMAC中

产品物料体系组成：粉体为纳米级钛白粉，液体为二甲基乙酰胺、聚氨酯，固含量约为 25%。纳米 TiO_2 粒径很小，有很高的比表面能，因而在单一的固相中呈现出极强的凝聚特性，从而降低表面能，形成比较稳定的亚态聚集粒子。使用捷流式高剪切混合器，能将上层的粉末有效地导入液面以下，避免了纳米 TiO_2 颗粒团聚现象，将粉体与液体分散混合，提高了工作效率。

参考文献

[1] 徐双庆 . 管线型高剪切混合器流体力学与返混特性 [D]. 天津：天津大学 , 2012.

[2] Kamaly S W, Tarleton A C, Özcan-Taşkın G. Dispersion of clusters of nanoscale silica particles using batch rotor-stators [J]. Advanced Powder Technology, 2017, 28: 2357-2365.

[3] Padron G A. Measurement and comparison of power draw in rotor-stator mixer [D]. College Park, MD USA: University of Maryland, 2001.

[4] Doucet L, Ascanio G, Tanguy P. Hydrodynamics characterization of rotor-stator mixer with viscous fluids [J]. Chemical Engineering Research and Design, 2005, 83：1186-1195.

[5] Carletti C, Montante G, De Blasio C, et al. Liquid mixing dynamics in slurry stirred tanks based on electrical resistance tomography [J]. Chemical Engineering Science, 2016, 152: 478-487.

[6] Montante G, Carletti C, Maluta F, et al. Solid dissolution and liquid mixing in turbulent stirred tanks [J]. Chemical Engineering & Technology, 2019, 42 (8): 1627-1634.

[7] Koganti V, Carroll F, Ferraina R, et al. Application of modeling to scale-up dissolution in pharmaceutical manufacturing [J]. AAPS Pharm Sci Tech, 2010, 11 (4): 1541-1548.

[8] Paglianti A, Carletti C, Busciglio A, et al. Solid distribution and mixing time in stirred tanks: The case of floating particles [J]. The Canadian Journal of Chemical Engineering, 2017, 95 (9): 1789-1799.

[9] Ozcan-Taskin NG, Padron G, Voelkel A. Effect of particle type on the mechanisms of break up of nanoscale particle clusters [J]. Chemical Engineering Research and Design, 2009, 87：468-473.

[10] Pacek A W, Ding P, Utomo A T. Effect of energy density, pH and temperature on de-aggregation in nano-particles/water suspensions in high shear mixer [J]. Powder Technology, 2007, 173: 203-210.

[11] Xie L, Rielly C D, Özcan-Taşkin G. Break-up of nanoparticle agglomerates by hydrodynamically limited processes [J]. Journal of Dispersion Science and Technology, 2008, 29: 573-579.

[12] Ding P, Orwa M G, Pacek A W. De-agglomeration of hydrophobic and hydrophilic silica nano-powders in a high shear mixer [J]. Powder Technology, 2009, 195: 221-226.

第五章

单相连续高剪切混合器

连续高剪切混合器（In-line High Shear Mixers, IHSM），一般通过进、出料管线安装到连续生产线中，具有连续操作、便于自动化控制、停留时间短和处理量大等优点。商品化连续高剪切混合器中，定子-转子结构的主流设计为定转子齿合型（teethed）和叶片网孔型（blade-screen）两种。剪切头可设置为单圈或多圈、单级或多级，且各种定子、转子可根据需要方便地进行拆换和搭配组合，以获得优化的分散与混合效果；例如，图5-1为上海弗鲁克科技发展有限公司的Fluko FDX1型高剪切混合器的基本构造。

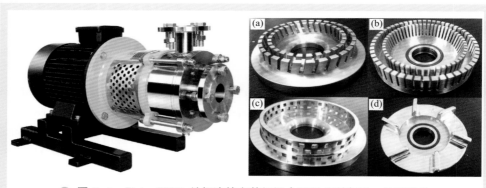

▶ 图5-1 Fluko FDX1单级连续高剪切混合器及典型定子-转子结构

（a）（b）双圈定转子齿合型的定子与转子；（c）（d）单圈叶片网孔型的定子与转子

连续高剪切混合器与离心泵构造有一定相似之处，具有腔室、进料口和出料口，两者主要区别在于[1-3]：①连续高剪切混合器中的定转子剪切间隙较为狭窄，是进行均质、分散的主要场所；而离心泵为非定子-转子结构，且其转子叶片与泵壳之间的间隙较大；②连续高剪切混合器转子的泵送能力相对来说一般不是很高，而离心泵转子叶片具有很高的泵送效率。

连续高剪切混合器可以选用单程通过模式（single-pass）或者循环回路模式（recirculation loop）进行操作。在单程通过模式下，物料进入连续高剪切混合器后只经过一轮剪切分散即由出口离开混合器；可以采用多圈或多级定转子结构的连续高剪切混合器代替单圈单级定转子结构的混合器，以增加单程通过模式中物料受剪切分散的次数，改善分散混合效果。循环回路模式中，混合器被安装在物料储存容器的循环回路中，物料经过剪切头的多次剪切分散作用，待产品达到预定要求之后从混合器下游管路中分流取出。

此外，也可以将连续高剪切混合器与间歇高剪切混合器配合使用，以改善分散混合效果、减少处理时间。在这种操作模式下，间歇高剪切混合器被安置于釜式容器中，而连续高剪切混合器被安装在釜式容器的循环回路中。

第一节 流动与功耗特性

一、流动特性

1. 单相流场分析方法

（1）实验流体力学测定　成功的混合器设计和放大准则应当保证设备能够获得预期的流型和能量耗散率分布规律。与此相关的流场特性可通过实验或计算的方法得到。

激光多普勒测速（Laser Doppler Anemometry，LDA）、粒子成像测速（Particle Image Velocimetry，PIV）等非接触式实验流体力学手段常用于设备流场测定。对于连续高剪切混合器，这需要定制加工透明的前端盖和腔体壳，以保证激光透过。由于高剪切混合器几何结构复杂，其剪切间隙一般十分狭窄，定子和转子上的开孔或开槽尺寸很小，且定子和转子相对运动速度非常快，因此，转子附近三维速度场测量十分困难。目前采用 PIV 技术进行连续高剪切混合器流场测定的研究报道极少。针对连续高剪切混合器的 LDA 流场测试，一般关注定子开孔或开槽附近的射流区及主流区域，且大多只测量横截面上的二维速度分量。

早期唯一的研究报道来自美国马里兰大学 Calabrese 教授课题组[4,5]，研究对象是单级单圈定子 - 转子齿合型结构的实验样机（定子为径向直齿结构），其转子仅 12 个齿，定子仅 14 个齿，定子和转子的开槽较大。

笔者[2,6]采用定制加工的中试规格、单级双圈超细齿定转子齿合型连续高剪切混合器［见图5-1（a）和（b）］，利用LDA技术测定了定子开槽附近射流区及主流区域角度平均的径向和切向二维速度场分布规律。该中试规格连续高剪切混合器的定子和转子都采用超细齿结构，表5-1列出了该连续高剪切混合器的重要结构参数。

表5-1　中试规格超细齿连续高剪切混合器实验设备的主要结构参数

项目	尺寸 /mm	备注
外圈转子外径	59.5	直齿，52 只
内圈转子外径	47	直齿，52 只
转子齿槽宽度	1	
外圈定子外径	66	后弯 15° 斜齿，30 只
内圈定子外径	53.5	后弯 15° 斜齿，30 只
定子齿槽宽度	2	
剪切间隙宽度	0.5	
齿尖 - 基座间距	1	
腔室内径	90	
腔室轴向长度	60	
入口管内径	25	
出口管内径	20	

（2）计算流体力学模拟　　Calabrese 教授课题组[7]采用标准 k-ε 模型和滑移网格技术模拟了单级单圈定子 - 转子齿合型实验样机内部流场，Özcan-Taşkin 等[8]利用 Realizable k-ε 湍流模型和拟稳态的 MRF 技术模拟了三种不同几何结构连续高剪切混合器中的单相流动。

尽管 RANS 湍流模型鲁棒性好、计算资源消耗低，但存在一些与生俱来的不足。例如，其假设各向同性湍流，在近壁面区域预测精度不够，处理强烈旋流效果不佳，存在过度的湍流抑制等。大涡模拟（Large Eddy Simulation, LES）是一种与 RANS 不同的湍流模拟方法，其直接求解大涡，对更趋向于各向同性的小涡采用建模模拟，因而有望提供连续高剪切混合器内部流场的准确预测，尽管其需要细化的计算网格和较高的计算资源消耗[9]。

笔者[2,6]基于标准 Smagorinsky-Lilly 亚网格模型和滑移网格处理方法，采用 LES 技术模拟了中试规格、单级双圈超细齿定转子齿合型连续高剪切混合器的内部单相流场，并将结果与一阶、二阶精度的标准 k-ε 湍流模型计算结果进行了对比。

其三维计算域共包含 8 组分隔定子和转子的边界（interface），LES 模型的模拟计算网格数高达 359 万（见图 5-2）。

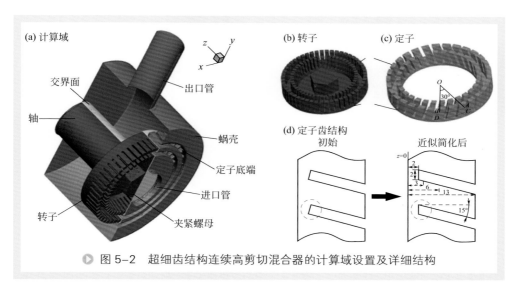

图 5-2　超细齿结构连续高剪切混合器的计算域设置及详细结构

2. 连续单相高剪切混合器流场特性

（1）速度场分布　连续高剪切混合器基本流场特征主要表现为：转子末端流体线速度较大、从定子开孔或开槽处有流体以射流形式流出、定子射流区附近存在局部环流、混合器腔体内部存在局部滞流区（如图 5-3 与图 5-4 所示）。

LDA 测得连续高剪切混合器外圈定子射流区的无量纲平均径向和切向速度分量都沿角度方向呈空间周期性分布，且与定子上的齿槽分布一致（实验用高剪切混

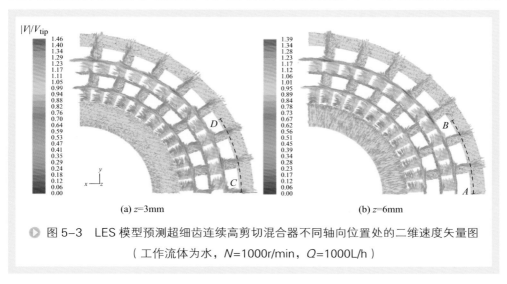

图 5-3　LES 模型预测超细齿连续高剪切混合器不同轴向位置处的二维速度矢量图

（工作流体为水，$N=1000\text{r/min}$，$Q=1000\text{L/h}$）

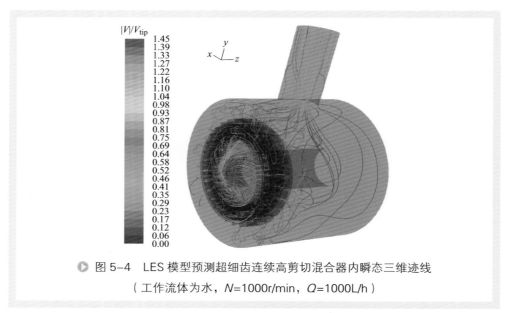

图 5-4　LES 模型预测超细齿连续高剪切混合器内瞬态三维迹线
（工作流体为水，N=1000r/min，Q=1000L/h）

合器定子齿空间分布周期为 12° 左右）。定子外圈处平均射流速度（径向速度分量）在面对定子齿槽位置处达到峰值，而在面对定子齿壁面处降至谷值。与此相反，平均切向速度分量在面对定子齿壁面处达到峰值，而在面对定子齿槽位置处降至谷值（如图 5-5 所示）。

在连续高剪切混合器中，增加转子转速将使转子末端流体线速度呈现线性增加。在相同转子转速下，由于定子外圈开槽总流通截面积一定，径向速度分量（射流速度）与操作流量是成正比的。在相同操作流量条件下，LDA 实验与 CFD 模拟发现，径向速度分量（射流速度）的绝对大小实际上与转子转速无关。

相比于标准 k-ε 模型，LES 模型能更准确地捕捉到连续高剪切混合器外圈定子

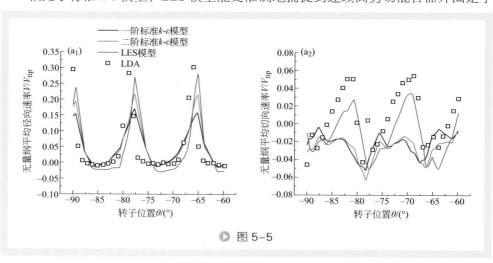

图 5-5

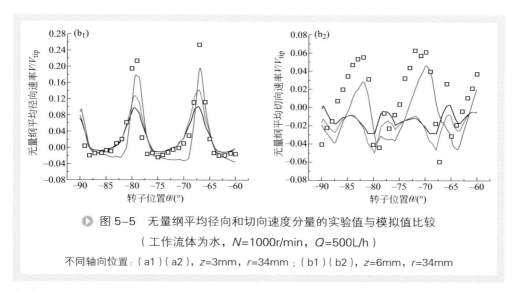

图 5-5　无量纲平均径向和切向速度分量的实验值与模拟值比较

（工作流体为水，$N=1000$r/min，$Q=500$L/h）

不同轴向位置：（a1）（a2），$z=3$mm，$r=34$mm；（b1）（b2），$z=6$mm，$r=34$mm

射流区的二次流动特征。在采用完全相同的加密网格的情况下，一阶精度和二阶精度的标准 $k\text{-}\varepsilon$ 模型预测的平均切向速度分量十分相似，而仅在平均径向速度分量的预测上有较为显著的差异。相比之下，采用二阶精度的标准 $k\text{-}\varepsilon$ 模型对于平均径向速度分量的预测有明显的改善效果；但其预测精度依然低于 LES 模型。

（2）湍动特性　图 5-6 所示为 LES 模型预测的连续高剪切混合器内不同轴向位置上的无量纲湍动能耗散率分布云图。可以看到，较高的湍动能耗散率水平出现在定子-转子区域以及外圈定子射流区附近，无量纲湍动能耗散率最大值达到 10^3 数量级。从局部放大的湍动能耗散率分布图中可以看到，定子齿缝中局部环流所在位置处湍动能耗散率水平较低；而转子齿缝中湍动能耗散率水平整体都较高；剪切间隙中靠近外圈位置湍动能耗散率水平相对较高。

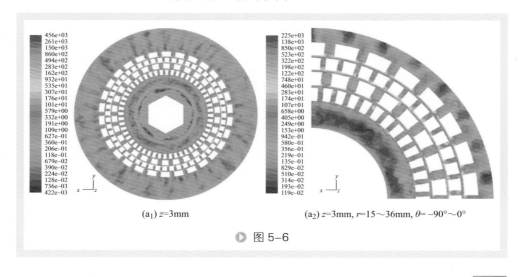

（a1）$z=3$mm　　　　　　　（a2）$z=3$mm，$r=15\sim36$mm，$\theta=-90°\sim0°$

图 5-6

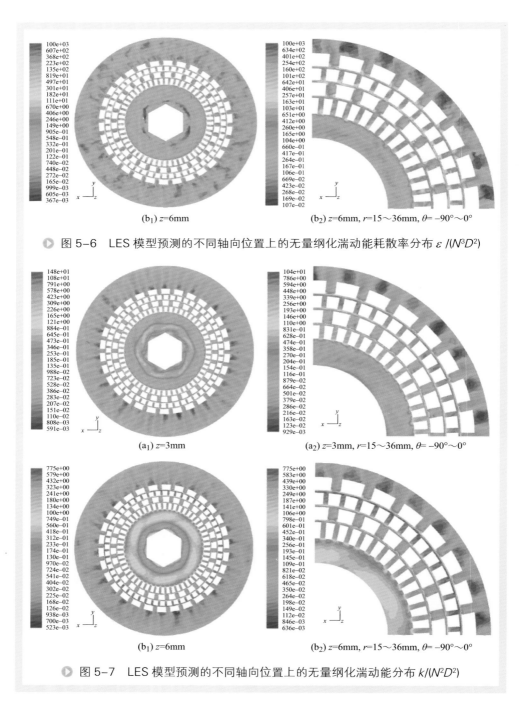

(b₁) z=6mm

(b₂) z=6mm, r=15~36mm, θ= −90°~0°

🔵 图 5-6　LES 模型预测的不同轴向位置上的无量纲化湍动能耗散率分布 ε /(N³D²)

(a₁) z=3mm

(a₂) z=3mm, r=15~36mm, θ= −90°~0°

(b₁) z=6mm

(b₂) z=6mm, r=15~36mm, θ= −90°~0°

🔵 图 5-7　LES 模型预测的不同轴向位置上的无量纲化湍动能分布 k/(N²D²)

图 5-7 为 LES 模型预测的连续高剪切混合器内不同轴向位置上的湍动能分布云图。与湍动能耗散的分布相似，在定子 - 转子区域以及外圈定子射流区附近出现

湍动能的较高水平。定子齿缝中局部环流所在位置处的湍动能水平较低；而转子齿缝中的湍动能水平整体都较高。剪切间隙中靠近转子齿圈一侧以及转子紧固螺母射流区附近湍动能水平较高，这些特征与湍动能耗散率分布明显不同。

可采用转子末端线速度归一化的各脉动速度绝对偏差来描述超细齿连续高剪切混合器内的湍流各向异性程度[10-12]。理论上，湍流趋向于各向同性时应有 $u' = v' = w'$，此时 $|u'-v'|/V_{tip}$ 以及 $|w'-v'|/V_{tip}$ 都应接近于 0。研究结果表明，在连续高剪切混合器的整个定子 - 转子区域、外圈定子射流区、流体撞击到紧固螺母形成的射流区周围，流动都是明显偏离各向同性湍流的（见图 5-8 ～图 5-10）。因此，基于各向同性湍流假设的标准 k-ε 湍流模型无法准确预测连续高剪切混合器内部这些位置处的湍流流动特征。

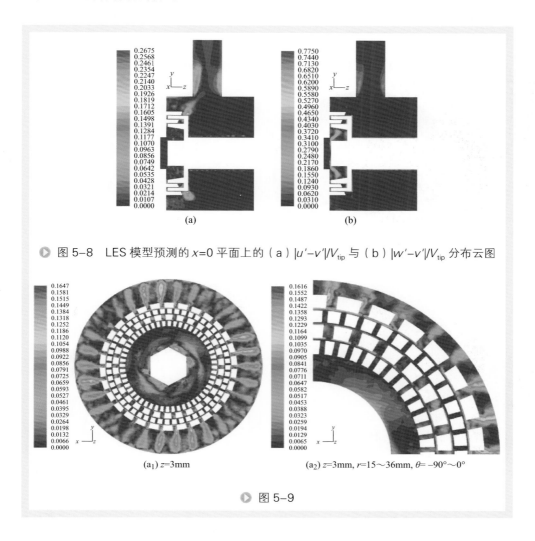

图 5-8　LES 模型预测的 $x=0$ 平面上的（a）$|u'-v'|/V_{tip}$ 与（b）$|w'-v'|/V_{tip}$ 分布云图

(a₁) z=3mm

(a₂) z=3mm, r=15～36mm, θ= −90°～0°

图 5-9

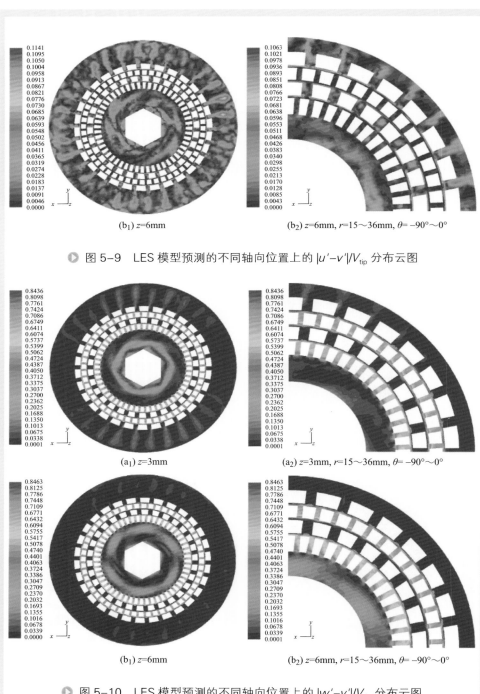

(b₁) *z*=6mm 　　　　　　　　　　　(b₂) *z*=6mm, *r*=15～36mm, θ= −90°～0°

▶ 图 5-9　LES 模型预测的不同轴向位置上的 $|u'-v'|/V_{\text{tip}}$ 分布云图

(a₁) *z*=3mm 　　　　　　　　　　　(a₂) *z*=3mm, *r*=15～36mm, θ= −90°～0°

(b₁) *z*=6mm 　　　　　　　　　　　(b₂) *z*=6mm, *r*=15～36mm, θ= −90°～0°

▶ 图 5-10　LES 模型预测的不同轴向位置上的 $|w'-v'|/V_{\text{tip}}$ 分布云图

（3）剪切速率　图 5-11 是 LES 模型预测的连续高剪切混合器不同轴向位置上剪切速率的平面分布云图。可以看到，高剪切速率水平出现在定子 - 转子开槽内部、剪切间隙中、外圈定子射流区附近，这些位置的速度梯度较大。剪切速率最高水平出现在定子 - 转子剪切间隙中，达到 $10^4 \mathrm{s}^{-1}$ 数量级。

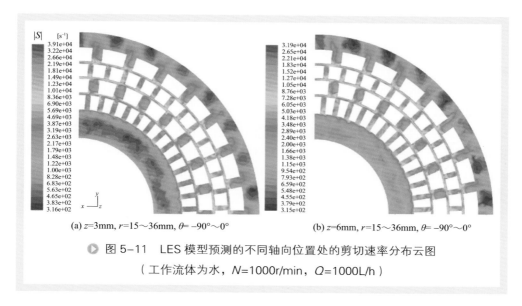

(a) z=3mm, r=15～36mm, θ= −90°～0°　　　　(b) z=6mm, r=15～36mm, θ= −90°～0°

▶ 图 5-11　LES 模型预测的不同轴向位置处的剪切速率分布云图

（工作流体为水，N=1000r/min，Q=1000L/h）

LES 模型预测的平均剪切速率可与转子转速、能量密度、流体密度和黏度进行关联。考虑到连续高剪切混合器中剪切速率跨越的范围很宽且分布严重不均，而旋转流体区域的剪切速率分布相对来说更均一且与混合过程关系也更紧密，因此对基于旋转流体区域的体积平均剪切速率进行了数据拟合，见式（5-1）。

$$|S|_{\mathrm{ave,rf}} = 55.95\left(\frac{\rho}{\mu}\right)^{0.07}\left(\frac{P_{\mathrm{fluid}}}{V}\right)^{0.44} N^{-0.52} \qquad （5\text{-}1）$$

式中　$|S|_{\mathrm{ave,rf}}$——体积平均剪切速率，s^{-1}；

　　　ρ——流体密度，$\mathrm{kg/m^3}$；

　　　μ——黏度，$\mathrm{Pa \cdot s}$；

　　　N——转子转速，r/s；

　　P_{fluid}——连续高剪切混合器输送给流体的净功率，W；

　　　V——流体体积，$\mathrm{m^3}$；

　　　rf——下标，所用剪切速率是基于旋转流体区域的体积平均值。

3. 连续高剪切混合器的泵送能力

转子结构是影响高剪切混合器运行特性的重要特征之一。具有叶片型转子的连续高剪切混合器有明显泵送能力，可在完全自吸模式下操作，能够同时泵送和分散物料。而定转子齿合型高剪切混合器一般只有微弱泵送能力，甚至产生压力降，因此一般需配备额外的供料泵，即采用泵供料模式操作[9]。相对于定转子齿合型高剪切混合器来说，叶片网孔型高剪切混合器较高的泵送能力显然是一种优势。但是需要指出的是，高剪切混合器的设计初衷是用于混合、分散而非泵送物料[3]。在工业应用中经常碰到流体处理量较大或流体黏度较高的情况，即使叶片网孔型高剪切混合器也不能够提供足够的泵送能力。因此，实际应用中采用泵供料操作模式对于两种构型的高剪切混合器都是必要的。

笔者[2, 13]通过实验测定了定转子齿合型和叶片网孔型连续高剪切混合器（实际结构如图 5-1 所示）在不同操作条件下的泵送能力。其中，定转子齿合型连续高剪切混合器的结构参数与表 5-1 单相流场测定所用混合器完全相同。叶片网孔构型高剪切混合器转子为单圈 6 个叶片构造，叶片 15° 后弯、外径 59.5mm；定子为单圈网孔设计，外径 66mm，开孔为两行、每行 30 个 3mm×3mm 方孔。该叶片网孔型组装结构的剪切间隙宽度以及齿尖 - 基座间距与定转子齿合型的结构保持完全相同，即分别为 0.5mm 与 1mm（见表 5-2）。对于定转子齿合型以及叶片网孔型连续高剪切混合器，两种定子的开槽或开孔比例相同，按定子最外圈处的面积计算均为 23.6%。

表 5-2　中试规格叶片网孔型连续高剪切混合器实验设备的主要结构参数

项目	尺寸 /mm	备注
转子外径	59.5	15º 后弯叶片，6 只
定子外径	66	3mm×3mm 方孔，两行、每行 30 个
剪切间隙宽度	0.5	
齿尖 - 基座间距	1	
腔室内径	90	
腔室轴向长度	60	
入口管内径	25	
出口管内径	20	

（1）泵供料模式下的泵送能力　图 5-12 为定转子齿合型高剪切混合器在不同转子转速与流量下处理不同流体时的扬程。Gly #1 ～ Gly #3 表示浓度由高到低的不同甘油 - 水溶液。可以看到，当转子转速较低时（如 500 ～ 1000r/min），定转子齿合型高剪切混合器在几乎所有流量下均为负扬程，即表现为压力降，证明其泵送能力很差。最大转子转速 3500r/min、零流量条件下，定转子齿合型高剪切混合器的最大"潜在"扬程仅为 2.31 ～ 2.67m。而在实验考察的各工作流体最大操作流量下，定转子齿合型连续高剪切混合器在很宽的转子转速范围内表现出负扬程（甚至是直到 2500r/min）。

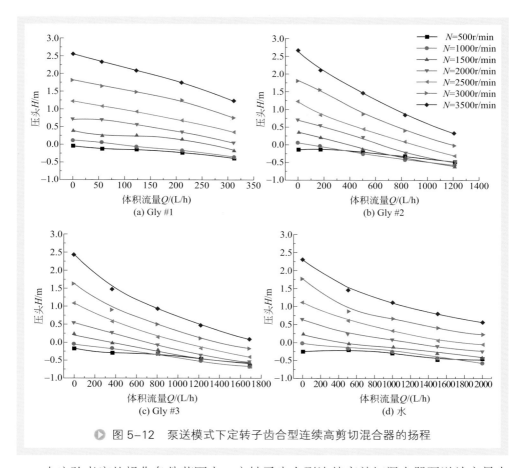

图 5-12　泵送模式下定转子齿合型连续高剪切混合器的扬程

　　在实验考察的操作条件范围内，定转子齿合型连续高剪切混合器泵送效率最大不过 1.5%，如图 5-13 所示。低转子转速条件下（如 500 ~ 1000r/min），定转子齿合型高剪切混合器的泵送效率基本都呈现负值，并随流量的增加而快速下降，最低时甚至低于 –20%。Sparks[3] 研究过相似规格的粗齿型连续高剪切混合器（转子外径 61.44mm），其定子和转子均只有单圈 18 个直齿，最大泵送效率能达 6.7%。因此有理由认为，具有双圈超细齿（即开槽率低）、定子后弯斜齿构造的定转子齿合型连续高剪切混合器进一步破坏了原本就很差的泵送行为，导致更低的泵送效率。当然，这种低的泵送效率在使用额外的供料泵后将不再影响混合、分散等实际应用。

　　图 5-14 为泵送模式下叶片网孔型连续高剪切混合器的扬程。低转子转速下（如 500 ~ 1000r/min），叶片网孔型高剪切混合器泵送性能亦不佳。最大转子转速 3500r/min、零流量条件下，叶片网孔型高剪切混合器的最大"潜在"扬程为 4.33 ~ 4.69m，比定转子齿合型高剪切混合器要高出 60% 以上。较高转子转速条件下，当流量增加时其扬程仍维持正值。

　　叶片网孔型连续高剪切混合器的泵送效率如图 5-15 所示，其在较高转子转速下（>2500r/min）表现出随流量增加而增大的趋势，这与定转子齿合型高剪切混合器内的结果显然不同。当采用低黏度水为工作流体，转子转速达到 3000～3500r/min 时，叶片网孔型高剪切混合器的泵送效率可认为是流量的一元函数；这与 Kowalski 等 [14] 在研究相似规格（转子外径 63.5mm）、相似定子开孔率（按定子外圈计算约

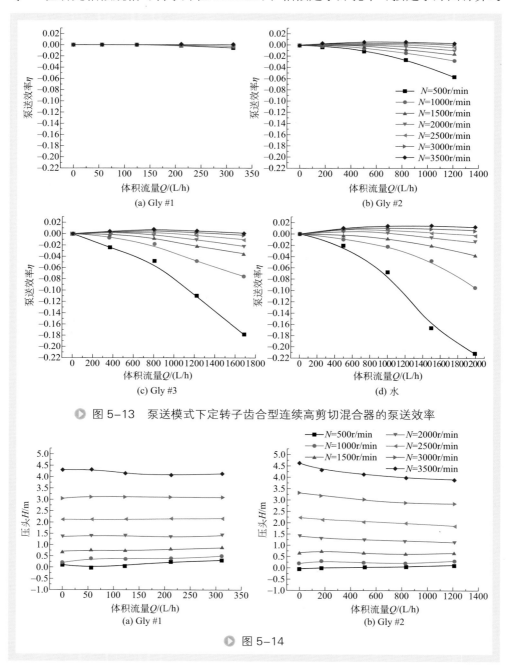

图 5-13　泵送模式下定转子齿合型连续高剪切混合器的泵送效率

图 5-14

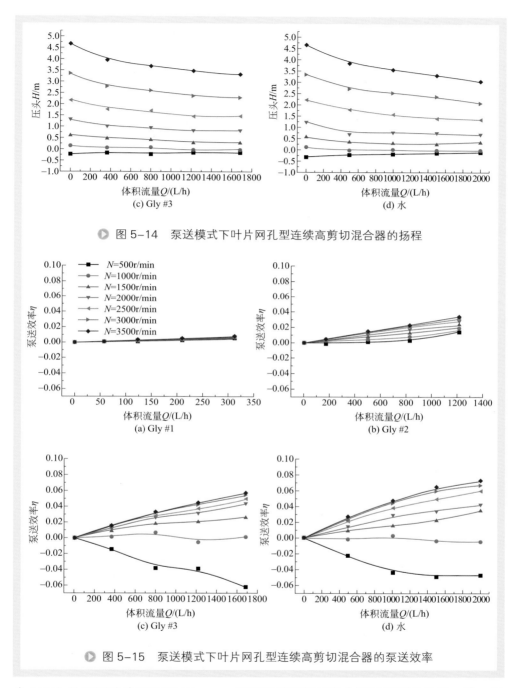

图 5-14 泵送模式下叶片网孔型连续高剪切混合器的扬程

图 5-15 泵送模式下叶片网孔型连续高剪切混合器的泵送效率

为 21%)的双圈叶片网孔型 Silverson 系列连续高剪切混合器时报道的趋势一致。以水为工作流体,最大转子转速 3500r/min 和最大流量 2000L/h 条件下,叶片网孔型高剪切混合器的最大泵送效率为 7.3%,而 Kowalski 等 [14] 在 5000r/min、2000L/h 条件下得到的泵送效率为 11.5%。考虑到在该范围内泵送效率基本上不随转子转速而变化，这两种叶片网孔型高剪切混合器泵送效率的不同主要可归结为其转子叶片构造上的差异（如叶片个数、圈数、倾角、高度等）。

（2）完全自吸模式的泵送能力　如图 5-16 所示，低转子转速（如 500 ～ 1000r/min）下完全自吸模式操作的叶片网孔型高剪切混合器扬程为负，随转子转速升高其扬程呈指数型上升。最大转子转速 3500r/min 下叶片网孔型高剪切混合器的完全自吸扬程达到 3.54 ～ 4.41m。完全自吸模式下叶片网孔型高剪切混合器的泵送效率如图 5-17 所示，除以水为工作流体、转子转速 1000r/min 条件下泵送效率为负外，其余工况下混合器泵送效率均为正，且随转子转速增大而升高。当以水为工作流体、转子转速为 3500r/min 时，叶片网孔型高剪切混合器的完全自吸泵效率达到最大值 5.2%；比转子转速 3500r/min、水流量 2000L/h 条件下泵送模式的叶片网孔

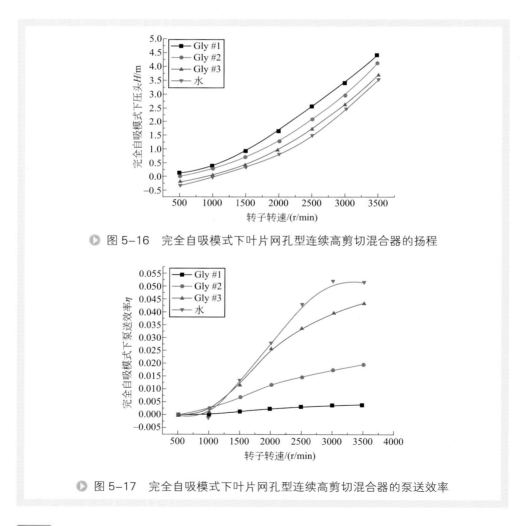

▶ 图 5-16　完全自吸模式下叶片网孔型连续高剪切混合器的扬程

▶ 图 5-17　完全自吸模式下叶片网孔型连续高剪切混合器的泵送效率

型高剪切混合器 7.3% 的泵送效率稍低。

二、功率消耗特性

1. 功率消耗分析方法

功率消耗是连续高剪切混合器性能评价和设备设计选型的重要参数。连续高剪切混合器功率消耗可通过电流电压法[15]、量热法[9, 16]和扭矩法[14, 17]测量。其中，电流电压法直接测量电机工作时的表观电压和表观电流（使用交流电机），该方法存在的主要问题是电机效率及交流电的功率因子随负载变化[15]，计算比较困难；量热法基于输入混合器的能量最终都以热的形式耗散的思想，将系统隔热并测量其温度随时间的变化，由于隔热措施有效性以及流体物性随温度变化等问题，该方法的测量精度相对较差[18]；扭矩法通过特殊设计的电路系统测量转动轴上的扭矩来计算功率消耗，其测量精度较高并被广泛采用[14, 17]。

与此类似，在 CFD 数值模拟中，连续高剪切混合器的功率消耗可通过转动轴上的扭矩来计算［式（5-2）］，也可通过对混合器内湍动能耗散率进行体积积分的方式计算［式（5-3）］。

$$P_{\text{fluid}} = 2\pi NM \tag{5-2}$$

$$P_{\text{fluid}} = \iiint\limits_{V} \rho\varepsilon\mathrm{d}V \tag{5-3}$$

式中　P_{fluid}——连续高剪切混合器输送给流体的净功率，W；

　　　　N——转子转速，r/s；

　　　　M——CFD 模拟预测的扭矩，N·m；

　　　　V——整个计算域体积，m³；

　　　　ρ——工作流体的密度，kg/m³；

　　　　ε——湍动能耗散率，m²/s³。

研究表明[2, 6]，采用 LES 模拟连续高剪切混合器内部湍流流动获得转动轴上的扭矩，进而计算其功率消耗是较为准确的预测方法。LES 预测结果与基于扭矩法的功率消耗试验结果吻合较好，平均误差可控制在 20% 以内（图 5-18）。

2. 连续高剪切混合器功率消耗模型

（1）处理牛顿型流体　连续高剪切混合器的流量通常作为独立于转子转速的变量而单独控制[19]，其功耗特性与转子转速和流量都有关，因而不能像间歇高剪切混合器那样仅由搅拌功率特征数 Po 来表征。

Kowalski 及其合作者[14-17, 19]详细研究了连续操作的连续高剪切混合器的功耗特性，其提出如式（5-4）所示的连续高剪切混合器功耗模型：

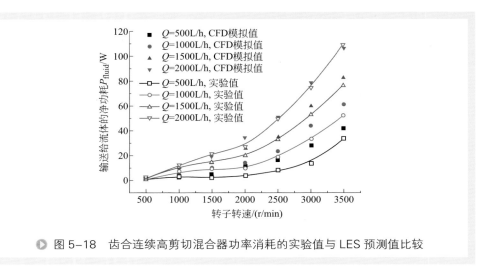

图 5-18 齿合连续高剪切混合器功率消耗的实验值与 LES 预测值比较

$$P_{\text{shaft}} = \underbrace{P_{\text{T}} + P_{\text{F}}}_{P_{\text{fluid}}} + P_{\text{L}} = Po_z \rho N^3 D^5 + k_1 Q \rho N^2 D^2 + P_{\text{L}} \qquad (5\text{-}4)$$

式中 P_{shaft}——输入连续高剪切混合器的总功率，W；

P_{T}——转子旋转过程中克服流体阻力所需功率，W；

P_{F}——流体流经混合器因动能带走的功率，W；

P_{L}——震动、噪声、进出口动能折损等所导致的功率损失，W；

Po_z——零流量时的功率特征数；

ρ——流体密度，kg/m³；

N——转子转速，r/s；

D——转子的名义直径或外径，m；

k_1——模型常数；

Q——体积流量，m³/s。

$$P_{\text{fluid}} = Po_z \rho N^3 D^5 + k_1 Q \rho N^2 D^2 \qquad (5\text{-}5)$$

式中 P_{fluid}——混合器输送给流体的净功率，W。

其余变量同式（5-4）。

式（5-5）可改写为式（5-6）所示的无量纲特征数形式。

$$Po = Po_z + k_1 Fl \qquad (5\text{-}6)$$

式中 Po——功率特征数，$Po = P_{\text{fluid}}/(\rho N^3 D^5)$；

Fl——流量特征数，$Fl = Q/(ND^3)$。

Cooke 等 [17] 在此基础上提出了适用于层流、过渡流到完全湍流条件下的功率消耗模型，其假设过渡流条件下混合器的功率消耗来自层流和湍流两部分贡献的加和，层流时零流量功率特征数 $Po_{z(1)}$ 与雷诺特征数 Re 呈反比，而湍流时零流量功率

特征数 $Po_{z(t)}$ 为常数，其功率消耗模型见式（5-7）。

$$Po = Po_{z(t)} + \frac{Kp}{Re} + k_1 Fl \qquad (5-7)$$

式中　Kp——模型参数；

　　　Re——雷诺数。

（2）处理非牛顿型流体　非牛顿型流体的实际黏度随高剪切混合器内不同位置的剪切力大小而变化。为了将牛顿型流体和非牛顿型流体的功率消耗关联在一起，引入普通搅拌釜在层流时采用的 Metzner-Otto[20] 方法进行处理，该方法将搅拌桨在运行过程中的平均剪切速率表达为转子转速与常数的乘积［如式（5-8）所示］。

$$\gamma_{av} = K_s N \qquad (5-8)$$

式中　γ_{av}——平均剪切速率，s^{-1}；

　　　K_s——剪切常数；

　　　N——转子转速，r/s。

剪切常数 K_s 与功耗常数 Kp 性质相同，仅与设备有关、与物料及操作状况无关。那么这两个参数可以作为设备设计与方法的定量参量。只要知道 K_s 的值，表观黏度和雷诺数 Re 也能表示出来，则非牛顿型幂律（power-law）流体的功耗曲线就能确定。为获得 K_s 值，Rieger 与 Novák[21] 提出修饰雷诺特征数 Re_{pl} 的概念。

$$Re_{pl} = \frac{\rho N^{2-n} D^2}{k} \qquad (5-9)$$

式中　k——稠度系数，$Pa \cdot s^n$；

　　　N——转子转速，r/s；

　　　D——转子的名义直径或外径，m；

　　　ρ——流体密度，kg/m^3。

$$K_{pn} = Po Re_{pl} = Po \times \frac{\rho N^{2-n} D^2}{k} \qquad (5-10)$$

式中　K_{pn}——模型参数；

　　　Re_{pl}——修饰雷诺特征数。

式中，K_{pn} 随着幂律（power-law）流体的流变因子的变化而变化，Re_{pl} 仅是幂律（power-law）流体的修饰雷诺特征数，其真实雷诺特征数可写为：

$$Re = \frac{\rho N^{2-n} D^2}{k} K_s^{1/(n-1)} \qquad (5-11)$$

因此：

$$Kp = Po \frac{\rho N^{2-n} D^2}{k} K_s^{\frac{1}{n-1}} \qquad (5-12)$$

$$K_s = \left(\frac{PoRe_{p1}}{PoRe}\right)^{\frac{1}{n-1}} = \left(\frac{K_{pn}}{Kp}\right)^{\frac{1}{n-1}}$$

（5-13）

式中　K_{pn}——模型参数；

　　　Kp——功耗常数。

3. 连续高剪切混合器功率消耗特性

（1）处理牛顿型流体　笔者[2, 13]实验测定了定子 - 转子齿合型和叶片网孔型连续高剪切混合器（实际结构见图 5-1、结构参数见表 5-1）在不同操作模式、不同转子转速和流量条件下处理牛顿型流体时的功率消耗特性。

在处理牛顿型流体时，一般将测得的搅拌器功率特征数与雷诺特征数（$Re = \rho ND^2/\mu$）的关系曲线称为功率曲线，其可用于预测给定流体物性、搅拌桨（或转子）几何构型、工艺参数下混合器的功率需求。

① 泵供料模式下定子 - 转子齿合型连续高剪切混合器　泵供料模式下定子 - 转子齿合型连续高剪切混合器功率特征数随雷诺数的变化关系见图 5-19，在湍流区内其功率特征数可拟合为式（5-14）所示的无量纲形式。

$$Po = 0.147 + 14.49Fl$$

（5-14）

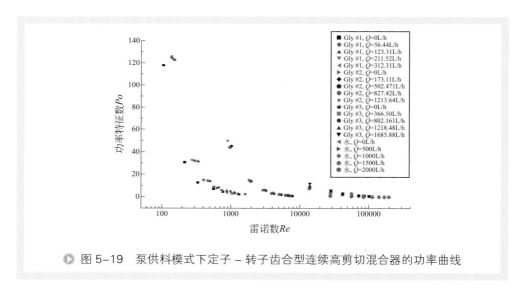

● 图 5-19　泵供料模式下定子 – 转子齿合型连续高剪切混合器的功率曲线

式中　Po——功率特征数；

　　　Fl——流量特征数。

当工作流体黏度增大时（即对于 Gly #1 与 Gly #2），功率曲线出现不连续现象，表明该流动区域内功率特征数 $Po_{z(1)}$ 不能简单按雷诺特征数 Re 反比关系拟合。Myers 等[22]曾在研究间歇高剪切混合器的功率消耗时报道了类似的功率曲线不连续现象，其采用弗鲁德特征数（$Fr = N^2D/g$）校正的方法得到光滑的曲线关联。在搅拌釜中，功率特征数一般也可认为同时与雷诺特征数 Re 以及弗鲁德特征数 Fr 有关。鉴于此，笔者[2, 13]提出，将层流区的零流量功率特征数处理为式（5-15）所示的雷诺数 Re 和弗鲁德数 Fr 的二元函数，相应地功率消耗模型可改写为式（5-16）形式。

$$Po_{z(1)} = KpRe^{c_1}Fr^{c_2} \qquad\qquad (5\text{-}15)$$

式中　$Po_{z(1)}$——高黏度下功率特征数；

　　　　Kp——功耗常数；

　　　　Re——雷诺特征数；

　　　　Fr——弗鲁德特征数，$Fr=N^2D/g$；

　　　　N——转子转速，r/s；

　　　　D——转子的名义直径或外径，m。

$$Po = Po_{z(t)} + KpRe^{c_1}Fr^{c_2} + k_1Fl \qquad\qquad (5\text{-}16)$$

式中　$Po_{z(t)}$——零流量下湍流功率特征数；

　　　　Kp——功耗常数；

　　　　Re——雷诺特征数；

　　　　Fr——弗鲁德特征数；

　　　　Fl——流量特征数。

分别采用式（5-10）拟合层流至过渡流、式（5-6）拟合完全湍流区域功率消耗实验数据（称为"分段拟合"），或者直接采用式（5-10）对不同流动区域范围内的功率消耗实验数据进行拟合（称为"全局拟合"），均可获得满足工程精度要求的拟合效果（见图5-20）。采用"分段拟合"时，功率特征数预测值与实测值总体平均误差为21.5%；对于"全局拟合"，仅在低黏度水为工作流体、低转子转速500r/min 和（或）低流量500L/h 条件下，功率特征数预测值与实测值偏差较大，而对于黏度较高的甘油 - 水溶液，预测值与实测值平均误差为15.0%。泵供料操作模式下，定子 - 转子齿合型连续高剪切混合器的功率消耗实验数据按"全局拟合"时符合式（5-17）。

$$Po = 1041.07Re^{-0.55}Fr^{-0.65} + 0.147 + 14.49Fl \qquad\qquad (5\text{-}17)$$

② 泵供料模式下叶片网孔型连续高剪切混合器　泵供料模式下叶片网孔型连续高剪切混合器的功率曲线如图5-21所示，在湍流区内其功率特征数可拟合为式（5-18）所示的无量纲形式。

$$Po = 0.241 + 8.38Fl \qquad\qquad (5\text{-}18)$$

式中　Po——功率特征数；

　　　　Fl——流量特征数。

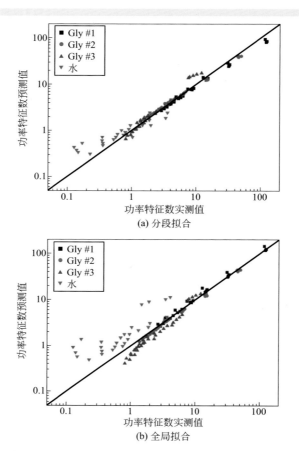

(a) 分段拟合

(b) 全局拟合

▶ 图 5-20 泵供料模式下定子 – 转子齿合型高剪切
混合器功率特征数预测值与实测值比较

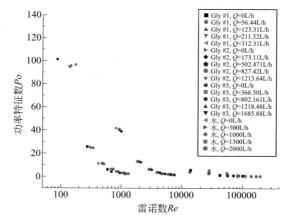

▶ 图 5-21 泵供料模式下叶片网孔型管线高剪切混合器的功率曲线

同样由于功率曲线中的不连续现象，可分别采用"分段拟合"或者"全局拟合"方法对泵供料模式下叶片网孔型连续高剪切混合器的功率消耗特性进行预测（见图5-22）。结果表明，"分段拟合"得到的功率特征数预测值与实测值总体平均误差为21.5%；对于"全局拟合"，仅在低黏度水为工作流体、低转子转速 500r/min 和 / 或低流量 500L/h 条件下，功率特征数预测值与实测值偏差较大，而对于黏度较高的甘油 - 水溶液，预测值与实测值平均误差为 19.7%。泵供料操作模式下，叶片网孔型管线高剪切混合器的功率消耗试验数据按"全局拟合"时符合式（5-19）。

$$Po = 624.81Re^{-0.53}Fr^{-0.56} + 0.241 + 8.38Fl \qquad （5-19）$$

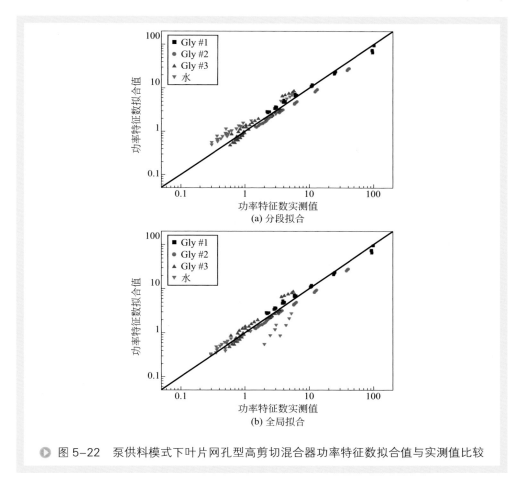

▶ 图 5-22　泵供料模式下叶片网孔型高剪切混合器功率特征数拟合值与实测值比较

表 5-3 列出了泵供料模式下不同定子 - 转子齿合型与叶片网孔型连续高剪切混合器湍流功率消耗模型参数对比。可以看到，超细齿结构高剪切混合器零流量下湍流功率特征数 $Po_{z(t)}$ 为 0.147，其值与配置双圈细网孔的 Silverson 150/250 MS 的 $Po_{z(t)}$=0.145 十分接近；而超细齿高剪切混合器的 k_1 值为 14.49，远高于双圈细网孔

Silverson 的 8.79[17]，表明操作流量对超细齿结构高剪切混合器湍流功率消耗的影响更为显著。另外，泵供料模式下单圈叶片网孔型高剪切混合器的零流量湍流功率特征数 $Po_{z(t)}$ 为 0.241，与双圈标准网孔 Silverson 150/250 MS 相同；而其 k_1 值为 8.38，略高于双圈标准网孔 Silverson 的 7.75[17]。考虑到高雷诺数湍流区内其转子转速较大，而对应的流量特征数较小，于是功率消耗模型中"流动项"的贡献很小。因此，泵供料模式下单圈叶片网孔型高剪切混合器与双圈标准网孔 Silverson 的功率消耗相近。

表5-3　定转子齿合型与叶片网孔型连续高剪切混合器的湍流功率消耗模型参数

连续高剪切混合器构型	$Po_{z(t)}$	k_1
泵送模式下双圈超细齿（定子后弯斜齿）FDX	0.147	14.49
泵送模式下单圈叶片网孔型 FDX	0.241	8.38
双圈细网孔 Silverson[17]	0.145	8.79
双圈标准网孔 Silverson[17]	0.241	7.75

③ 完全自吸模式下叶片网孔型连续高剪切混合器　完全自吸模式下叶片网孔型连续高剪切混合器的功率曲线如图 5-23 所示，在湍流区内其功率特征数可拟合为式（5-20）所示的无量纲形式。

$$Po = 0.150 + 7.52Fl \qquad (5-20)$$

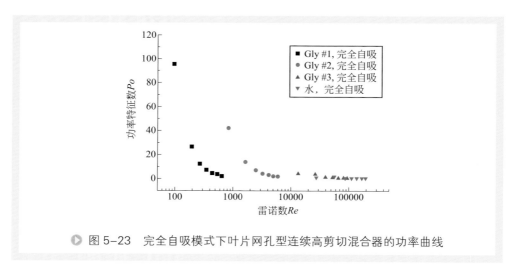

图 5-23　完全自吸模式下叶片网孔型连续高剪切混合器的功率曲线

可分别采用"分段拟合"和"全局拟合"预测完全自吸模式下叶片网孔型高剪切混合器的功率消耗（见图 5-24）。结果表明，"分段拟合"得到的功率特征数预测值与实测值总体平均误差为 16.5%；对于"全局拟合"，仅在低黏度水为工作流体、低转子转速 500r/min 和 / 或低流量 500L/h 条件下，功率特征数预测值与实测值偏差较大，而对于黏度较高的甘油 - 水溶液，预测值与实测值平均误差为 18.8%。完全自吸模式下，叶片网孔型连续高剪切混合器的功率消耗试验数据按"全局拟合"时符合式（5-21）。

$$Po = 493.47Re^{-0.49}Fr^{-0.63} + 0.150 + 7.52Fl \qquad （5\text{-}21）$$

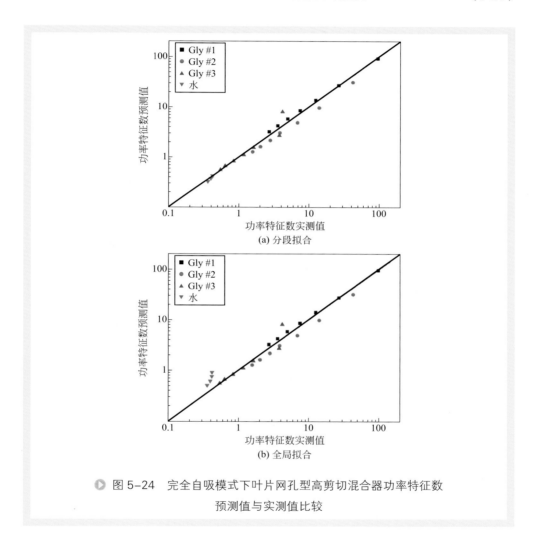

图 5-24　完全自吸模式下叶片网孔型高剪切混合器功率特征数
预测值与实测值比较

完全自吸模式下，单圈叶片网孔型高剪切混合器的零流量湍流功率特征数为 $Po_{z(t)}$=0.150，其值与类似规格的双圈细网孔 Silverson 的 0.145 相近[17]；而其模型参数 k_1=7.52，虽与双圈细网孔 Silverson 的 8.79 有一定差距，但考虑到高雷诺数湍流条件下转子转速较高，对应的流量特征数较小，功耗模型中"流动项"的贡献较小，因此，完全自吸模式下的单圈叶片网孔型高剪切混合器与双圈细网孔 Silverson 的湍流功耗相近。

（2）处理非牛顿型流体　笔者[23]以羧甲基纤维素钠溶液作为工作流体，利用实验与 CFD 模拟相结合的方法，研究了连续高剪切混合器处理非牛顿型流体时的功率消耗特性。

基于实验验证的 CFD 模型，模拟了不同稠度系数和流变因子的幂律（power-law）流体的功耗特征数（见图 5-25）。研究发现，Metzner-Otto 方法也同样适用于定转子齿合型连续高剪切混合器，通过计算出的 K_s 可求得工作流体的真实雷诺数，可以通过功耗曲线确定幂律（power-law）流体的功耗特征数和流动状态，包括层流、过渡流和湍流。K_{pn} 随流变因子 n 降低而降低，与稠度系数无关（图 5-26 和图 5-27），计算得到标准型 HSM-f1-g0.5 的剪切常数 $K_s=242.3$。

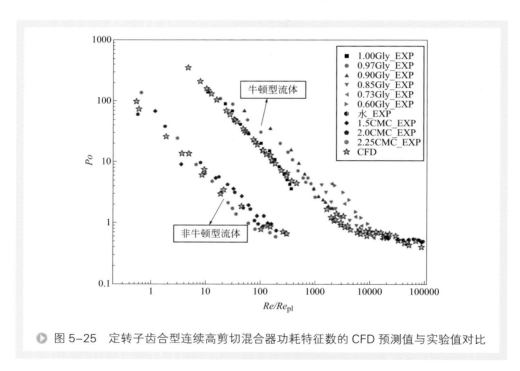

▶ 图 5–25　定转子齿合型连续高剪切混合器功耗特征数的 CFD 预测值与实验值对比

以表 5-1 所示的定转子齿合型高剪切混合器为基准，进一步分析了不同几何结构参数对于混合器处理非牛顿型流体时功率消耗特性的影响。表 5-4 所示为考察的不同几何结构参数组合，主要改变参数包括：

① 齿尖 - 基座间距，包括 1mm，1.5mm，2mm，2.5mm，3mm；
② 剪切间隙，包括 0.5mm，1mm，1.5mm，2mm，2.5mm。

需要说明的是，当研究剪切间隙的影响时，定转子的直径随着剪切间隙的变化以内圈转子的直径为基准而变化。

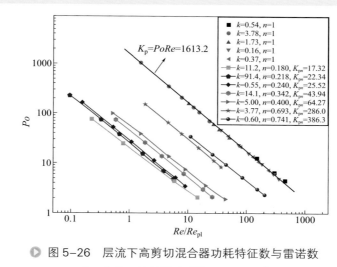

● 图 5-26　层流下高剪切混合器功耗特征数与雷诺数
　　　　Re 或 Re_{pl} 的关系（HSM-f1-g0.5）

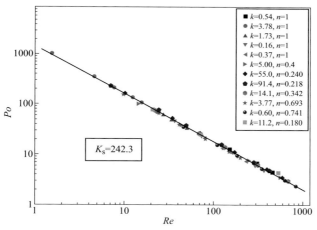

● 图 5-27　层流下高剪切混合器处理牛顿型流体和幂律
　　　　（power-law）流体的功耗特征数（HSM-f1-g0.5）

表 5-4　CFD 模拟高剪切混合器处理非牛顿型流体功耗特性时的几何参数组合

高剪切编号	e	f/mm	g/mm	h/mm	$D_{R\text{-}o}$/mm	$D_{R\text{-}i}$/mm	$D_{S\text{-}o}$/mm	$D_{S\text{-}i}$/mm
HSM-f1-g0.5	2	1	0.5	12	59.5	47	66	53.5
HSM-f1.5-g0.5	2	1.5	0.5	12.5	59.5	47	66	53.5
HSM-f2-g0.5	2	2	0.5	13	59.5	47	66	53.5
HSM-f2.5-g0.5	2	2.5	0.5	13.5	59.5	47	66	53.5

高剪切编号	e	f/mm	g/mm	h/mm	$D_{R\text{-}o}$/mm	$D_{R\text{-}i}$/mm	$D_{S\text{-}o}$/mm	$D_{S\text{-}i}$/mm
HSM-f3-g0.5	2	3	0.5	14	59.5	47	66	53.5
HSM-f1-g1	2	1	1	12	61.5	47	69	54.5
HSM-f1-g1.5	2	1	1.5	12	63.5	47	72	55.5
HSM-f1-g2	2	1	2	12	65.5	47	75	56.5
HSM-f1-g2.5	2	1	2.5	12	67.5	47	78	57.5

注：e——定子 - 转子齿的圈数；

f——定子 - 转子组装后的齿尖 - 基座间距，mm；

g——剪切间隙宽度，mm；

h——剪切头高度，mm；

$D_{R\text{-}o}$——外圈转子外径，mm；

$D_{R\text{-}i}$——内圈转子外径，mm；

$D_{S\text{-}o}$——外圈定子外径，mm；

$D_{S\text{-}i}$——内圈定子外径，mm。

如图 5-28（a）所示，当齿尖 - 基座间距由 1mm 增大至 3mm 时，剪切常数 K_s 值从 242.2 变化到 160。这主要是由于齿尖 - 基座间距增加，定子齿与转子齿的相对剪切面积降低，使剪切速率下降所致。K_s 与 $f/(f+h)$ 近似呈直线关系（R^2=0.989）：

$$K_s = 294.8 - \frac{613f}{f+h} \tag{5-22}$$

式中　K_s——剪切常数；

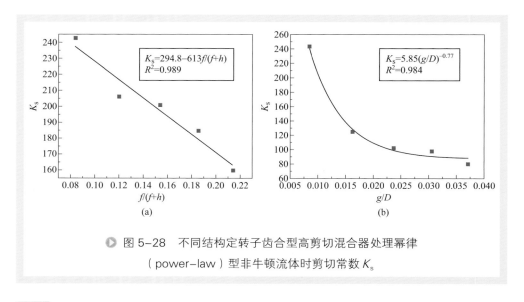

图 5-28　不同结构定转子齿合型高剪切混合器处理幂律

（power-law）型非牛顿流体时剪切常数 K_s

f——定子 - 转子组装后的齿尖 - 基座间距，mm；

h——剪切头高度，mm。

如图 5-28（b）所示，当剪切间隙由 0.5mm 增加至 2.5mm，剪切常数 K_s 从 242.3 变化到 81.1。K_s 与 g/D 近似呈指数关系（$R^2=0.984$）：

$$K_s = 5.85 \left(\frac{g}{D} \right)^{-0.77} \tag{5-23}$$

式中　K_s——剪切常数；

　　　g——剪切间隙宽度，mm；

　　　D——转子的名义直径或外径，mm。

因而，定转子齿合型连续高剪切混合器处理幂律（power-law）型非牛顿流体时，其功率消耗特征参量 K_s 可由关键几何尺寸参数估算得到：

$$K_s = 7.33 \left(\frac{g}{D} \right)^{-0.77} \left(1 - 2.1 \frac{f}{f+h} \right) \tag{5-24}$$

式中　K_s——剪切常数；

　　　g——剪切间隙宽度，mm；

　　　D——转子的名义直径或外径，mm；

　　　f——定子 - 转子组装后的齿尖 - 基座间距，mm；

　　　h——剪切头高度，mm。

三、停留时间分布

1. 停留时间分布分析方法

连续高剪切混合器具有局部强烈的湍流和剪切作用，以及连续操作、便于自动控制、停留时间短、处理量大等优点，可用于强化传质过程限制的快速化学反应过程。通过实验或模拟方法获得反应器的停留时间分布（Residence Time Distribution，RTD）特性，并将其与理想反应器模型进行对比 [24]，可对反应器返混特性进行定性和定量分析，这对于指导反应器设计与放大具有重要意义。

返混性能存在两种极限情况，一种是没有返混的活塞流，另一种是全混流，介于两者之间的是不同程度返混的非理想流动。产生返混的原因主要包括：系统内部物料的流速分布不均匀，系统内部的环流运动、湍流运动、搅拌引发的强制对流以及分子的扩散作用，另外还有反应器本身设计和安装不良而形成的滞留区（也称死区）、沟流和短路等。

（1）实验分析方法　一般采用惰性示踪剂进行示踪 - 响应实验来测定反应器停留时间分布曲线。比较常用的示踪剂注入方式有脉冲法（pulse input）和阶跃法（step input）。

其中，脉冲法的实质是在极短的时间内，在系统入口处向流经系统的流体中加入一定量的示踪剂，其直接得到停留时间分布密度函数（E 曲线）。强调极快地将示踪剂注入，是为了把全部示踪剂看成是在同一时间加入系统的，这样的脉冲称为理想脉冲。而阶跃法的实质是将在系统中作定常流动的流体切换为流量相同的含有示踪剂的流体或者相反操作（分别称为正阶跃法或负阶跃法），其直接得到的是累积停留时间分布函数（F 曲线）。相对于阶跃法来说，脉冲法具有示踪剂使用量少，直接得到的 E 曲线相对 F 曲线更容易分辨返混特征等优点[25]。

对于连续高剪切混合器来说，作为其典型特征的短停留时间为脉冲法测定其停留时间分布带来难题——只有在极短时间内注入示踪剂才能将其当做理想"脉冲"来处理。若采用非理想"脉冲"方式注入示踪剂，则需要对响应曲线的数据进行适当的处理（一般采用去卷积方法）以获得反应器本征的停留时间分布特征（如图5-29 所示）。

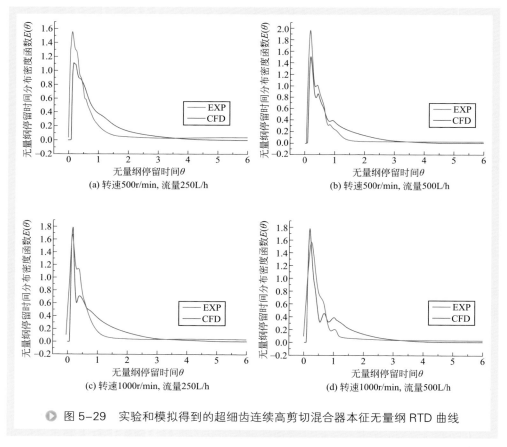

▶ 图 5-29　实验和模拟得到的超细齿连续高剪切混合器本征无量纲 RTD 曲线

（2）仿真分析方法　利用 CFD 手段分析反应器停留时间分布最常用的方法之一是组分输运法。它是通过模拟示踪 - 响应实验来分析反应器停留时间分布的。在求解获得反应器内部流场之后，激活组分输运方程，通过虚拟"脉冲法"或"阶跃法"在反应器入口注入"示踪剂"，在反应器出口连续监测"示踪剂"浓度，并处理得到停留时间分布的 E 曲线或 F 曲线。

2. 连续高剪切混合器停留时间分布特性

笔者[2, 23, 26, 27]采用非理想脉冲示踪 - 响应实验与组分输运法 CFD 模拟手段，针对连续高剪切混合器返混特性开展了系列研究。

（1）定转子齿合型连续高剪切混合器　以图 5-1（a）和（b）与表 5-1 所示的双圈超细齿连续高剪切混合器为例，实验与模拟获得的 RTD 结果对比如图 5-29 所示，结果表明：

① 大涡模拟与组分输运相结合的 CFD 方法能准确预测定转子齿合型连续高剪切混合器内的 RTD 特征。

② 实验与模拟获得的混合器本征无量纲 RTD 曲线均存在早出峰与严重拖尾现象，表明混合器内存在明显滞留区。

③ 混合器 RTD 曲线近似呈指数型下降、且无量纲停留时间方差接近于 1，表明其内部接近全混流。

④ 增加转子转速或流量都有助于提升高剪切混合器的混合度，并能消除微弱的沟流弊端；但在高转子转速或高流量下，混合器内会产生较强的内部环流。

图 5-30 为 CFD 预测的双圈超细齿连续高剪切混合器内示踪剂浓度随时间的变

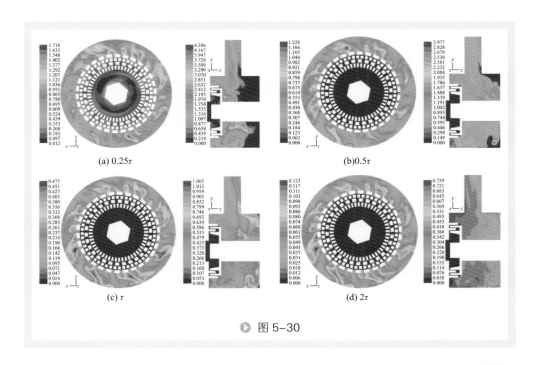

(a) 0.25τ　　　　　　　　　　(b) 0.5τ

(c) τ　　　　　　　　　　(d) 2τ

▶ 图 5-30

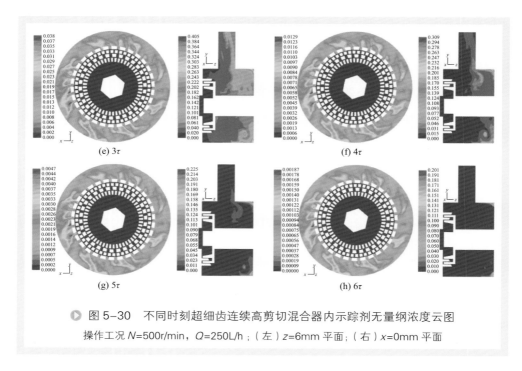

(e) 3τ
(f) 4τ
(g) 5τ
(h) 6τ

▶ 图 5-30　不同时刻超细齿连续高剪切混合器内示踪剂无量纲浓度云图

操作工况 N=500r/min，Q=250L/h；（左）z=6mm 平面；（右）x=0mm 平面

化云图，可以看出：注入的示踪剂在撞击到转子基座以及紧固螺母之后改变流向，大量示踪剂早在 0.25τ（τ 表示平均停留时间）左右就已离开混合器；部分示踪剂沿轴向往腔室主体区域流动；示踪剂在腔室内部远离剪切头的角落位置流动缓慢，经历一段时间之后，这些位置处示踪剂浓度相对较高；由于流体循环流动的存在，部分示踪剂长时间停留在混合器内。

　　基于实验验证的 CFD 模型，研究了定转子齿合型连续高剪切混合器的不同几何结构对于 RTD 特征的影响。所考察的不同几何参数包括：

　　① 定子齿型式，包括 15° 后弯斜齿（相对于转子旋转方向）与直齿；

　　② 定子与转子齿的圈数，包括单圈，双圈；

　　③ 定转子组装后的齿尖 - 基座间距，包括 1mm，2mm 和 3mm 三种情况；

　　④ 剪切间隙，如标准的 0.5mm，或者增大的 2mm。

　　表 5-5 为不同几何结构定转子齿合型连续高剪切混合器的几何参数组合情况。示踪 - 响应实验中所用高剪切混合器的几何结构对应表中的第 1 种情况，其 RTD 曲线见图 5-31。对于具有直齿型定子的高剪切混合器，其与斜齿型高剪切混合器的差别主要在于定子齿朝向不同，其他结构参数均取为与斜齿型高剪切混合器相同。对于单圈定转子齿合型高剪切混合器，其尺寸是取自双圈高剪切混合器的内圈结构。考察不同齿尖 - 基座间距的影响时，是基于实验设备斜齿型高剪切混合器来适当调整转子的轴向位置，其他任何尺寸均不做改变。

表 5-5　不同几何结构定转子齿合型高剪切混合器在 N=500r/min，

Q=250L/h 下的 RTD 结果

编号	定子型式	e	f/mm	g/mm	V/×10⁻⁴m³	HRT/s	τ/s	σ_θ^2
1	rHSM	2	1	0.5	3.49270	5.029	4.956	0.831
2	rHSM	2	1	2	3.45843	4.980	5.032	0.821
3	rHSM	2	2	0.5	3.50251	5.044	4.951	0.822
4	rHSM	2	3	0.5	3.49760	5.037	4.974	0.891
5	rHSM	1	1	0.5	3.60686	5.194	4.992	0.881
6	rHSM	1	3	0.5	3.61667	5.208	5.192	0.833
7	sHSM	2	1	0.5	3.49267	5.029	5.036	0.793
8	sHSM	1	1	0.5	3.60684	5.194	5.121	0.872
9	sHSM	1	3	0.5	3.61665	5.208	5.220	0.797

注：rHSM——具有 15° 后弯斜齿型定子的高剪切混合器；

　　sHSM——具有直齿型定子的高剪切混合器；

　　e——定子 - 转子齿的圈数；

　　f——定子 - 转子组装后的齿尖 - 基座间距，mm；

　　g——剪切间隙宽度，mm；

　　V——计算域总体积，m³。

不同几何结构定转子齿合型连续高剪切混合器的 RTD 预测结果分别见图 5-31 与表 5-5，研究发现：

① 剪切间隙由 0.5mm 增大至 2mm 后（对应 Geo.2），RTD 曲线中可以看到更明显的沟流现象，表明大量流体经由齿尖 - 基座间隙进而由剪切间隙流出、而非经

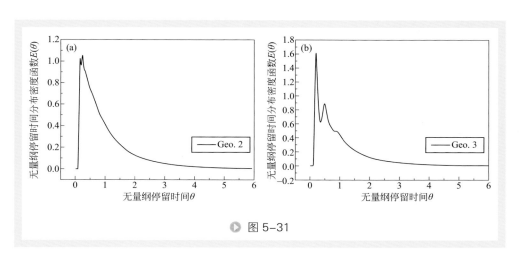

▶ 图 5-31

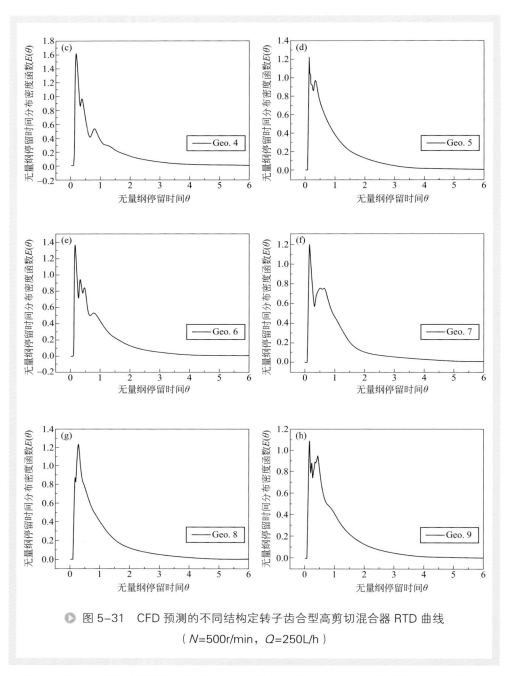

图 5-31　CFD 预测的不同结构定转子齿合型高剪切混合器 RTD 曲线

（N=500r/min，Q=250L/h）

过定子 - 转子齿槽以射流形式流出，同时剪切间隙增加还会导致湍流强度下降，因而对混合和反应效果十分不利。

②齿尖 - 基座间距由 1mm 增加至 2mm 时（对应 Geo.3），RTD 曲线表现出流

体短路特征[24]；进一步增加到 3mm 时（对应 Geo.4），RTD 曲线出峰数由两个增加到三个，可能是由于流体卷吸作用增强导致。

③ 单圈定子 - 转子高剪切混合器（定子仍为后弯细齿型，对应 Geo.5），RTD 曲线表明混合器内存在沟流缺陷，大量流体穿过定子 - 转子齿槽离开混合器。

④ 单圈定子 - 转子高剪切混合器、齿尖 - 基座间距增加到 3mm（对应 Geo.6），RTD 曲线表明混合器内同时存在短路、沟流和内循环流动特征。

⑤ 双圈定子直齿型高剪切混合器（对应 Geo.7），RTD 曲线表明其内部存在短路和细微的沟流缺陷，与采用后弯斜齿型定子的双圈高剪切混合器不同。主要原因在于：采用斜齿型定子时，定子与转子齿缝不会有对齐的时候，因而不同时刻转子齿槽流通区域不会有剧烈变化。而当采用直齿型定子时，一旦定子与转子的齿槽对齐，就会形成流体穿过定子与转子齿槽离开混合器的短路通道；一旦部分转子齿槽位置正好与定子齿壁面对齐，就会形成流体离开混合器的两条阻力相近的通道（或穿过其他畅通的转子齿槽，或通过齿尖 - 基座间隙与剪切间隙）。

⑥ 单圈、定子直齿型高剪切混合器（对应 Geo.8），RTD 曲线表明混合器内也存在沟流缺陷，大量流体经过齿尖 - 基座间隙与剪切间隙离开混合器。在此基础上增大齿尖 - 基座间距时（对应 Geo.9），RTD 曲线表明混合器内同时存在短路、沟流和内部循环流动。

对于表 5-5 中所有结构的高剪切混合器来说，其无量纲停留时间的方差均接近于 1，表明其内部流动都接近全混流。大部分结构高剪切混合器，其计算所得平均停留时间 τ 均比水力学平均停留时间 HRT 要小，表明混合器中存在死区。平均停留时间 τ 反而比水力学平均停留时间 HRT 大的少数反常结果，可能是由于混合器中存在内循环流动，而 CFD 模拟过程中出口示踪剂浓度采样时间过长导致。

总的来说，对于快速竞争化学反应体系，单圈定转子齿合型高剪切混合器并不是很好的反应器型式，尤其是当其齿尖 - 基座间距过大时。相比具有后弯斜齿型定子的高剪切混合器来说，装配有直齿型定子的高剪切混合器表现稍差。具有双圈、超细齿（定子为后弯斜齿）、狭窄剪切间隙以及齿尖 - 基座间距小等特征的连续高剪切混合器最有希望作为新型过程强化设备用于快速化学反应体系中。

（2）叶片网孔型连续高剪切混合器　RTD 测试用中试规格叶片网孔型连续高剪切混合器的转子外径为 59.5mm，由单圈 6 个后弯 15° 的叶片构造而成；其定子为单圈网孔设计，定子外径为 70mm，开孔分别为单行 30 个直径 4.8mm 的圆孔，30 个边长为 4.6mm 的菱形孔，16 个宽度为 2.5mm 对称 "S" 形孔和 30 个齿缝宽度为 2mm、后弯 15° 的齿槽。所有开孔形式的定子开孔率相同，其值按照最外圈处面积计算均为 23.6%。该叶片网孔型连续高剪切混合器所配备定子和转子如图 5-32 所示，主要尺寸见表 5-6。

针对上述叶片网孔型连续高剪切混合器，实验与模拟获得的 RTD 结果对比如图 5-33 所示，结果表明：

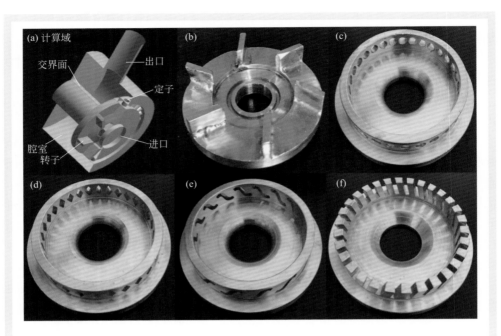

图 5-32　RTD 测试用叶片网孔型连续高剪切混合器的定子及转子

表 5-6　RTD 测试用叶片网孔型连续高剪切混合器的主要尺寸

项目	尺寸 /mm	备注
转子外径	59.5	后弯 15° 叶片，6 只
定子外径	70	4 种不同开孔，单圈
剪切间隙宽度	0.5	
齿尖 - 基座间距	1	
腔室内径	90	
腔室轴向长度	60	
入口管内径	25	
出口管内径	20	

　　① 大涡模拟与组分输运相结合的 CFD 方法，能准确预测叶片网孔型连续高剪切混合器内的 RTD 特征；

　　② 对于不同定子结构，实验与模拟获得的混合器本征无量纲 RTD 曲线均存在早出峰与严重拖尾现象，表明混合器内存在明显滞留区；

　　③ 比较不同定子开孔形状发现，圆形开孔时连续高剪切混合器内存在较弱的

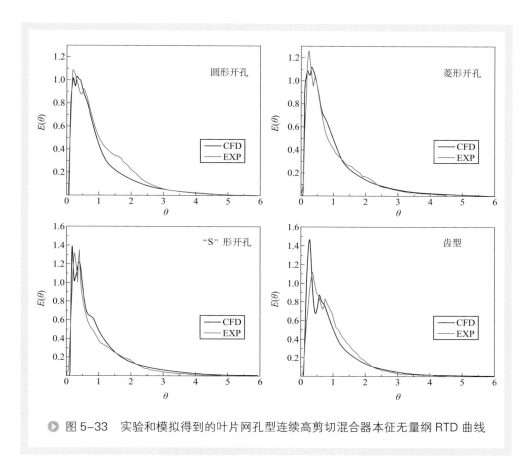

🔵 图5-33　实验和模拟得到的叶片网孔型连续高剪切混合器本征无量纲 RTD 曲线

沟流现象；菱形开孔时 RTD 特征与圆形开孔的相似；"S" 形开孔狭缝变窄且弯曲，流体阻力增大，沟流与内循环流动更为明显；齿型开孔时齿尖位置未封闭，部分流体直接由敞开通道流入到腔室内，形成短路。

图5-34 为 CFD 预测的叶片网孔型连续高剪切混合器内示踪剂浓度随时间变化云图。可以看出，示踪剂进入混合器后，经过转子叶片的外排作用快速向四周分散，大量示踪剂在 0.5τ（τ 表示平均停留时间）左右已离开混合器。另外，即便转子叶片有一定泵送能力，但在腔室内部远离剪切头的角落位置流动缓慢，仍有部分示踪剂长时间停留在混合器内。

腔室几何结构对连续高剪切 RTD 有重要影响。以叶片网孔型连续高剪切混合器为例，采用 CFD 技术分析了不同腔室几何结构参数下混合器的 RTD 特征。所考察的不同几何参数包括：

① 腔室的轴向高度，如标准的 60mm，缩小的 38mm、25mm、20mm；

② 定转子安装位置，包括正常安装、偏心安装（往远离出口方向偏心 5mm，原定子外边缘离腔室 10mm）；

③ 腔室外壳的形状，包括圆柱形、蜗壳形；
④ 出口接管的方向，包括径向、切向。

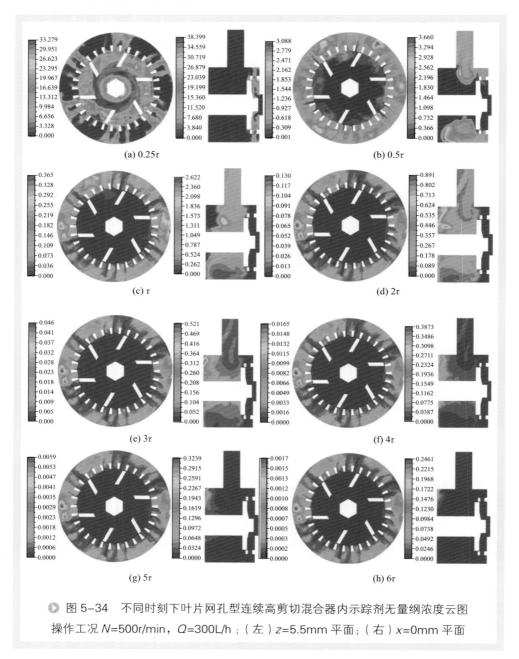

图 5-34　不同时刻下叶片网孔型连续高剪切混合器内示踪剂无量纲浓度云图
操作工况 N=500r/min，Q=300L/h；（左）z=5.5mm 平面；（右）x=0mm 平面

表 5-7 为不同几何结构叶片网孔型连续高剪切混合器的几何参数组合情况，对应的混合器腔室结构如图 5-35 所示。

表 5-7　不同几何结构叶片网孔型高剪切混合器在 N=500r/min，Q=300L/h 下的 RTD 结果

编号	简称	开孔形式	H/mm	V/×10⁻⁴m³	HRT/s	τ/s	σ_θ^2
1	circle	圆孔	60	0.34688	4.163	4.178	0.800
2	rhom	菱形孔	60	0.34696	4.164	4.295	0.937
3	s_hole	S 形	60	0.34701	4.164	4.221	0.997
4	teeth	齿形	60	0.34692	4.163	4.073	0.888
5	Geo.5	圆孔	38	0.21772	2.613	2.650	0.569
6	Geo.6	圆孔	38	0.21772	2.613	2.585	0.406
7	Geo.7	圆孔	25	0.14100	1.692	1.760	0.528
8	Geo.8	圆孔	20	0.11204	1.344	1.342	0.495
9	Geo.9	圆孔	20	0.10093	1.211	1.221	0.471
10	Geo.10	圆孔	20	0.10697	1.284	1.294	0.465

注：H——腔室轴向高度，mm。

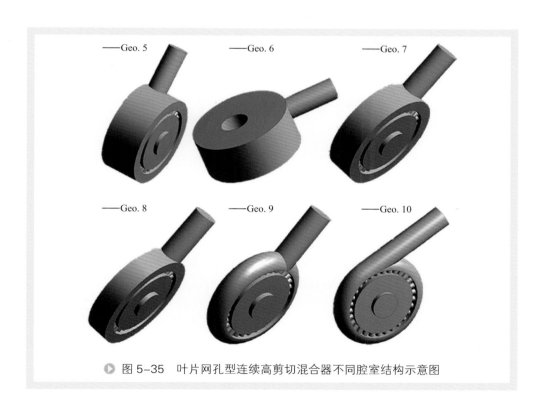

▶ 图 5-35　叶片网孔型连续高剪切混合器不同腔室结构示意图

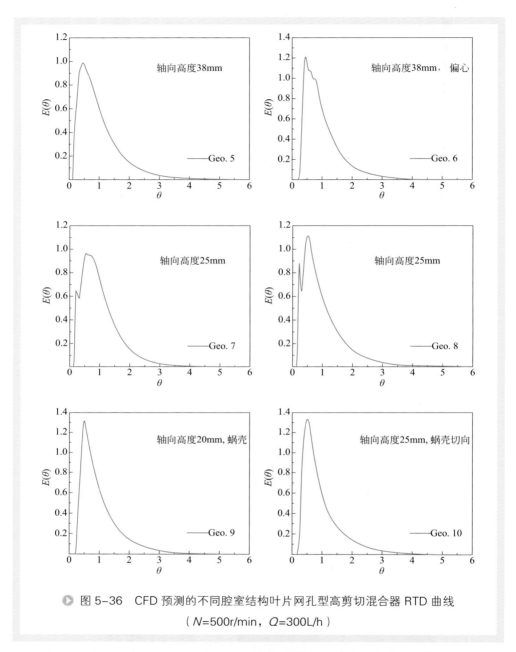

図 5-36 CFD 预测的不同腔室结构叶片网孔型高剪切混合器 RTD 曲线

（ N=500r/min， Q=300L/h ）

表 5-7 中第 1 ～ 4 种情况对应示踪 - 响应实验中所用高剪切混合器的几何结构。其他具有不同腔室结构的高剪切混合器 RTD 预测结果分别见图 5-36 与表 5-7，研究发现：

① 在采用相同的圆柱形腔室结构情况下，减小腔室轴向高度对于减小流动死区、改善 E 曲线拖尾情况有利，但由于进、出口距离变短，导致流体短路的缺陷愈

发明显，表现为 RTD 出现越来越明显的早峰（对应 Geo.5、Geo.7、Geo.8）；

② 定转子往远离出口方向偏心安装时，可改善 E 曲线拖尾并使停留时间分布变窄，但局部循环流动变得更明显，表现为有多弱峰出现，且实验中发现混合器功率消耗大幅增加（对应 Geo.6）；

③ 当采用蜗壳形式的腔室结构、较小的腔室轴向高度并进一步采用切向出口时，RTD 曲线上沟流和短路现象消失、停留时间分布变窄且停留时间很短，对快速竞争化学反应体系有利（对应 Geo.9、Geo.10）。

第二节　微观混合特性

混合是化工过程最基本的单元操作之一，根据尺度不同可以分为宏观混合、介观混合和微观混合。微观混合属于分子尺度上的混合，对快速化学反应体系中目标产物收率和产品质量有直接影响，如重氮偶合反应、硝化反应和光气反应等。化学方法被广泛用于微观混合特性测定，主要包括单一反应体系、平行竞争反应体系、连续竞争反应体系。其中，平行竞争反应体系（如碘化物-碘酸盐反应体系）与连续竞争反应体系（如重氮偶合反应体系）被广泛用于评价不同类型混合器的微观混合特性。

笔者[28, 29]采用碘化物-碘酸盐平行竞争反应体系，实验研究了叶片网孔型和定转子齿合型两种连续高剪切混合器（实物见图 5-1，主要结构参数分别见表 5-2 与表 5-1）的微观混合性能，揭示了操作条件与混合器结构对离集指数 X_s 的影响。考察了五种不同定转子齿合型连续高剪切混合器的微观混合性能，其几何结构细节见图 5-37，分别简记为 SS-BR-O-P，TS-TR-O-P，TS-TR-L-P，TS-TR-S-P 和 TS-TR-DR，其中：

（1）SS 和 TS 分别表示网孔型和齿槽型定子；

（2）BR 和 TR 分别表示叶片型和齿槽型转子；

（3）O、L 和 S 分别表示普通、带直叶片、带弯叶片的紧固螺母；

（4）P 表示采用普通套管形式进料；

（5）DR 表示采用液体分布器进料。

图 5-38 为配备液体分布器双圈超细齿高剪切混合器的结构示意图，液体分布器可以固定于定子基座上。采用液体分布器可分别有效地分配中心管和环管中的硫酸溶液 A 和碘化物-碘酸盐-硼酸-氢氧化钠溶液 B。液体分布器上外侧的液体出口孔与最内圈转子齿之间的间距只有 1mm。出口 C 和出口 D 的直径分别为 2mm 和 1mm；出口 C 和出口 D 的孔数目分别为 4 个和 12 个。硫酸溶液 A 可以从出口 C 流出，碘化物-碘酸盐-硼酸-氢氧化钠溶液 B 可以从出口 D 流出。

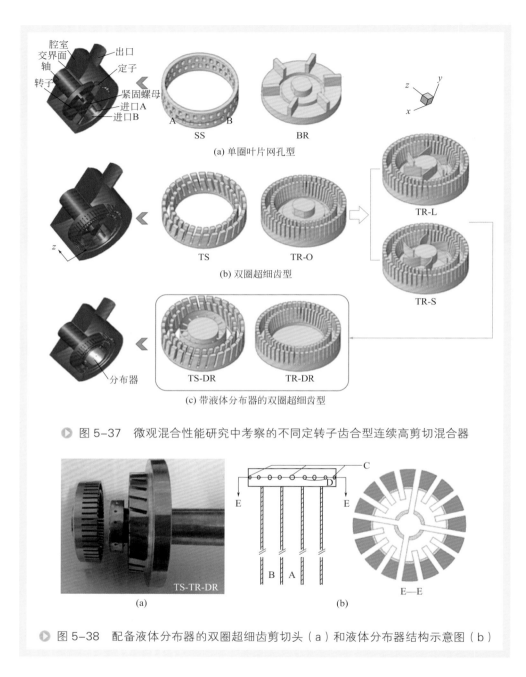

图 5-37　微观混合性能研究中考察的不同定转子齿合型连续高剪切混合器

图 5-38　配备液体分布器的双圈超细齿剪切头（a）和液体分布器结构示意图（b）

一、操作参数的影响

以采用普通紧固螺母、普通套管形式进料的连续高剪切混合器为例，对比分析转子转速与流量比对微观混合特性的影响，结果发现：

（1）当溶液 B 流量、溶液 B 和 A 流量比、H^+ 浓度一定时，定转子齿合型与叶片网孔型两种连续高剪切混合器（TS-TR-O-P 和 SS-BR-O-P）离集指数 X_s 均随转子转速增大而减小，当转子转速高于 2000r/min 时下降趋势变得缓慢，表明一定范围内增加转子转速对于改善混合器微观混合特性有利（见图 5-39）。

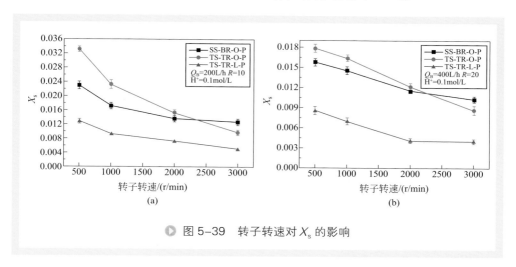

图 5-39 转子转速对 X_s 的影响

（2）当转子转速、溶液 A 流量、H^+ 浓度一定时，定转子齿合型与叶片网孔型两种连续高剪切混合器（TS-TR-O-P 和 SS-BR-O-P）离集指数 X_s 均随溶液 B 与 A 的流量比增大而减小，当流量比增大到一定程度后 X_s 下降趋势减缓，表明在较高流量比时可获得更好的微观混合性能（见图 5-40）。

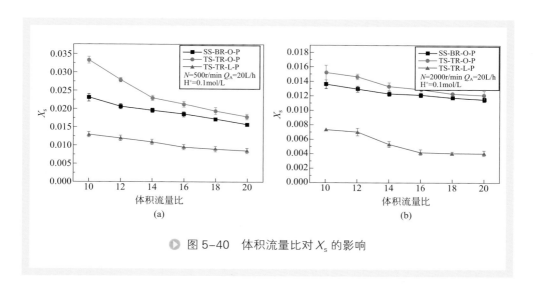

图 5-40 体积流量比对 X_s 的影响

二、结构参数的影响

对比分析了设计带叶片紧固螺母、采用进料分布器两种方式对高剪切混合器微观混合性能的影响规律，结果发现：

（1）在普通转子紧固螺母基础上，设计带有直叶片或后弯叶片的紧固螺母，可提高入口区域湍动强度、促进反应物分散、缩短入口区域物料停留时间，对改善混合器微观混合特性有利（见图5-41与图5-42）。例如，在溶液B流量400L/h、流量比20、H^+浓度0.1mol/L、转子转速2000r/min时，采用普通紧固螺母的高剪切混合器（TS-TR-O-P）X_s为0.012（图5-39），采用带直叶片紧固螺母的高剪切混合器（TS-TR-L-P）X_s可低至0.004，由于后弯叶片具有更强推动力，采用带后弯叶片紧固螺母的高剪切混合器（TS-TR-S-P）X_s可进一步低至0.002（图5-41）；再如，当溶液B流量200L/h、转子转速从500r/min增大到3000r/min时，TS-TR-S-P

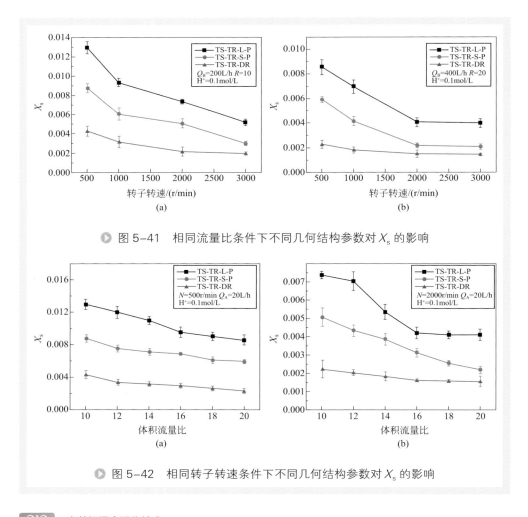

图5-41 相同流量比条件下不同几何结构参数对X_s的影响

图5-42 相同转子转速条件下不同几何结构参数对X_s的影响

的 X_s 从 0.009 减小到 0.003，而 TS-TR-L-P 的 X_s 值从 0.013 降低到 0.005（图 5-41）。

（2）创新设计出一种带进料分布器的连续高剪切混合器（TS-TR-DR），可使溶液 A 和 B 直接进入高湍流区域，避免在入口区域过早混合。由图 5-42 与图 5-43 可以看出，在任何操作条件下 TS-TR-DR 都具有最优微观混合性能。例如，在转子转速 500r/min、溶液 A 流量 20L/h、H^+ 浓度 0.1mol/L、流量比 20 时，TS-TR-L-P 的 X_s 为 0.008，TS-TR-S-P 的 X_s 为 0.006，而 TS-TR-DR 的 X_s 低至 0.002。

总体来说，采用带叶片紧固螺母设计虽然能够强化微观混合特性，但其存在两方面问题：一是混合器功耗会有所增加（如图 5-43 所示）；二是物料并非在最大湍动区域高效混合。采用带进料分布器结构设计，可在保持功耗基本保持不变的情况下获得微观混合特性的有效强化。

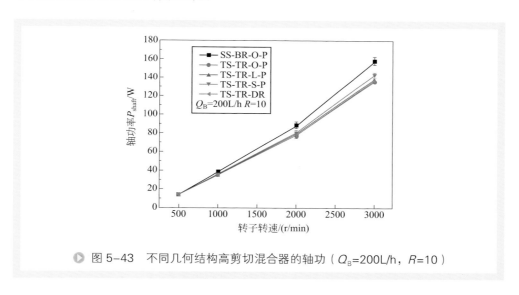

▶ 图 5-43　不同几何结构高剪切混合器的轴功（Q_B=200L/h，R=10）

三、物性参数的影响

同样以采用普通紧固螺母、普通套管形式进料的连续高剪切混合器为例，对比分析反应物浓度与黏度对微观混合特性的影响，结果发现：

（1）当溶液 B 流量、溶液 B 和 A 流量比保持不变时，随着 H^+ 浓度从 0.1mol/L 增加到 0.2mol/L，定转子齿合型与叶片网孔型两种连续高剪切混合器（TS-TR-O-P 和 SS-BR-O-P）离集指数 X_s 均急剧增加（见图 5-44）。这主要是由于在较高的 H^+ 浓度下，溶液中硼酸二氢根离子需要较长的时间来中和 H^+，从而导致由 H^+ 参与的生成 I_2 的副反应更多地发生。

（2）当溶液 B 流量、溶液 B 和 A 流量比、H^+ 浓度保持不变时，单圈叶片网孔型高剪切混合器（SS-BR-O-P）X_s 随流体黏度增加而增大（见图 5-45）。其主要原

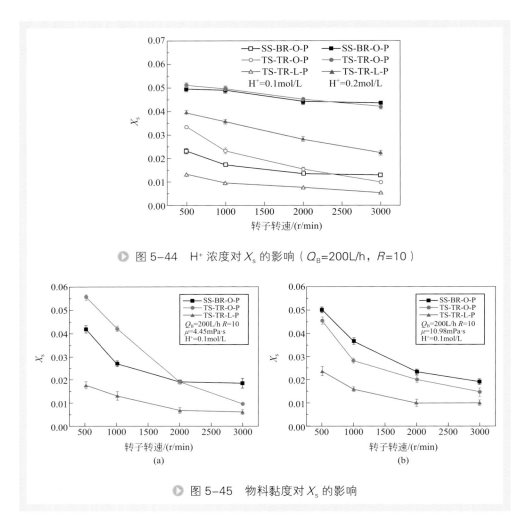

图 5-44　H^+ 浓度对 X_s 的影响（Q_B=200L/h，R=10）

图 5-45　物料黏度对 X_s 的影响

因是黏度增加降低了反应物组分之间的传质，抑制了反应物组分之间快速均匀地混合；但双圈定转子齿合型高剪切混合器（TS-TR-O-P）X_s 随流体黏度增加表现出不同的变化趋势，当转子转速低于 2000r/min 时，随着黏度增加其 X_s 反而降低。

四、关联式

微混合时间 t_m 可以体现不同反应器的微观混合特性，可以采用文献报道的多种方法进行预测。其中，团聚模型简单易懂，已被广泛应用于许多类型的混合设备。在实验测定混合器离集指数 X_s 基础上，利用碘化物 - 碘酸盐平行竞争反应体系的团聚模型，通过 Runge-Kutta 法迭代求解微分方程组，计算获得了不同几何结构高剪切混合器的微混合时间。

如图 5-46 所示，不同几何结构高剪切混合器的微混合时间有较明显差异，带进料分布器的连续高剪切混合器（TS-TR-DR）微混合时间可达 10^{-5}s。可根据离集指数 X_s 与水力平均停留时间 HRT，按式（5-25）估算该结构的高剪切混合器的微混合时间（$R^2=0.999$）。水力平均停留时间 HRT 可按反应器体积与总体积流量之比计算。

$$t_m / HRT = 0.003 X_s + 8.358 \times 10^{-7} \tag{5-25}$$

式中　t_m——微混合时间，s；

　　　HRT——水力平均停留时间，s；

　　　X_s——离集指数。

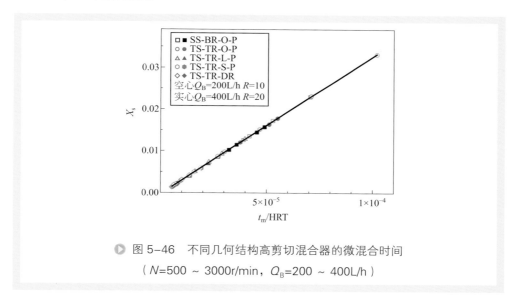

图 5-46　不同几何结构高剪切混合器的微混合时间

（$N=500 \sim 3000$r/min，$Q_B=200 \sim 400$L/h）

一、选型指导

对于牛顿型流体之间的快速混合，如果是用于混合过程热效应较小的体系，可以直接选用成熟的连续式高剪切混合器。每个生产厂家都有选型手册，可以直接选用；例如，可以选用上海弗鲁克科技发展有限公司的 FDX 系列混合器，其设备结构如图 5-47 所示，选型表如表 5-8 所示。

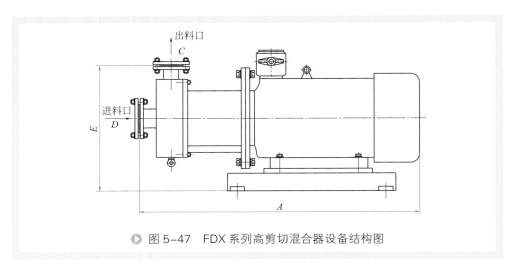

图 5-47　FDX 系列高剪切混合器设备结构图

表 5-8　FDX 系列高剪切混合器选型表

型号	功率 /kW	转子转速 /（r/min）	A/mm	E/mm	D/mm	C/mm	流量范围 /（m³/h）
FDX1/100	2.2	2900	575	330	40	32	0～3
FDX1/140	5.5	2900	743	406	50	40	0～5
FDX1/165	7.5	2900	743	406	50	40	0～8
FDX1/180	11	2900	900	460	65	50	0～12
FDX1/185	15	2900	900	460	65	50	0～18
FDX1/200	22	2900/1470	970	480	65	50	0～25
FDX1/210	30	2900/1470	1110	555	80	65	0～35
FDX1/230	45	2900/1470	1485	565	100/65	80/50	0～45
FDX1/245	55	1470	1800	600	100	80	0～75
FDX1/260	75	1470	1920	640	125	100	0～90
FDX1/280	90	1470	2050	650	125	100	0～110
FDX1/290	132	1470	2370	700	150	125	0～130
FDX1/300	160	1470	2495	710	175	150	0～140
FDX1/360	185	1470	2500	720	175	150	0～160
FDX1/380	200	1470	2510	730	175	150	0～180
FDX1/400	250	1470	2535	740	200	175	0～200

注：表中流量范围是指介质为"水"时测定的数据，表中所列型号的出口压力 ≤ 0.15MPa。

　　FDC3 三级管线式分散乳化机是用于连续生产或循环处理精细物料的高性能设备，工作腔内配置粗、中、细三组高精度的定转子，物料经过三组定转子的多层高速剪切、分散、乳化、均质后径向输出，物料处理更精细。适用于食品及医药行业使用。FDC3 系列混合器的选型如表 5-9 所示。

表 5-9 FDC3 系列高剪切混合器选型表

型号	功率 /kW	转子转速 / (r/min)	进口尺寸 /in	出口尺寸 /in	流量范围 / (m³/h)
FDC3/40	1.5	6000	1	3/4	0 ~ 0.8
FDC3/60	2.2	6000	1	3/4	0 ~ 1.5
FDC3/100	7.5	3000	2	1.5	0 ~ 8
FDC3/120	11	3000	2.5	2	0 ~ 10
FDC3/165	22	3000	3	2.5	0 ~ 18
FDC3/200	37	3000	4	3	0 ~ 25
FDC3/240	75	1500	6	5	0 ~ 60
FDC3/380	160	1500	8	6	0 ~ 100

对于牛顿型流体之间的快速混合，如果是用于混合过程热效应较大的体系，需要判断是否存在混合不均导致的局部沸腾的情况，如有此种可能，建议与设备公司技术部门联系由他们帮助选型。

对于非牛顿型流体的混合，建议由客户提供其流变学特性，与设备公司技术部门进行非标设备的设计。

二、工业应用举例

1. 表面活性剂稀释

日化行业中，洗涤剂配方中常需稀释脂肪醇聚氧乙烯醚硫酸钠（AES）。AES是无色、白色或浅黄色黏稠液体，AES（70% 浓度）黏度类似蜂蜜；流动性随着温度的降低变差，70% 浓度的 AES 在 7℃左右会凝固，在冬天处理此物料时会更加难处理。一般采用框式搅拌，慢速搅拌混合稀释，过程中需要缓慢升温。而采用在线式高剪切设备（FDC3），无需加热，能够在线稀释制备出 25%AES 浓度的溶液，处理时间缩短一半以上，处理量增大约两倍。

2. 发酵酸奶调配前均质处理

乳品行业中，发酵后的酸奶几乎无流动性，无法进行后续调配工艺。需要通过剪切均质处理，一方面降低其黏度，改善流动性；另一方面破碎内部的蛋白凝块，改善顺滑度和口感。酸奶均质前黏度2000 ~ 3000mPa·s，均质后黏度降低为500 ~ 800mPa·s。一般采用高压均质机，功耗高。采用在线式高剪切设备（FDC1）进行高剪切均质，降低物料黏度，在同样处理量下，功耗降低50% 以上。

3. 芳烃磺化反应

产品用途：合成糖精、反光涂料，合成乙肝艾滋医药中间体，合成农药甲基磺草酮。反应为两股物料的均相反应，反应是强放热反应，反应温度需要控制在20℃左右。若反应温度升高，则过度氧化，极易生成副产物，需要及时移除反应热。反应是1:1快速反应，需要原料的快速混合。旧工艺是在釜式搅拌器中进行的反应。原料通过滴加的方式进入搅拌釜。不方便换热，并且需要通过冷冻盐水换热。原搅拌釜存在的问题是局部过热，导致副产物的产生，间歇釜式反应产量较小。采用高剪切混合器和出口换热器结合，实现了连续生产，极大地减少了反应时间。

参考文献

[1] Zhang J, Xu S, Li W. High shear mixers: A review of typical applications and studies on power draw, flow pattern, energy dissipation and transfer properties[J]. Chemical Engineering and Processing: Process Intensification, 2012, 57-58: 25-41.

[2] 徐双庆. 管线型高剪切混合器流体力学与返混特性 [D]. 天津：天津大学, 2012.

[3] Sparks T. Fluid mixing in rotor-stator mixers [D]. Cranfield Bedfordshire: Cranfield University, 1996.

[4] Calabrese R V, Francis M K, Kevala K R, et al. Fluid dynamics and emulsification in high shear mixers [C]. Lyon: 3rd World Congress on Emulsions, 2002.

[5] Kevala K R. Sliding mesh simulation of a wide and narrow gap inline rotor-stator mixer [D]. College Park, MD: University of Maryland, 2001.

[6] Xu S, Cheng Q, Li W, et al. LDA measurements and CFD simulations of an in-line high shear mixer with ultrafine teeth [J]. AIChE Journal, 2014, 60: 1143-1155.

[7] Atiemo-Obeng V A, Calabrese R V. Handbook of industrial mixing: science and practice [M]. New Jersey: John Wiley & Sons, 2004: 479-505.

[8] Özcan-Taşkin N G, Kubicki D, Padron G. Power and flow characteristics of three rotor-stator heads [J]. The Canadian Journal of Chemical Engineering, 2011, 89: 1005-1017.

[9] User's Manual to Fluent 6.3[Z]. Fluent Inc., 2006.

[10] Lee K C, Yianneskis M. Turbulence properties of the impeller stream of a Rushton turbine [J]. AIChE Journal, 1998, 44: 13-24.

[11] Yeoh S, Papadakis G, Yianneskis M. Numerical simulation of turbulent flow characteristics in a stirred vessel using the LES and RANS approaches with the sliding/deforming mesh methodology [J]. Chemical Engineering Research and Design, 2004, 82: 834-848.

[12] Li Z, Bao Y, Gao Z. PIV experiments and large eddy simulations of single-loop flow fields in Rushton turbine stirred tanks [J]. Chemical Engineering Science, 2011, 66: 1219-1231.

[13] Cheng Q, Xu S, Shi J, et al. Pump capacity and power consumption of two commercial in-line

high shear mixers [J]. Industrial & Engineering Chemistry Research, 2013, 52: 525-537.

[14] Kowalski A J, Cooke M, Hall S. Expression for turbulent power draw of an in-line Silverson high shear mixer [J]. Chemical Engineering Science, 2011, 66: 241-249.

[15] Kowalski A. An expression for the power consumption of in-line rotor-stator devices [J]. Chemical Engineering and Processing: Process Intensification, 2009, 48: 581-585.

[16] Hall S, Cooke M, Pacek A W, et al. Scaling up of Silverson rotor-stator mixers[J]. The Canadian Journal of Chemical Engineering, 2011, 89: 1040-1050.

[17] Cooke M, Rodgers T L, Kowalski A J. Power consumption characteristics of an in-line Silverson high shear mixer [J]. AIChE Journal, 2012, 58: 1683-1692.

[18] Brown D A R, Jones P N, Middleton J C, et al. Handbook of industrial mixing: science and practice [M]. New Jersey: John Wiley & Sons, 2004: 145-250.

[19] Cooke M, Naughton J, Kowalski A J. A simple measurement method for determining the constants for the prediction of turbulent power in a Silverson MS 150/250 in-line rotor-stator mixer [C]. Ontario: 6th International Symposium on Mixing in Industrial Process Industries-ISMIP Ⅵ, 2008.

[20] Metzner A B, Otto R E. Agitation of non-Newtonian fluids [J]. AIChE Journal, 1957, 3: 3-10.

[21] Rieger F, Novák V. Power consumption of agitators in highly viscous non-Newtonian liquids [J]. Chemical Engineering Research and Design, 1973, 51: 105-111.

[22] Myers K J, Reeder M F, Ryan D. Power draw of a high-shear homogenizer [J]. The Canadian Journal of Chemical Engineering, 2001, 79: 94-99.

[23] 张晨. 管线型高剪切混合器结构优化的 CFD 模拟研究 [D]. 天津: 天津大学, 2016.

[24] Levenspiel O. Chemical reaction engineering[M]. New York: John Wiley & Sons, 1999.

[25] Martin A D. Interpretation of residence time distribution data [J] .Chemical Engineering Science, 2000, 55: 5907-5917.

[26] Xu S, Shi J, Cheng Q, et al. Residence time distributions of in-line high shear mixers with ultrafine teeth [J]. Chemical Engineering Science, 2013, 87: 111-121.

[27] 张晨, 秦宏云, 徐钦, 等. CFD 优化管线式高剪切混合器停留时间分布 [J] . 化工进展, 2016, 35: 3110-3117.

[28] 秦宏云. 管线型高剪切混合器的几何构型优化 [D]. 天津: 天津大学, 2018.

[29] Qin H, Zhang C, Xu Q, et al. Geometrical improvement of inline high shear mixers to intensify micromixing performance [J]. Chemical Engineering Journal, 2017, 319: 307-320.

第六章

气液两相连续高剪切混合器

如第二章所述，气液传质与反应过程广泛存在于石油、化工、医药、环保等工业领域。由于连续高剪切混合器内部存在高强度湍流和强烈剪切作用，且具有物料停留时间短、处理量大、可自动控制、定子转子剪切头适配方便等优点，可有效强化受传质过程限制的气液两相快速吸收、解吸、反应等过程，以提高相应过程的生产强度。因此，本章将介绍气液两相连续高剪切混合器的性能及其应用。

第一节 流动与功耗

处理气液两相物系时，混合器或反应器的流动特性研究一般包括基本流型、分散相局部浓度（相含率）、速度场与湍动场、气相与液相的停留时间分布特性等分析。其中基本流型、相含率分布等可采用高速摄影、断层扫描、电导探针、超声雷达探针等手段来分析。当气相作为分散相且含量较低时，可采用激光多普勒测速仪（Laser Doppler Anemometry，LDA）或粒子成像测速仪（Particle Image Velocimetry，PIV），通过选用适宜示踪粒子、背景去除与关联分析等技术，分析混合器或反应器内部连续相的速度场特征 [1-3]。

采用计算流体力学（Computational Fluid Dynamics，CFD）与群体平衡模型（Population Balance Model，PBM）相结合的方法（CFD-PBM），通过选取合适的湍流模型、气泡破碎和聚并模型等，可对混合器或反应器处理气液两相物系时的流场、气泡破碎和聚并行为等进行计算模拟，从而获取速度场、湍动场、剪切速率场等分布特征 [4-7]。由于连续高剪切混合器内部结构复杂而紧凑，且一般操作转速较高，因此在线实验测定其内部气液两相速度场、相含率等特征存在较大难度，目前文献中尚未见此方面研究报道。

处理气液两相物系时，连续高剪切混合器的功率消耗特性也可采用扭矩法进行实验测试，其实验过程与单相物系下相似。通过提取 CFD 模拟中连续高剪切混合器转动轴上的扭矩，可实现其功率消耗特征的较准确预测，这一点与单相物系下的相似。

需要指出的是，研究表明连续高剪切混合器返混现象较为明显[8]。因此在气液两相连串反应体系（中间产物为目标产物）中采用连续高剪切混合器时，建议设置进料分布器，将反应物料直接输送至湍动程度和剪切速率较高的定转子区域附近，以达到强化传质与反应速率、提高目标产物收率与选择性的目的[9-12]。

为此，笔者在中试规模 Fluko FDX1 型连续高剪切混合器实验装置上，采用双圈直齿定子和双圈超细直齿转子［其中，定子每圈 30 个齿，齿缝宽度为 2mm；转子每圈 52 个齿，齿缝间距为 1mm；如图 6-1（a）所示］，利用扭矩法实验研究了进料分布器结构型式对连续高剪切混合器在处理气液两相物系时功率消耗特性的影响[13]。

图 6-1 所示为不同构型气液分布器几何结构，其详细几何参数如表 6-1 所示。主要考察三种类型分布器结构：

（1）气液两相各自经分布器［图 6-1（b）］直接到达最内圈转子齿位置；根据分布器至转子最内圈齿的距离和开孔数目、大小进一步分为 4 种类型，其详细结构参数如表 6-1 中 DR1、DR2、DR3 和 DR4 所示；

（2）只有气体经分布器直接到达最内圈转子齿位置［该构型能有效提高转子齿内侧的作用区域，如图 6-1（c）所示］；

（3）气液两相先混合后经分布器直接到达最内圈转子齿位置［中心管通气体、套管通液体，套管中液体经过 6 个 1mm 的孔喷入中心管，后在中心管发生气液混合，气液混合状态经 12 个 1mm 的孔喷入转子齿附近，见图 6-1（d）］。

当采用气液进料分布器时，连续高剪切混合器的总功率消耗按式（6-1）计算。

$$P_{fluid} = P_{HSM} + P_{DR} \qquad (6-1)$$

式中　P_{fluid}——连续高剪切混合器的总功率消耗，W；

　　　P_{HSM}——高剪切混合器净功耗，W；

　　　P_{DR}——气液分布器消耗功率，W。

$$P_{HSM} = 2\pi NM - 2\pi NM_n \qquad (6-2)$$

式中　N——转速，r/s；

　　　M——工作状态下的扭矩，N·m；

　　　M_n——无转子、无流体通过时测定的摩擦扭矩，N·m。

$$P_{DR} = \Delta p_G Q_G + \Delta p_L Q_L \qquad (6-3)$$

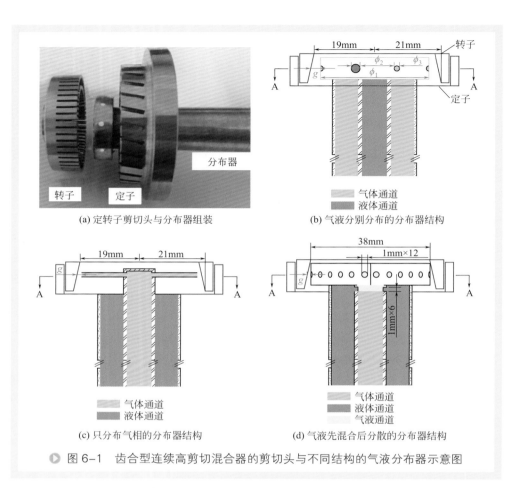

(a) 定转子剪切头与分布器组装   (b) 气液分别分布的分布器结构

(c) 只分布气相的分布器结构   (d) 气液先混合后分散的分布器结构

▶ 图 6-1   齿合型连续高剪切混合器的剪切头与不同结构的气液分布器示意图

表 6-1   不同气液分布器的详细几何参数

代号	示意图	外径 ϕ_1/mm	间距 g/mm	孔径 /mm		孔数	
				气相 ϕ_3	液相 ϕ_2	气相	液相
DR1	图 6-1（b）	25	7.5	2	2	3	3
DR2	图 6-1（b）	34	3	2	2	3	3
DR3	图 6-1（b）	38	1	2	2	3	3
DR4	图 6-1（b）	38	1	1	2	12	3
DR5	图 6-1（c）	38	1	2	—	3	—
DR6	图 6-1（d）	38	1	—	1	—	6

式中 P_{DR}——气液分布器消耗功率，W；

Δp_G——气体压力差，Pa；

Q_G——气体流量，m^3/s；

Δp_L——液体压力差，Pa；

Q_L——液体流量，m^3/s。

图 6-2 对比了无气液分布器、气液各自分布、气液先混合后分散时高剪切反应器的总功率消耗。可以看到，加入气液分布器将使连续高剪切混合器功耗增加。采用气液各自分布的分布器结构时，连续高剪切混合器总功率消耗不足 25W，且在 500 ～ 3000r/min 范围内几种几何结构对高剪切混合器功率消耗影响不明显。采用 DR6 型气液分布器（气液先混合后分散）时高剪切混合器的输入总功率最大，3000r/min 下总功率消耗约 42.5W。

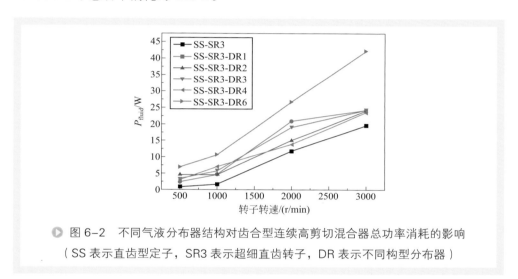

● 图 6-2　不同气液分布器结构对齿合型连续高剪切混合器总功率消耗的影响

（SS 表示直齿型定子，SR3 表示超细直齿转子，DR 表示不同构型分布器）

第二节　分散与混合性能

连续高剪切混合器等存在高强度湍流和转动部件的混合器或反应器，一般适用于气相为分散相、液相为连续相的气液两相体系。由于气液分散体系一般不能稳定存在，气泡尺寸分布及其平均直径无法采用取样离线测定方法，而多采用在线方法实验测定，例如高速摄影、光学探针（阵列）、电导探针（阵列），等等。实验测试中需要统计足够多的气泡数目，以得到有意义的分析结果。一般建议，对于气泡尺寸单峰分布或多峰分布中的任一个峰，至少各需要统计 500 个以上的气泡。

目前，针对连续高剪切混合器处理气液两相体系时的气泡破碎与聚并行为、分散系中气泡尺寸分布及气泡平均直径等，尚没有公开文献报道。一方面，这是因为连续高剪切混合器中腔体体积相对较小、存在转动部件且流体高度湍动，在线实验测定气泡尺寸存在困难；另一方面，连续高剪切混合器内气相在液相中的分散、气泡的破碎与聚并只是中间过程，其最终目的在于增大气液相接触面积、强化相间传质与化学反应过程，因此文献中通常基于气相或液相在快速化学反应过程的转化率来确定气液相界面积，而不直接测定分散系中的气泡尺寸分布及其平均直径。

第三节 气液传质特性

对于难溶性气体作为分散相、液体作为连续相的两相反应体系，同时存在着气泡的破碎和聚并过程、气液两相之间的传质与反应过程。当混合器或反应器内的气泡被破碎成较小尺寸时，可显著提高气液两相接触面积，从而强化气液传质与反应过程。

气液相界面积与体积传质系数是表征混合器或反应器气液相间传质性能的重要指标。文献报道了气液两相体系相间传质性能的多种实验测定方法，例如氮气脱除水中溶氧法、水吸收氨气法、亚硫酸钠氧化法、过氧化氢氧化法、氢氧化钾吸收二氧化碳法等 [1, 14, 15]。不同方法的适用性、具体实验过程、传质性能计算方法与注意事项请参见相关研究文献或工具书，此处不再做专门介绍。

亚硫酸钠氧化法是化学法测定气液传质性能中应用较多的一种方法，其利用 Co^{2+} 催化剂存在下的亚硫酸钠氧化过程，通过实验测定氧在亚硫酸钠溶液中的吸收速率来计算气液相界面积和传质系数。该方法已经被广泛应用于搅拌釜、撞击流反应器、鼓泡塔等混合器或反应器的气液传质特性研究 [16-22]。笔者 [13, 23, 24] 采用亚硫酸钠氧化法实验研究了中试规模 Fluko FDX1 连续高剪切混合器在配备齿合型和叶片网孔型定转子时的气液传质性能，分析了操作参数与混合器结构参数的影响，建立了总体积传质系数经验关联式，从而为连续高剪切混合器气液两相化学反应过程的设计与放大提供了有效指导。

一、连续高剪切混合器的气液传质性能

1. 操作参数的影响

采用双圈定转子齿合型和单圈叶片网孔型连续高剪切混合器（见图 5-1、表 5-1 和表 5-2 ），实验研究了转速、液相流量、气相流量等操作参数对气液传质性能的影响。

图 6-3 为不同转速条件下两种连续高剪切混合器内气液相界面积与气液传质系

数。实验条件为空气流量 0.2m³/h，亚硫酸钠溶液流量 0.1m³/h。可以看到，两种连续高剪切混合器内气液相界面积、总体积传质系数与液相传质系数均随转速增加而显著增大。例如，当转速从 500r/min 增加到 3000r/min 时，齿合型高剪切混合器的气液相界面积从 290m²/m³ 增大到 1300m²/m³，总体积传质系数从 0.08s⁻¹ 增大到 0.8s⁻¹，液相传质系数从 3×10⁻⁴m/s 增大到 5.9×10⁻⁴m/s。这是因为转速增加后，高剪切混合器内湍动程度增大，可以达到更好的气泡破碎效果，相间传质面积增大，气液相界面快速更新，传递边界层厚度变薄，减小了气液两相的传质阻力。

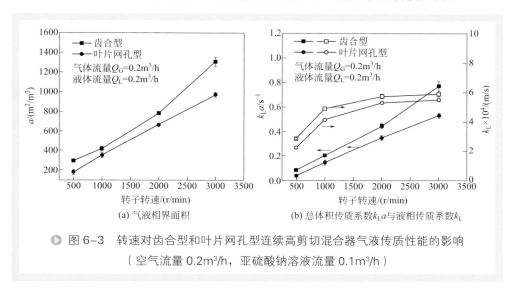

(a) 气液相界面积　　　　(b) 总体积传质系数$k_{L}a$与液相传质系数k_{L}

▶ 图 6-3　转速对齿合型和叶片网孔型连续高剪切混合器气液传质性能的影响
（空气流量 0.2m³/h，亚硫酸钠溶液流量 0.1m³/h）

对比两种构型连续高剪切混合器可以发现，由于双圈齿合型结构设计一定程度上克服了单圈结构可能存在的流体沟流或短路等缺点且具有比单圈叶片网孔型混合器更高的能量耗散率，所以在相同的操作条件下双圈齿合型高剪切混合器的气液传质性能要优于单圈叶片网孔型。例如，当转速为 3000r/min 时，齿合型高剪切混合器的气液相界面积为 1300m²/m³、总体积传质系数为 0.8s⁻¹、液相传质系数为 5.9×10⁻⁴m/s；而相同条件下叶片网孔型高剪切混合器的气液相界面积为 970m²/m³、总体积传质系数为 0.5s⁻¹、液相传质系数为 5.5×10⁻⁴m/s。

图 6-4 显示了液相亚硫酸钠溶液流量对两种连续高剪切混合器内气液相界面积与气液传质系数的影响。实验条件为空气流量 0.4m³/h，转速 2000r/min。从图 6-4 可以看出，两种连续高剪切混合器的气液相界面积、总体积传质系数与液相传质系数均随液相流量增加而大幅增大。例如，当液相流量从 0.1m³/h 增加到 1m³/h 时，叶片网孔型高剪切混合器内气液相界面积从 730m²/m³ 增加到 1200m²/m³，总体积传质系数从 0.4s⁻¹ 增加到 0.7s⁻¹，液相传质系数从 5.4×10⁻⁴m/s 增大到 6.1×10⁻⁴m/s。由于液相流量增加会导致连续高剪切混合器的气液两相流动速度增加、混合器内湍流程度与定子射流区的射流速度增大，因此能够减小气液相界面的液膜传质阻力，并

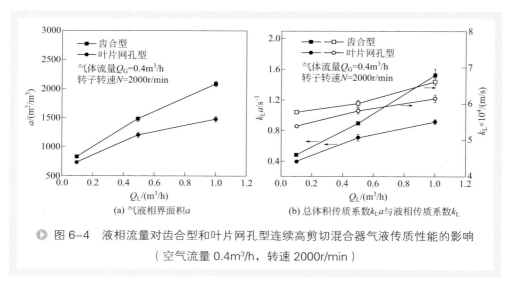

(a) 气液相界面积a　　　　　　　　(b) 总体积传质系数$k_L a$与液相传质系数k_L

▶ 图 6-4　液相流量对齿合型和叶片网孔型连续高剪切混合器气液传质性能的影响

（空气流量 0.4m³/h，转速 2000r/min）

产生更好的气泡破碎效果，增大气液相界面积，从而强化气液传质性能。

气相流量对两种连续高剪切混合器内气液相界面积与气液传质系数的影响如图 6-5 所示。实验条件为液相亚硫酸钠溶液流量 0.1m³/h，转速 2000r/min。研究结果表明，两种高剪切混合器内气液相界面积和总体积传质系数随气体流量的增加先略有增加然后减小。对于液相传质系数，在齿合型高剪切混合器内其随气体流量增加而缓慢增大，当气相流量增加到 0.4m³/h 时到达一个平台，之后几乎不随气相流量变化；而在叶片网孔型高剪切混合器内其随气体流量的变化并不明显，只有微小的波动。总体来说，气相流量对于两种高剪切混合器内气液传质性能的影响并不如液相流量的影响显著。

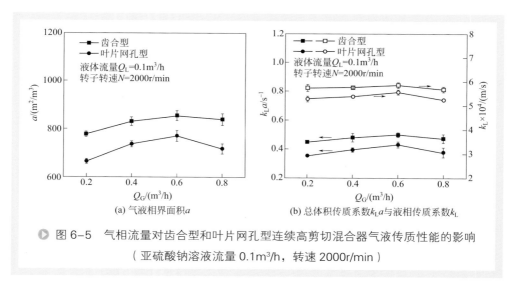

(a) 气液相界面积a　　　　　　　　(b) 总体积传质系数$k_L a$与液相传质系数k_L

▶ 图 6-5　气相流量对齿合型和叶片网孔型连续高剪切混合器气液传质性能的影响

（亚硫酸钠溶液流量 0.1m³/h，转速 2000r/min）

气相流量增加会导致连续高剪切混合器内的流体扰动程度增加，从而在一定程度上引起湍动水平的提升。但相比液相流量增加导致的射流速度大幅增大以及湍流强度显著变化而言，由于气相密度较低，其流量增加引入混合器或反应器内的能量增加远小于同样体积流量下的液体，引起的湍动程度增加幅度并不明显。另外，气相流量增大后气泡上升速度显著增加，导致其通过连续高剪切混合器时容易出现明显的短路、沟流等现象，有很大一部分气泡未经充分破碎就被排出混合器；同时，气相流量增大后，容易生成较大的气栓，导致气液相接触面积明显下降；二者共同作用，进而使气液相界面积和传质系数的降低。

2. 混合器结构参数的影响

在 Fluko FDX1 连续高剪切混合器实验装置基础上，研究了腔室结构、定子 - 转子结构、转子齿间距、转子紧固螺母结构、气液分布器结构、定转子级数、气体出口位置等几何结构参数对混合器气液传质性能的影响。

（1）混合器腔室几何结构的影响 剪切头是高剪切混合器的重要部件，其依靠局部强烈的湍流、剪切、射流等综合作用强化混合、分散、相间传递与化学反应过程。在连续高剪切混合器内部远离剪切头的转动轴、腔体壳附近存在明显的滞流区，这些区域的湍流、剪切、射流等作用较弱，对气液传质过程没有明显强化作用。为此，在商品化连续高剪切混合器基础上，通过对这些滞流区进行局部填充，研究了图 6-6 所示不同混合器腔室几何结构对气液传质性能的影响。其中：（a）为

(a) 原有腔室结构　　　　　(b) 填充转动轴附近滞流区

(c) 填充转动轴和腔体壳附近滞流区

● 图 6-6　具有不同腔室几何结构的 Fluko FDX1 连续高剪切混合器

商品化连续高剪切混合器原有腔室结构；（b）是对远离剪切头的转动轴附近滞流区进行了局部填充；（c）是进一步对远离剪切头的转动轴、腔体壳附近滞流区都进行了局部填充。实验采用双圈直齿型定子（SS），内圈定子外径为 53.5mm、外圈定子外径为 66mm，每圈 30 个齿，齿缝宽度为 2mm；采用双圈超细直齿型转子（SR3），内圈转子外径为 47mm、外圈转子外径为 59.5mm，每圈 52 个齿，齿缝间距为 1mm。

图 6-7 显示了腔室几何结构对混合器内气液总体积传质系数的影响。可以看到，减小腔室内滞流区体积对于强化混合器内气液传质过程具有积极作用。例如，当转速为 3000r/min、空气流量为 0.2m³/h、亚硫酸钠溶液流量为 0.1m³/h 时，具有腔室 a、b、c 的混合器内气液总体积传质系数分别为 0.82s⁻¹、1.34s⁻¹、2.14s⁻¹，腔室 c 相对于腔室 a，气液总体积传质系数提高了 1.6 倍。

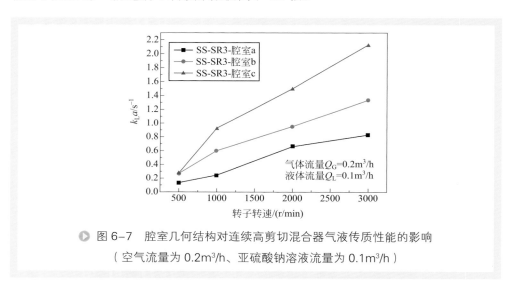

▶ 图 6-7　腔室几何结构对连续高剪切混合器气液传质性能的影响

（空气流量为 0.2m³/h、亚硫酸钠溶液流量为 0.1m³/h）

（2）定子 - 转子几何结构的影响　图 6-8 所示为实验研究中采用的不同定转子几何结构。转子为双圈超细齿结构，内圈转子外径为 47mm、外圈转子外径为 59.5mm，每圈 52 个齿，齿缝宽度为 1mm，考察向前（与转子转动方向相同为向前、反之为向后）倾斜的斜齿（FR）、直齿（SR3）和向后倾斜的斜齿（BR）三种结构。转子齿前倾和后倾角度均为 15°。定子为双圈齿型结构，内圈定子外径为 53.5mm、外圈定子外径为 66mm，每圈 30 个齿，齿缝宽度 2mm，考察直齿（SS）、向后倾斜的斜齿（BS）两种结构。定子齿前倾和后倾角度均为 15°。因此一共有六种不同的定子 - 转子组合型式，分别为 BS-SR3、BS-BR、BS-FR、SS-SR3、SS-BR 和 SS-FR。

转子通过紧固螺母固定在转子基座上，紧固螺母分为普通（O）、加厚（N）和带叶轮（L）三种构型，加厚紧固螺母的厚度均匀、厚度与普通紧固螺母最厚处相

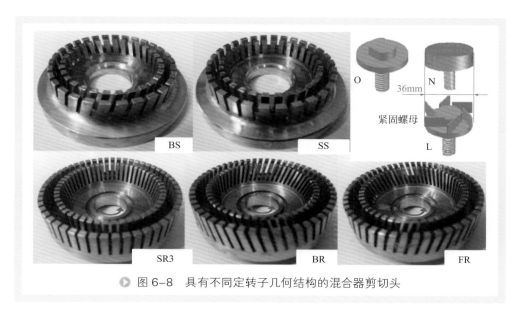

● 图 6-8　具有不同定转子几何结构的混合器剪切头

同，加厚紧固螺母与叶轮螺母外径相同都为 36mm。转子齿尖到定子基座和定子齿尖到转子基座的安装间距都为 1mm；定转子齿之间的剪切间隙为 0.5mm。实验在具有腔室 c 结构的高剪切混合器内进行。

图 6-9 显示了具有不同定转子结构的高剪切混合器的气液传质性能。可以看出，BS-FR（向后倾斜斜齿的定子 - 向前倾斜斜齿的转子）和 SS-SR3（直齿定子 - 直齿转子）两种组合具有相对较高的总体积传质系数，SS-BR（直齿定子 - 向后倾斜斜齿转子）和 BS-SR3（向后倾斜斜齿定子 - 直齿转子）具有相对较低的总体积传质系数，SS-FR（直齿定子 - 向前倾斜斜齿转子）和 BS-BR（向后倾斜斜齿定子 - 向

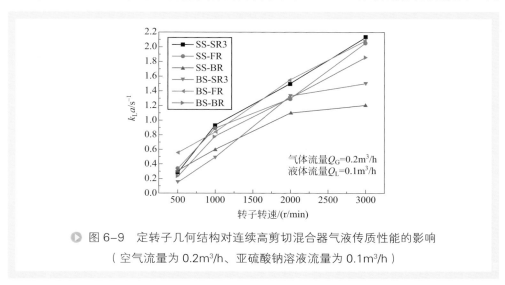

● 图 6-9　定转子几何结构对连续高剪切混合器气液传质性能的影响
（空气流量为 0.2m³/h、亚硫酸钠溶液流量为 0.1m³/h）

后倾斜斜齿转子）介于两者之间。其主要原因在于：①在定子与转子相对运动过程中，BS-FR 和 SS-SR3 定转子齿相互平行，具有相对较大的流通截面积，更多的流体能够通过剪切头附近的高度湍动、高速剪切区域，"短路"流体通量相对较小，因此其具有相对较大的总体积传质系数；② SS-BR 和 BS-SR3 两种几何结构中定转子的流通截面积低于 BS-FR 和 SS-SR3，拥有相对较低的湍动强度，而且比较容易发生流体"短路"流动，因此其传质性能相对较差；③流体流经 SS-FR 与 BS-BR 型定转子齿过程中具有相对较大的射流速度，能够有效强化传质，但其强化作用不如剪切头内部高度湍动、高速剪切的效果明显。

（3）转子齿缝宽度的影响　图 6-10 为实验采用的具有不同齿缝宽度的转子，都为双圈直齿结构，内圈转子外径为 47mm、外圈转子外径为 59.5mm。其中，粗齿型转子每圈 18 个齿、齿缝宽度为 3mm，用 "SR1" 表示；中齿型转子每圈 30 个齿、齿缝宽度为 2mm，用 "SR2" 表示；细齿型转子每圈 52 个齿、齿缝宽度为 1mm，用 "SR3" 表示。转子齿尖到定子基座和定子齿尖到转子基座的安装间距都为 1mm；定转子齿之间的剪切间隙为 0.5mm。连续高剪切混合器采用图 6-6（c）所示腔室结构，图 6-8 所示双圈直齿型定子。

图 6-10　具有不同齿缝宽度的高剪切混合器转子

转子齿缝宽度对连续高剪切混合器内气液传质性能的影响见图 6-11。结果表明，在低转速 500r/min 下配备 SR2 型转子的混合器具有相对较高的气液传质性能，其次是 SR3 型转子，最后是 SR1 型转子；转速 1000r/min 以上时配备 SR3 型转子的混合器具有相对较大的总体积传质系数；转速 3000r/min 时配备 SR2 与 SR1 型转子的混合器具有相近的总体积传质系数。

转子齿缝宽度能影响连续高剪切混合器内剪切头附近区域的湍动强度大小及其分布、剪切速率大小及其分布和流通截面积，进而影响气液传质性能。同时，最内圈转子齿同时发挥非常重要的预分散作用。SR2 型转子在转速 500r/min 下具有相对较高的气液传质性能，这是因为在低转速下最内圈转子齿的预分散作用不明显，在保持相对较大的剪切速率和湍动强度的情况下，尽量增大流通截面积可以提高气

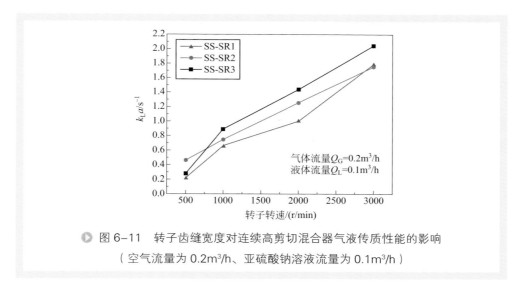

図 6-11 转子齿缝宽度对连续高剪切混合器气液传质性能的影响
（空气流量为 0.2m³/h、亚硫酸钠溶液流量为 0.1m³/h）

液传质性能。而在转速 1000r/min 以上时最内圈转子齿的预分散作用较为明显，因此配备 SR3 型转子的混合器内总体积传质系数最大。

（4）转子紧固螺母结构的影响　实验研究了图 6-8 所示普通（O）、加厚（N）和带叶轮（L）三种构型转子紧固螺母对连续高剪切混合器内气液传质性能的影响。如图 6-12 所示，在较低转速下 N 和 L 型紧固螺母能够强化高剪切混合器最内圈转子的预分散作用，因此其总体积传质系数相比 O 型螺母较大；随着转速升高，在 1000r/min 以上配备 N 和 L 两种紧固螺母的混合器内气液传质性能反而不如 O 型螺母，这主要是由于 N 和 L 两种紧固螺母大量占据了转子内侧区域，降低了该区域的能量耗散率水平，不利于气液传质过程；在转速 1000 ～ 2000r/min 范围内 N 型

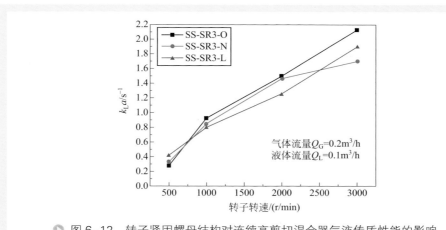

图 6-12 转子紧固螺母结构对连续高剪切混合器气液传质性能的影响
（空气流量为 0.2m³/h、亚硫酸钠溶液流量为 0.1m³/h）

紧固螺母使大量流体经最内圈转子齿预分散，而 L 型螺母的预分散效果较差且容易导致气液分离，因此配备 N 型紧固螺母的高剪切混合器内气液总体积传质系数大于 L 型；在转速 3000r/min 下 L 型紧固螺母也有相对较高的线速度，能够有效进行预分散，因此其总体积传质系数大于 N 型。

（5）气液分布器结构的影响　实验研究了如图 6-1 所示六种不同气液分布器结构对连续高剪切混合器内气液传质性能的影响。从图 6-13 可以看出，气液分布器的加入在低转速下对混合器气液传质性能影响较大，而在高转速下影响较小。更具体的结果为：

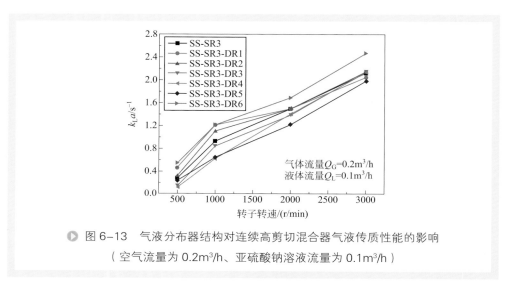

● 图 6-13　气液分布器结构对连续高剪切混合器气液传质性能的影响

（空气流量为 0.2m³/h、亚硫酸钠溶液流量为 0.1m³/h）

DR1、DR2 和 DR3 三种分布器的孔径和开孔数目一致，唯一区别是分布器的外径与最内圈转子齿间距不同，分别为 7.5mm、3.5mm 和 1mm。可以看到，配备 DR3 型分布器的高剪切混合器气液传质性能反而低于无分布器；DR1 和 DR2 型分布器的加入使高剪切混合器的气液传质性能优于无分布器；随着分布器与最内圈转子齿间距减小，低转速下混合器内总体积传质系数呈现降低趋势。这是因为加入分布器的同时减少了最内圈转子的作用区域，因此在气液分布方式不变的情况下，适当减小分布器外径、增加转子作用区域能够有效提高气液传质性能。

DR3 和 DR4 两种分布器外径与最内圈转子齿间距相同，液体分布孔径相同，区别在于气体分布孔径和数量不同。可以看到，加入 DR3 和 DR4 两种分布器后高剪切混合器的气液传质性能都低于无分布器；DR4 型分布器的气液传质性能低于 DR3 分布器。这是由于气体和液体密度相差较大，对于气体分布器而言开孔数量增多将导致气体分布更加不均匀。

DR5 型分布器的气体分布形式与 DR3 一致，区别在于液体没有进行分布。可以看到，DR5 型分布器的气液传质性能较差。这是由于气体直接分布到转子齿附近而液体无分布，虽然能够有效增加转子齿内侧的作用区域，但是由于该区域无气体，无法进行有效气液传质。

DR6型分布器为先混合后分散，流体能够以气液混合状态经12个1mm的孔直接射流至最内圈转子齿附近。一方面，预分布结构存在射流，能够有效增加高剪切混合反应器内部湍动强度；另一方面，在狭窄空间内气体与液体进行混合，气液混合流体经狭窄通道射流至转子齿位置。该过程气液不容易发生分离，气液分布更加均匀。该创新结构起到的两个积极作用，能够有效提高气液传质性能。

综上所述，双圈超细齿高剪切混合器配置DR6型气液分布器能够有效提高气液传质性能。

图6-14显示了空气流量对配置DR6型气液分布器的连续高剪切混合器的气液传质性能影响。实验条件为转速2000r/min、液相亚硫酸钠溶液流量0.1m³/h。从图中可以看出，随着气相流量增加，气液总体积传质系数和相界面积都呈现出快速上升的趋势。例如，当空气流量为0.2m³/h时总体积传质系数和相界面积分别为1.56s⁻¹和1800m²/m³；而空气流量为0.8m³/h时总体积传质系数和相界面积分别为3.81s⁻¹和2834m²/m³。这是由于气相流量增加会对分布器内部的流体流动产生扰动，改善DR6型分布器内的气液混合状态，增加分布器出口气液射流速度，增加高剪切混合器内流体湍动水平进而强化传质过程。

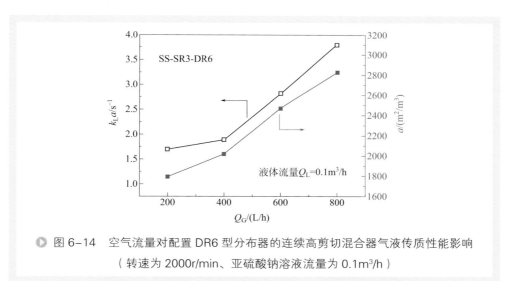

▶ 图6-14　空气流量对配置DR6型分布器的连续高剪切混合器气液传质性能影响
（转速为2000r/min、亚硫酸钠溶液流量为0.1m³/h）

图6-15为液相流量对配置DR6型气液分布器的连续高剪切混合器的气液传质性能影响。实验条件为转速2000r/min、空气流量0.2m³/h。结果表明，随着液相流量增加，气液总体积传质系数和相界面积也都呈现出快速增加的趋势。例如，液相流量由0.05m³/h增加到0.2m³/h时，总体积传质系数由1.0s⁻¹增加到3.8s⁻¹，气液相界面积由500m²/m³增加到6500m²/m³。这是由于液相流量的增加会导致DR6型分布器

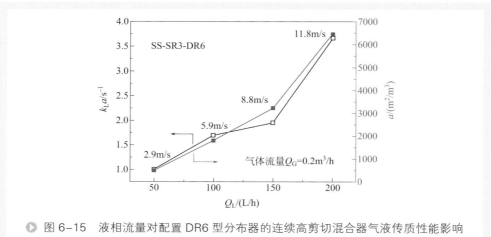

图 6-15　液相流量对配置 DR6 型分布器的连续高剪切混合器气液传质性能影响
（转速为 2000r/min、空气流量为 0.2m³/h）

与定转子位置湍动强度增加，导致气液界面的液膜传质阻力减小，有效强化了传质。
与气相流量对传质性能的影响相比，液相流量对气液相界面积的影响更加显著。

（6）定转子级数的影响　进一步研究了连续高剪切混合器中定转子级数对气
液传质性能的影响。如图 6-16 所示为粗齿、中齿和细齿三组具有不同齿数目的双
圈定转子剪切头，各组剪切头的定子直径、转子直径均相等。其中粗齿剪切头用
S1R1 表示，中齿剪切头用 S2R2 表示，细齿剪切头用 S3R3 表示。详细的定、转子
结构参数如表 6-2 和表 6-3 所示。

图 6-17 显示了三级连续高剪切混合器搭配不同剪切头时的气液传质性能。研
究结果表明：配备粗齿 - 中齿 - 细齿三级剪切头的连续高剪切混合器（S1R1-S2R2-
S3R3）的气液传质性能低于配备粗齿 - 细齿 - 细齿三级剪切头的混合器（S1R1-

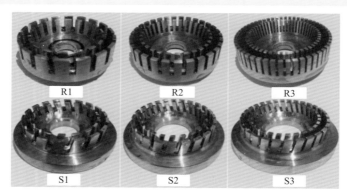
图 6-16　具有粗齿、中齿和细齿的三种双圈定转子剪切头

表6-2　不同齿缝间距的转子的详细几何参数

结构	直径/mm		R1		R2		R3	
			齿数	齿缝宽度/mm	齿数	齿缝宽度/mm	齿数	齿缝宽度/mm
外圈转子	外径	内径	18	3	30	2	52	1
	59.5	54.5						
内圈转子	外径	内径	18	3	30	2	52	1
	47	42						

注：所有构型的转子的开孔率相近约为23.6%；转子齿尖和定子基座间距为1mm；定转子剪切间隙为0.5mm。

表6-3　不同齿缝间距的定子的详细几何参数

结构	直径/mm		S1		S2		S3	
			齿数	齿缝宽度/mm	齿数	齿缝宽度/mm	齿数	齿缝宽度/mm
外圈定子	外径	内径	18	4	24	3	30	2
	66	60.5						
内圈定子	外径	内径	18	4	24	3	30	2
	53.5	48						

注：所有构型的定子的开孔率相近约为23.6%；定子齿尖和转子基座间距为1mm；定转子剪切间隙为0.5mm。

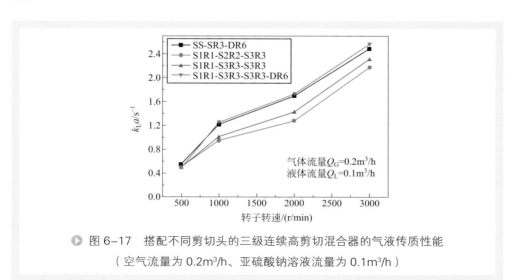

图6-17　搭配不同剪切头的三级连续高剪切混合器的气液传质性能

（空气流量为0.2m³/h、亚硫酸钠溶液流量为0.1m³/h）

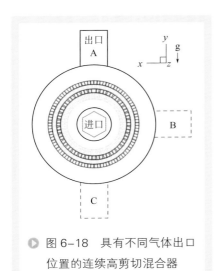

▶ 图 6-18　具有不同气体出口位置的连续高剪切混合器

S3R3-S3R3）；单级剪切头加分布器构型的混合器（SS-SR3-DR6）气液传质性能优于配备三级剪切头但无分布器的混合器；配备三级剪切头且有分布器的高剪切混合器（S1R1-S3R3-S3R3-DR6）气液传质性能要优于单级剪切头加分布器构型。基于以上分析可以发现，增加剪切头级数和增设气液分布器都能够提高连续高剪切混合器的气液传质性能，但与增加剪切头级数相比，增设分布器对提升气液传质性能的作用更加明显。

（7）气体出口位置的影响　实验研究了图6-18所示的竖直上出口（A）、水平出口（B）和竖直下出口（C）三种不同气体出口位置对连续高剪切混合器内气液传质性能的影响。

从图 6-19 可以看到，采用竖直上出口时高剪切混合器的气液传质性能最好，其次是水平出口，再次是竖直下出口。例如，当转速 3000r/min、空气流量 0.2m³/h、亚硫酸钠溶液流量 0.1m³/h 时，采用竖直上出口、水平出口、竖直下出口的混合器内气液总体积传质系数分别达 2.48s⁻¹、2.00s⁻¹、1.83s⁻¹。这是由于在采用竖直下出口的高剪切混合器内部发生气液分离，气体位于混合器上部，而液体位于混合器下部并直接从下端出口排出，腔室内持液量减少，导致气液混合更加不均匀，使总体积传质系数降低；采用竖直上出口能够增加混合器腔室内的持液量，并且气体从上出口流出能够有效增强气液接触，因此其具有相对较高的气液传质性能；采用水平

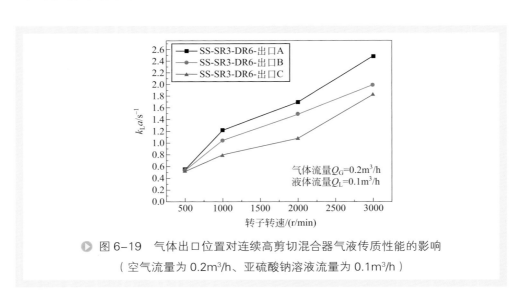

▶ 图 6-19　气体出口位置对连续高剪切混合器气液传质性能的影响
（空气流量为 0.2m³/h、亚硫酸钠溶液流量为 0.1m³/h）

出口时混合器内的持液量与气液接触程度介于上述两者之间。

3. 物性参数的影响

表面张力对于气液传质性能有重要影响，通过添加不同浓度表面活性剂可以调节液相的表面张力。在空气流量 0.2m³/h、亚硫酸钠溶液流量 0.1m³/h、转速 2000r/min 条件下，实验研究了表面活性剂浓度对两种构型连续高剪切混合器中气液传质性能的影响。实验所用表面活性剂为 Tween80，微溶于水，临界胶束浓度（CMC）为 13mg/L。亚硫酸钠溶液的表面张力随表面活性剂浓度的增加而减小。如图 6-20 所示，两种连续高剪切混合器内气液相界面积随表面活性剂浓度的增加而增加，当表面活性剂浓度高于 30mg/L 时，气液相界面积达到一个平台，几乎不再发生明显变化。这主要是由于液相表面张力与表面能直接相关，更低的表面张力会抑制气泡间聚并，能够生成更小的气泡，因此气液相界面积会增大。而当表面活性剂浓度远高于 CMC 时，溶液中已经形成了大量胶团，溶液表面张力降至最低值，此时再提高表面活性剂浓度，溶液的表面张力不再降低，因此不再对气泡的破碎起更大的提升作用。

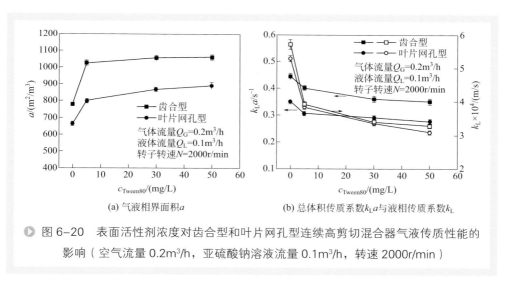

(a) 气液相界面积 a (b) 总体积传质系数 k_La 与液相传质系数 k_L

▶ 图 6-20　表面活性剂浓度对齿合型和叶片网孔型连续高剪切混合器气液传质性能的影响（空气流量 0.2m³/h，亚硫酸钠溶液流量 0.1m³/h，转速 2000r/min）

两种连续高剪切混合器内总体积传质系数与液相传质系数均随表面活性剂浓度的增加而减小，当表面活性剂浓度超过 30mg/L 时传质系数下降趋势变缓并趋于稳定。例如，表面活性剂浓度为 50mg/L 时，齿合型高剪切混合器内总体积传质系数为 0.35s⁻¹、液相传质系数为 $3.2×10^{-4}$m/s；叶片网孔型高剪切混合器内总体积传质系数为 0.28s⁻¹、液相传质系数为 $3.1×10^{-4}$m/s。表面活性剂对于气液传质的抑制作用主要体现在以下两个方面：一是表面活性剂加入溶液后，其分子会积聚在气泡表面附近，这会增加界面处的液膜厚度，进而增加气体传质的阻力，降低传质系数；

二是表面活性剂分子在气液界面处会对液膜内的湍流产生抑制作用，湍流强度会有所下降，气液混合程度会降低，不利于相间传质的进行。当表面活性剂浓度达到CMC时，积聚在气液界面处的表面活性剂分子的数量会达到最大，此后其浓度继续增大，气液界面处的表面活性剂分子数量会达到一个动态平衡，所以其对气液传质的影响也将逐步达到稳定状态。

图 6-21 为表面活性剂浓度对配置 DR6 型气液分布器的连续高剪切混合器的气液传质性能的影响。实验条件为空气流量 0.2m³/h、亚硫酸钠溶液流量为 0.1m³/h。结果表明，随着表面活性剂浓度增加，液相表面张力降低，有效抑制了气泡聚并，导致总体积传质系数和气液相界面积增大。需要指出的是，当表面活性剂浓度超过30mg/L 时（CMC 为 13mg/L），配置 DR6 型气液分布器的连续高剪切混合器内气液总体积传质系数和相界面积仍有明显上升趋势，这与图 6-20 中无分布器情况下有较明显差别。无分布器时，当表面活性剂浓度超过 30mg/L，高剪切混合器内传质系数下降趋势变缓并趋于稳定。

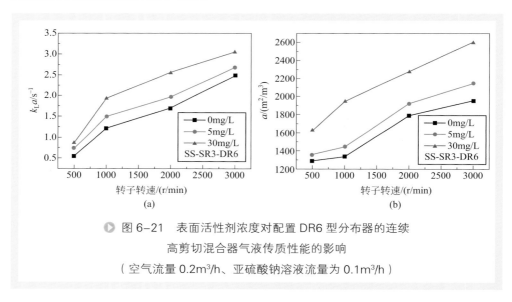

▶ 图 6-21　表面活性剂浓度对配置 DR6 型分布器的连续
高剪切混合器气液传质性能的影响
（空气流量 0.2m³/h、亚硫酸钠溶液流量为 0.1m³/h）

二、连续高剪切混合器气液传质性能的预测

笔者[13, 23, 24]基于亚硫酸钠氧化法测得的连续高剪切混合器在不同操作条件下气液传质性能实验数据，考虑转速、液相流量、液相密度与表面张力、气相扩散系数等参数，建立了气液相界面积以及无量纲舍伍德特征数的关联式，从而为连续高剪切混合器气液传质过程设计与放大提供了有效指导。

1. 未配置气液分布器

未配置气液分布器时，齿合型、叶片网孔型连续高剪切混合器内气液相界面积的关联式分别见式（6-4）与式（6-5），相关系数分别为 $R^2=0.96$ 和 0.94。

齿合型 $$aD = 6.07We^{0.50}Fl_L^{0.41}Fr^{0.12} \qquad (6-4)$$

叶片网孔型 $$aD = 3.84We^{0.46}Fl_L^{0.33}Fr^{0.20} \qquad (6-5)$$

式中　a——气液相界面积，m^2/m^3；

　　　D——高剪切混合器外圈转子的外径，m；

　　　We——韦伯特征数，$We = \rho_L N^2 D^3/\sigma$；

　　　Fl_L——液相的流量特征数，$Fl_L = Q_L/(ND^3)$；

　　　Fr——弗鲁德特征数，$Fr = N^2D/g$；

　　　ρ_L——液相流体密度，kg/m^3；

　　　N——转子转速，r/s；

　　　Q_L——液相流量，m^3/s；

　　　σ——表面张力，N/m。

未配置气液分布器情况下，齿合型、叶片网孔型两种连续高剪切混合器内舍伍德特征数的关联式分别见式（6-6）与式（6-7），相关系数均为 $R^2=0.91$。

齿合型 $$Sh_L = 1.83\times10^7 We^{-1.07}Fl_L^{0.069}Fr^{1.30} \qquad (6-6)$$

叶片网孔型 $$Sh_L = 8.83\times10^6 We^{-0.98}Fl_L^{0.078}Fr^{1.30} \qquad (6-7)$$

式中　Sh_L——舍伍德特征数，$Sh_L = k_L D/D_{O_2}$；

　　　D——高剪切混合器外圈转子的外径，m；

　　　k_L——液相传质系数，m/s；

　　　D_{O_2}——氧气扩散系数，m^2/s。

式（6-4）～式（6-7）的适用范围为：

$500r/min \leqslant N \leqslant 3000r/min$，$0.1m^3/h \leqslant Q_L \leqslant 1.0m^3/h$，$0.2m^3/h \leqslant Q_G \leqslant 0.8m^3/h$，$35.3mN/m \leqslant \sigma \leqslant 61.3mN/m$。

对应的无量纲特征数的适用范围为：

$260 \leqslant We \leqslant 9300$，$0.0039 \leqslant Fl_L \leqslant 0.039$，$0.40 \leqslant Fr \leqslant 15$。

2. 配置气液分布器

当采用双圈直齿定子与双圈超细直齿转子组成的剪切头并配备 DR6 型气液分布器时，考虑转速、液相流量、液相密度与表面张力、气相扩散系数、气相流量等影响因素，连续高剪切混合器的气液相界面积与舍伍德特征数关联式分别见式（6-8）和式（6-9），相关系数分别为 $R^2=0.915$ 和 0.986。按式（6-8）和式（6-9）计算的舍伍德特征数及气液相界面积与实验值的对比见图 6-22。

$$Sh_L = 62.8We^{0.72}Fl_L^{1.01}Fl_G^{0.54}Fr^{0.37} \qquad (6-8)$$

$$aD = 2.63\times10^{-4}We^{0.59}Fl_L^{1.96}Fl_G^{0.39}Fr^{0.71} \qquad (6-9)$$

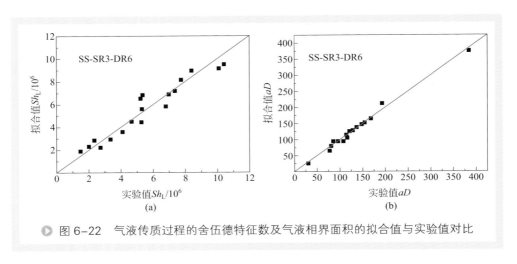

● 图6-22　气液传质过程的舍伍德特征数及气液相界面积的拟合值与实验值对比

式中　Sh_L——舍伍德特征数，$Sh_L = k_L a D^2 / D_{O_2}$；

　　　D——高剪切混合器外圈转子的外径，m；

　　　k_L——液相传质系数，m/s；

　　　a——气液相界面积，m^2/m^3；

　　　We——韦伯特征数，$We = \rho_L N^2 D^3 / \sigma$；

　　　Fl_L——液相的流量特征数，$Fl_L = Q_L / (ND^3)$；

　　　Fr——弗鲁德特征数，$Fr = N^2 D/g$；

　　　Fl_G——气相流量特征数，$FL_G = Q_G / (ND^3)$；

　　　ρ_L——液相流体密度，kg/m^3；

　　　N——转子转速，r/s；

　　　Q_L——液相流量，m^3/s；

　　　Q_G——气相流量，m^3/s；

　　　σ——表面张力，N/m；

　　　g——重力加速度，m/s^2；

　　　D_{O_2}——氧气扩散系数，m^2/s。

式（6-8）和式（6-9）的适用范围为：

$500r/min \leqslant N \leqslant 3000r/min$，$50L/h \leqslant Q_L \leqslant 200L/h$，$200L/h \leqslant Q_G \leqslant 800L/h$，$35.2mN/m \leqslant \sigma \leqslant 63.6mN/m$。

一、选型指导

常见的气液过程主要有气体溶解、气体吸收、气液反应，对于这三类常见的气液过程要分类考虑，来决定是否适合采用连续高剪切混合器来进行气液过程的强化。由于连续高剪切混合器的有效体积较小，气液混合流体在混合器内的停留时间不长；因此，其不适合慢速的气液过程。对于慢速的气液过程，可以采用间歇高剪切混合器或者振荡流混合器等进行强化。

对于易溶气体的溶解、化学吸收、化学反应等快速的气液过程，可以选用带有气液分布器的连续式高剪切混合器；如果混合过程热效应较大，可以选用带有换热器的高剪切混合系统。由于气液分布器为非标设备，需要根据气液流量、相比、液体黏度、液体表面张力来设计具体的分布器结构，需要与专业设备制造公司的技术部门交流确定。

对于中速的气液过程，可以先利用气液高剪切混合器进行实验室的小试研究，找到合适的操作参数后，可以选用适合快速气液过程的带有气液分布器的三级连续高剪切混合器。

对于非牛顿型流体的连续气液混合，建议由客户提供其流变学特性，与设备公司技术部门进行非标设备的设计。

二、工业应用举例

1. 酸性气体的化学吸收

在精细化工生产过程中，经常有含氯化氢的酸性气体生成，现有工艺是采用吸收方法，在吸收设备内将大部分氯化氢用水吸收，制成稀盐酸，吸收尾气进入碱洗塔，与碱液发生成盐反应来保障尾气排放达标；常用的吸收设备为吸收塔、水膜吸收器、鼓泡反应器等。相比于传统的吸收塔、水膜吸收器以及鼓泡反应器，高剪切混合器具有设备体积小、气液相界面积大、传质系数高的特点；选用防腐处理后的高剪切混合器用于强化含氯化氢气体的吸收过程，增加两台高剪切混合器串联操作，可以高效地将氯化氢从气体中吸收下来，降低了尾气中的氯化氢含量，减少了碱洗液体的用量和工业废盐的生成。

2. 三氧化硫磺化反应

目前，工业上有机物的磺化过程主要采用发烟硫酸作为磺化反应物，反应过程多为间歇搅拌反应釜内的滴加反应；反应结束后，需要采用加碱中和的方式来将没有反应的硫酸转变成硫酸盐，以实现产物的分离。这个过程虽然相对简单，但是突出的缺点是产生大量含有机物的废硫酸盐，处理费用较高。采用三氧化硫来进行磺化反应是一个相对清洁的过程，保障该过程高效运行的核心之一是采用适宜的磺化反应器。采用连续高剪切混合器和列管换热器相结合作为磺化反应器，可以较好地实现三氧化硫磺化，有效减少了废硫酸盐的生成。

参考文献

[1] Paul E L, Atiemo-Obeng V A, Kresta S M. Handbook of industrial mixing: Science and practice [M]. New Jersey: John Wiley & Sons, 2004.

[2] Mavros P. Flow visualization in stirred vessels: A review of experimental techniques, trans IChemE, part A [J]. Chemical Engineering Research and Design, 2001, 79: 113-127.

[3] Zheng S, Yao Y, Guo F, et al. Local bubble size distribution, gas-liquid interfacial areas and gas holdups in an up-flow ejector [J]. Chemical Engineering Science, 2010, 65: 5264-5271.

[4] Yang N, Xiao Q. A mesoscale approach for population balance modeling of bubble size distribution in bubble column reactors [J]. Chemical Engineering Science, 2017, 170: 241-250.

[5] Lehr F, Millies M, Mewes D. Bubble-size distributions and flow fields in bubble columns [J]. AIChE Journal, 2002, 48: 2426-2443.

[6] Bhole M R, Joshi J B, Ramkrishna D. CFD simulation of bubble columns incorporating population balance modeling [J]. Chemical Engineering Science, 2008, 63: 2267-2282.

[7] Buffo A, Vanni M, Marchisio D L. Multidimensional population balance model for the simulation of turbulent gas-liquid systems in stirred tank reactors [J]. Chemical Engineering Science, 2012, 70: 31-44.

[8] Xu S, Shi J, Cheng Q, et al. Residence time distributions of in-line high shear mixers with ultrafine teeth [J]. Chemical Engineering Science, 2013, 87: 111-121.

[9] 李韡，闫少伟，徐双庆，等．一种带有进料分布装置的高剪切反应器 [P]: 中国，ZL 201020502989.3. 2010.

[10] 张金利，秦宏云，周鸣亮，等．一种用于快速竞争反应的高剪切反应器 [P]: 中国，ZL 201610398983.8. 2016.

[11] 张金利，秦宏云，周鸣亮，等．用于快速竞争反应的高剪切反应器 [P]: 中国，ZL 201610398975.3. 2016.

[12] 张金利，秦宏云，李韡，等．一种用于快速分子级混合的高效反应器 [P]: 中国，CN 201611033543.9. 2017.

[13] 秦宏云 . 管线型高剪切混合器的几何构型优化 [D]. 天津 : 天津大学 , 2018.

[14] Li Y, Sun B, Zeng Z, et al. A study on the absorption of ammonia into water in a rotor-stator reactor [J]. The Canadian Journal of Chemical Engineering, 2015, 93: 116-120.

[15] Zhao Z, Zhang X, Li G, et al. Mass transfer characteristics in a rotor-stator reactor [J]. Chemical Engineering & Technology, 2017, 40: 1078-1083.

[16] Linek V, Mayrhoferová J. The chemical method for the determination of the interfacial area: The influence of absorption rate on the hold-up and on the interfacial area in a heterogeneous gas-liquid system [J]. Chemical Engineering Science, 1969, 24: 481-496.

[17] Linek V, Moucha T, Kordač M. Mechanism of mass transfer from bubbles in dispersions Part Ⅰ: Danckwerts' plot method with sulphite solutions in the presence of viscosity and surface tension changing agents [J] .Chemical Engineering and Processing: Process Intensification, 2005, 44: 353-361.

[18] Linek V, Kordač M, Moucha T. Mechanism of mass transfer from bubbles in dispersions Part Ⅱ: Mass transfer coefficients in stirred gas-liquid reactor and bubble column [J]. Chemical Engineering and Processing: Process Intensification, 2005, 44: 121-130.

[19] Linek V, Vacek V. Chemical engineering use of catalyzed sulfite oxidation kinetics for the determination of mass transfer characteristics of gas-liquid contactors [J]. Chemical Engineering Science, 1981, 36: 1747-1768.

[20] Miller D N. Interfacial area, bubble coalescence and mass tranfer in bubble column reactors [J]. AIChE Journal, 1983, 29: 312-319.

[21] Vázquez G, Cancela M A, Riverol C, et al. Determination of interfacial areas in a bubble column by different chemical methods [J]. Industrial & Engineering Chemistry Research, 2000, 39: 2541-2547.

[22] Dehkordi A M, Savari C. Determination of interfacial area and overall volumetric mass-transfer coefficient in a novel type of two impinging streams reactor by chemical method [J]. Industrial & Engineering Chemistry Research, 2011, 50: 6426-6435.

[23] Shi J, Xu S, Qin H, et al. Gas-liquid mass transfer characteristics in two inline high shear mixers [J]. Industrial & Engineering Chemistry Research, 2014, 53: 4894-4901.

[24] 史金涛 . 管线型高剪切混合器在多相体系下的性能研究 [D]. 天津 : 天津大学 , 2013.

第七章

液液两相连续高剪切混合器

第三章已经介绍了间歇高剪切混合器在液液两相体系下的性能。实际上，作为一种间歇的单元操作设备，间歇高剪切混合器同样可能存在乳液分散度和均匀性不好、批次不稳定的固有缺陷。相比于间歇高剪切混合器，连续高剪切混合器（管线型高剪切混合器）具有混合时间短、处理量大、批次稳定性好的优势，越来越得到工业界的青睐。利用连续高剪切混合器进行两相混合操作，较多的是采用单程通过的连续操作模式（Single-pass Mode）。分散相（通常是油相）的引入方式有很多，可以通过 T 形管与连续相一并加入，还可以在进料储罐中事先将物系进行预分散（Pre-dispersion）。为了实现更好的分散效果，可以对物料进行多次剪切，或者与搅拌釜联用，进行循环的多次剪切等。

第一节 多相流动与液滴破碎模拟

一、高剪切混合器内的多相流动特性

目前，在大多数工况下，液液两相流场的准确测定比较困难。因此，许多研究者通过 CFD 模拟方法研究了连续高剪切混合器内部的液液两相流场。

笔者通过 CFD 方法，采用欧拉 - 欧拉模型模拟了双圈齿合型连续高剪切混合器的液液两相流动特性。

双圈齿合型高剪切混合器，其转子为双圈超细直齿，每圈 52 个齿（内圈直径 47mm，外圈直径 59.5mm），转子齿缝的宽度为 1mm；其定子为双圈、15° 后弯斜

齿，每圈 30 个齿（内圈直径 53.5mm，外圈直径 66mm），定子齿缝的宽度 2mm。定转子剪切间隙为 0.5mm；齿尖 - 基座间距为 1mm。

煤油为分散相，水为连续相，二者通过套管的形式进入高剪切混合器，总体积流量为 200L/h，油相体积分数为 10%。计算域体积为 3.5×10⁻⁴m³，网格数量约为 800 万。两相进口的边界条件为速度进口，动域的转子转速为 3000r/min。模拟中其他的设置与第三章相同。

从模拟得到的速度云图［图 7-1（a）］中可以看到，转子域处的流体速度要远远大于定子域的，速度场主要由转子旋转所产生的切向速度构成。相对于流体切向的高速度，径向流动对流场的影响很小。在定子开孔外侧可以观察到明显的射流现象。穿过定子齿间的流体的快速流动可以造成分散相的伸长，进而导致液滴的破碎。图 7-1（b），（c）为径向和轴向的湍动能耗散率分布。可以看到，湍动能耗散

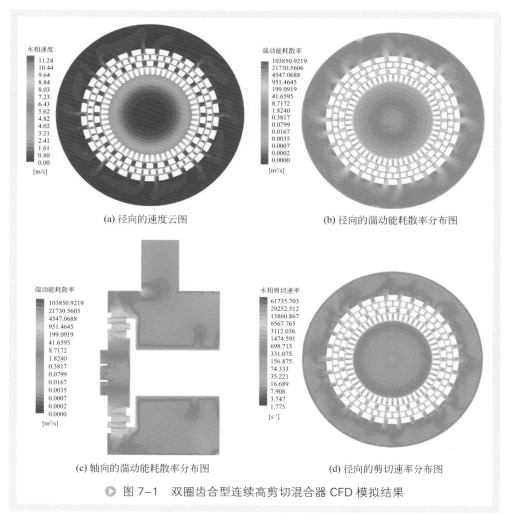

(a) 径向的速度云图　　　　　　　　　　　　(b) 径向的湍动能耗散率分布图

(c) 轴向的湍动能耗散率分布图　　　　　　　(d) 径向的剪切速率分布图

▶ 图 7-1　双圈齿合型连续高剪切混合器 CFD 模拟结果

率较高的区域均出现在定转子剪切间隙中。由于湍动能耗散率在大多数破碎模型中占主导地位，因此可以认为破碎过程主要发生在剪切间隙内。这与中科院过程所的Qin 等[1]的研究结果相一致。

Jasińska 等[2]和 Michael 等[3]模拟了 Silverson 150/250 双层叶片网孔连续型高剪切混合器内的液液破碎和多相流动过程。

Jasińska 等[2]的模拟结果显示，在转子叶片后方的孔内有小的环流的出现，在叶片前方的孔内出现强烈的射流；最高的湍动能耗散区域出现在转子叶片区域、临近网孔的区域以及从网孔中射流的区域；湍动能耗散率在不同的转子转速下呈现出类似的分布模式，说明高湍动能耗散率的区域没有因为转子转速而发生转变；从模拟得到最大的湍动能耗散率可以计算得出，最小的 Kolmogorov 尺度低于 1μm。

Michael 等[3]的模拟结果表明，在高转子转速（11000r/min）和油相体积含量高于 50% 的情况下，分散相体积含量的改变对高剪切混合器内的流场的影响不大。速度较大的区域出现在第一层网孔和第二层叶片之间的剪切间隙中，以及转子旋转的区域。转子扫过的区域以及最外层筛网外的湍动能耗散率较大，这些区域的液滴更倾向于破碎。最高的破碎频率出现在转子齿尖以及靠近筛网的狭窄区域（剪切间隙内），同样说明这些位置的油相最有可能发生破碎。在转子扫掠区域的流体受高雷诺数的惯性力所控制，经历了较高水平的湍流应力，导致乳液黏度的降低，即"剪切变稀"现象。在转子后的"尾迹"区流体的黏度较高，这是由于这些区域因为环流的产生经受了较低程度的湍流应力。

二、高剪切混合器内的液滴破碎模拟

如何求解分散相在连续相中的平均液滴直径及液滴直径分布是一个颇具应用价值的问题，也是研究的难点问题。目前，常采用 CFD 耦合群体平衡模型的方法进行模拟。

群体平衡模型引入了数量密度函数的概念来表示粒子的状态矢量。粒子的状态矢量包括外部坐标即粒子的空间位置，内部坐标包括粒子的大小、组成、温度等量。本书中数量密度函数基于粒子直径，表示为 $n(d)$。群体平衡模型即数量密度函数的输运方程。方程如下[4]：

$$\frac{\partial n(d)}{\partial t} + \nabla \cdot \{U_d[n(d)]\} = S(d) \tag{7-1}$$

式中　U_d——分散相粒子的速度；

$S(d)$——粒子的破碎和聚并源项。

源项 $S(d)$ 包括破碎生成项、破碎消亡项、聚并生成项、聚并消亡项。在实验和计算过程中通常分散相含量较低，且加入了表面活性剂，故一般不考虑聚并过程。在与破碎相关的源项中，需要进一步指定破碎模型 $g(d)$，即粒子的破碎频率；子液

滴直径分布函数 $\beta(d, d')$，即因为破碎而产生子液滴的数量和大小。液滴直径分布
函数的典型形状有 U 形、M 形、钟形等[5]。

液液两相中常采用的破碎模型有 Coulaloglou-Tavlarides 破碎模型（CT 模型）
和 Multifractal 破碎模型（MF 模型）。其中，CT 模型基于湍流统计理论[5]：

$$g(d) = C_1 \frac{\varepsilon^{1/3}}{d^{2/3}} \exp\left(-C_2 \frac{\sigma}{\rho_c \varepsilon^{\frac{2}{3}} d^{\frac{5}{3}}}\right) \tag{7-2}$$

式中　ε——湍动能耗散率，m^2/s^3；

　　　ρ_c——连续相密度，kg/m^3；

　　　σ——两相界面张力，N/m；

C_1，C_2——拟合常数。

从式（7-2）中很明显能看出 CT 模型中与破碎频率有关的流场参数仅有一个，
即湍动能耗散率。

基于对 CT 模型的修正，Baldyga 和 Podgorska 提出了基于湍流多重分形和湍
流间歇性的 Multifractal 破碎模型[5]：

$$g(d) = C_g \sqrt{\ln\left(\frac{L}{d}\right)} \frac{\varepsilon^{1/3}}{d^{2/3}} \int_{\alpha_{\min}}^{\alpha_x} \frac{d}{L}^{\frac{\alpha+2-3f(\alpha)}{3}} d\alpha \tag{7-3}$$

式中　C_g——拟合常数；

　　　α——多重分形指数，与液滴周围流体施加的应力频谱相关；

　　　L——湍流尺度，$L = \frac{(2k/3)^{3/2}}{\varepsilon}$，$k$ 为湍动能。

求解群体平衡方程主要有两大类方法：离散法（Discrete Method，又称类方法，
Class method）和矩方法（Moments method）。有关群体平衡方程的详细内容和求
解细节读者可以查阅相关专著或文献。

Jasińska 等[2] 通过实验和 CFD 模拟研究了 Silverson 150/250 双层叶片网孔连续
高剪切混合器内的液液破碎过程。实验中以 1%(质量分数) 的硅油 - 水为研究体系，
加入 0.5%（质量分数）的表面活性剂 SLES。分散相的黏度为 9.4mPa·s。在进入
高剪切混合器之前，油水两相在搅拌釜中进行了预混。考察了高剪切混合器的转
子转速以及剪切次数对分散相液滴直径分布的影响。采用积分矩方法（Quadrature
method of moments）求解群体平衡方程，破碎模型采用 MF 模型，子液滴直径分布
函数为 "U 形" 抛物线分布。从他们模拟得到的 d_{32} 随剪切次数的变化与实验结果
相比较来看，在高转子转速 (11000r/min) 下的模拟效果要更好，在 6000r/min 下的
误差与实际结果相差很大。这说明针对高剪切混合器内群体平衡方程的模拟仍有改
进的余地。尽管通过群体平衡方程计算的 d_{32} 不总能与实验值完全相符，但是仍能
很好地反映 d_{32} 随剪切次数和转子转速的变化趋势。在 Jasińska 等看来，采用 CFD

模拟的方法至少可以定性地反映高剪切混合器内的流动和液滴混合特性，可以用于指导高剪切混合器的设计。

中科院过程所的 Qin 等[1]以 0.9%（质量分数）中链甘油三酯为分散相，以水为连续相研究了 Megatron MT 3-48 双层、各 30 齿的齿合型连续高剪切混合器的液液两相的混合性能和流动形态。油水两相在进入高剪切混合器之前进行了预混。进料的流量为 106kg/h，采用的高剪切混合器转子转速为 6000r/min 和 9000r/min，在加入表面活性剂的条件下，两相的界面张力为 25mN/m。群体平衡方程的求解方法采用类方法（Class Method），破碎模型采用 Alopaeus 模型和能量最小多尺度模型（EMMS）校正后的 Alopaeus 模型。由于分散相含量非常低，只占总质量分数的 0.9%，再加上表面活性剂的作用，因此在模拟过程中不考虑聚并作用的影响。他们首先采用 Alopaeus 破碎模型对高剪切混合器破碎后的液滴直径分布进行预测，发现模拟结果远大于实验值。事实上相较于入口处的液滴直径分布，Alopaeus 破碎模型给出的模拟结果甚至没有明显的破碎，当采用 EMMS 校正后的 Alopaeus 模型预测结果有了很大改善，与实验值的差距也缩小了，得到了一个与实验结果符合较好的液滴直径分布曲线。

第二节　液液两相的乳化与功耗性能

本节介绍操作参数、物性参数和结构参数对于定转子齿合型和叶片网孔型这两种高剪切混合器液液两相单程乳化性能的影响。讨论的操作参数包括高剪切混合器的转子转速、分散相体积分数、流量等，物性参数包括连续相和分散相的黏度。生产过程中涉及的操作参数和物性参数并不限于此，其他参数的影响还有待继续研究。

本章第二节和第三节实验过程中，采用的设备均来自上海弗鲁克科技发展有限公司特殊订制的中试规格、全不锈钢结构 FDX1 系列连续高剪切混合器，其定子与转子均设计为可拆换结构，从而可以在同一个样机上方便地考察不同定转子构型的工作性能。

对于定转子齿合型高剪切混合器，其转子为双圈超细直齿，每圈 52 个齿（D_{ir}=47mm，D_{or}=59.5mm），转子齿缝的宽度为 1mm；其定子为双圈、15° 后弯斜齿，每圈 30 个齿（D_{is}=53.5mm，D_{os}=66mm），定子齿缝的宽度 2mm。定转子剪切间隙为 0.5mm；齿尖 - 基座间距为 1mm。该齿合型管线高剪切混合器中定子与转子的实际结构见图 7-2（a）与图 7-2（b）。

对于叶片网孔构型混合器，其转子为单圈 6 个叶片构造（叶片为 15° 后

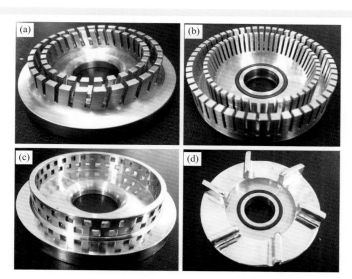

▶ 图7-2 实验连续高剪切混合器的定子（a）（c）与转子（b）（d）详细结构；
（a）（b）定转子齿合型；（c）（d）叶片网孔型

弯，D_r=59.5mm）；定子为单圈网孔设计（D_s=66mm），开孔为两行、每行30个3mm×3mm方孔。叶片网孔型组装结构的定转子剪切间隙宽度及叶尖-基座间距与定转子齿合型结构完全相同，即分别为0.5mm与1mm。齿合型和叶片网孔型管线高剪切混合器，两种定子的开槽（孔）比例相同，按定子外圈处的面积计算均为23.6%。图7-2（c）与图7-2（d）所示为该叶片网孔型管线高剪切混合器中网孔型定子与叶片型转子的实际结构。

在乳化实验中，使用的连续相为纯水，分散相为煤油，通过在连续相中加入不同浓度的甘油改变其黏度。实验中采用的表面活性剂为Tween80。与第一节油水两相预分散进入高剪切混合器不同，实验中两相通过T形管混合直接送至混合器的剪切头附近，这无疑更符合实际生产情况。

一、操作参数对乳化效果的影响

1. 转子转速的影响

在考察高剪切混合器转子转速对乳化效果的影响时，采用的连续相（纯水）的流量是0.2m³/h，分散相（煤油）的体积分数为1%，二者通过同轴套管通入高剪切混合器腔室内。从图7-3中可以看出，在不同的操作工况下，两种混合器制备的乳液的液滴直径均呈现出双峰分布。在2000～3500r/min转子转速操作范围下，液滴直径分布曲线中大液滴的体积分数随转子转速增加而减小，而小液滴的体积分数增大。随转子转速增加，液滴直径分布的峰高减小，说明液滴直径分布宽度增大。原因同间歇高剪切混合器类似，转子转速的增加增大了流体的湍动能和叶片的排液能力。通过计算，Kolmogorov 长度尺度 η 范围为 9.9 ~ 13.9μm[6]。依据 Kolmogorov 理论，对于煤油 - 水乳液体系，其大部分液滴直径大于 η，显示出液滴破碎主要是湍流惯性应力作用的结果。在连续乳化过程中，大多数的液滴在非常短的停留时间内经过单程破碎就从混合器的出口排出。在整个定、转子区域，外圈定子射流区，以及流体撞击到紧固螺母形成的射流区周围，流动都明显偏离各向同性湍流，并且剪切速率、湍动能及其耗散率都较高，这些都导致了明显的双峰分布。另外在定子槽内存在局部环流，靠近腔体附近有部分液滴被卷吸回到剪切间隙中，这些液滴就会经历多重的破碎，这也是导致双峰现象及液滴粒径分布变宽的一个原因。

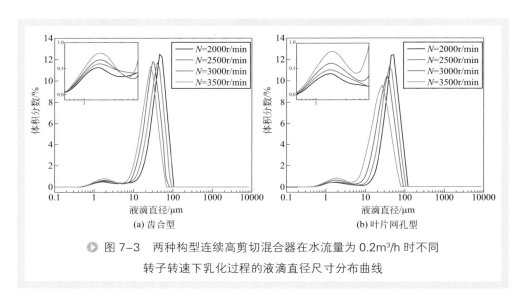

图 7-3　两种构型连续高剪切混合器在水流量为 0.2m³/h 时不同
转子转速下乳化过程的液滴直径尺寸分布曲线

随着转子转速增加，能量耗散率与剪切速率都会增大，液滴破碎的效果更好，液滴的平均液滴直径 d_{32} 随转子转速增加而逐步减小，例如对于定转子齿合型高剪切混合器，转子转速从 2000r/min 增加到 3500r/min 时，煤油液滴的平均直径从 20μm 减小到 10.8μm。如图 7-4 所示。另外从图 7-4 中可以看出，定转子齿合型高剪切混合器的乳化性能要稍好于叶片网孔型高剪切混合器，可以制备出液滴尺寸更小的乳液。

2. 分散相体积分数的影响

图 7-5 给出了双圈超细齿合型管线高剪切混合器中在不同分散相体积分数（Φ=0.01，0.02，0.05 和 0.1）下单程乳化过程的液滴直径尺寸分布曲线。不同体积分数及转子转速下实验测得的液滴直径分布曲线的形状没有明显变化，皆为双峰分

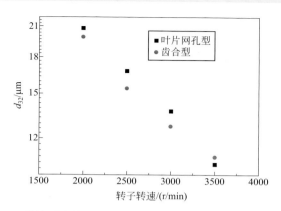

▶ 图 7-4　两种构型连续高剪切混合器中转子转速对平均液滴直径的影响

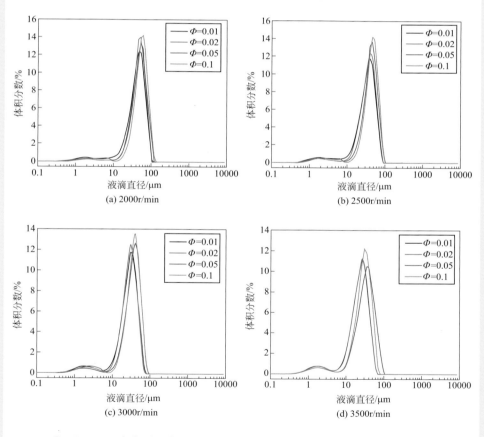

▶ 图 7-5　齿合型高剪切混合器中煤油 – 水体系下分散相的体积分数在
不同转子转速下对液滴尺寸分布的影响

布，并且液滴尺寸较大的峰，随油相体积分数的增大向大尺寸液滴的方向偏移。如图 7-6（a）所示，液滴平均直径也随油相体积分数的增大而略有增加的趋势。液滴直径随体积分数增加同样可以归因于湍流抑制的结果（详见第三章）。结合测到的功耗实验数据（图 7-7），在整个油相体积分数的操作范围内，随着油相体积分数的增大，低转子转速下的高剪切混合器的净功率消耗几乎没有变化，在高转子转速下功耗有微小的增加。也就是说虽然油相体积分数增加，但是由转子提供的净功率并没有随之显著增加，这也从另一个侧面解释了液滴平均液滴直径随油相体积分数的变化趋势。

如图 7-6（b）所示，对于定转子齿合型高剪切混合器，液滴的 Sauter 平均直

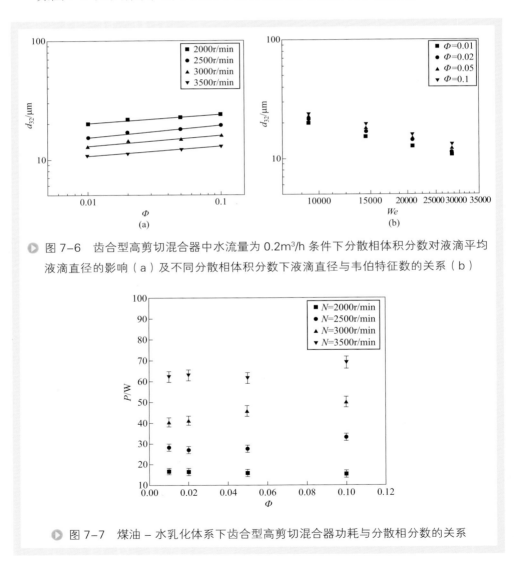

● 图 7-6　齿合型高剪切混合器中水流量为 0.2m³/h 条件下分散相体积分数对液滴平均液滴直径的影响（a）及不同分散相体积分数下液滴直径与韦伯特征数的关系（b）

● 图 7-7　煤油 – 水乳化体系下齿合型高剪切混合器功耗与分散相分数的关系

径在不同的分散相体积分数下随韦伯特征数 We 的增加而显著减小。例如在体积分数 $\Phi=0.05$ 的条件下，当韦伯特征数 We 从 9246 增加到 28316 时，Sauter 平均直径 d_{32} 从 23μm 减小到 12μm。由韦伯特征数的定义可以看出，在煤油 - 水乳化体系下，界面张力为常数，那么韦伯特征数就是湍流涡引起的惯性应力的一个评价参数。因此转子转速增大，韦伯特征数相应地增大，所以连续相对于分散相施加的惯性应力增大，引起液滴的进一步破碎，导致其液滴直径变小。将实验测得的液滴平均直径 d_{32} 与油相体积分数 Φ 及韦伯特征数 We 进行关联，得到方程（7-4），相关系数 $R^2=0.980$。

$$\frac{d_{32}}{D} = 0.043(1 + 2.32\Phi)We^{-0.53} \qquad (7\text{-}4)$$

式中　　We——韦伯特征数，$We = \rho_c N^2 D^3 / \sigma$；

　　　　　D——转子外圈直径，m；

　　　　　Φ——分散相体积分数。

关联式适用范围：$\Phi \leqslant 0.1$，$N \leqslant 3500\text{r/min}$。

3. 连续相流量的影响

对于工业上的单程连续乳化过程而言，流量是个主要的操作变量，因为其直接关系着物料的处理时间及设备的处理量。

图 7-8 显示了体积分数 $\Phi=0.01$ 条件下，连续高剪切混合器中不同连续相流量下单程乳化过程的粒度分布曲线。可以看出在两种高剪切混合器中随着连续相流量增加，粒度分布曲线向大尺寸液滴的方向偏移。这就导致了液滴的平均直径 d_{32} 随连续相流量而缓慢地增加（如图 7-9 所示）。对于在连续高剪切混合器中进行的单程连续乳化过程，流体流量的增加，停留时间减小，这就意味着可能有些液滴没有

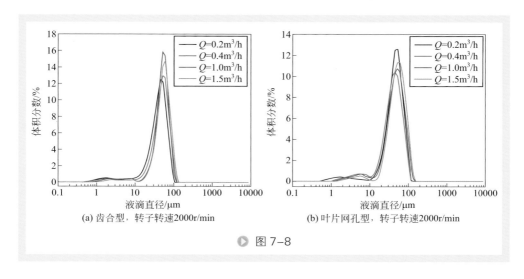

(a) 齿合型，转子转速2000r/min　　　(b) 叶片网孔型，转子转速2000r/min

▶ 图 7-8

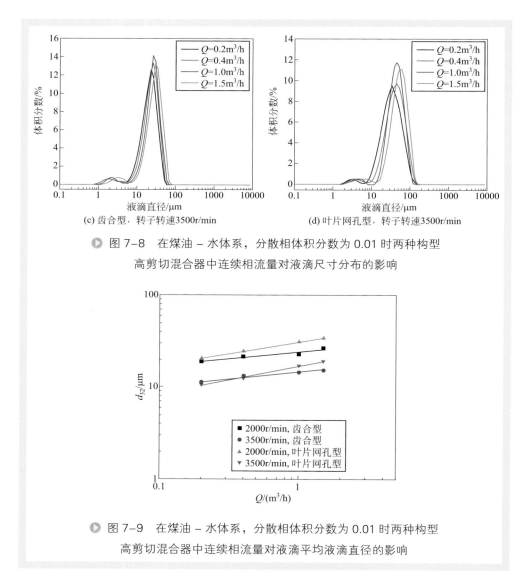

图 7-8　在煤油－水体系，分散相体积分数为 0.01 时两种构型
高剪切混合器中连续相流量对液滴尺寸分布的影响

图 7-9　在煤油－水体系，分散相体积分数为 0.01 时两种构型
高剪切混合器中连续相流量对液滴平均液滴直径的影响

被破碎到临界尺寸就已经从混合器排出去了。另外，连续相流量增加，导致从定子开槽高速射流出的流体流速显著增大[7]，进而剪切速率相应增加，有利于液滴的破碎。在这两种流量增加引起相反的效应的影响下，液滴尺寸呈现出与连续相流量非常小的相关性。然而，值得注意的是在高剪切混合器转子转速为 2000 ～ 3500r/min 范围内，根据转子外圈直径扫过的体积计算的转子末端线速度为 6.23 ～ 10.9m/s，但是流量范围为 0.2 ～ 1.5m³/h 下，基于高剪切混合器外圈转子开孔率计算的定子开槽高速射流出的流体流速为 0.1 ～ 0.77m/s。因此，相比于转子转动提供的线速度，从定子开槽流出的流体射流速度要小得多，其引起的射流湍流效应对于液滴的

破碎效果就不会像转子转速那般显著。

如图 7-9 所示，两种构型的高剪切混合器产生的平均液滴直径 d_{32} 在连续相流量 Q=0.2m³/h 时几乎没有差别，但是随流量增大，两者的差异逐步增大。例如在转子转速 N=3500r/min 下，连续相流量从 0.2m³/h 增加到 1.5m³/h 时，两种构型混合器中平均液滴直径的差异从 0.3μm 增大到 3.8μm。相对定转子齿合型高剪切混合器，叶片网孔型高剪切混合器制备的乳液的液滴直径更大，意味着其乳化效果不如定转子齿合型高剪切混合器，并且连续相流量对叶片网孔型高剪切混合器的影响更明显。由于两种混合器构型的差异，叶片网孔型高剪切混合器的泵送能力优于定转子齿合型混合器。相同转子转速下，叶片网孔型高剪切混合器消耗的功率略低于定转子齿合型混合器的功率（如图 7-10 所示）。

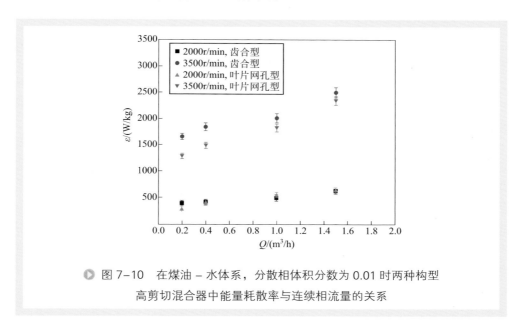

● 图 7-10　在煤油－水体系，分散相体积分数为 0.01 时两种构型
高剪切混合器中能量耗散率与连续相流量的关系

图 7-10 表明了两种构型混合器中能量耗散率（Energy Dissipation Rate, ε）随连续相流量的变化。在转子转速 N=2000r/min 时二者十分接近，但是在转子转速 N=3500r/min 时，两种混合器功耗的差异变得比较明显。由于叶片网孔型高剪切混合器较优的泵送能力，其泵送流体消耗的功率比定转子齿合型高剪切混合器消耗的要大，用于液滴破碎的功耗相对来说要小一些，所以液滴直径比定转子齿合型的混合器要大。此外，定转子齿合型高剪切混合器中所制备乳液的液滴平均直径较小也与其双圈超细齿的结构设计有关，因为这种结构能够有效地消除单圈定转子结构中可能存在的流体沟流或短路。

综合考虑连续相流量与油相体积分数对液滴直径的影响，将定转子齿合型高剪切混合器实验测得的液滴直径分布数据与连续相流量及油相体积分数进行关联，采用与方程（7-4）相似的形式，只是用能量密度 P_{fluid}/Q 来代替韦伯特征数 We，得到方程（7-5），相关系数 $R^2=0.90$。方程中的净功率 P_{fluid} 通过实验测得，但是应用这个方程进行混合器设计时，实际的功耗是未知的，可以采用 Kowalski 的模型[8] 来进行估算。

$$\frac{d_{32}}{D} = 0.029(1+3.46\Phi)\left(\frac{P_{fluid}}{Q}\right)^{-0.23} \tag{7-5}$$

关联式适用范围：$\Phi \leqslant 0.1$，$N \leqslant 3500\text{r/min}$，$0.2\text{m}^3/\text{h} \leqslant Q \leqslant 1.5\text{m}^3/\text{h}$。

二、物性参数对乳化效果的影响

1. 连续相黏度的影响

在水中添加甘油调节连续相黏度的过程中，不仅流体的黏度发生变化，连续相和油相间的界面张力也会改变。实际上，随甘油添加量的增加，界面张力略有减小，这能更有效地防止液滴间的聚并，有利于液滴的破碎。下面考察两种构型高剪切混合器中乳化过程中连续相黏度对液滴直径的影响，乳化体系为煤油 - 水，分散相体积分数 $\Phi=0.01$，连续相流量为 0.2m³/h，转子转速分别为 2000r/min 和 3500r/min。

图 7-11 给出了两种构型管线高剪切混合器中不同连续相黏度的单程乳化过程的液滴直径粒度分布曲线。在不同的操作条件下都为双峰分布，并且随连续相黏度增大，第一个峰的高度增加，也就是说小液滴的体积分数增加，尤其是在转子转速 $N=3500\text{r/min}$ 时这种趋势更为明显。另外从图 7-11 上还可以看到，粒度分布曲线向小尺寸液滴的方向偏移。结合图 7-12，液滴 Sauter 平均直径 d_{32} 随分散相与连续相的黏度比增加而增大，即 d_{32} 随连续相黏度的增大而减小。例如转子转速 $N=3500\text{r/min}$，定转子齿合型高剪切混合器内当连续相黏度 μ_c 从 1.2mPa·s 增加到

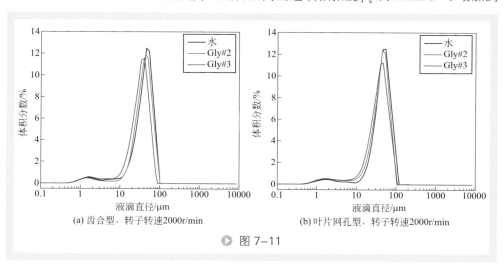

(a) 齿合型，转子转速2000r/min (b) 叶片网孔型，转子转速2000r/min

图 7-11

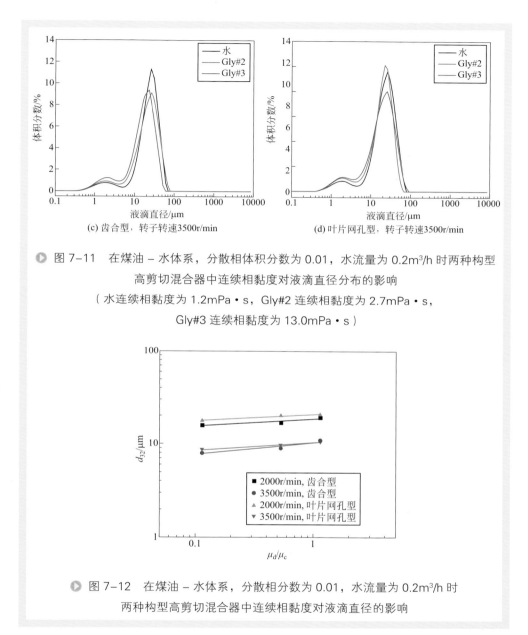

(c) 齿合型，转子转速3500r/min   (d) 叶片网孔型，转子转速3500r/min

▶ 图 7-11　在煤油 – 水体系，分散相体积分数为 0.01，水流量为 0.2m³/h 时两种构型
高剪切混合器中连续相黏度对液滴直径分布的影响
（水连续相黏度为 1.2mPa・s，Gly#2 连续相黏度为 2.7mPa・s，
Gly#3 连续相黏度为 13.0mPa・s）

▶ 图 7-12　在煤油 – 水体系，分散相分数为 0.01，水流量为 0.2m³/h 时
两种构型高剪切混合器中连续相黏度对液滴直径的影响

13mPa・s 时，液滴平均直径从 10.8μm 减小到 8μm。根据 Kolmogorov 理论，连续相黏度增大，最小湍流涡的长度尺度 η 会增大，那么平衡液滴的尺寸也应该会增大，但是液滴的平均直径却接近或小于 η，这说明连续相黏度增大后，能够更有效地传递剪切应力，并且部分液滴的破碎过程从惯性子区开始转移到黏性子区，黏性应力在液滴破碎过程中起到的作用越来越显著[9]。对两种高剪切混合器分别关联平均直径 d_{32} 与黏度，可以得到方程（7-6）和方程（7-7）。

定转子齿合型管线高剪切混合器

$$\frac{d_{32}}{D} = 0.048\left(\frac{\mu_{\mathrm{d}}}{\mu_{\mathrm{c}}}\right)^{0.0074} We^{-0.55} \qquad (7\text{-}6)$$

式中　μ_{d}——分散相黏度，Pa·s；

　　　μ_{c}——连续相黏度，Pa·s。

相关系数 R^2=0.990；关联式适用范围：$0.1 \leqslant \mu_{\mathrm{d}}/\mu_{\mathrm{c}} \leqslant 1$，$N \leqslant 3500\mathrm{r/min}$。

叶片网孔型管线高剪切混合器

$$\frac{d_{32}}{D} = 0.11\left(\frac{\mu_{\mathrm{d}}}{\mu_{\mathrm{c}}}\right)^{-0.021} We^{-0.63} \qquad (7\text{-}7)$$

相关系数 R^2=0.996，关联式适用范围：$0.1 \leqslant \mu_{\mathrm{d}}/\mu_{\mathrm{c}} \leqslant 1$，$N \leqslant 3500\ \mathrm{r/min}$。

这两个关联式中黏度比的指数分别为 0.0074 和 −0.021，表明黏度比与液滴尺寸的相关性比较弱，其对液滴直径的影响不显著。比较两个关联式中各个回归参数的值可以看出，在处理高黏度物料或者在较高转子转速下两种构型的高剪切混合器的乳化和分散性能会存在明显的差异。另外，尽管液滴平均直径 d_{32} 的值比较接近，但是定转子齿合型高剪切混合器中乳液的粒度分布曲线比叶片网孔型的高剪切混合器更窄，表明了双圈超细齿设计的高剪切混合器具备较优的乳化能力。

2. 分散相黏度的影响

S.Hall 等 [9] 以不同黏度硅油为分散相，以水为连续相，系统研究了 Silverson150/250 型连续高剪切混合器的单程乳化性能。在此笔者将通过 S. Hall 等的研究结果介绍分散相黏度对高剪切混合器内乳化性能的影响。从他们的实验结果中可以看到 d_{32} 随分散相黏度的增加逐渐增大，直到趋于稳定，而不是一直变大。原因可能是高黏的液滴会逐渐伸长成"长线型（Long Threads）"，然后断裂成两个大的子液滴，以及许多小的附属液滴（Satellite Drops）。随着油相黏度的增大，大液滴的稳定性增强，更容易维系"长线型"而不是破碎，在拉伸断裂期间容易产生更多的附属液滴，这导致了高分散相黏度的双峰分布增强，如图 7-13 所示。

在转子转速低于 11000r/min 时，可以看到最高黏度硅油液滴直径较低黏度的略有下降。这同样可以归因于破碎机理的转变。较高的油相黏度在相应的速度梯度下倾向于拉伸得更长，产生大量更小的液滴，液滴直径的双峰分布特性更加明显。如图 7-13 所示，在黏度低于 97mPa·s 时，液滴直径分布大致呈现对数正态分布，随着分散相黏度的增加，液滴直径分布变宽，最大液滴直径变大，而最小的液滴直径却基本保持不变。当分散相黏度增加至 969mPa·s 时，液滴直径分布变为明显的双峰分布。9.4mPa·s 和 97mPa·s 下的分布在外形上很相似，因为它们是呈对数正态分布的单峰，然而 969mPa·s 的曲线在大液滴直径处面积更大，因为它是一个双峰分布，大液滴直径比例较高。对于最高油相黏度的液滴直径分布，最大液滴

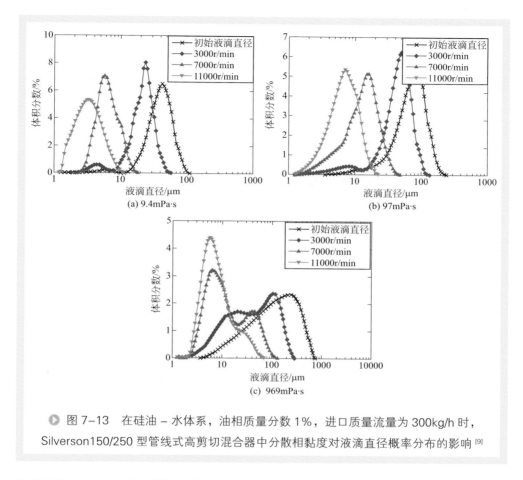

図 7-13 在硅油 - 水体系，油相质量分数 1%，进口质量流量为 300kg/h 时，Silverson150/250 型管线式高剪切混合器中分散相黏度对液滴直径概率分布的影响 [9]

直径可达 70μm，而对于所有黏度的液滴直径，最小液滴直径大约在 1 ～ 2μm。

三、结构参数对乳化效果的影响

定转子结构对于高剪切混合器的流动特性以及功率消耗等都有明显的影响，也可能影响其液液两相的行为。下面以叶片网孔型高剪切混合器为例，探讨定转子几何构型对高剪切混合器液液乳化性能的影响。

在每部分的开始，将首先介绍用于几何结构优化的定转子结构。需要指出的是，无论是下面即将介绍的定转子几何结构对乳化性能的影响，还是后续介绍的对功率消耗及传质性能的影响，所使用的都是相同的定转子。因此在功率消耗特性和液液两相的传质性能中，定转子几何构型将不再赘述。

1. 定子几何构型的影响

（1）定子形状的影响　在研究定子结构的影响时，转子结构是固定的。笔者使用的转子如图 7-14（a）所示，单圈 15° 后弯的 6 叶片，转子外径为 59.5mm。采用的定子为单圈网孔设计，外径 70mm，定转子剪切间隙 0.5mm，齿尖 - 基座安装间距 1mm。定子一共设计有 8 种结构，基于定子外径计算的开孔率均为 22.4%。所有定子中单排孔形的定子 5 个，开孔形状分别为圆形［图 7-14(b)］、菱形［图 7-14（c）］、"S" 形［图 7-14（d）］、15° 后弯斜齿形［图 7-14（e）］和十字形［图 7-14（f）］。"S" 形定子只含有 16 个孔，其他定子均含 30 个孔。

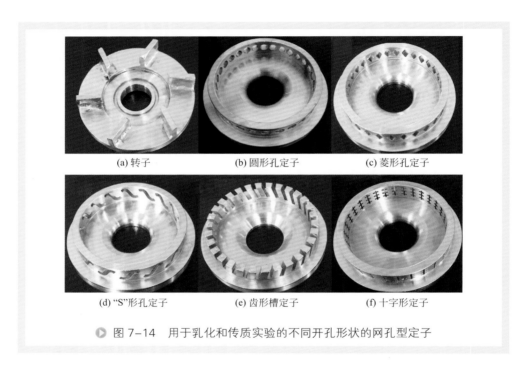

(a) 转子　　　　　　(b) 圆形孔定子　　　　　　(c) 菱形孔定子

(d) "S"形孔定子　　　　　　(e) 齿形槽定子　　　　　　(f) 十字形定子

▶ 图 7–14　用于乳化和传质实验的不同开孔形状的网孔型定子

　　五种开孔形状的定子所制备乳液直径分布如图 7-15 所示。所有的分散相液滴直径分布都随转子转速的增加显著向左移动，表明随转子转速增加，大液滴的体积分数减小，小液滴的体积分数增加。所有的开孔形式下，随着转子转速的增加液滴直径分布的宽度增大。图 7-15（f）表示不同开孔形状的定子在 3000r/min 的转子转速下得到的液滴直径分布，结果表明，本实验所采用的五种开孔形状的定子得到液滴直径分布区别并不大。

　　图 7-16 所示为五种开孔形状定子所得到的乳液的 Sauter 平均直径 d_{32} 随转子转速的变化。从图 7-16 中可以得出，圆形孔与菱形孔定子所得到的乳液平均液滴直径最小，当转子转速从 2000r/min 增加到 3500r/min 时，其液滴直径分别从 24.9μm 和 25.6μm 减小到 11.9μm 与 11.7μm；其次是齿形与 "S" 形定子，在相同条件下，其液滴直径分别从 26.6μm 和 25.6μm 减小到 12.0μm 和 12.2μm；相比其他四种定子，十字形开孔的定子所得到的乳液其平均液滴直径最大，在相同条件下，液滴直

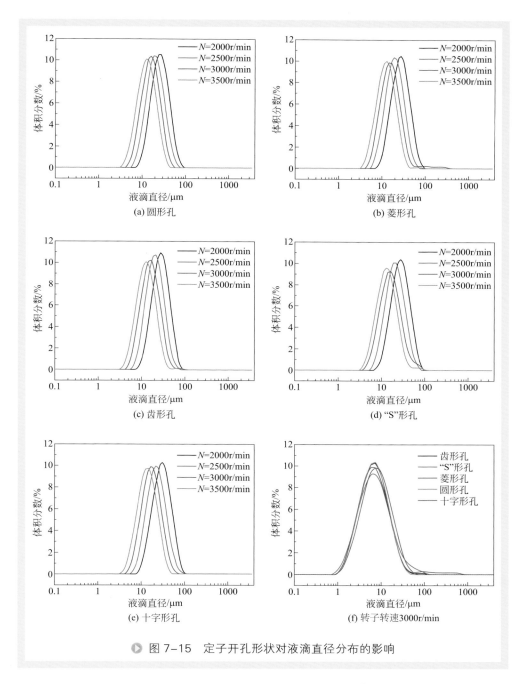

图 7-15　定子开孔形状对液滴直径分布的影响

径从 27.2μm 下降到 12.2μm。虽然各个形状的定子所制得的乳液其平均液滴直径有一定差别，但从图中可以看到，这种差别是很小的，从图 7-15（f）也可以看到不同开孔形式的定子所得到乳液的液滴直径分布非常相似。尤其是圆形孔与菱形孔，齿形孔与"S"形孔，其液滴直径在不同转子转速下相互交叉，这也说明这些定子之间区别很小，很难讲清楚其中哪一种液滴直径更小，乳化效果更好。虽然定子开孔形状差别较大，但是在低开孔数目下，由定子形状的不同产生的能量耗散率差别很小，因而其液滴直径大小相近。

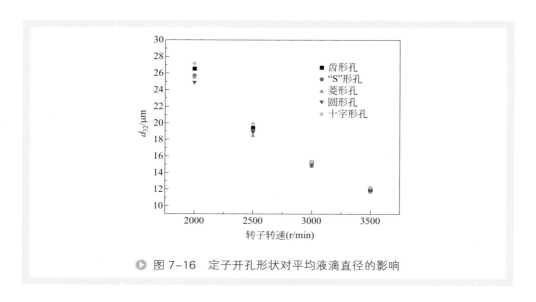

⏵ 图7-16　定子开孔形状对平均液滴直径的影响

从图7-15和图7-16中可以得到的结论是，圆形孔与菱形孔在这五种开孔形状中，其乳化效果略好于另外三种，而十字形网孔的效果较差。但总体来说，在开孔率一定的情况下，开孔形状对于液滴直径分布和大小的影响并不显著。值得注意的是，本书实验条件下的定子都属于低开孔数目，高开孔数目下定子孔形仍可能具有较大影响，但是高开孔数目下，复杂孔形加工的难度大大增加。考虑到圆形孔的乳化效果与加工的便利、经济性，在相同的条件下，圆形孔是一种更优的形式。

（2）开孔数目的影响　通过以上的讨论可知，圆形孔是一种相对较优的定子结构，接下来继续针对圆形孔讨论不同开孔数目的影响。笔者设计了4种不同开孔数目的圆形孔，在保持开孔率基本一致的条件下，其开孔数分别为30个、60个、120个、480个，相应的开孔直径分别为4.8mm、3.4mm、2.4mm、1.2mm。四种不同的开孔数目的定子如图7-17所示。

图7-18为不同开孔数目的圆形孔定子所制得乳液的粒度分布，如图所示，各定子所制得乳液的液滴直径分布随转子转速增加向液滴直径减小的方向移动，且液滴直径分布宽度增大。将各个开孔数目的定子在3000r/min下的液滴直径分布放在一起比较，见图7-19。从图中可以看到，不同开孔数目的圆形孔定子中的液滴直径分布有较大差别，当孔数从30个（d=4.8mm）增加到120个（d=2.4mm）时，液滴直径分布向液滴直径减小的方向移动，然而当孔数进一步增加到480个

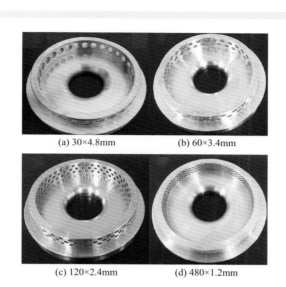

(a) 30×4.8mm　　　　　(b) 60×3.4mm

(c) 120×2.4mm　　　　　(d) 480×1.2mm

▶ 图 7-17　不同开孔数目的圆形孔定子

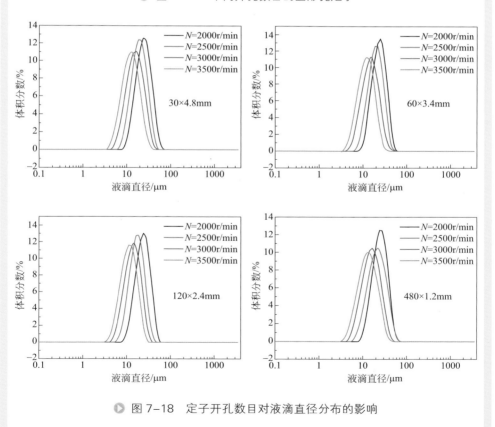

▶ 图 7-18　定子开孔数目对液滴直径分布的影响

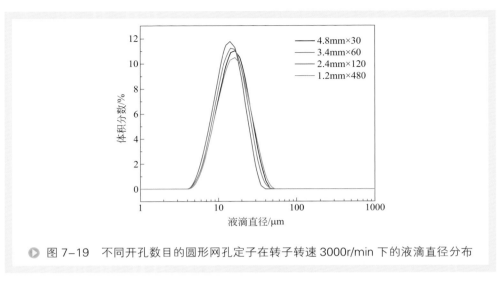

● 图 7–19　不同开孔数目的圆形网孔定子在转子转速 3000r/min 下的液滴直径分布

（d=1.2mm）时，液滴直径分布却发生较大幅度的向液滴直径增大的方向移动。图 7-20 为 3000r/min 转子转速下不同开孔数目定子中乳液的 d_{32} 随转子转速的变化。如图所示，当孔数从 30 增加到 120 个时，各个转子转速下的平均液滴直径都相应减小，然而当孔数增加为 480 个时，平均液滴直径却骤然增大，甚至超过孔数为 30 的定子制备的乳液。定量来说，当转子转速从 2000r/min 增加到 3500r/min，30 孔数的定子中液滴平均直径从 24.1μm 减小到 11.8μm，60 孔数与 120 孔数的定子中液滴平均液滴直径分别从 23.5μm 和 22.9μm 减小到 11.3μm 和 10.5μm，而 480 孔数的定子中液滴平均液滴直径从 24.3μm 减小到 12.1μm。

　　高剪切混合器的剪切头是整个混合器中湍动能耗散率最高的地方。流体经入口

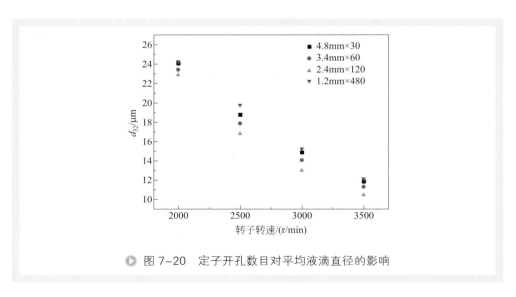

● 图 7–20　定子开孔数目对平均液滴直径的影响

管进入剪切头后，由两种通道离开剪切头，一部分流体经叶片带动后与网孔入口高速碰撞，然后从网孔排出，这部分流体的速度突变与能量耗散率大，能够破碎成细小的液滴。另一部分流体因为圆孔的阻力较大，转而从定、转子齿尖与基座之间的间隙溢出，这部分流体因为速度突变小而具有较小的能量耗散率，所得到的液滴直径也较大。当开孔率不变，孔数增加时，流体与圆孔入口碰撞的频率增加，总圆孔周长增加，定子孔道中阻力增加，导致更多流体从剪切间隙溢出。根据 Kolmogorov理论，对于整个混合器腔室来说，乳液的平均液滴直径由平均能量耗散率决定。在高剪切混合器中，平均能量耗散率取决于两部分流体的比例。当圆孔数目增加时，一开始主要由于圆孔区域的能量耗散率增加，通过圆孔排出流体的平均能量耗散率增加；当圆孔数目增加到一定数量时，由圆孔排出的流体减少，更多的流体从剪切间隙溢出，导致整个混合器内部的平均湍动能耗散率减小。因此，在开孔率一定时，乳液的平均液滴直径随定子开孔数目增多呈现先增大后减小的趋势。

为了增加高剪切混合器内部的湍动能耗散率，可以采取以下措施：①适当减小孔径以减小流体的短路；②增加开孔数目提高流体与圆孔的碰撞频率，进而增加转子区域的能量耗散率与圆孔入口区域包括定转子间隙与定子孔道内部的湍动能耗散率；③适当减小定子壁厚以减小流体从孔道中流出的阻力、提高定子射流区的能量耗散率。

2. 转子几何构型的影响

（1）转子叶片弯曲方向的影响　当考察转子构型的影响时，笔者使用的定子的几何构型如图 7-17（c）所示，该结构为 120×2.4mm 型定子。图 7-21 中所有转子

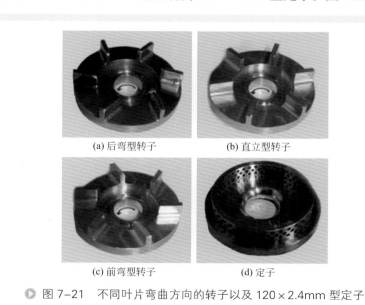

　　　(a) 后弯型转子　　　　　　　(b) 直立型转子

　　　(c) 前弯型转子　　　　　　　(d) 定子

▶ 图 7-21　不同叶片弯曲方向的转子以及 120×2.4mm 型定子

的外径都为 59.5mm，叶片高度均为 8mm；图 7-21（a）为 15° 后弯 6 叶片转子；图 7-21（b）为 0° 直立 6 叶片转子；图 7-21（c）为 15° 前弯 6 叶片转子。

从图 7-22 中可以看出，后弯型转子与直立型转子产生的 d_{32} 几乎相同，而前弯型叶片转子构型相对能产生液滴直径更小的液滴，可能是为前弯型叶片转子构型的短路流体的数量比较小，更多的流体经过湍动能耗散率相对较大的区域。同时，前弯型叶片转子有相对较大的剪切速率，但是总的来看，转子叶片弯曲方向对乳化性能影响不是十分明显。

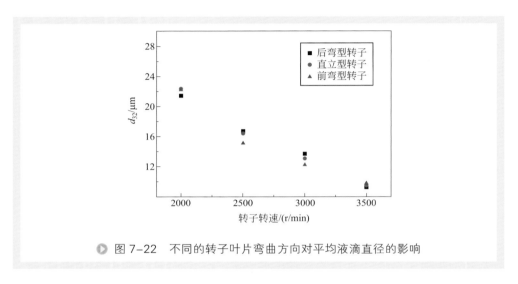

▶ 图 7-22 不同的转子叶片弯曲方向对平均液滴直径的影响

（2）转子叶片数目的影响 图 7-23 为不同转子叶片数目对平均液滴直径的影响。实验中，所有的转子拥有相同的外径 59.5mm，叶片高度为 8mm，定转子之间

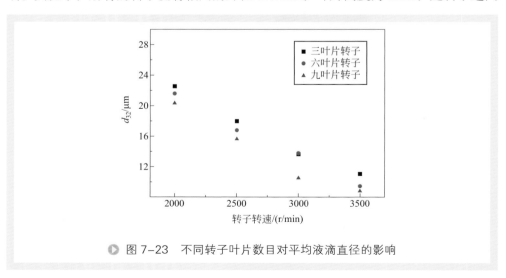

▶ 图 7-23 不同转子叶片数目对平均液滴直径的影响

的剪切间隙为 0.5mm；定转子齿尖到转定子基座之间的安装高度为 1mm。

从图 7-23 中可以看出，不同转子叶片数目对乳化影响是比较明显的，九叶片转子产生的乳液 d_{32} 最小，其次是六叶片转子，最后是三叶片转子。CFD 模拟结果显示，增加叶片数量，转子区域的速度分布会增大，同时在转子区域九叶片转子有最大的剪切速率，为 $1953s^{-1}$，其次是六叶片转子 $1794s^{-1}$，最后是三叶片转子。采用三叶片、六叶片、九叶片转子时，平均湍动能耗散率分别达到 $19m^2/s^3$、$22m^2/s^3$、$31m^2/s^3$，而转子区域的剪切速率和平均湍动能耗散率对乳化过程能够产生重要的影响。

3. 其他定转子构型调整的影响

在上述研究工作的基础上，笔者进一步考察了如图 7-24 所示的双圈转子，即在原叶片型转子外围增加一圈齿槽，以及减小开孔面壁厚的定子两种结构对于乳化性能的影响。

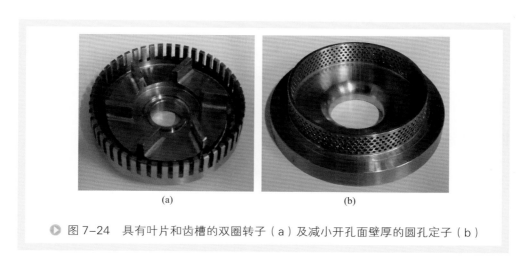

(a)　　　　　　　　　　　　(b)

▶ 图 7-24　具有叶片和齿槽的双圈转子（a）及减小开孔面壁厚的圆孔定子（b）

双圈转子同时具有叶片和齿槽，其内圈转子外径 59.5mm，内圈转子为六叶后弯 15° 叶片，外圈转子为齿槽，齿缝间距 2mm、齿数 50；圆孔定子的开孔数为 120。组装后，内外圈转子与定子之间的剪切间隙都为 0.5mm。

减小开孔面壁厚的圆孔定子，其开孔直径为 1.2mm、开孔数 480，开孔面壁厚由 5mm 减小为 1.5mm，该定子与六叶 15° 后弯叶片转子配合使用，组装后定子与转子之间的剪切间隙同样为 0.5mm。

从图 7-25 中可以看到，使用同时具有叶片和齿槽的双圈转子的连续高剪切混合器的乳化性能最好，当转子转速为 3000r/min 以下时，其平均液滴直径相比单圈叶片型转子时减小 4～5μm，高转子转速 3500r/min 下减小约 1μm，这主要是由于转子增加外圈齿槽后，提高了能量耗散率和剪切速率，强化了液滴破碎的效果。当

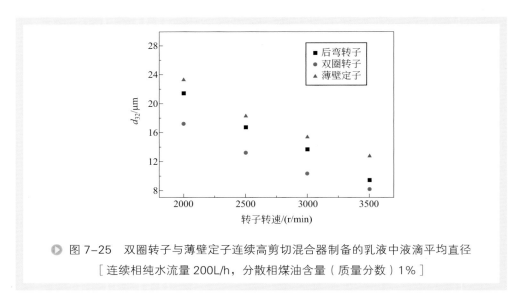

图 7-25 双圈转子与薄壁定子连续高剪切混合器制备的乳液中液滴平均直径

[连续相纯水流量 200L/h，分散相煤油含量（质量分数）1%]

采用薄壁定子时，混合器的乳化性能有所降低，转子转速为 3000r/min 以下时，其平均液滴直径相比厚壁定子增大约 1μm，高转子转速 3500r/min 下增大更多，约为 3μm。这主要是由于定子壁厚减薄之后，减少了流体与圆孔壁面碰撞后返回定转子间隙的概率，导致了乳化性能的降低。

四、液液乳化性能的预测

在前文中，给出了 FDX1 系列连续高剪切混合器 d_{32} 与部分参数的关联式。表 7-1 列出文献中其他类型的设备生产乳液时 d_{32} 的一些关联式，可供读者在连续高剪切混合器液液乳化过程设计与放大参考使用。需要指出的是，在使用这些关联式时需要格外注意其适用范围，例如前文中提及的设备操作参数和结构参数以及物料的物性参数等。建议在文献报道的实验参数范围内使用这些关联式，勿轻易将这些关联式外推至实验参数之外或者不同的高剪切混合器中使用。

表 7-1 连续高剪切混合器乳化过程的液滴平均直径关联式

液滴平均直径 d_{32} 关联式	适用条件	文献
$\dfrac{d_{32}}{D} = 0.250(1+0.459\Phi)We^{-0.58}$ $\dfrac{d_{32}}{D} = 0.201\left(\dfrac{\mu_d}{\mu_c}\right)^{0.066}We^{-0.6}$ $d_{32} \propto E_v^{-0.45}, \ d_{32} \propto E_v^{-0.39}$	硅油 - 水，添加乳化剂 叶片网孔型，Silverson 150/250 MS 单程通过模式 $9.4\text{mPa} \cdot \text{s} \leqslant \mu_d \leqslant 969\text{mPa} \cdot \text{s}$， 1%（质量分数）$\leqslant \Phi \leqslant 50\%$（质量分数） $3000\text{r/min} \leqslant N \leqslant 11000\text{r/min}$， $300\text{kg/h} \leqslant W \leqslant 4800\text{kg/h}$ W 表示乳液质量流量	[9]

液滴平均直径 d_{32} 关联式	适用条件	文献
$\dfrac{d_{32}}{D}=0.29We^{-0.58}$，$\mu_{\mathrm{d}}=339\,\mathrm{mPa\cdot s}$ $\dfrac{d_{32}}{D}=0.41We^{-0.66}$，$\mu_{\mathrm{d}}=9.4\,\mathrm{mPa\cdot s}$	硅油 - 水，添加乳化剂 叶片网孔型，单程通过模式 Silverson 150/250 MS、088/150 UHS $9.4\,\mathrm{mPa\cdot s}\leqslant\mu_{\mathrm{d}}\leqslant339\,\mathrm{mPa\cdot s}$，$\varPhi=1\%$（质量分数） $3000\mathrm{r/min}\leqslant N\leqslant11000\mathrm{r/min}$，$600\mathrm{kg/h}\leqslant W\leqslant$ $4800\mathrm{kg/h}$ W 表示乳液质量流量	[10]
$d_{32}=2\times10^{9}(1+20\varPhi)(WeRe^{4})^{-1/7}$	煤油 - 水，无乳化剂 叶片网孔型，Sliverson 425 LSl 单程通过模式 10%（体积分数）$\leqslant\varPhi\leqslant40\%$（体积分数） $3000\mathrm{r/min}\leqslant N\leqslant11000\mathrm{r/min}$， $0.4\mathrm{L/s}\leqslant Q\leqslant0.8\mathrm{L/s}$	[7]
$d_{32}\propto\left(\dfrac{N^{3}}{Q}\right)^{-0.55}\varPhi^{4.13}\left(\dfrac{\mu_{\mathrm{d}}}{\mu_{\mathrm{c}}}\right)^{-0.53}$	沥青 - 水，添加乳化剂 叶片网孔型，Sliverson（具体型号不详） 单程通过模式 分散相为软沥青、硬沥青，55%（质量分数）$\leqslant$ $\varPhi\leqslant75\%$（质量分数） $52\mathrm{s}^{-1}\leqslant N\leqslant87\mathrm{s}^{-1}$，$190\mathrm{kg/h}\leqslant W\leqslant400\mathrm{kg/h}$ W 表示乳液质量流量	[11]

注：D 为转子的名义直径或转子扫过区域的最大直径。

五、功耗特性

1. 定转子结构的影响

下面介绍双圈超细齿型和单圈叶片网孔型连续高剪切混合器（设备结构详见图 7-2）在处理不同液液两相乳液体系时的功耗特性。实验中采用的连续相是水，通过改变加入甘油的量来调节连续相黏度。分散相分别为煤油和硅油。液液两相体系中添加有表面活性剂 Tween80。如图 7-26 所示，两种连续高剪切混合器在处理不同油相体系时净功率消耗均随操作转子转速增加而显著增大。例如，利用叶片网孔型连续高剪切混合器处理硅油 - 水体系时，净功率从 2000r/min 下的 18W 增加到 3500r/min 下的 53W。对于相同的分散相，同一转子转速下双圈超细齿型高剪切混合器净功率略大于叶片网孔型的。由于硅油乳液的黏度大于煤油，因此处理硅油乳液时所需功耗稍大。

图 7-27 为定转子齿合型和叶片网孔型连续高剪切混合器净功耗随乳液体系中连续相黏度的变化趋势。结果表明，功耗随连续相黏度增加而增大；在所有操作工

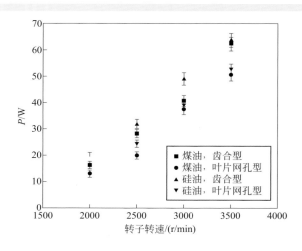

● 图 7-26　齿合型和叶片网孔型连续高剪切混合器处理不同乳液体系时的功耗特性

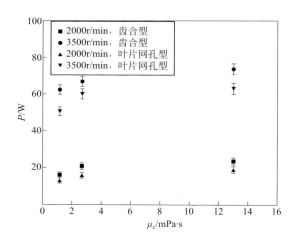

● 图 7-27　齿合型和叶片网孔型连续高剪切混合器功耗与连续相黏度的关系
〔煤油 – 水乳液体系，分散相浓度 1%（体积分数），水流量 200L/h〕

况下，定转子齿合型高剪切混合器都比叶片网孔型的功耗更高，尤其在较高转子转速条件下，如转子转速 3500r/min、连续相黏度 13mPa·s 时，定转子齿合型高剪切混合器功耗为 73W，而叶片网孔型高剪切混合器为 63W。

2. 定子几何构型的影响

　　同样地，笔者采用图 7-14 所示的定转子结构，研究了定子开孔形状对连续高剪切混合器处理液液两相体系时功耗的影响。

　　实验中分散相为煤油，其含量较低为 1%（质量分数），煤油的黏度与水接近，这意味着相应的数据与在纯水中的功率消耗差别不大。在连续相流量 200L/h、转子转速 2000 ～ 3500r/min 范围内，定子开孔形状对功率消耗的影响见图 7-28。结果表明，相同转子转速下菱形与圆形孔定子具有较大的净功率消耗，从前文中也可以知道，这两种定子结构对于液滴破碎更为有效。若实验物系的黏度、连续相流量进一步增大，不同开孔形状所对应的功率消耗差异将更为显著。

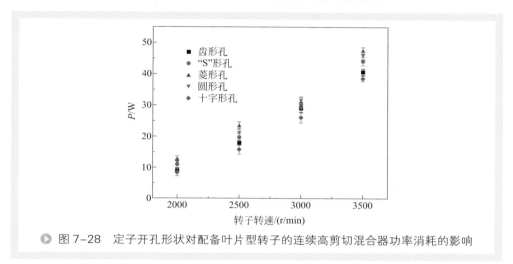

▶ 图 7-28　定子开孔形状对配备叶片型转子的连续高剪切混合器功率消耗的影响

最后来看如图 7-17 所示的结构中定子开孔数目对功耗的影响。在连续相流量 200L/h、转子转速 2000 ～ 3500r/min 范围内如图 7-29 所示。结果发现，在保持开孔率一致的前提下，当定子开孔数目从 30 个增加到 120 个时净功耗增加，但当定子开孔数目达到 480 时净功耗反而降至最低。这可能是因为定子开孔数过多导致流体流经孔道的阻力大幅增长，更多流体从定转子的齿尖 - 基座间隙中流出。

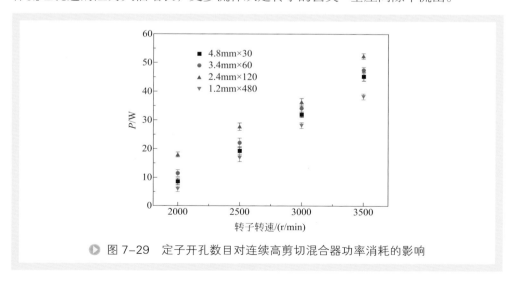

▶ 图 7-29　定子开孔数目对连续高剪切混合器功率消耗的影响

本节将介绍叶片网孔型和齿合型两种管线式高剪切混合器的液液传质性能。笔者在实验中采用的是水 - 苯甲酸 - 煤油萃取体系，测定了两种类型混合器的总体积传质系数与传质效率，系统考察了操作参数、物性参数对传质效果的影响。其中操作参数包括高剪切混合器的转子转速、水相流量和有机相的流量，物性参数考察了两相界面张力的影响。最后以叶片网孔型高剪切混合器为例，探讨了定转子几何结构对传质性能的影响和优化的方向。笔者对两种高剪切混合器分别建立了总体积传质系数与操作参数的无量纲关联式，为设备的设计和放大提供参考。实验中采用的设备在第二节已经介绍。

一、液液传质效果的评价参数

针对水 - 苯甲酸 - 煤油萃取体系，总体积传质系数 $k_L a$ 可通过下式计算：

$$Q_{ORG} \frac{dc_{ORG}^{TOT}}{dV} = -k_L a \left(c_{ORG}^{TOT} - c_{ORG}^{TOT^*} \right) \tag{7-8}$$

式中　Q_{ORG}——有机相流量，m³/s；

V——混合器腔室体积，m³；

c_{ORG}^{TOT}——苯甲酸在有机相中的浓度，mol/L；

$c_{ORG}^{TOT^*}$——混合器中任意位置，与水相中苯甲酸浓度（c_{AQ}^{TOT}）相对应的有机相中苯甲酸的平衡浓度，mol/L。

c_{AQ}^{TOT} 可以通过溶质质量守恒计算：

$$Q_{ORG} c_{ORG,i}^{TOT} + Q_{AQ} c_{AQ,i}^{TOT} = Q_{ORG} c_{ORG,i}^{TOT} + Q_{AQ} c_{AQ}^{TOT} \tag{7-9}$$

因为水相进口为去离子水，所以 $c_{AQ,i}^{TOT}=0$。结合方程（7-9），传质方程（7-8）中的 $c_{ORG}^{TOT^*}$ 可以通过下式来计算：

$$c_{ORG}^{TOT^*} = K_p^{OBS} c_{AQ}^{TOT} = K_p^{OBS} \frac{Q_{AQ} \left(c_{ORG,i}^{TOT} - c_{ORG}^{TOT} \right)}{Q_{AQ}} \tag{7-10}$$

式中　K_p^{OBS}——苯甲酸在油相和水相里的平衡分配系数。

一旦 $c_{ORG}^{TOT^*}$ 确定后，总体积传质系数 $k_L a$ 可以通过对方程（7-8）从进口到出口进行积分求得，积分结果如方程（7-11）所示。

$$k_L a = \frac{Q_{ORG}}{V} \int_i^o \frac{dc_{ORG}^{TOT}}{-\left(c_{ORG}^{TOT} - c_{ORG}^{TOT^*} \right)} \tag{7-11}$$

对于传质过程来说，效率 E 也是表征混合器性能的重要参数，其物理意义为传质的实际效果与所能达到的最好效果之比，传质效率 E 可按下式计算：

$$E = \frac{c_{\text{ORG,i}}^{\text{TOT}} - c_{\text{ORG,o}}^{\text{TOT}}}{c_{\text{ORG,i}}^{\text{TOT}} - c_{\text{ORG,o}}^{\text{TOT}^*}} \qquad (7\text{-}12)$$

式中　$c_{\text{ORG,i}}^{\text{TOT}}$ ——混合器进口的有机相中苯甲酸的浓度，mol/L；

　　　$c_{\text{ORG,o}}^{\text{TOT}}$ ——混合器出口的有机相中苯甲酸的浓度，mol/L。

两者都可以通过酸碱滴定方法得到。

对于水 - 苯甲酸 - 煤油萃取体系，苯甲酸分子在有机相中会形成二聚体，而在水中则会发生解离。所以苯甲酸即使处于低浓度情况下，在有机相与水相之间的分配系数并非定值，水相中苯甲酸浓度对分配系数有很大影响。对此处理方法，同第三章中的传质部分。

有关传质效率 E 的计算方法，也请参阅第三章第三节。

二、操作参数对传质性能的影响

1. 转子转速的影响

当考察两种高剪切混合器的转子转速对传质效率 E 与总体积传质系数 $k_{\text{L}}a$ 的影响时，固定有机相流量 113L/h，水相流量和有机相流量比 $Q_{\text{AQ}}/Q_{\text{ORG}}$=2.65 和 0.88。从图 7-30 所示的研究结果来看，两种混合器的传质效率与总体积传质系数都随转子转速的增加而显著增大，当转子转速超过 2000r/min 时，增速变得缓慢。以定转子齿合型高剪切混合器为例，$Q_{\text{AQ}}/Q_{\text{ORG}}$=2.65 时，转子转速从 500r/min 增加到 2000r/min，定转子齿合型高剪切混合器的 E 和 $k_{\text{L}}a$ 从 65.9% 和 5.63min^{-1} 增加到 97.9% 和 15.61min^{-1}；在转子转速从 2000r/min 到 3000r/min 时，这两个参数分别增加到 98.3% 与 16.07min^{-1}。在相同的转子转速下，流量比 $Q_{\text{AQ}}/Q_{\text{ORG}}$ 对 E 和 $k_{\text{L}}a$ 的影响非常显著，高流量比下的 $k_{\text{L}}a$ 值是低流量比下的三倍以上。

转子转速的增加会显著强化高剪切混合器内的混合 / 分散水平，同时能够减小液滴直径尺寸，增加两相接触面积，从而增大传质效率 E 与总体积传质系数 $k_{\text{L}}a$。此外，不断增加的转子转速可以显著加快高剪切混合器内两相的表面更新速度，减小传质阻力。值得注意的是，E 和 $k_{\text{L}}a$ 的增加趋势在 2000 ～ 3000r/min 之间变得缓慢，这可能是由于不断增加的转子转速加剧了腔室里面的返混，使得传质效果上升较为缓慢。两种类型的高剪切混合器在很短的停留时间内（本实验条件下平均停留时间短于 5s），传质效率都达到了 98% 以上（$Q_{\text{AQ}}/Q_{\text{ORG}}$=2.65，$N$=3000r/min），表明这两种连续高剪切混合器都属于高效的液液传质设备。

与叶片网孔型结构相比，双圈超细齿定转子结构的高剪切混合器拥有更高的能

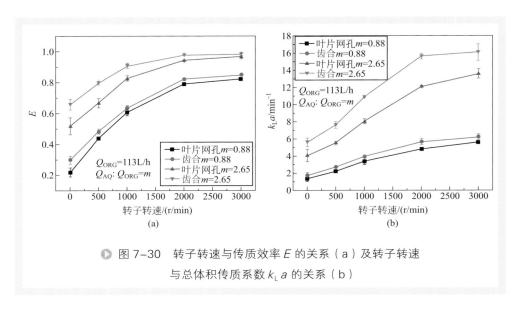

图 7-30　转子转速与传质效率 E 的关系（a）及转子转速
与总体积传质系数 $k_L a$ 的关系（b）

量耗散率、更少的沟流和短路，所以从实验结果中可以看出，相同的操作条件下，定转子齿合型高剪切混合器的传质效果要明显优于叶片网孔型高剪切混合器。举例来说，在流量比 $Q_{AQ}/Q_{ORG}=2.65$，转子转速为 2000r/min 时，定转子齿合型高剪切混合器的 E 和 $k_L a$ 值分别为 97.9% 和 15.61min⁻¹，而对于叶片网孔型高剪切混合器，这两个参数分别为 94.4% 和 12.11min⁻¹。

2. 水相流量的影响

在有机相流量为 56.5L/h，转子转速为 500r/min 和 2000r/min 的情况下分别考察水相流量对两种高剪切混合器传质性能的影响，研究结果如图 7-31 所示。实验结果表明，两种混合器的 E 和 $k_L a$ 都随着水相流量的增加而明显增加。例如，在转子转速为 2000r/min 的情况下，随着水相流量从 50L/h 上升到 250L/h，齿合型结构的 E 和 $k_L a$ 分别从 83.2% 和 2.65min⁻¹ 增加到 99.5% 和 11.58min⁻¹。

传质效率 E 的增加，归功于在相同时间内，等量的煤油能够与更多的水接触，从而提高了萃取效率。而总体积传质系数的增加，可以从传质面积 a 与总传质系数 k_L 两个方面来理解。可以简单地认为两相传质面积为有机相液滴的总表面积，即 $a=6\Phi/d_{32}$。随着水相流量的增加，会引起一定的稀释效应，这意味着混合器腔室内有机相所占的体积分数 Φ 会下降；另外，在无乳化剂存在的情况下，有机相液滴的平均液滴直径 d_{32} 与有机相体积分数有很大关系，因为分散相体积分数的增加会显著增加液滴间的聚并。Thapar[7] 通过煤油 - 水体系，在无乳化剂存在的情况下研究了连续高剪切混合器的乳化性能。研究发现，所制得的液滴平均直径 d_{32} 随着分散相体积分数的降低明显减小。所以，在 Φ 与 d_{32} 的共同变化下，传质面积 a 可能

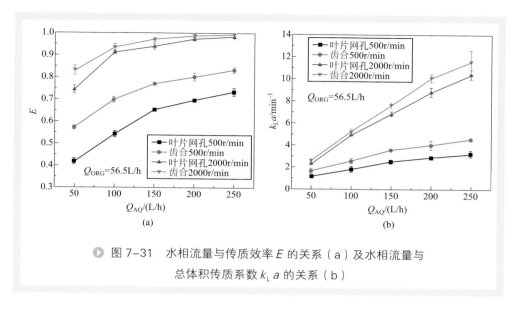

图7-31 水相流量与传质效率 E 的关系（a）及水相流量与
总体积传质系数 $k_L a$ 的关系（b）

随着水相流量 Q_{AQ} 的增加而略微减小。

由前述传质的理论介绍可知，基于有机相推动力的总传质系数 k_L 与分传质系数的关系可以用下式表示：

$$\frac{1}{k_L} = \frac{1}{k_{ORG}} + \frac{K_p^{OBS}}{k_{AQ}}$$（7-13）

式中　k_{ORG}，k_{AQ}——有机相和水相的分传质系数，$min^{-1} \cdot m^{-2}$；

K_p^{OBS}——苯甲酸在有机相和水相中的分配系数，$min^{-1} \cdot m^{-2}$。

根据表面更新理论，k_{ORG} 和 k_{AQ} 正比于苯甲酸在煤油和水里面的扩散系数 D_{ORG} 和 D_{AQ}。由于 D_{AQ} 和 D_{ORG} 的值相当接近，并且分配系数 K_p^{OBS} 在 0.1～1 之间，所以传质阻力项 $1/k_{ORG}$ 和 K_p^{OBS}/k_{AQ} 在相同的数量级，k_{ORG} 或 k_{AQ} 中任意一项的改变都会引起总传质系数 k_L 的明显改变。水相流量的增加意味着单位时间内有更多的水与煤油接触，这会加快水相的表面更新速度，进而增加 k_{AQ}。另外，水相流量的增加会导致混合器腔室内苯甲酸的浓度降低，分配系数 K_p^{OBS} 会随着苯甲酸浓度降低而降低。因此，式（7-13）中水相传质阻力 K_p^{OBS}/k_{AQ} 会随着水相流量的增加大幅度减小，从而引起总传质系数 k_L 的显著增大。因此，在 a 和 k_L 的共同作用下，总体积传质系数 $k_L a$ 随水相流量增加而明显增加。

3. 有机相流量的影响

图 7-32 所示为水相流量 $Q_{AQ}=250L/h$，转子转速为 500r/min 和 2000r/min 时，传质效果随有机相流量 Q_{ORG} 的变化。实验结果表明，当 Q_{ORG} 从 56.5L/h 增加到

282.5L/h 时，两种高剪切混合器的传质效率 E 都出现了大幅度下降，原因是：有机相流量的增大，增大了单位时间进入混合器内的苯甲酸的质量，增大了传质负荷；同时，使得水相中的苯甲酸浓度提高，降低了传质推动力。相比于转子转速和水相流量的影响，当有机相流量增加了 5 倍时，总体积传质系数 k_La 只有少量增加。例如，在转子转速 2000r/min 时，对于定转子齿合型高剪切混合器，k_La 从 11.82min^{-1} 增加到 13.76min^{-1}，对于叶片网孔型高剪切混合器，k_La 也从 8.44min^{-1} 增加到 11.99min^{-1}。造成这种结果的原因仍然需要从传质面积 a 与总传质系数 k_L 两方面解释。与 Q_{AQ} 的增加的影响相反，Q_{ORG} 的增加会引起传质面积 a 的略微增加。对于总传质系数 k_L，Q_{ORG} 的增加会引起 k_{ORG} 的增大，但是同时会导致混合器内苯甲酸浓度的增大进而引起 K_p^{OBS} 增加，根据公式（7-13），在 k_{ORG} 与 K_p^{OBS} 的同时变化下，k_L 可能表现会微弱地增加甚至是下降。因此，在 a 与 k_L 的共同作用下，k_La 随 Q_{ORG} 的变化比较微弱。

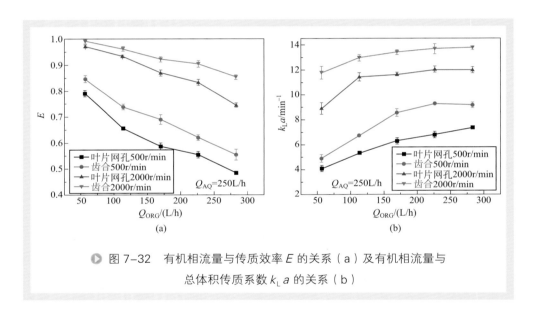

▶ 图 7-32　有机相流量与传质效率 E 的关系（a）及有机相流量与
总体积传质系数 k_La 的关系（b）

三、物性参数对传质性能的影响

在低界面张力下，分散相更容易破碎，有利于增大两相的传质面积，所以两相的界面张力对于传质效果有重要影响。不同的液液体系界面张力值不相同，在同一液液体系下，界面张力的改变是通过添加表面活性剂实现的。本实验在水相流量 $Q_{AQ}=100$L/h，有机相流量 $Q_{ORG}=113$L/h，转子转速分别为 500r/min 和 2000r/min 的条件下测定了不同表面活性剂浓度下的传质效率与总体积传质系数。实验中使用的表面活性剂为 Tween80。表面活性剂与界面张力的对应关系如表 7-2 所示。

表 7-2　15℃下工作流体的物性

Tween80 浓度 /(mg/L)	水相		有机相		界面张力 / (mN/m)
	μ_{AQ}/mPa·s	ρ_{AQ}/(kg/m³)	μ_{AQ}/mPa·s	ρ_{AQ}/(kg/m³)	
0	1.18	999	1.47	800	23.1
5	1.18	999	1.47	800	13.7
15	1.18	999	1.47	800	7.3
30	1.18	999	1.47	800	6.2

表面活性剂 Tween80 的临界胶束浓度（CMC）为 13mg/L[12]。从图 7-33 中可以看出，两种混合器的 E 和 k_La 都随着表面活性剂浓度先增加后降低。高剪切混合器中出现的现象可以通过如下机理解释：（Ⅰ）表面活性剂的添加会明显减小体系的界面张力，有利于分散相破碎成更小的液滴并抑制液滴间的聚并[13]，进而增加传质面积；（Ⅱ）表面活性剂分子会集聚在两相界面上，增加传质边界层的厚度从而对传质有一定的阻碍作用；（Ⅲ）系统中存在的表面活性剂会阻碍两相界面上的对流，增加传质的阻力。在低浓度表面活性剂存在的情况下，机理（Ⅰ）起主导作用，随着表面活性剂浓度不断增大，机理（Ⅱ）和（Ⅲ）的影响逐渐增大，所以导致 k_La 呈现先增大后减小的趋势。

在转子转速为 2000r/min 时，E 和 k_La 的最高值所对应的界面张力比 500r/min 的要低。原因可能是在高转子转速下，较少的表面活性剂就能使系统达到理想的乳化状态，机理（Ⅰ）的作用得到充分发挥，继续增加表面活性剂对于传质面积的增加贡献很小，反而更能促进机理（Ⅱ）和（Ⅲ）发挥作用。而在低转子转速下，需

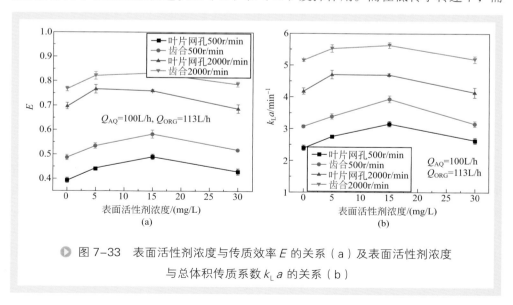

图 7-33　表面活性剂浓度与传质效率 E 的关系（a）及表面活性剂浓度与总体积传质系数 k_La 的关系（b）

要更多的表面活性剂来促进机理（Ⅰ）发挥作用。

四、结构参数对传质性能的影响

1. 定子几何构型的影响

（1）定子开孔形状的影响　从图 7-34 可以看到，五种开孔形状定子的传质效率和总体积传质系数并没有明显区别，各种形式的 E 与 k_La 最大差别为 7%。虽然定子开孔形状各异，但是在低开孔数目下，高剪切混合器内部湍动能水平相当。由本章第二节的乳化结果可知，不同开孔形状的定子所制备乳液的平均液滴直径相近，说明开孔形状对于传质面积的影响很小。当转子转速达到 2500r/min 以上，传质效率与总体积传质系数随转子转速的增加变缓，3000r/min 转子转速与 3500r/min 转子转速下的 E 与 k_La 基本没有区别，可能是因为高转子转速下混合器内返混过大，这一现象在第二节转子转速的影响也可以发现。转子转速 2000 ~ 3000r/min 之间，双圈超细齿与叶片网孔型高剪切混合器的 E 与 k_La 随转子转速的变化幅度明显小于 500 ~ 2000r/min 的。

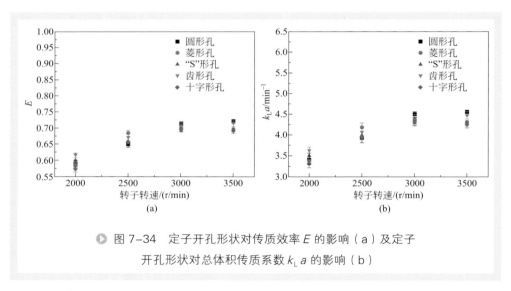

图 7-34　定子开孔形状对传质效率 E 的影响（a）及定子
开孔形状对总体积传质系数 k_La 的影响（b）

（2）定子开孔数目的影响　相同开孔率下，不同开孔数目的定子的传质效果有明显差别，如图 7-35 所示；开孔数目为 120 时拥有最高的传质效率与总体积传质系数。从 30 孔到 120 孔，E 与 k_La 都不断增加，然而当孔数增加到 480 时，E 与 k_La 出现了下降。各开孔数目下，E 与 k_La 随转子转速的增加而增加，2500r/min 以上增加趋势变缓。与乳化过程不同的是，480 孔的定子的传质效果与 60 个孔的相近，而乳化操作中 480 个孔的平均液滴直径比 30 个孔的还大。乳化过程由于只涉

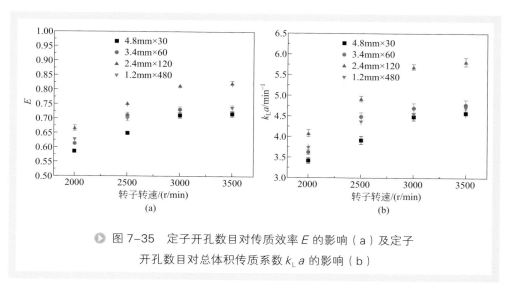

▶ 图 7-35　定子开孔数目对传质效率 E 的影响（a）及定子
开孔数目对总体积传质系数 $k_L a$ 的影响（b）

及液滴破碎，且添加了表面活性剂，忽略了液滴聚并的影响，平均液滴直径大小主要受平均能量耗散率的影响；而传质过程涉及相间传质，与混合器内的流动与返混特性有更大关系，所以其结果略有差别。但是乳化与传质的实验结果都表明，在相同开孔率下，定子网孔的开孔数目有最优值，在实验的几种开孔数目下，120个圆孔的定子其乳化与传质效果最好。

2. 转子几何构型的影响

（1）转子叶片弯曲方向的影响　从图 7-36 中可以看出，转子叶片弯曲方向的改变对传质性能的影响并不显著。后弯型转子与直立型转子的传质性能区分不大，稍微优于前弯型叶片转子。从 CFD 计算的结果来看，后弯型转子的平均剪切速率

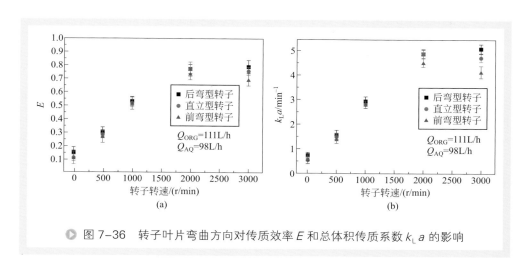

▶ 图 7-36　转子叶片弯曲方向对传质效率 E 和总体积传质系数 $k_L a$ 的影响

为 1362s^{-1}，直立型转子为 1367s^{-1}；后弯型转子的湍动能耗散速率为 40.5m^2/s^3，直立型转子为 41.3m^2/s^3，两者相近，稍微优于前弯型叶片转子（1298s^{-1} 和 37.4m^2/s^3）。转子叶片弯曲方向能对定子孔间射流量和返混量产生影响，后弯型转子构型拥有相对较大的孔间射流量和返混量，而循环次数 $n=$（射流量＋返混量）/入口流量，循环次数越多，表明更多的流体经过高能量耗散速率区域，能够产生更小的液滴尺寸，强化传质。

（2）转子叶片数目的影响 图 7-37 为不同转子叶片数目对高剪切混合器传质性能的影响，从图中可以看出在低转子转速下不同叶片数目的转子的传质性能较为接近，当转子转速高于 2000r/min 时，六叶片转子拥有最大的总体积传质系数和传质效率，其次是三叶片转子，最后是九叶片转子。从平均剪切速率的数值来看，六叶片转子 1475s^{-1}，三叶片转子 1457s^{-1}，九叶片转子 1297s^{-1}，从湍动能耗散率来看，六叶片转子 43m^2/s^3，三叶片转子 37m^2/s^3，九叶片转子 38m^2/s^3。这些结果也可以说明为何六叶片转子优于三叶片转子和九叶片转子。

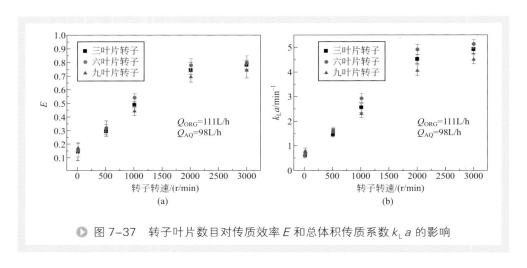

图 7-37 转子叶片数目对传质效率 E 和总体积传质系数 k_La 的影响

3. 其他定转子构型调整的影响

在上述实验的基础上，进一步研究了如图 7-24 所示的双圈转子、薄壁定子两种结构对于液液传质性能的影响。如图 7-38 所示，当高剪切混合器转子转速低于 2000r/min 以下时，采用双圈转子的传质效率与总体积传质系数明显优于单圈后弯叶片转子，这主要是由于增加了外圈齿槽的转子带来了能量耗散率的增加；当转子转速达到 3000r/min 时，双圈转子液液传质性能稍微低于单圈后弯叶片转子，这可能是由于转子增加外圈齿槽后导致定子开孔区与定子射流区能量耗散率有所降低。另外，当转子转速低于 1000r/min 时，采用新型薄壁定子的高剪切混合器液液传质性能与 120×2.4mm 型厚壁定子相近，当转子转速高于 1000r/min 时稍差于

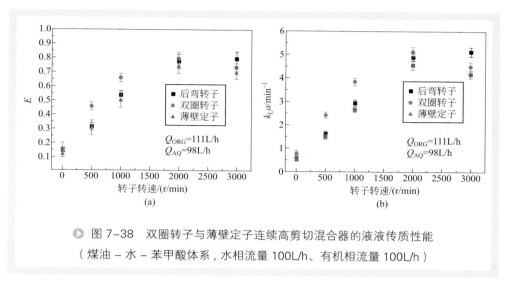

图 7-38　双圈转子与薄壁定子连续高剪切混合器的液液传质性能
（煤油 - 水 - 苯甲酸体系，水相流量 100L/h、有机相流量 100L/h）

120×2.4mm 型厚壁定子。这主要是由于定子壁厚减小在增加剪切速率的同时也导致定子开孔内的能量耗散率降低。

五、液液传质性能的预测

笔者基于定转子齿合型和叶片网孔型两种连续高剪切混合器在煤油 - 水 - 苯甲酸体系下的液液传质实验数据，考虑转子转速、有机相流量、水相流量等参数，建立了以无量纲舍伍德特征数表示的液液传质性能关联式。其相关系数 R^2 分别为 0.95 和 0.94。

齿合型：
$$Sh = 6.81 \times 10^{-3} Re_M^{1.5} Fl_{ORG}^{0.1} Fl_{AQ}^{0.93} \tag{7-14}$$

叶片网孔型：
$$Sh = 1.48 \times 10^{-3} Re_M^{1.58} Fl_{ORG}^{0.12} Fl_{AQ}^{0.94} \tag{7-15}$$

式中　Sh——舍伍德特征数，$Sh = k_L a D^2 / D_M$；

　　　a——相界面积，m^2/m^3；

　　　D——转子外径，m；

　　　D_M——苯甲酸在有机相和水相中的混合扩散系数，$D_M = \Phi D_{ORG} + (1-\Phi) D_{AQ}$；

　Fl_{ORG}——有机相的流量特征数，$Fl_{ORG} = Q_{ORG} / (ND^3)$；

　　Fl_{AQ}——水相的流量特征数，$Fl_{AQ} = Q_{AQ} / (ND^3)$；

　　Re_M——有机相和水相的混合雷诺数，$Re_M = \rho_M ND^2 / \mu_M$；

　　　ρ_M——有机相和水相的混合密度，$\rho_M = \Phi \rho_{ORG} + (1-\Phi) \rho_{AQ}$；

　　　μ_M——有机相和水相的黏度，$\mu_M = \Phi \mu_{ORG} + (1-\Phi) \mu_{AQ}$；

　　Q_{ORG}——有机相的体积流量，L/h；

Q_{AQ}——水相的体积流量，L/h。

式（7-14）与式（7-15）的适用范围为：

$500r/min \leqslant N \leqslant 3000r/min$，$56.5L/h \leqslant Q_{ORG} \leqslant 282.5L/h$，$50L/h \leqslant Q_{AQ} \leqslant 300L/h$。

第四节　工业应用

一、选型指导

连续高剪切混合器在处理液液两相分散与传质的过程中有众多优良的性能，已被较为广泛应用于过程工程的各个行业，可以说是连续高剪切混合器应用最多的领域之一。可以根据生产厂商选型指南直接选用。在进行设备选型时，建议从以下几个角度考虑：

（1）转子转速或者线速度，需要根据工艺要求的乳化性能或者传质效果确定，一般选择转子线速度 $\geqslant$ 10m/s。

（2）综合考虑能耗和分散（传质）效果的影响，选择合适的剪切头形式，建议优选定转子齿合型剪切头，剪切头选用多圈的型式；如果乳液稳定性要求严格，建议选择多级定转子齿合型剪切头，每一级的剪切间隙依次减小。

（3）对于定子的侧面开孔，综合考虑加工费用与乳化性能，建议采用多排的圆形开孔，圆孔直径为 4 ~ 6mm，圆孔采用三角形排列。对于多级剪切头，建议每级定子的侧面开孔率保持不变，开孔直径依次减小。

（4）在选用单级剪切头时，要充分考虑定转子齿尖与基座之间的间隙，要优选长方形开孔的定子、转子，防止流体在定转子齿尖与基座之间的间隙的短路。

（5）在某些特殊场合如食品、医药等领域，应考虑设备的卫生条件及设备工作区域的材质。

例如，针对液液两相混合体系，上海弗鲁克科技发展有限公司推出了 FDC、FDX、FDH 等系列连续高剪切混合器。通常，液液两相过程对高剪切混合器并无特殊要求，这些设备既可以用于液液两相过程，同样也适用于单相甚至气液、液固等过程。其中，FDC1、FDX1 属于单级高剪切混合器，FDC3、FDX3 属于三级高剪切混合器。以 FDC1 系列为例，该设备为单级连续高剪切混合器用于连续生产或循环处理精细物料，其工作腔内配置一组高精度的多齿定转子，物料经过定转子的高速剪切、分散、乳化、均质后，达到理想的处理效果。该系列适用于日化、食品、医药、生物等卫生级行业，其选型如表 7-3 所示：

表 7-3　FDC1 系列高剪切混合器设备选型表

型号	功率 /kW	转子转速 /(r/min)	进口尺寸 /in	出口尺寸 /in	流量范围 /(m³/h)
FDC1/40	0.75	6000	1	3/4	0 ~ 1
FDC1/60	1.5	6000	1	3/4	0 ~ 2
FDC1/100	2.2	3000	1.5	1.25	0 ~ 3
FDC1/140	5.5	3000	2	1.5	0 ~ 6
FDC1/165	7.5	3000	2	1.5	0 ~ 10
FDC1/180	11	3000	2.5	2	0 ~ 15
FDC1/200	22	3000	2.5	2	0 ~ 25
FDC1/210	37	3000	3	2.5	0 ~ 35
FDC1/230	45	3000	4	3	0 ~ 40
FDC1/245	55	1500	6	5	0 ~ 60
FDC1/300	90	1500	6	5	0 ~ 90
FDC1/380	110	1000	8	6	0 ~ 125

二、工业应用举例

　　下面将对高剪切混合器在食品、化工、医药和日化等领域的应用做一些简单的介绍。在实际的应用中，高剪切混合器的使用是很灵活的，既可以与搅拌釜或者间歇高剪切混合器搭配使用，也可以单独使用，这点在第三章有所提及；既可以单程剪切，也可以多次剪切或循环剪切。实际的生产过程往往比较复杂，液液混合的过程也可能伴随着固体颗粒／粉末在液液体系的分散，这些生产工况在下面的案例中都会有所体现。

1. 20%营养型脂肪乳

　　脂肪乳注射液是一种静脉注射的能量补充液，为白色乳状液体。生产原料以大豆油为分散相（油相），并在其中加入粉状的卵磷脂作为乳化剂，水相中添加一些辅料及主药。脂肪乳初乳的生产是整条工艺链的重要环节。在原有的生产工艺中，加入的卵磷脂容易团聚、结块。如何确保油相中卵磷脂快速有效剪切分散和初乳滴颗粒迅速减小至均一稳定的状态是整个制备工艺中需要解决的问题；可以通过间歇高剪切混合器和连续高剪切混合器联合使用来解决上述问题。

　　乳化剂卵磷脂在大豆油中的分散剪切是通过间歇高剪切混合器完成的，粉状卵磷脂能迅速地被高剪切混合器吸下去，往复剪切形成透明的油相，避免了卵磷脂的团聚。脂肪乳初乳的生产通过连续高剪切混合器多次循环剪切将油相和水相在线接触乳化，使得液滴直径迅速变小，最终形成水包油的体系。为确保油水乳化液滴直径分布尽量达到均匀，生产工艺中采用三级管线式高剪切混合器，由于剪切腔体较小，而且剪切工作头选择为三组工作头，能够确保剪切无死角，油水物料能够受到均匀的剪切，初乳结束后物料直接进到乳化罐并进行在线循环 2～3 次。最终的产品肉眼观察乳液表面无漂油现象，液滴直径 D_{90} 在 5～10μm 之间，乳滴呈乳白色，黏度类似油。

2. 蓝耳病疫苗

蓝耳病疫苗是用于预防猪蓝耳病的（猪繁殖与呼吸综合征的俗称）灭活苗或弱毒苗。生产原料以白油、硬脂酸铝、吐温 80、乳化剂及稳定剂为油相，灭活的蓝耳病毒、反渗透水和辅料为水相，这是一种油包水的乳化体系。蓝耳病疫苗的生产过程对乳化要求较高，含有抗原的水相需要缓慢加入油相中并同时进行剪切以确保产品乳滴颗粒度迅速减小，达到液滴直径均一稳定的状态。

为确保油水乳化液滴直径分布尽量达到均匀，该工艺采用间歇高剪切与管线式的联用设计。抗原水相在油相中的分散剪切是通过间歇高剪切混合器（Fluko FAS200 型高剪切分散乳化机）完成的。该设备的额定功率为 22kW，额定转子转速为 147～1470r/min，剪切工作头的型号为 Hisher。在间歇高剪切混合器内乳化 1.5h 后，还需通过连续高剪切混合器（FDC1/185）进行多次循环剪切。连续高剪切混合器的额定功率为 15kW，额定转子转速为 290～2900r/min，进口流量范围 0～12m³/h，能将油相和水相在线接触乳化，使得液滴直径迅速变小，最终形成油包水的体系。剪切腔体采用大圆弧卫生级设计，既能确保剪切无死角，油水物料能够受到均匀的剪切，又能满足产品生产的卫生要求。初乳结束后物料直接进到乳化罐循环乳化，循环一遍约为 15min，通常循环 2～3 次，生产的乳液即便通过离心后仍不分层。产品放置在 37℃及 4℃两种状态下保存 21 天后不分层，液滴直径范围 D_{90} 在 1μm 左右。

3. 精制植物油

刚榨取的食用油并不纯净，通常含有胶质等其他杂质，需要通过脱胶、中和、漂白等过程进行精制。食物油的精制过程是一个高处理量的连续操作，磷酸和氢氧化钠溶液是精制过程中需要加入的原料。由于它们的加入量很小，为了增大传质面积，必须尽可能地分散至待处理的植物油中。使用高剪切混合器用于添加磷酸、氢氧化钠溶液，单次剪切即可将其快速分散在油相中，实现油水两相的充分混合和高效传质；可以代替传统混合器的多次操作。

4. 乙酸酐生产工艺 [14]

乙酸酐是一种广泛应用的化工原料，在工业上大量地被用来制造醋酸纤维素，在制药领域常用于合成地巴唑、阿司匹林等。目前生产乙酸酐最常用的工艺是在低压、高温（一般超过 700℃）的条件下利用脱水催化剂（磷酸三乙酯）分解乙酸生成乙烯酮，然后乙烯酮与过量的乙酸反应获得乙酸酐。详细的生产工艺读者可参阅相关专著。该过程的反应方程式如下：

$$CH_3COOH \longrightarrow H_2C=C=O+H_2O$$

$$H_2C=C=O+CH_3COOH \longrightarrow O=CCH_3OCH_3C=O$$

这种生产方法有很多优点，但是也存在反应流程复杂、能耗大的缺陷，很多工程人员都尝试进行优化。其中，美国 HRD 公司采用连续高剪切混合器强化过程的传质从而实现了反应条件，包括温度、压力、操作时间以及反应速率和产率等的优化。在他们优化的工艺中，需要至少配置一个三级连续高剪切混合器，也可以串联或者并联使用多个高剪切设备。高剪切混合器的进口与乙酸进料泵和催化剂进口相连，用来充分混合加压的液体乙酸与液体催化剂，出口得到的是液体催化剂分散在乙酸中的均一乳液，形成的乳液具有小于 1.5μm 的平均液滴直径。高剪切混合器的出口与热解反应器相连，在热解反应器内乙酸分解生产乙烯酮，随后物料经过冷却器后进入乙酸酐生产反应器得到最终产品乙酸酐。从工艺改进的效果来看，使用高剪切反应器后可以降低反应的温度和压力，并且能更有效地利用催化剂，从而提高生产能力，降低生产成本。

参考文献

[1] Qin C, Chen C, Xiao Q, et al. CFD-PBM simulation of droplets size distribution in rotor-stator mixing devices [J]. Chemical Engineering Science, 2016, 155: 16-26.

[2] Jasińska M, Baldyga J, Hall S, et al. Dispersion of oil droplets in rotor-stator mixers: Experimental investigations and modeling [J]. Chemical Engineering and Processing: Process Intensification, 2014, 84: 45-53.

[3] Michael V, Prosser R, Kowalski A. CFD-PBM simulation of dense emulsion flows in a high-shear rotor-stator mixer [J]. Chemical Engineering Research and Design, 2017, 125: 494-510.

[4] Li D, Gao Z, Buffo A, et al. Droplet breakage and coalescence in liquid-liquid dispersions: Comparison of different kernels with EQMOM and QMOM [J]. AIChE Journal, 2017, 63 (6): 2293-2311.

[5] 李东岳. 搅拌反应器内液 - 液分散特性的 CFD-PBM 数值模拟 [D]. 北京：北京化工大学，2016.

[6] Shi J, Xu S, Qin H, et al. Single-pass emulsification processes in two different inline high shear mixers [J] . Industrial & Engineering Chemistry Research, 2013, 52 (40): 14463-14471.

[7] Thapar N. Liquid-liquid dispersions from in-line rotor-stator mixers [D]. Cranfield Bedfordshire: Cranfield University, 2004.

[8] Kowalski A J. An expression for the power consumption of in-line rotor-stator devices [J]. Chemical Engineering and Processing: Process Intensification, 2009, 48 (1): 581-585.

[9] Hall S, Cooke M, El-Hamouz A, et al. Droplet break-up by in-line Silverson rotor-stator mixer [J]. Chemical Engineering Science, 2011, 66 (10): 2068-2079.

[10] Hall S, Cooke M, Pacek A W, et al. Scaling up of Silverson rotor-stator mixers [J]. The Canadian Journal of Chemical Engineering, 2011, 89 (5): 1040-1050.

[11] Gingras J P, Tanguy P A, Mariotti S, et al. Effect of process parameters on bitumen emulsions [J]. Chemical Engineering and Processing: Process Intensification, 2005, 44 (9): 979-986.

[12] Weiss J, Canceliere C, McClements D J. Mass transport phenomena in oil-in-water emulsions containing surfactant micelles: Ostwald ripening [J]. Langmuir, 2000, 16 (17): 6833-6838.

[13] Hall S, Pacek A W, Kowalski A J, et al. The effect of scale and interfacial tension on liquid–liquid dispersion in in-line Silverson rotor-stator mixers [J]. Chemical Engineering Research and Design, 2013, 91 (11): 2156-2168.

[14] 阿巴斯·哈桑, 易卜拉希姆·巴盖尔扎德, 雷福德·G·安东尼, 等. 用于乙酸酐生产的高剪切体系和工艺 [P]: 中国, CN101790508A. 2010-07-28.

第八章

液固两相连续高剪切混合器

如第四章所述，悬浮、分散、溶解、结晶等液固两相过程是石油、化工、生物、医药、食品等行业的重要单元操作过程，高剪切混合器可用于强化上述工艺过程，从而提高生产强度、改善工艺效果[1]。由于连续高剪切混合器具有处理量大、连续化操作、可自动控制、定转子可根据需要适配等优点，在工业上应用得越来越多；本章主要介绍液固体系下连续高剪切混合器的性能与应用。

第一节 流动与功耗

一、流动特性

Baldyga 等[2] 利用 CFD-PBM 方法研究了循环通过模式下 Silverson 连续高剪切混合器处理液固两相物系时的流动特性。图 8-1 与图 8-2 分别为连续高剪切混合器处理不同质量分数二氧化硅悬浮液时的速度和湍动能耗散率分布云图。可以看出，连续高剪切混合器处理液固两相物系时的速度场、湍动场分布与单相流体物系下相似，主要表现为定转子剪切区、外圈定子射流区存在局部较高水平的流体运动速度和湍动能耗散率。对比发现：图 8-1（b）中转速 9000r/min 下速度最大值约为图 8-1（a）中 3000r/min 下的 3 倍，表明流体最大运动速度主要来自转子末端线速度的贡献，其与悬浮液中的固含量无明显关联；图 8-2 中转速 9000r/min 与 3000r/min 下湍动能耗散率最大值之比大于转速之比的三次方，表明固含量增加对高剪切混合器湍动能耗散率水平提高亦有贡献。

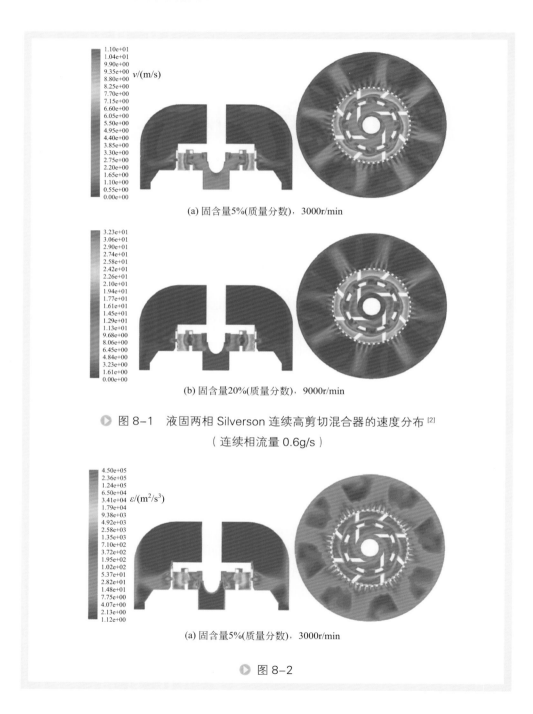

(a) 固含量5%(质量分数)，3000r/min

(b) 固含量20%(质量分数)，9000r/min

▶ 图 8-1　液固两相 Silverson 连续高剪切混合器的速度分布 [2]

（连续相流量 0.6g/s）

(a) 固含量5%(质量分数)，3000r/min

▶ 图 8-2

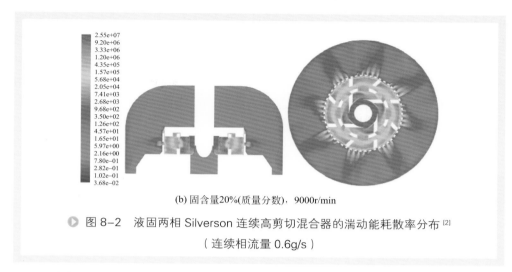

(b) 固含量20%(质量分数)，9000r/min

▶ 图 8-2　液固两相 Silverson 连续高剪切混合器的湍动能耗散率分布 [2]

（连续相流量 0.6g/s ）

二、功耗特性

Padron 与 Özcan-Taşkin[3] 采用量热法实验测定了 Silverson 150/250MS 单级双圈连续高剪切混合器在分散纳米颗粒聚集体时的功率消耗特性，高剪切混合器采用循环通过模式，固含量 1% ～ 15%（质量分数），连续相最大黏度 100mPa·s。图 8-3 所示为配备不同定子的 Silverson 150/250MS 连续高剪切混合器在处理液固悬浮液时的功耗特性。结果表明：①当雷诺数 $Re>2400$、流量特征数 $0.008<Fl<0.05$ 时，连续高剪切混合器的内部流动可认为达到湍流状态；②配备两种不同定子时连续高剪切混合器湍流功率消耗特性较为相近；③对照连续高剪切混合器的功耗模型 $Po=Po_1+Po_2Fl$，GPDH+SQHS 标准网孔型定子对应的模型参数 Po_1 和 Po_2 分别为

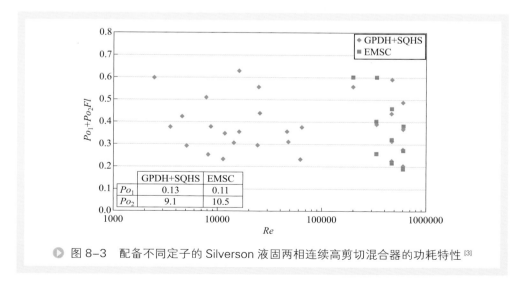

▶ 图 8-3　配备不同定子的 Silverson 液固两相连续高剪切混合器的功耗特性 [3]

0.13 和 9.1，而表 5-3 显示单相物系下对应的模型参数 $Po_{z(t)}$ 和 k_1 分别为 0.241 和 7.75；EMSC 细网孔型的功耗模型参数 Po_1 和 Po_2 分别为 0.11 和 10.5，表 5-3 显示单相物系下的模型参数 $Po_{z(t)}$ 和 k_1 分别为 0.145 和 8.79。此外，模型参数 Po_1 与表 5-3 中参数 $Po_{z(t)}$ 相对应，模型参数 Po_2 与表 5-3 中参数 k_1 相对应。这说明，液固两相物系下连续高剪切混合器的零流量湍流功率特征数 Po_1 较单相物系偏小，但功耗随流量特征数的变化更为敏感。

第二节　分散与混合性能

连续高剪切混合器用于液固两相分散与混合时，通常有四种操作方式：

（1）连续吸入 - 分散 - 输出模式。将连续高剪切混合器、离心泵、文丘里、粉末进料斗、三通等设备组合使用，由离心泵通过文丘里抽吸流体形成局部低压，使得固体粉料通过三通被吸入流体中，并进入连续高剪切混合器进行颗粒解聚、分散、连续输出。

（2）连续送入 - 分散 - 输出模式。将连续高剪切混合器、粉末进料系统等设备组合使用，由粉末进料系统将粉末物料送入高剪切混合器的剪切头，靠液体的流动和高剪切头的泵送能力，带动固体粉料通过高剪切头，完成颗粒解聚、分散、连续输出。

（3）预分散 - 自循环模式。将液体、固体颗粒在搅拌釜中进行预分散，粗悬浮液进入连续高剪切混合器中进一步进行颗粒解聚和分散并返回搅拌釜，如此循环操作，直到悬浮液的颗粒尺寸分布等特性达到需求后输出。

（4）预分散 - 双向循环模式。将液体、固体颗粒在搅拌釜 1 中进行预分散，粗悬浮液进入连续高剪切混合器中进行颗粒解聚和分散后，进入搅拌釜 2；直到搅拌釜 1 中粗悬浮液全部处理完，将搅拌釜 2 中经过高剪切混合器处理的悬浮液，通过连续高剪切混合器再次进行颗粒解聚和分散后，进入搅拌釜 1 中；如此循环操作，直到悬浮液的颗粒尺寸分布等特性达到需求后输出。

笔者围绕着连续高剪切混合器内的纳米颗粒聚集体解聚、分散、悬浮开展了研究工作，并综合文献数据，分析了操作参数、流体物性、混合器结构参数对连续高剪切混合器液固分散性能的影响规律。

一、操作参数的影响

1. 转子转速的影响

笔者在预分散 - 循环通过模式下，研究了转速和循环时间对 Aerosil 200V 亲水型二氧化硅纳米颗粒在连续高剪切混合器内液固分散性能的影响。如图 8-4 所示，不同转子转速下，纳米颗粒的粒径均呈现双峰分布特征；随着转子转速升高，粗颗粒的特征峰向左移动趋势显著，颗粒尺寸减小速率加快；细颗粒的特征峰位置向左略微移动，细颗粒所占体积分数逐渐升高。

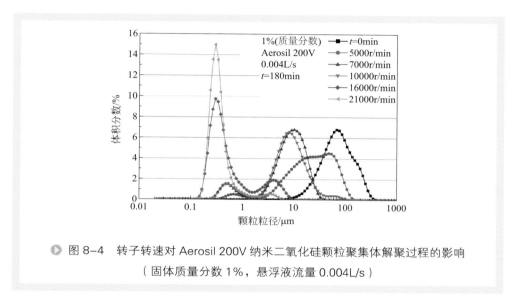

▶ 图 8-4　转子转速对 Aerosil 200V 纳米二氧化硅颗粒聚集体解聚过程的影响
（固体质量分数 1%，悬浮液流量 0.004L/s）

　　在预分散 - 循环通过模式下，转子转速对连续高剪切混合器内固体颗粒分散过程影响较显著。如图 8-5 所示，提高转速会提升混合器内部湍动能耗散率水平，对加速固体颗粒解聚有益，使得细颗粒的生成速率（单次循环过程细颗粒体积分数

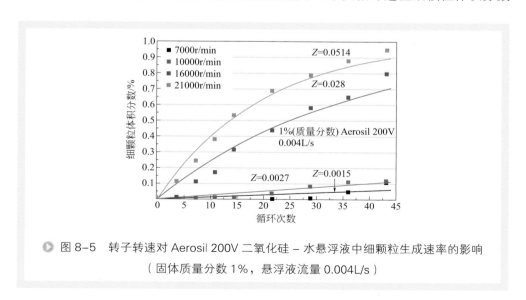

▶ 图 8-5　转子转速对 Aerosil 200V 二氧化硅 - 水悬浮液中细颗粒生成速率的影响
（固体质量分数 1%，悬浮液流量 0.004L/s）

的增加值）增长较快；例如，转子转速 21000r/min 下细颗粒的生成速率为 0.0514，而转子转速 7000r/min 下的为 0.0015，转子转速 21000r/min 下细颗粒的生成速率是 7000r/min 的 34.3 倍，说明高转子转速下的解聚效率更高。

2. 循环时间的影响

如图 8-6 所示，对比不同转子转速下、同一循环时间的粒径分布可以发现：不同转子转速下，细颗粒体积分数随循环时间的推移都呈现升高的趋势；在相对低转子转速（7000r/min 和 10000r/min）下，随着循环时间的推移，粗颗粒特征峰呈现向左移动的趋势，并且粗颗粒特征峰的峰值对应的体积分数逐渐升高，在 180min 的处理时间内，粗颗粒的体积分数都高于 88%，此时悬浮液中大部分颗粒还处于大于 1μm 的粗颗粒状态；但在相对高转子转速（16000r/min 和 21000r/min）下，随着循环时间的推移，粗颗粒特征峰同样呈现向左移动的趋势，但粗颗粒特征峰的峰值对应的体积分数显著减小，在 180min 的处理时间内，转子转速 16000r/min 下对应的粗颗粒的体积分数减小至 20%，转子转速 21000r/min 下对应的粗颗粒的体积

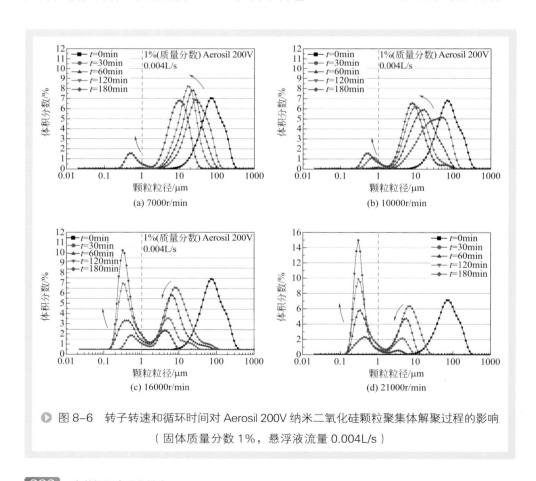

图 8-6　转子转速和循环时间对 Aerosil 200V 纳米二氧化硅颗粒聚集体解聚过程的影响
（固体质量分数 1%，悬浮液流量 0.004L/s）

分数减小至 5%，此时悬浮液中固体颗粒得到了有效的解聚，大部分颗粒处于小于 1μm 的细颗粒状态。如图 8-7 所示，悬浮液中细颗粒粒径的减小趋势随着转子转速的升高变得更陡峭，在同一循环时间下采用高转子转速得到的细颗粒粒径明显更小，在处理时间达到 180min 时，悬浮液中细颗粒粒径基本稳定于 300～320nm 范围内；同时发现高转子转速下，固体颗粒解聚程度明显更快。以上细颗粒特征峰和粗颗粒特征峰的变化趋势表明，在该液固解聚分散过程中，细颗粒是由粗颗粒表面侵蚀形成的，即 Aerosil 200V 亲水型二氧化硅纳米颗粒聚集体的颗粒解聚过程符合侵蚀机理，提高转子转速和体系循环时间对固体颗粒的解聚分散过程有显著的促进作用。值得注意，细颗粒特征峰位置的向左偏移说明，随着转子转速的升高、循环时间的延长，侵蚀产生的细颗粒聚集体在分散过程中可能也存在着再解聚过程。

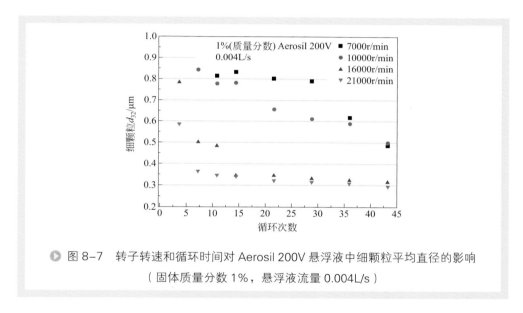

▶ 图 8-7　转子转速和循环时间对 Aerosil 200V 悬浮液中细颗粒平均直径的影响

（固体质量分数 1%，悬浮液流量 0.004L/s）

高剪切混合器腔室内流体的停留时间 t_{res} 对连续高剪切混合器内固体颗粒分散过程影响相对显著。如图 8-8 和图 8-9 所示，更小的停留时间对应的悬浮液中的细颗粒体积分数更高，同样的，更小的停留时间对应的悬浮液中的细颗粒生成率也更高。例如，当停留时间 t_{res} 为 5s 和 15s 时，对应的悬浮液中的细颗粒体积分数分别为 68.04% 和 79.19%，对应的悬浮液中的细颗粒生成率分别为 0.0253 和 0.0321；当停留时间 t_{res} 为 1s 和 3s 时，对应的悬浮液中的细颗粒体积分数分别为 95.8% 和 88.25%，对应的悬浮液中的细颗粒生成率分别为 0.0889 和 0.0449。

随着停留时间的减小，高剪切混合器内固体颗粒解聚过程的进展程度变得更快。停留时间对连续高剪切混合器内固体颗粒分散过程的影响主要来自两个方面：增加悬浮液流量会缩短物料在混合器内的停留时间，使得固体颗粒承受高度湍流破

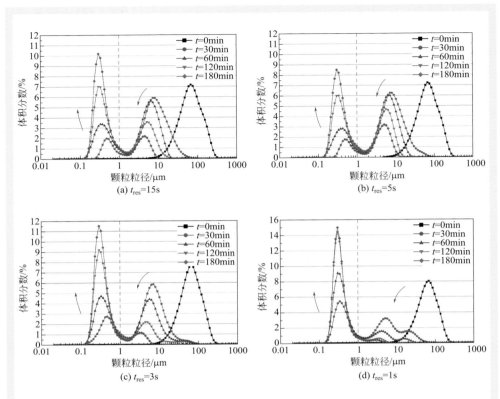

图 8-8　停留时间对 Aerosil 200V 悬浮液中固体颗粒粒径分布的影响
（固体质量分数 1%，悬浮液流量 0.004L/s）

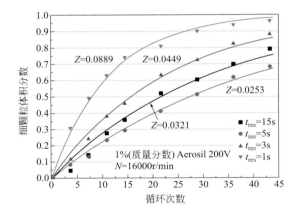

图 8-9　停留时间对 Aerosil 200V 二氧化硅 - 水悬浮液中细颗粒生成速率的影响
（固体质量分数 1%，转速 16000r/min）

碎作用的时间缩短，但提高悬浮液流量会使得定子射流区的湍动程度有所增加，增加了破碎强度。提高悬浮液的流量，增加了相同时间内的悬浮液的循环次数，进而增加了固体颗粒的受剪切次数，导致总体的细颗粒体积分数增加，更有利于强化连续高剪切混合器内固体颗粒分散过程。

波兰华沙理工大学 Baldyga 等[2] 在预分散 - 循环通过模式下研究了转速和循环时间对 Aerosil 200V 亲水型二氧化硅纳米颗粒聚集体在 Silverson 150/250MS 连续高剪切混合器内液固分散性能的影响。如图 8-10 所示，所得实验结果同样验证了 Aerosil 200V 亲水型二氧化硅纳米颗粒聚集体的颗粒解聚过程符合侵蚀机理。

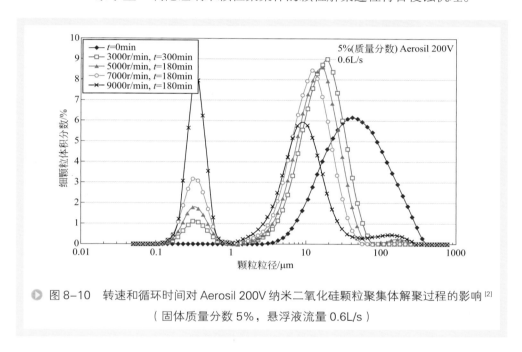

图 8-10　转速和循环时间对 Aerosil 200V 纳米二氧化硅颗粒聚集体解聚过程的影响[2]
（固体质量分数 5%，悬浮液流量 0.6L/s）

Baldyga 等[4] 采用 CFD-PBM 方法分析了悬浮液流量和混合器转速对液固分散性能的影响，固体质量分数 5%。如图 8-11 所示，悬浮液流量较高（0.6g/s）时，物料在混合器内停留时间较短，在整个内圈转子扫过区域颗粒尺寸很大，而在内圈定子射流区、外圈转子扫过区域，甚至是外圈定子射流区附近颗粒尺寸也较大。当悬浮液流量降至 0.001g/s、转速 3000r/min 时，连续高剪切混合器内圈定转子区域颗粒尺寸较大，转速增加到 9000r/min 时仅在内圈转子根部附近颗粒聚集体就已被解聚至较小尺寸。

3. 固体含量的影响

固体颗粒含量作为重要操作参数之一，其对液固分散过程的影响同时体现在悬浮液的流变特性改变、颗粒聚集体的解聚 - 破碎动力学变化两个方面。例如，固含量 1%（质量分数）的 Aerosil 200V 纳米二氧化硅 - 水悬浮液流变特性与纯水相似。固含量 10% ~ 15%（质量分数）的 Aerosil 200V 纳米二氧化硅 - 水预分散悬浮液（在搅拌釜中以较低转速进行预分散）呈现假塑性非牛顿流体特性[3]。而经过连续高剪切混合器最终处理后的 Aerosil 200V 纳米二氧化硅 - 水悬浮液在固含量 20%（质量分数）以内呈牛顿型流体特征，黏度在 0.1Pa·s 以内[5]。

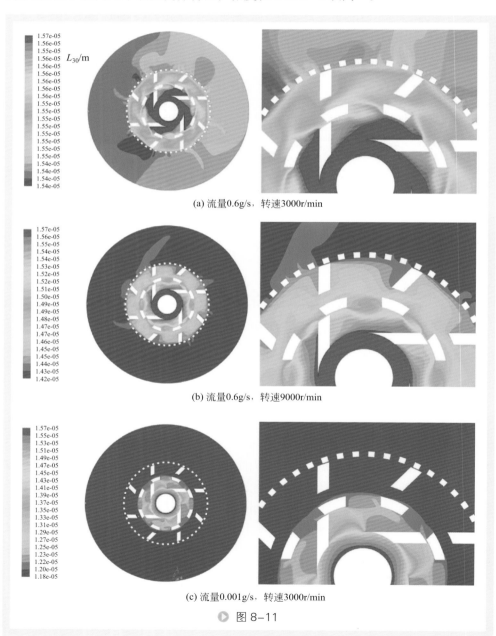

(a) 流量0.6g/s，转速3000r/min

(b) 流量0.6g/s，转速9000r/min

(c) 流量0.001g/s，转速3000r/min

▶ 图 8-11

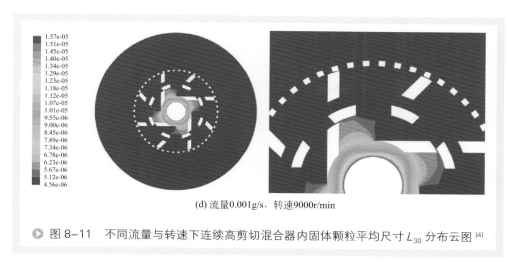

(d) 流量0.001g/s，转速9000r/min

▶ 图8-11　不同流量与转速下连续高剪切混合器内固体颗粒平均尺寸L_{30}分布云图[4]

在转子转速16000r/min、悬浮液流量0.004L/s条件下，固含量（质量分数）1%、5%与10%的Aerosil 200V-水悬浮液液固分散性能的变化规律，如图8-12所示。

由图8-12可知：①该固含量范围内，Aerosil 200V在水中的分散和解聚过程符合侵蚀机理，即粗颗粒特征峰左移，细颗粒特征峰位置基本稳定，但体积分数逐渐增大；②对比相同循环时间内不同固含量对应的颗粒粒径分布可知，随着固含量升高，粗颗粒体积分数下降、特征峰左移的趋势更为显著，但粗颗粒特征峰的粒径分布略微变宽，这说明适当地提高液固两相物系的固含量能够有效促进固体颗粒的解聚分散过程。

对比不同固含量下悬浮液中细颗粒生成率（图8-13），基于相同转速、流量下的数据对比分析，高固含量下的细颗粒生成率更高，例如，固含量10%下的细颗

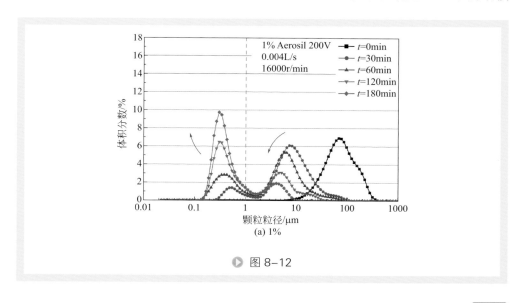

(a) 1%

▶ 图8-12

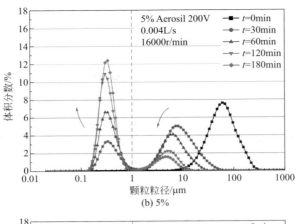

(b) 5%

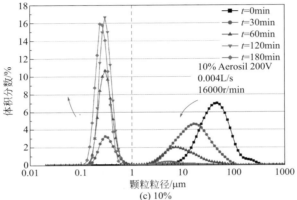

(c) 10%

图 8-12　固含量对粒径分布的影响

（转速 16000r/min，悬浮液流量 0.004L/s）

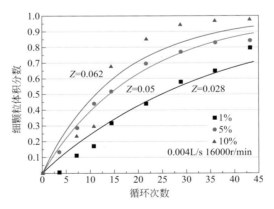

图 8-13　固含量对细颗粒生成速率的影响

（转速 16000r/min，流量 0.004L/s）

粒生成率为 0.062，大约为固含量 1% 下细颗粒生成率的 2 倍。同时制备相同细颗粒体积分数的悬浮液时，由于高固含量下悬浮液黏度的升高，导致高固含量条件下需要消耗能量更高。因而，采取较高固含量制备 Aerosil 200V- 水悬浮液、再稀释至所需浓度，是较为高效的方法。

二、流体物性的影响

固体颗粒的自身理化性质（例如，亲水性或疏水性、团聚力，等等）对液固分散过程有明显影响。具有不同亲 / 疏水性和团聚力的固体颗粒聚集体在连续高剪切混合器内的液固分散过程可能呈现不同的颗粒解聚机理。亲水型 Aerosil 200V 纳米二氧化硅在单级单圈连续高剪切混合器中的固体颗粒解聚过程主要为侵蚀机理；疏水型 Aerosil R816 纳米二氧化硅与水形成的低浓度悬浮液在 Silverson 150/250MS 中试规格连续高剪切混合器中的固体颗粒解聚过程以侵蚀机理为主导 [5]；而疏水型 Aeroxide Alu C 纳米氧化铝 - 水低浓度悬浮液在 Silverson 150/250MS 中试规格连续高剪切混合器中的固体颗粒解聚过程以粉碎机理为主导 [6]。

固体颗粒亲 / 疏水性可能影响悬浮液中细颗粒生成速率及细颗粒平均粒径，进而对分散液的最终理化性能产生影响。研究表明 [5]，利用 Silverson 150/250MS 中试规格连续高剪切混合器分散亲水型 Aerosil 200V 和疏水型 Aerosil R816 纳米二氧化硅颗粒过程中，当悬浮液均为低浓度 1%（质量分数）时，二者的细颗粒生成速率、细颗粒平均粒径均较为接近；而当悬浮液浓度稍微提高至 5%（质量分数）时，疏水型固体纳米颗粒悬浮液中细颗粒生成速率略高、细颗粒平均粒径也略大（如表 8-1 所示）。以上差异可能来自两方面原因：①亲水型纳米颗粒聚集体之间由于存在氢键作用，其团聚力略大；而疏水型纳米颗粒由于后处理破坏了这种氢键作用，其团聚力稍弱；②浓度 5%（质量分数）的 Aerosil 200V 纳米二氧化硅悬浮液和疏水型 Aerosil R816 纳米二氧化硅悬浮液的流变特性存在明显差异。

表 8-1　亲水型和疏水型纳米二氧化硅悬浮液中的细颗粒生成速率对比

悬浮液浓度 1%（质量分数）			悬浮液浓度 5%（质量分数）		
转速 /(r/min)	亲水型	疏水型	转速 /(r/min)	亲水型	疏水型
3000	0.026	0.061	3000	0.05	0.163
5000	0.135	0.151	5000	0.059	0.193
7000	0.333	0.217	7000	0.135	0.252
9000	0.438	0.247	9000	0.279	0.334

注：实验程序为① 3000r/min、0.3L/s 分散 5h；② 5000r/min、0.6L/s 分散 3h；③ 7000r/min、1.0L/s 分散 3h；④ 9000r/min、1.5L/s 分散 3h。

即使亲 / 疏水性相似的不同固体颗粒，其悬浮液中细颗粒生成速率及细颗粒平均粒径也可能存在一定差异。在相同转速、固含量、流量条件下疏水型 Aerosil R816 二氧化硅 - 水悬浮液和疏水型 Aeroxide Alu C 纳米氧化铝 - 水悬浮液的实验结果发现 [6]：①较低转子转速 3000r/min 时，Aeroxide Alu C 氧化铝悬浮液的细颗粒生成速率为 Aerosil R816 二氧化硅悬浮液的 2 倍以上；②在 5000r/min 和 7000r/min 较高转子转速条件下，二者的细颗粒生成速率相近；③相同转子转速条件下，Aeroxide Alu C 氧化铝悬浮液的细颗粒体积分数显著高于 Aerosil R816 二氧化硅悬浮液。

　　前已叙及，固体颗粒含量不同，会导致悬浮液的流变特性改变。因此，尽管固含量是一个操作参数，其对液固分散过程的影响其实也包括了流体物性影响。如图 8-12 和图 8-14 所示，随着循环时间延长，不同固含量条件下悬浮液中的细颗粒体积分数增长趋势相近，细颗粒的平均尺寸最终达到相近。

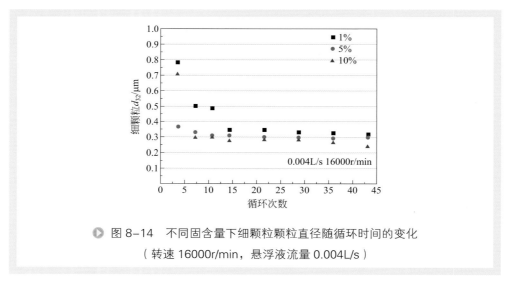

图 8-14　不同固含量下细颗粒颗粒直径随循环时间的变化

（转速 16000r/min，悬浮液流量 0.004L/s）

　　此外，悬浮液的 pH 值和温度将会影响固体颗粒聚集体表面的 Zeta 电位，以及颗粒之间吸引力（范德华力）与排斥力（静电）的平衡，进而对固体纳米颗粒的解聚过程动力学特性、悬浮液流变特性产生影响。目前，与连续高剪切混合器内液固分散相关的研究，尚未见报道。

三、结构参数的影响

　　为了探究连续高剪切混合器的结构参数对 Aerosil 200V 纳米二氧化硅颗粒解聚过程的影响，笔者采用单级单圈连续高剪切混合器在预分散 - 循环通过模式下研究了 Aerosil 200V 纳米二氧化硅颗粒在水中分散过程的颗粒解聚机理及其动力学特征、可获得的最小颗粒尺寸。实验中的高剪切混合器配备了定转子齿合型剪切头，三种定转子剪切间隙分别为 0.5mm、0.75mm、1mm，三种不同转子齿数分别为 2、3、6，三种不同转子齿长为 13mm、15mm、19mm，三种不同转子齿向分别为直立、前弯、后弯，具体结构细节见图 3-7。在配备了多种不同结构的定转子剪切头的连续高剪切混合器内，Aerosil 200V 悬浮液中颗粒解聚过程均以侵蚀机理为主导；不同的定转子剪切头结构并不能改变颗粒解聚的机制，但是可以影响颗粒解聚过程的动力学特征。在实验采用的所有定转子剪切头结构、转速范围、流量范围内，高剪切混合器解聚所得到的细颗粒平均尺寸最小可达 300 ~ 350nm，且与定子转子剪切头几何结构无关，如图 8-15 所示。

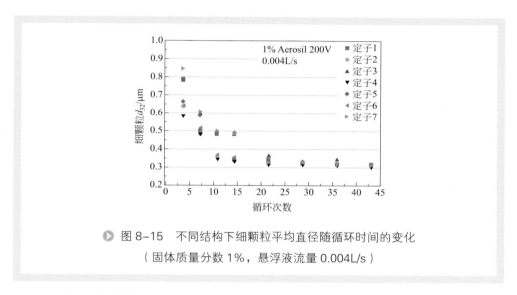

图 8-15　不同结构下细颗粒平均直径随循环时间的变化

（固体质量分数 1%，悬浮液流量 0.004L/s）

1. 转子齿数的影响

笔者设计了三种齿数分别为 2 齿、3 齿和 6 齿的转子，并在连续高剪切混合器中实验探究了不同转子齿数的定转子齿合型剪切头对 Aerosil 200V 悬浮液中颗粒解聚过程的影响。如图 8-16 所示，2 齿、3 齿和 6 齿转子分别对应的颗粒粒径分布具有一致移动规律，3 齿转子和 6 齿转子对应的颗粒粒径分布相近且优于 2 齿转子对应的颗粒粒径分布，配备 3 齿转子和 6 齿转子的高剪切混合器内的悬浮液中细颗粒体积分数更高，分别为 76.81% 和 79.62%，配备 2 齿转子的高剪切混合器内的悬浮液中细颗粒体积分数为 66.98%。

如图 8-17 所示，在相同转子转速、流量、固含量下，对比 Aerosil 200V 悬浮液中的细颗粒生成速率发现，齿数为 3 齿和 6 齿的高剪切混合器内悬浮液细颗粒生成速率大致相当，分别为 0.0327 和 0.028，且都高于齿数为 2 齿的高剪切混合器内悬浮液细颗粒生成速率。这说明适当地增多定转子齿合型剪切头中转子的齿数，即适当地减小定转子剪切头中转子的齿隙，有助于提高 Aerosil 200V 悬浮液中的细

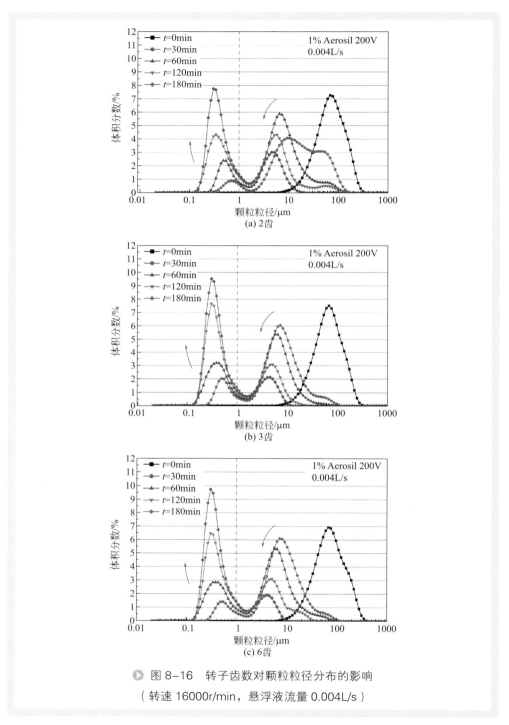

图 8-16　转子齿数对颗粒粒径分布的影响

（转速 16000r/min，悬浮液流量 0.004L/s）

颗粒生成速率，促进高剪切混合器中固体颗粒的解聚过程。这是因为，适当减小转子的齿隙，可以提供更高的湍动能耗散率和剪切频率，产生更大速度梯度和射流强度，使得悬浮液中固体颗粒被剪切次数增多、所受的剪切作用力增大，导致了粒径分布更窄、平均粒径更小。

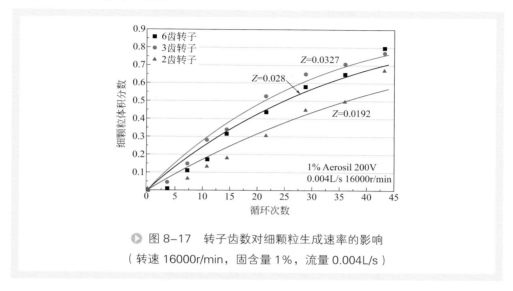

▶ 图 8-17 转子齿数对细颗粒生成速率的影响

（转速 16000r/min，固含量 1%，流量 0.004L/s）

2. 剪切间隙的影响

笔者在连续高剪切混合器中实验探究了三种定转子剪切间隙分别为 0.5mm、0.75mm、1mm 的定转子齿合型剪切头对 Aerosil 200V 悬浮液中颗粒解聚过程的影响。如图 8-18 所示，在同一循环时间下，剪切间隙为 0.75mm 的定转子剪切头处理过的悬浮液中的细颗粒体积分数最高，在 180min 的处理时间内，剪切间隙

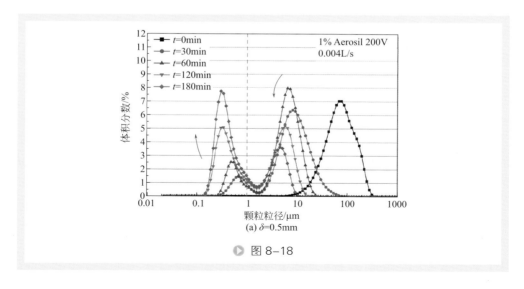

▶ 图 8-18

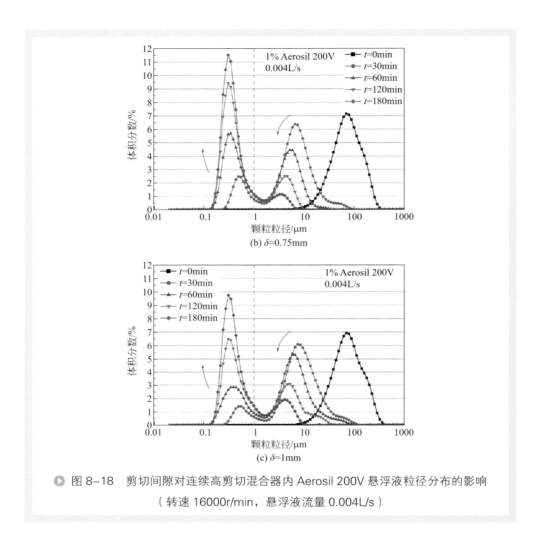

图 8-18　剪切间隙对连续高剪切混合器内 Aerosil 200V 悬浮液粒径分布的影响

（转速 16000r/min，悬浮液流量 0.004L/s）

为 0.75mm 的定转子剪切头对应的悬浮液中的细颗粒体积分数为 88.25%，而剪切间隙为 0.5mm 和 1mm 的定转子剪切头对应的悬浮液中的细颗粒体积分数分别为 79.62% 和 66.33%。

如图 8-19 所示，基于相同的转子转速、流量、固含量，对比 Aerosil 200V 悬浮液中的细颗粒生成速率发现，剪切间隙为 0.5mm 和 1mm 的定转子剪切头处理过的悬浮液中的细颗粒生成大致相当，分别为 0.0211 和 0.028，剪切间隙为 0.75mm 的定转子剪切头处理过的悬浮液中的细颗粒生成率为 0.0467，明显高于剪切间隙为 0.5mm 和 1mm 的细颗粒生成率。这说明更大或者更小的定转子剪切头的剪切间隙并不能有效地提高 Aerosil 200V 悬浮液中的细颗粒生成速率，因此为促进固体颗粒的解聚过程，需要确定适合的定转子剪切头的剪切间隙。造成这种现象的原因是：①剪切间隙减小，增加了定转子间隙中的速度梯度，增大了剪切速率和湍动能耗散率，有利于固体颗粒的解聚；②剪切间隙减小，增加了流体在剪切间隙中的流动阻力，更多的流体会从定转子齿尖与基座的缝隙中短路流过，减少了固体颗粒在定转子剪切间隙被剪切的概率，不利于固体颗粒的解聚。因此，存在适宜的剪切间隙。

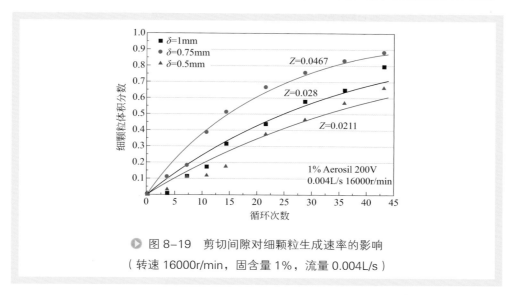

🔘 图 8-19　剪切间隙对细颗粒生成速率的影响

（转速 16000r/min，固含量 1%，流量 0.004L/s）

3. 转子齿长的影响

笔者设计了三种齿长分别为 13mm、16mm 和 19mm 的转子，并在连续高剪切混合器中实验探究了不同转子齿长的定子转子剪切头对 Aerosil 200V 悬浮液中颗粒解聚过程的影响。如图 8-20 所示，配备齿长为 13mm 转子的定转子剪切头处理过

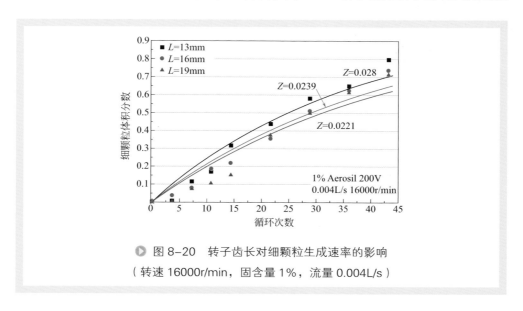

🔘 图 8-20　转子齿长对细颗粒生成速率的影响

（转速 16000r/min，固含量 1%，流量 0.004L/s）

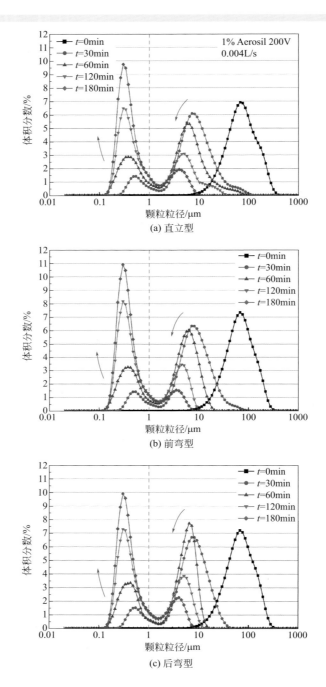

图 8-21　齿向对连续高剪切混合器内 Aerosil 200V 悬浮液粒径分布的影响
（转速 16000r/min，悬浮液流量 0.004L/s）

的悬浮液中细颗粒生成率稍高于其他两种转子齿长的，相同循环时间下的这三种转子齿长的高剪切混合器内悬浮液细颗粒生成速率差距不大，大致在 0.0221 ～ 0.028 范围内。这是因为，增加转子的齿长，会增加转子与固体颗粒的剪切作用概率，有利于固体颗粒的解聚；但是增加转子齿长，减少了从定子齿缝中射流出流体被转子卷吸回定子的比例，降低了定转子区域流体的循环量，降低了对固体颗粒的解聚。因此，定转子齿合型剪切头中转子齿长对连续高剪切混合器内固体颗粒分散结果影响较小。

4. 转子齿弯曲方向的影响

在相对低转子转速下有效地提高悬浮液中的细颗粒生成率更有工业实际意义，为此笔者考察了前弯型转子和后弯型转子对 Aerosil 200V 悬浮液中颗粒解聚过程的影响。如图 8-21 所示，在 16000r/min 转速下对比直立型、前弯型和后弯型转子分别对应的颗粒粒径分布可以发现：三者对应的颗粒粒径分布具有基本一致的变化规律，配备前弯型转子的高剪切混合器内的悬浮液中细颗粒体积分数较高，但与配备直立型和后弯型转子的高剪切混合器内的悬浮液中的细颗粒体积分数差距不大，16000r/min 转子转速下，三者对应的悬浮液中细颗粒体积分数分别为 84.99%、79.62% 和 79.15%；但当转速下降到 10000r/min 时，如图 8-22，对比直立型、前弯型和后弯型转子分别对应的颗粒粒径分布可以发现：前弯型转子和后弯型转子对应的颗粒粒径分布显著优于直立型转子对应的颗粒粒径分布，在相同循环时间内，配备后弯型转子的高剪切混合器内的悬浮液中细颗粒体积分数最高，配备前弯型转子的高剪切混合器内的悬浮液中细颗粒体积分数也明显高于配备直立型转子的高剪切混合器内的悬浮液中细颗粒体积分数，此转子转速下三者对应的悬浮液中细颗粒

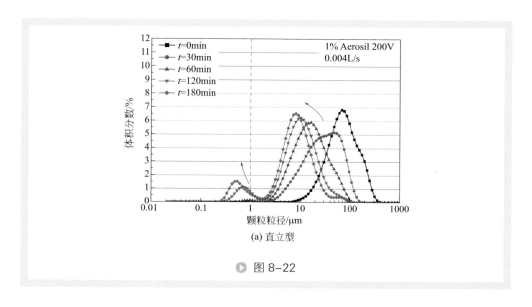

(a) 直立型

▶ 图 8–22

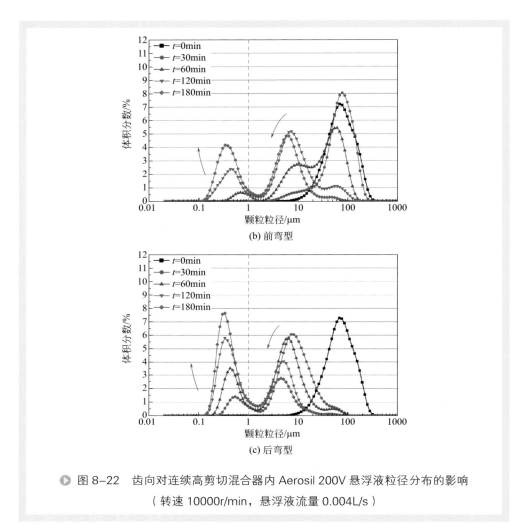

图 8-22　齿向对连续高剪切混合器内 Aerosil 200V 悬浮液粒径分布的影响
（转速 10000r/min，悬浮液流量 0.004L/s）

体积分数分别为 65.86%、42.1% 和 12.13%。

如图 8-23（a）、（b）和（c）所示，在相同转速、流量和固含量下，对比分别配备前弯型、直立型和后弯型转子的三种定转子剪切头处理过的悬浮液中的细颗粒生成率发现：在转速为 16000r/min 时，相同循环时间下配备前弯型、直立型和后弯型转子的高剪切混合器内的悬浮液细颗粒生成速率相当，分别为 0.034、0.028 和 0.031。这说明在相对高转速下，转子齿向上的结构优化对连续高剪切混合器内固体颗粒分散过程影响相对较弱，不能达到有效地提高悬浮液中的细颗粒生成率的目的。然而，当转速下降到 10000r/min 时，相同循环时间下配备前弯型和后弯型转子的定转子剪切头处理过的高剪切混合器内悬浮液细颗粒生成率远高于配备标准直立型转子的高剪切混合器内悬浮液细颗粒生成率，配备后弯型转子的高剪切混合器内的悬浮液细颗粒生成率相较于配备标准直立型转子的高剪切混合器内的悬浮液细

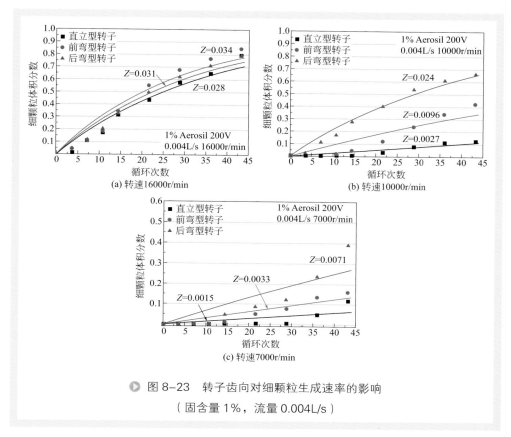

图 8-23　转子齿向对细颗粒生成速率的影响

（固含量 1%，流量 0.004L/s）

颗粒生成率显著提高了 10 倍左右，配备前弯型转子的高剪切混合器内的悬浮液细颗粒生成率相较于配备标准直立型转子的高剪切混合器内的悬浮液细颗粒生成率显著提高了 3.5 倍左右。在转速为 7000r/min 时，在相同循环时间下也发现了类似的规律，配备了前弯型和后弯型转子的高剪切混合器内的悬浮液细颗粒生成率相较于配备标准直立型转子的高剪切混合器内的悬浮液细颗粒生成率得到了明显的提高，前弯型和后弯型转子对应的悬浮液中细颗粒生成率相较于直立型转子分别提高了 2.2 倍和 4.7 倍左右，说明在转子转速 7000r/min 下后弯型转子对固体颗粒解聚过程的强化最为显著。针对转子结构而言，前弯型和后弯型齿向转子的开孔面积相对于直立型齿向转子的开孔面积更大，在定转子剪切头配备了前弯型和后弯型齿向转子的情况下，同一时刻的定转子剪切头的流体相对流通面积更小，使得定子射流区的湍动程度更强，进而提高了混合器内部的湍动能耗散率水平；另外，前弯型和后弯型齿向的转子带有一定角度的斜齿，有助于强化混合器内部的轴向流动，有效减少了混合器内部流动的短路和死区，使得固体颗粒的解聚程度得到有效提高。这说明在相对低转速下，对转子齿向进行结构优化能够有效地提高悬浮液中的细颗粒生成率；同时相较于前弯型齿向，后弯型齿向对连续高剪切混合器内固体颗粒的分散过程影响更为显著，能够更好地满足工业上经济高效的要求。

Özcan-Taşkin 等 [7] 分别采用配备 GPDH+SQHS 标准网孔型定子和 EMSC 细网孔型定子的 Silverson 150/250MS 单级双圈连续高剪切混合器以及 Ytron Z 单级三圈连续高剪切混合器，在预分散 - 循环通过模式下研究了 Aerosil 200V 纳米二氧化硅颗粒在水中的分散特性，结果表明：Aerosil 200V 颗粒解聚过程均以侵蚀机理为主导；细颗粒平均尺寸最小可达 150 ～ 200nm，且与定转子剪切头几何结构无关；基于相同能量输入水平、剪切头内停留时间对比悬浮液中的细颗粒生成速率发现，Ytron Z 混合器内悬浮液细颗粒生成速率远比配备 GPDH+SQHS 标准网孔型定子的 Silverson 150/250MS 高，具有更多数量、更小尺寸开孔的定转子剪切头，将更有利于强化连续高剪切混合器内的颗粒解聚分散过程。

四、液固分散性能的预测

目前文献中对连续高剪切混合器制备悬浮液时颗粒平均直径的关联式报道较少。相关研究主要在预分散 - 循环通过模式下研究连续高剪切混合器的液固分散特性，且考虑到悬浮液中固体粒径多呈双峰分布，因此并未提出固体颗粒的总体平均直径与操作参数、物性参数或混合器结构参数的关联模型，转而对悬浮液中的粗颗粒和细颗粒分别考虑。例如，提出了粗颗粒平均直径关联模型、细颗粒体积分数关联模型。

图 8-24 显示了不同转速下配备标准齿合型定转子的单级单圈连续高剪切混合器 1%（质量分数）Aerosil 200V- 水悬浮液中粗颗粒平均直径，其与单位质量能量呈幂率关系，如式（8-1）所示，式中符号意义同式（4-8）。

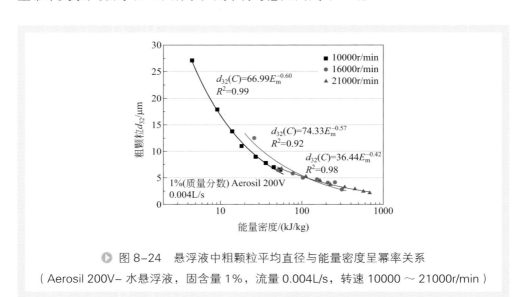

图 8-24　悬浮液中粗颗粒平均直径与能量密度呈幂率关系
（Aerosil 200V- 水悬浮液，固含量 1%，流量 0.004L/s，转速 10000 ～ 21000r/min）

$$d_{32}(C) = AE_m^{-B} \qquad (8-1)$$

其中，转速为 10000r/min 时，A=66.99，B=0.60；

转速为 16000r/min 时，A=74.33，B=0.57；

转速为 21000r/min 时，A=36.44，B=0.42。

Özcan-Taşkin 等 [7] 研究发现了类似的规律，不同转速下配备 GPDH+SQHS 标准网孔型定子的 Silverson 150/250MS 高剪切混合器内 1%（质量分数）Aerosil 200V- 水悬浮液中的粗颗粒平均直径与比能量呈幂率关系。

图 8-25 所示为不同转速下配备标准齿合型定转子的单级单圈连续高剪切混合器 1%（质量分数）的 Aerosil 200V- 水悬浮液中细颗粒体积分数，其同样与单位质量能量呈幂率关系，如式（8-2）所示，式中符号意义同式（4-9）。

$$F = AE_m^B \qquad (8-2)$$

其中，转速为 10000r/min 时，A=0.0002，B=1.70；

转速为 16000r/min 时，A=0.0028，B=0.99；

转速为 21000r/min 时，A=0.012，B=0.68。

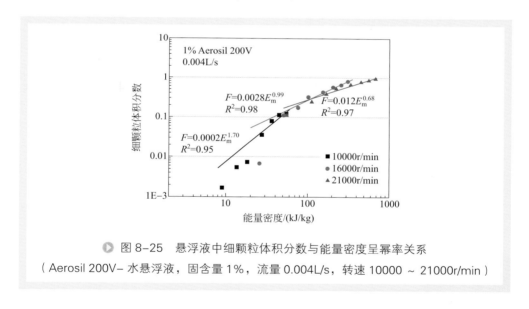

图 8-25 悬浮液中细颗粒体积分数与能量密度呈幂率关系

（Aerosil 200V- 水悬浮液，固含量 1%，流量 0.004L/s，转速 10000 ~ 21000r/min）

Özcan-Taşkin 等 [6] 的研究结果表明，配备 GPDH+SQHS 标准网孔型定子 Silverson 150/250MS 连续高剪切混合器内 1% 的 Aerosil 200V- 水悬浮液与 Aeroxide Alu C- 水悬浮液中细颗粒体积分数同样与比能量呈幂率关系。

悬浮液中细颗粒体积分数还可以表述为公式（8-3）形式：

$$F = 1 - e^{-ZN} \qquad (8-3)$$

式中　F——细颗粒体积分数；

Z——细颗粒生成速率（单次循环过程细颗粒体积分数增加值）；

N——循环次数。

表 8-2 列出了连续高剪切混合器液固分散过程中悬浮液细颗粒体积分数关联模型的典型 Z 值，可供过程设计与放大参考使用。

表 8-2　连续高剪切混合器液固分散过程中悬浮液细颗粒体积分数关联模型 Z 值

Z 值	悬浮液组成	连续高剪切混合器	参数文献
$0.0013 \sim 0.0196$	1%（质量分数）Aerosil 200V- 水	叶片网孔型，Silverson 150/250 MS，EMSC 细网孔型定子，能量输入密度 $1.8 \sim 7.1$W/kg	[7]
$0.00093 \sim 0.0095$		叶片网孔型，Silverson 150/250 MS，GPDH+SQHS 标准网孔型定子，能量输入密度 $2.3 \sim 9.6$W/kg	
$0.0185 \sim 0.0256$		齿合型，Ytron Z，能量输入密度 $7.4 \sim 9.6$W/kg	
0.047	1%（质量分数）Aerosil 200V- 水	叶片网孔型，Silverson 150/250 MS，EMSC 细网孔型定子，能量输入密度 7.1W/kg	[3]
0.034	10%（质量分数）Aerosil 200V- 水		
0.04	15%（质量分数）Aerosil 200V- 水		
0.024	1%（质量分数）Aerosil 200V-10mPa·s 甘油溶液		
0.0037	1%（质量分数）Aerosil 200V-100mPa·s 甘油溶液		
$0.0015 \sim 0.0514$	1%（质量分数）Aerosil 200V- 水	齿合型，Fluko，能量输入密度 $3.36 \sim 62.16$W/kg	

第三节　工业应用

一、选型指导

对于高剪切混合器的连续吸入 - 分散 - 输出、连续送入 - 分散 - 输出、预分散 - 自循环、预分散 - 双向循环四种操作模式，建议优先选择的顺序为：吸入 - 分散 - 输出模式 > 连续送入 - 分散 - 输出模式 > 预分散 - 双向循环模式 > 预分散 - 自循环模式。

对于连续高剪切混合器进行固液混合时，选型的主要依据是固体的堆积密度、固液比例、固体的流动性、液体的黏度。

当固体的堆积密度很小、固体流动性高、液体黏度为中低黏度、固体体积与液体体积比小于 0.2 时，可以采用自吸功能的连续高剪切混合器。如果操作模式为连续吸入 - 分散 - 输出，建议采用三级高剪切混合器，其第一级为具有泵送功能的叶片网孔型高剪切头，第二、三级可以为叶片网孔型或者定转子齿合型，每一级剪切间隙依次减小。如果操作模式为双向循环模式，建议采用单级高剪切混合器，高剪切头优选叶片网孔型。

当固体的堆积密度高、固体流动性高、液体黏度为中低黏度时，可以采用带进料系统的立式连续高剪切混合器，操作模式为连续送入 - 分散 - 输出或者双向循环模式。操作模式为连续送入 - 分散 - 输出模式，建议采用三级高剪切混合器，其第一级为带半开式叶轮的叶片网孔型高剪切头，第二、三级可以为叶片网孔型或者定转子齿合型高剪切头，每一级剪切间隙依次减小。

当固体物料的流动性比较差，或者液体为高黏度，或者固液比例高于 0.2 时，建议优选预分散 - 双向循环模式；建议选择单级或者双级连续高剪切混合器，第一级优选为叶片网孔型高剪切头，第二级选为齿合型高剪切头。

对于高剪切混合器的过流部位的材质，选择过程中要充分考虑磨蚀与腐蚀的协同作用；建议与工艺工程师联合确定。

二、工业应用举例

1. 制备鼻喷悬浮剂

鼻喷悬浮剂主要用于治疗过敏性鼻炎。鼻喷悬浮剂生产原料以水为连续相，主药为分散相，并在水相中添加辅料作为助悬剂，能有效防止主药沉淀，使其均匀分散在水相中。

工业实际过程采用了预分散 - 自循环模式。辅料分散及鼻喷主药在水中的分散混合是先将辅料通过罐内搅拌预分散，然后通过三级管线式高剪切混合器（Fluko FDC3/60 型高剪切分散乳化机）进行均质，再添加主药进行均质混合来完成的。处理量为 100L/ 批，通过循环高速剪切，能有效避免辅料及主药的团聚，使得分散相粒径迅速变小，形成均一的分散体系；通常循环 2 ～ 3 次，即可达到工艺要求。

2. 制备生物基表面活性剂

生物基绿色表面活性剂目前广泛应用于生物化工、食品、日化等领域。生产此类活性剂的原料以脂肪醇醚为有机相，粉状葡萄糖（200 目）为分散相。葡萄糖受潮后易结块，在 20 ～ 60℃的工作温度下，如何将 200 目的葡萄糖粉体快速均匀分散到脂肪醇醚中是本工艺的难点。

该生成过程采用吸入 - 分散 - 输出模式。200 目葡萄糖在脂肪醇醚中的分散剪切是通过 PD140-VT PLM 固液分散混合系统完成的，利用转子的高速旋转，在中心部位产生真空区域，粉料自动进入管道，同时液体也进入混合腔，真空使葡萄糖粉末均匀地分布在液流中，在液流中粉末立即被湿润，不产生块状物。为确保葡萄糖粉体的快速分散，剪切工作头选择为高速溶粉专用工作头，在均质乳化机狭窄的工作腔中，定转子的高速旋转使物料受到强烈的机械及液力剪切、离心挤压、液层摩擦、撞击撕裂和空穴均质作用，能够确保剪切无死角，物料便完全被湿润并均匀分散开，并且不会形成团聚，最终形成均匀稳定的分散体系。

3. 制备牙膏

牙膏是日常生活中常用的清洁用品，为乳状膏体。它是由粉状摩擦剂、湿润剂、表面活性剂、黏合剂、香料、甜味剂及其他特殊成分构成的，以湿润剂作为水相，粉状摩擦剂、表面活性剂、黏合剂等作为粉体相，分散均质混合而成。随着经济的发展，潮流化、个性化的需求越来越多，消费者对牙膏的感官质量和功效质量的要求也越来越高，即对牙膏膏体的细腻程度要求更高。牙膏属于高黏度膏体，要解决高黏度均质工艺，提高产品细腻性和美白效果。

粉体相在湿润剂中的分散剪切是通过管线式高剪切混合器完成的，工业实际过程采用了预分散 - 自循环模式。采用连续高剪切混合器来替代传统的罐内齿盘式搅拌，连续高剪切混合器剪切无死角，粉体和水相在线充分接触，分散达到均质效果，形成牙膏膏体。产品液相和粉体相分散均一，质感细腻，黏度达到客户的要求（最高 200Pa·s），每批可以生产 1000L 产品。

4. 氨纶行业的应用

物料体系组成：粉体为轻质复合粉末，粉末有吸潮性，会结成颗粒状，类晶体；溶液为水和马来酸酐聚合物，溶液偏酸性，pH=1；溶液中固含量为 10%。

轻质复合粉末在水和马来酸酐聚合物中的分散混合是通过 PD120-XG PLM 固液分散混合系统完成的，轻质复合粉末能迅速地被固液分散混合系统吸进去，经高剪切头解聚、分散、溶解于水和马来酸酐聚合物，避免了轻质粉末的团聚；操作模式为吸入 - 分散 - 输出模式。

参考文献

[1] Zhang J, Xu S, Li W. High shearmixers: A review of typical applications and studies on power draw, flow pattern, energy dissipation and transfer properties[J]. Chemical Engineering and Processing: Process Intensification, 2012, 57-58: 25-41.

[2] Baldyga J, Orciuch W, Makowski L, et al. Dispersion of nanoparticle clusters in a rotor-stator mixer [J]. Industrial & Engineering Chemistry Research, 2008, 47: 3652-3663.

[3] Padron G A, Özcan-Taşkin N G. Particle de-agglomeration with an in-line rotor-stator mixer at different solids loadings and viscosities [J]. Chemical Engineering Research and Design, 2018, 132: 913-921.

[4] Baldyga J, Orciuch W, Makowski L, et al. Break up of nano-particle clusters in high-shear devices [J]. Chemical Engineering and Processing: Process Intensification, 2007, 46: 851-861.

[5] Padron G, Eagles W P, Özcan-Taşkin G N, et al. Effect of particle properties on the break up of nanoparticle clusters using an in-line rotor-stator [J]. Journal of Dispersion Science and Technology, 2008, 29: 580-586.

[6] Özcan-Taşkin N G, Padron G, Voelkel A. Effect of particle type on the mechanisms of break up of nanoscale particle clusters [J]. Chemical Engineering Research and Design, 2009, 87: 468-473.

[7] Özcan-Taşkin N G, Padron G A, Kubicki D. Comparative performance of in-line rotor-stators for deagglomeration processes [J]. Chemical Engineering Science, 2016, 156: 186-196.

第九章

气液固三相高剪切混合器

气液固体系广泛存在于矿石加工、微生物培养、纳米材料制备、食品和化工产品的生产等领域 [1-3]。高剪切混合器中高速旋转的转子会在高剪切混合头附近产生超高的剪切速率和极大的能量耗散率，使其具备了优异的破碎分散能力 [4,5]、多相传质能力 [6,7] 和微观混合性能 [8,9]，这能有效强化气液固三相混合、传质或反应过程。特别是，高剪切混合器不仅适用于高固含量体系，还很好地解决了气液固三相体系中固体颗粒存在所带来的反应器通道堵塞的问题。此外，高剪切混合器既可以间歇操作又可以连续操作 [10]，可以适用不同的工况条件。因此，高剪切混合器在气液固混合、传质或反应过程中具有更广阔的应用前景。

第一节 气液固三相高剪切混合器的功耗与传质特性

一、间歇高剪切混合器

笔者通过改变转子转速、定子底面开孔直径、转子叶片倾角、转子叶片叶面形式和气体流量等参数研究了捷流式高剪切混合器在气液固体系中的功耗和传质特性。实验所用捷流式高剪切混合器的几何结构见第一章图 1-32，具体结构参数见第一章表 1-4。搅拌槽内物料液位高度与搅拌槽直径均为 800mm。实验通过测量搅拌槽内物料的电导率变化，来计算溶解与混合均匀时间 t_{95}、固液传质系数 k_L，具体计算方法，可以参阅第四章的第二节。实验所用的氯化钙固体颗粒粒径为 2.5mm，单次实验所用氯化钙颗粒的质量为搅拌槽内物料总质量的 1.25%（质量分数）。

1. 转子转速的影响

图 9-1 为不同定子底面开孔直径的捷流式高剪切混合器 RS2 和 RS7 的固液传质系数 k_L 和单位质量功耗 ε 与转子转速 N 的关系图，图 9-2 是溶解时间 t_{95} 与单位质量功耗 ε 的关系。从图中的结果发现：无论是否通气，捷流式高剪切混合器的单位质量功耗、固液传质系数均随着转子转速的增加而增加，溶解时间均随着转子转速的增加而减小。这是因为增加转子转速，使得转子叶片外排流体的流量增大，进而导致搅拌槽内流体的流速、湍动能耗散率增大，增加了混合器的功耗；同时，转子转速的增加，使得转子排液能力增强，搅拌槽内流体的主流强度、循环速率和剪

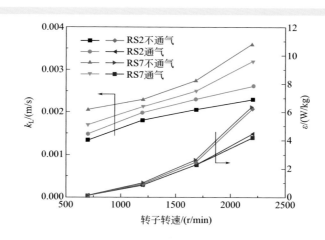

🔷 图 9-1　转子转速 N 对 RS2 和 RS7 传质系数 k_L 与单位体积功耗 ε 的影响

（不通气：V_g=0L/min；通气：V_g=100L/min）

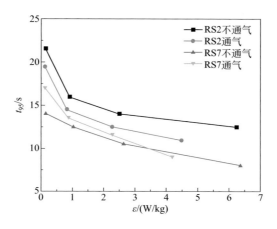

🔷 图 9-2　RS2 和 RS7 的溶解时间 t_{95} 与单位质量功耗 ε 的关系

（不通气：V_g=0L/min；通气：V_g=100L/min）

切速率增大，提高了搅拌槽内氯化钙颗粒的分散程度，增强了氯化钙颗粒表面流体的更新速率以及氯化钙颗粒的破碎程度，最终导致了混合器的固液传质系数增大、氯化钙颗粒的溶解时间减小。

2. 定子底面开孔直径的影响

由图 9-1 可知：无论是否通气，RS2 的单位质量功耗、固液传质系数均小于RS7 的，RS2 的溶解时间均大于 RS7 的。这是因为：RS2 的定子底面开孔直径小于RS7 的，定子底面开孔直径的减小，减小了定子底面开孔处的流体流通面积，从而增加了外排流体的流动阻力，降低了经定子底面开孔外排流体的流量，减小了搅拌槽内流体的流速、剪切速率和湍动能耗散率，使得 RS2 的单位体积功耗低于 RS7的。表 1-5 中 RS2 所对应的 Q_{bo} 和 Q_o 的值低于 RS7 的，图 1-48（b1）和图 1-50（b1）中 RS2 所对应的时均速度和时均湍动能耗散率分布低于图 1-48（c1）和图 1-50（c1）中 RS7 所对应时均速度和时均湍动能耗散率分布，二者共同印证了上述原因。此外，捷流式高剪切混合器在通气时的单位质量功耗均小于不通气时的，这是由于气体的存在，使得搅拌槽内流体的密度减小，进而降低了混合器的功耗。

对比图 9-1 的结果，可以发现 RS2 在通气时的固液传质系数要高于不通气时的，而 RS7 的结果则相反。这主要是由于气体的加入对不同构型高剪切混合器转子排液能力和主体环流强度的影响程度不同，虽然气体的加入会降低转子排液能力，减弱搅拌槽内主体环流强度，进而降低固体颗粒的悬浮与分散程度。但是，对于 RS2而言，较小的底面开孔直径使得其转子排液能力和搅拌槽内主体环流强度相对较弱，而气体的加入对转子排液能力和搅拌槽内主体环流强度影响程度较小；但是气体加入增强了搅拌槽下部流体的湍动，提高了搅拌槽底部物料的均匀分散程度和固体颗粒附近流体的更新速率，进而提高了固体颗粒溶解速率和固液传质系数。对于RS7 而言，较大的底面开孔直径使得其转子排液能力和搅拌槽内主体环流强度相对较强，而气体的加入极大地降低了转子的排液能力和搅拌槽内主体环流的强度，使得固体颗粒的均匀分散程度和颗粒附近流体的更新速率降低，进而降低了固体颗粒溶解速率和混合器固液传质系数。

由图 9-2 可知：无论是否通气，RS7 的溶解时间均小于 RS2 的。这是因为 RS7的搅拌槽内流体的主流强度、循环速率和剪切速率大于 RS2 的，导致了 RS7 的颗粒分散与破碎程度、颗粒表面流体的更新速率优于 RS2 的，使 RS7 的溶解时间均小于 RS2 的。由图 9-2 还可知：通气时单位质量的功耗下 RS7 和 RS2 的溶解时间均小于不通气的；这主要的原因是，通气降低了单位质量的功耗。

3. 转子叶片倾角的影响

图 9-3 为转子转速为 1700r/min 时，气体流量 V_g 对 RS4（RS4 的转子倾角为30°）和 RS5（RS5 的转子倾角为 60°）的单位质量功耗 ε 和气含率 α 的影响。由图 9-3

的结果可知，随着气体流量的增加，RS4 和 RS5 的功耗均降低，气含率均增加；但是 RS5 功耗降低幅度和气含率增加幅度均大于 RS4 的。当转子叶片倾角由 30° 增加到 60° 时，转子叶片在轴向的投影面积显著增加，使得捷流式高剪切混合器径向排液能力显著增强，进而导致径向射流流速和剪切速率增加；表 1-5 中 RS4 和 RS5 所对应的 Q_{so} 的变化与图 1-43 和图 1-45 中 RS4 和 RS5 所对应的速度和剪切速率分布的变化，则能印证这一点。高的径向射流速度和剪切速率有利于气泡的破碎，使得搅拌槽内气泡粒径减小，导致随气体流量增加 RS5 气含率的增大幅度大于 RS4；进而，因为气含率的增加，降低了混合器内流体的密度，导致随气体流量增加 RS5 的功耗降低幅度大于 RS4。

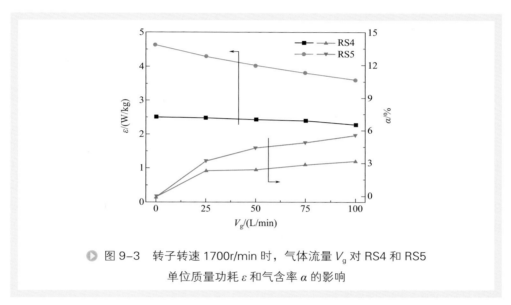

> 图 9-3　转子转速 1700r/min 时，气体流量 V_g 对 RS4 和 RS5
> 单位质量功耗 ε 和气含率 α 的影响

图 9-4 是转子转速为 1700r/min 时，RS4 和 RS5 的溶解时间 t_{95} 和固液传质系数 k_L 随气体流量的变化规律。从图 9-4 中发现，随着气体流量的增加，RS4 的溶解时间减小、固液传质系数增加，这一趋势与 RS2 的相似。导致 RS4 出现上述现象的原因与 RS2 相同。从图 9-4 中可以看出，随着气体流量的增加，RS5 的溶解时间先减小后显著增大，固液传质系数先增大后降低。造成这一现象的原因有两点：①气体的加入增强了搅拌槽底部物料的流速与湍动程度，促进了固体颗粒溶解，使得固液传质系数先增大；但是，随着气体流量的进一步增加，气含率显著上升，导致搅拌槽内流体密度降低，使得固体颗粒的悬浮能力和均匀分散程度显著降低，进而导致固体颗粒溶解速率降低；②气含率的显著上升，增加了搅拌槽内气泡数量，固体颗粒附近和表面附着的气泡数量增多，固体颗粒与液体的接触概率和接触面积降低，导致固液传质系数降低和溶解时间增大。

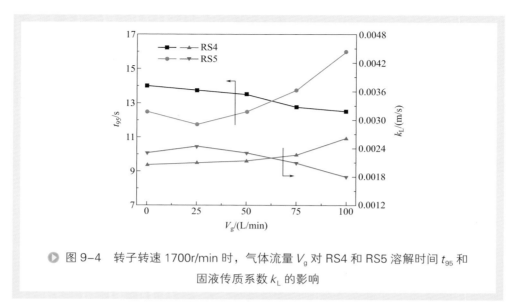

图 9-4 转子转速 1700r/min 时，气体流量 V_g 对 RS4 和 RS5 溶解时间 t_{95} 和
固液传质系数 k_L 的影响

4. 转子叶片叶面形状的影响

图 9-5 是转子转速为 1700r/min 时，气体流量 V_g 对 RS2 和 R2-S1 单位质量功耗 ε 和气含率 α 的影响。图 9-5 的结果表明，随着气体流量的增加，RS2 和 R2-S1 的单位质量功耗减小、气含率增加；同样条件下，RS2 的功耗和气含率均小于 RS-S1。这是因为：①气体流量增加，气泡的数量增加，气含率增大；②虽然 RS2 和 R2-S1 的转子叶片倾角相同均为 47°，但是 RS2 转子叶片叶面为平面，而 R2-S1 转

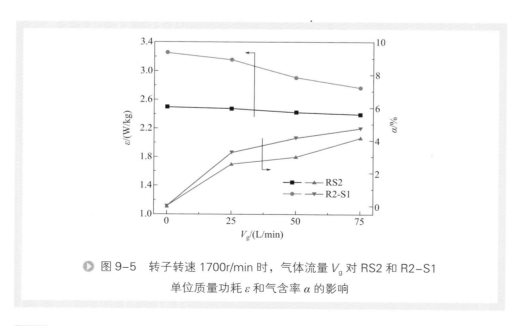

图 9-5 转子转速 1700r/min 时，气体流量 V_g 对 RS2 和 R2-S1
单位质量功耗 ε 和气含率 α 的影响

子叶片叶面为上凸的圆弧面。相比于平面叶面，圆弧面叶面的转子叶片在轴向的有效面积增加，这使得捷流式高剪切混合器径向的外排流量增大，搅拌槽内宏观环流增强；更重要的是径向射流流速和剪切速率增大，破碎气泡的能力增强。

从图 9-5 还可以得出，随着气体流量的增加，R2-S1 功耗降低幅度和气含率增加幅度都大于 RS2 的。这与前述的导致 RS5 功耗降低幅度和气含率增加幅度要大于 RS4 的原因相同。

图 9-6 是转子转速为 1700r/min 时，RS2 和 R2-S1 的溶解时间 t_{95} 和固液传质系数 k_L 随气体流量 V_g 的变化规律。由图 9-6 可知，随着气体流量增加，RS2 的溶解时间减少、固液传质系数增加，而 R2-S1 的则相反。这是因为：①气体的加入，会增加搅拌槽内、特别是搅拌槽底部流体的流速与湍动，增强颗粒与流体的相对运动，进而提高固液传质系数；②较高的气含率导致搅拌槽内流体的密度和黏度降低，使得固体颗粒在物料中的悬浮、分散能力降低，固体颗粒在搅拌槽下部的聚集量增大；同时，加上气泡的阻隔作用，最终导致固体颗粒的溶解时间增大和固液传质系数降低。对于 RS2，原因①起主要作用，因此，随着气体流量的增加，RS2 的固液传质系数增加、溶解时间减少；而 R2-S1 为弧面转子，其容易导致搅拌槽有更高的气含率，原因②起主要作用，因此，随着气体流量的增加，R2-S1 的固液传质系数减少、溶解时间增加。

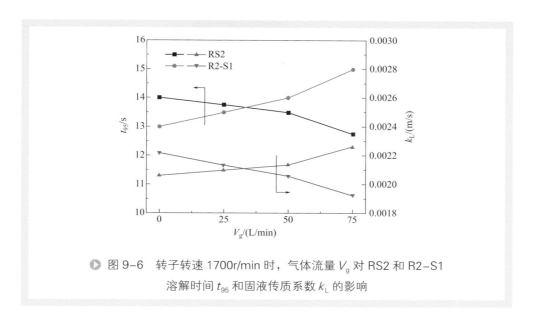

▶ 图 9-6　转子转速 1700r/min 时，气体流量 V_g 对 RS2 和 R2-S1
溶解时间 t_{95} 和固液传质系数 k_L 的影响

二、连续高剪切混合器

笔者通过改变转子转速、气液相流量、颗粒含量等参数，研究了连续高剪切混合器在气液固体系中的气液传质特性。实验用连续高剪切混合器为 Fluko F22Z 型，其装配有图 1-60（a）所示的高剪切头，高剪切头转子为两齿转子，如图 1-60（d）所示。气液总体积传质系数 $k_L a$ 采用第六章第三节所述的亚硫酸钠氧化法测得；亚硫酸钠的浓度为 0.8kmol/m³，Co^{2+} 催化剂 10^{-6}kmol/m³。实验系统的有效传质体积为 35mL。实验所用固体颗粒为亲水性气相 SiO_2（Aerosil 200V 型），其粒径分布如图 9-7 所示。固体颗粒对气液传质的增强因子 E 由方程（9-1）计算得到。

$$E = \frac{\text{有固体颗粒时的} k_L a}{\text{无固体颗粒时的} k_L a} \quad\quad (9-1)$$

式中　$k_L a$——气液总体积传质系数，s^{-1}。

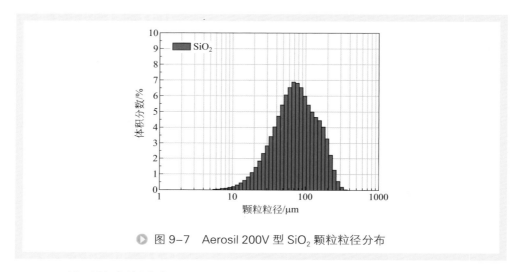

图 9-7　Aerosil 200V 型 SiO_2 颗粒粒径分布

1. 转子转速的影响

图 9-8 为转子转速对气液固体系中气液传质特性的影响。实验所用气体流量为 3L/min，液体流量为 60L/h，SiO_2 固含量为 0.5%（质量分数）。从图 9-8 中可以看到，无论是否有固体存在，气液总体积传质系数均随转子转速的增加而增大。可以从两方面解释这一现象：①转子转速的增加，使得高剪切混合器腔室内流体的湍动程度和剪切水平显著增强，这使得转子和流体对气泡的破碎能力增强，气泡直径逐渐减小，气液两相的相界面积增大；②转子转速越大，流体湍动程度和剪切水平越强，气液相界面更新速率更快，液相传质系数增大。

从图 9-8 中还可以得出，固体颗粒的存在，使得气液总体积传质系数提高。目前，关于固体颗粒强化气液传质性能的可能机制主要有掠过效应[11,12]、边界层混合机制[13,14]和抑制气泡聚并机制[15,16]。根据边界层混合机制可知，流体中的粒径较大的固体颗粒会撞击边界层，从而使得气液传质边界层变薄，进而提高传质效率；而流体中较小的固体颗粒会进入气液传质边界层内，增强边界层微扰动，使得边界

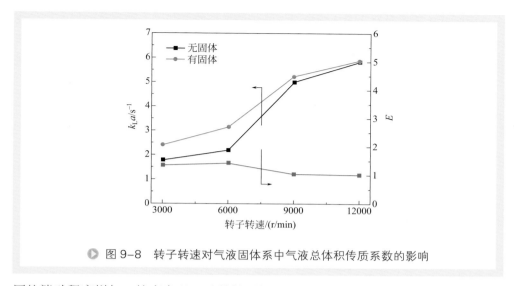

▶ 图9-8　转子转速对气液固体系中气液总体积传质系数的影响

层的湍动程度增加。笔者发现，随着转子转速的增加，固体颗粒对气液总体积传质系数的增强因子先略微增大后显著减小。这主要是因为：①在低转速下，混合器腔室内流体湍动强度较低，气泡粒径较大，气液相界面较小，气液传质边界层较厚；固体颗粒被剪切解聚的程度较低，颗粒粒径较大，对气液边界层撞击和扰动作用显著，使得气液传质边界层变薄、湍动增加，固体颗粒对气液总体积传质系数的增强因子较大；②在高转速下，气液相界面积较大，气液传质边界层较薄，固体颗粒被剪切解聚的程度较高，颗粒粒径较小，固体颗粒对气液边界层的撞击和扰动效应带来的增强效应微弱；③随着转子转速的继续增加，气液边界层变得更薄、湍动程度更高；加之，固体颗粒基本被剪切解聚为一次粒子，颗粒粒径更小，固体颗粒对气液边界层的作用更弱；因此，在这种条件下，固体粒子对气液传质基本没有增强能力，固体颗粒对气液总体积传质系数的增强因子接近为1。

2. 气体流量的影响

图9-9为气体流量对气液固体系中气液传质特性的影响。实验所用转子转速 N 为9000r/min，液体流量为60L/h，SiO_2 固含量为0.5%（质量分数）。从图中可以看出，随着气体流量的增加，气液总体积传质系数先增加后降低。造成随着气体流量的增加，气液总体积传质系数先增加的原因如下：①在气体流量不太大时，随着气体流量的增加，腔室内流体的湍动程度增强，气液相界面更新速率加快；②气体流量的增加，气泡破碎频率增加，使得混合器腔室内气泡数量增加，气液相界面积增加。造成当气体流量超过某一临界值后，随着气体流量的增加，气液总体积传质系数下降的原因如下：①液体流量保持不变，气体流量增大，气液混合流体在腔室中的停留时间减少；②当气体流量过大时，会导致混合器内气体的沟流和短路现象显著，使得部分气体未与液体接触已经被排出混合器。

由图 9-9 还能得到，固体颗粒对气液传质效率的增强因子随气体流量的增加逐渐增大。造成这一现象的原因可能为：①气体流量增大，在腔室内容易形成大气泡，固体颗粒的存在，强化了气泡的破碎；②固体粒子的存在，抑制了气体的沟流与短路现象。

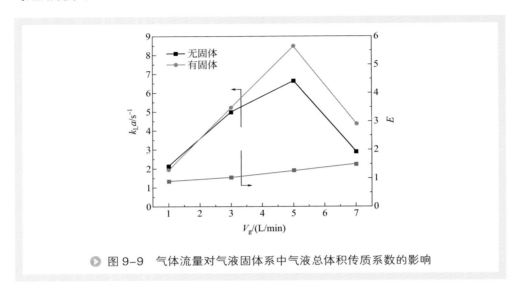

图 9-9　气体流量对气液固体系中气液总体积传质系数的影响

3. 液体流量的影响

图 9-10 为液体流量对气液固体系中气液传质特性的影响。实验所用转子转速 N 为 9000r/min，气体流量为 3L/min，SiO_2 固含量为 0.5%（质量分数）。从图 9-10 中可以看出，随着液体流量的增加，气液总体积传质系数增加。这主要是由于液体

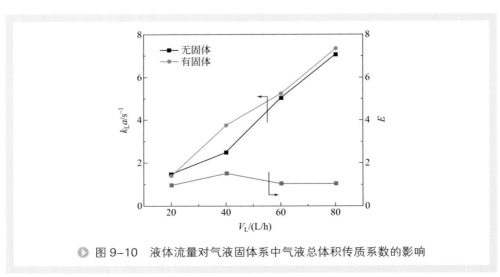

图 9-10　液体流量对气液固体系中气液总体积传质系数的影响

流量的增加，提高了混合器腔室内流体的流速、湍动程度和剪切水平，提高了液相传质系数；同时，提高了流体对气泡的破碎能力，减小了气泡直径，增大了气液相界面积；二者共同作用，使得气液总体积传质系数增强。从图 9-10 还可以看出，固体颗粒的存在，整体上对气液传质有促进作用。

4. 固体含量的影响

图 9-11 为 SiO_2 的含量对气液固体系中气液总体积传质系数的影响。实验所用转子转速 N 为 9000r/min，气体流量为 3L/min，液体流量为 60L/h。由图中结果可知，随着 SiO_2 含量的增加，气液总体积传质系数先增加后趋于恒定。固体 SiO_2 颗粒的含量增加，增强了混合器腔室内流体湍动强度，对气泡的破碎能力上升，气泡直径变小，气液相界面积增大；固体颗粒对气液边界层撞击和扰动作用，会使得气液传质边界层变薄、湍动增加，提高了液相传质系数；因此，随着固体含量的增加，气液总体积传质系数增加。但是固体含量增高到一定数值后，固体颗粒增加对传质边界层扰动作用的增幅很小，还有可能因为固体颗粒的存在，稳定了气泡大小，使其不易再被破碎；因此，固体颗粒含量达到一定数值后，气液总体积传质系数不再随固体颗粒含量增加而提高。

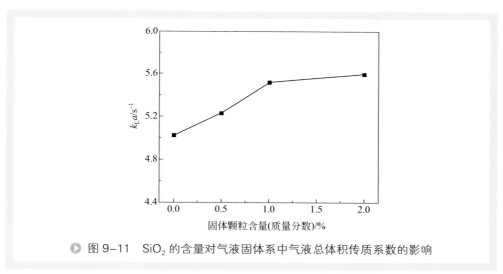

▶ 图 9-11　SiO_2 的含量对气液固体系中气液总体积传质系数的影响

第二节　连续高剪切反应器中合成文石型纳米 $CaCO_3$ 晶体

如前所述，关于气液固三相体系下高剪切混合器性能的研究刚刚开展。但是，高剪切混合器在气液固三相体系下的应用、特别是强化反应过程的应用，要超前于应用基础研究。下面以连续高剪切混合器中合成文石型纳米 $CaCO_3$ 晶体为例，来介绍其对反应过程的强化。

碳酸钙是一种重要的化工产品，作为一种填充材料，被广泛地应用于塑料、造纸、橡胶和染料领域。纳米 $CaCO_3$ 作为高档的无机纳米填充材料，具有表面效应和小尺寸效应，在制备复合材料时具有补强和降价增容的作用。碳酸钙主要有三种晶型：方解石、文石和球霰石。研究报道，相比于方解石和球霰石，文石型纳米 $CaCO_3$ 具备诸多优点，比如力学特性较好、密度高、加工流动性优良、颗粒表面较为光洁极易与聚合物复合成体系等，这使其在塑料填充和复合材料应用中更具有优势。文石型 $CaCO_3$ 的主要制备方法有：复分解反应法、$Ca(HCO_3)_2$ 加热分解法、尿素水解法、$Ca(OH)_2\text{-}CO_2$ 气液反应碳化法。由于 $Ca(OH)_2\text{-}CO_2$ 气液反应碳化法具有工艺简单、能耗低、原材料丰富、成本低且易于放大等优点，在工业上被广泛应用[17]。

$Ca(OH)_2\text{-}CO_2$ 气液反应碳化法制备文石碳酸钙的过程是一个复杂的气液固三相反应结晶过程，反应器内多相流体的流动状态与混合水平会对纳米碳酸钙晶体的生长产生重要的影响，最终影响产品的纯度和品质。而高剪切混合器具有强大剪切力和良好的微观混合水平，能有效调控晶体生长状态，抑制晶体的聚集和长大，从而制备出晶型纯度高、形貌完整、粒径均匀的文石碳酸钙。笔者[17, 18] 使用 Fluko F22Z 型连续高剪切混合器作为高剪切反应结晶器，详细研究了各操作参数对气液固三相反应结晶的影响。图 9-12 为制备纳米碳酸钙的实验装置流程图。

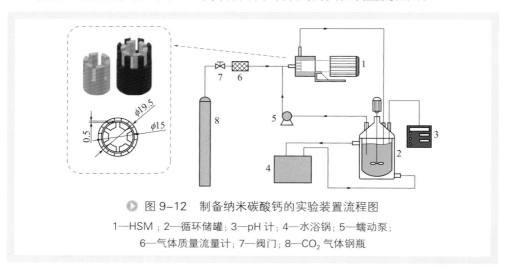

● 图 9-12　制备纳米碳酸钙的实验装置流程图
1—HSM；2—循环储罐；3—pH 计；4—水浴锅；5—蠕动泵；
6—气体质量流量计；7—阀门；8—CO_2 气体钢瓶

一、不同反应结晶器制备样品的比较

实验采用 $Ca(OH)_2\text{-}CO_2$ 气液反应碳化法制备纳米碳酸钙，其中 CO_2 流量为

200mL/min、Ca(OH)$_2$悬浮液流量为315mL/min、反应温度为83℃、[H$_3$PO$_4$]=11.2g/L及[PAM]=0.5g/L（PAM为聚丙烯酰胺）。图9-13为在高剪切反应结晶器、普通搅拌反应结晶器中合成碳酸钙所得样品的XRD谱图。从图9-13中可以看出，在转速为$1.0×10^4$r/min的高剪切反应结晶器中制备的样品存在明显而又尖锐的文石晶体的特征峰，说明有较多的文石型碳酸钙生成；在转速为400r/min普通搅拌结晶器中制备的样品，并没有明显的文石的特征峰、但有很强的方解石特征峰，说明在普通搅拌反应结晶器中制备的样品主要以方解石为主。

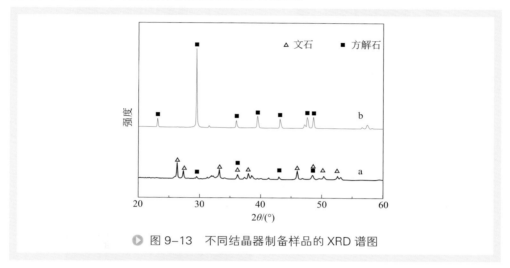

▶ 图9-13　不同结晶器制备样品的XRD谱图

　　图9-14显示了在高剪切反应结晶器中和普通搅拌反应结晶器中制备的两种碳酸钙的SEM图。在普通搅拌反应结晶器中制备的样品［图9-14（b）］呈现出立方颗粒，说明生成的是方解石碳酸钙；平均直径为346nm，颗粒比较大。采用高剪切反应结晶器制备的样品［图9-14（a）］呈现出大量针状颗粒，说明生成的碳酸钙以文石相存在；平均粒径（短轴）为48.8nm，长径比为10左右，说明制备出的纳米

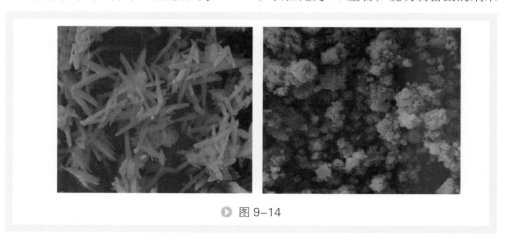

▶ 图9-14

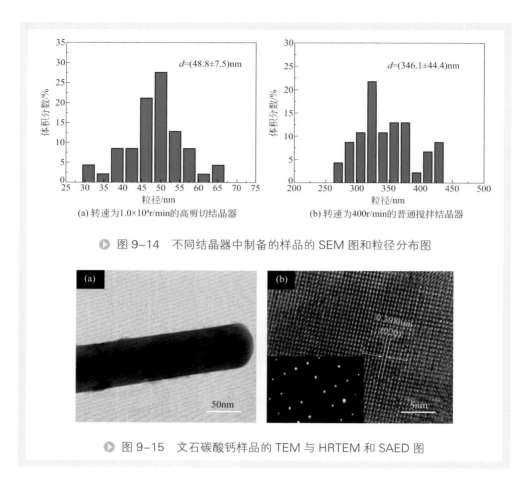

(a) 转速为1.0×10⁴r/min的高剪切结晶器 (b) 转速为400r/min的普通搅拌结晶器

▶ 图 9-14 不同结晶器中制备的样品的 SEM 图和粒径分布图

▶ 图 9-15 文石碳酸钙样品的 TEM 与 HRTEM 和 SAED 图

颗粒是文石碳酸钙。

图 9-15 为高剪切反应结晶器制备的样品的 TEM 和 HRTEM 图，可以清晰地看出样品具有 0.398nm 的晶格间距，对应文石晶型的（020）面；SAED 结果显示出所制备的文石为单晶，对应的长轴是文石碳酸钙的（001）面。

图 9-16 为在高剪切反应结晶器和普通搅拌反应结晶器中制备的碳酸钙样品的红外谱图。如图所示，吸收峰 1446cm⁻¹ 和 1795cm⁻¹ 对应碳酸钙中 C—O 和 C═O 的伸缩振动峰；在 850cm⁻¹ 和 703cm⁻¹ 处有明显的吸收峰，其归属于文石型碳酸钙的 C—O 向面外的弯曲振动峰（v_2 模式）和向面内的弯曲振动峰（v_4 模式）；877cm⁻¹ 和 713cm⁻¹ 的吸收峰是方解石的典型吸收峰[19]。红外结果表明，在高剪切反应结晶器中制备的碳酸钙主要是文石型碳酸钙，与前面 XRD 结果一致。

通过样品表征结果分析可以看出，以 $Ca(OH)_2$ 悬浮液和 CO_2 为原料制备碳酸钙过程中，采用高剪切反应结晶器有利于形成文石碳酸钙。这是因为在不同的结晶器中，混合性能不同使得相对过饱和度分布不同。在界面处的相对过饱和度如式

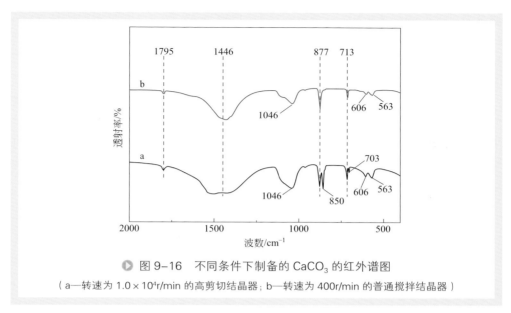

图9-16 不同条件下制备的$CaCO_3$的红外谱图

（a—转速为$1.0 \times 10^4 r/min$的高剪切结晶器；b—转速为400r/min的普通搅拌结晶器）

（9-2）所示。

$$S = \frac{[Ca^{2+}][CO_3^{2-}]}{[s.p.]} \tag{9-2}$$

式中　$[Ca^{2+}]$——界面处钙离子浓度，mol/L；

　　　$[CO_3^{2-}]$——界面处碳酸根离子浓度，mol/L；

　　　$[s.p.]$——一定温度下碳酸钙的溶度积常数，mol^2/L^2。

通常，过饱和度高容易形成方解石，而过饱和度低则有利于文石相的形成。在普通搅拌器中，CO_2气体进入到$Ca(OH)_2$悬浮液中后分散不均匀，使得溶液各个部位的CO_3^{2-}浓度不一致，使界面处过饱和度不均匀，因此形成方解石和文石的混合物。而当反应在高剪切反应结晶器中进行时，高的剪切速率和混合效率使CO_2气泡快速破碎成非常小的气泡，并均匀地分散到溶液中；溶液中CO_3^{2-}浓度均匀分布，可防止由于局部过饱和度太高而生成颗粒状的方解石，从而有利于文石相碳酸钙的形成。另外，二次成核现象对溶液的过饱和度影响也较大。如果二次成核的晶核数量太少，晶体成核和生长会缺少表面，会使得局部过饱和度增大。在高剪切反应结晶器中，晶体表面的粒子会由于流体边界层存在高的剪切力作用刮落，进而快速形成晶核，避免了晶核数量太少，因此一定程度上避免了局部过高的过饱和度。

二、高剪切反应结晶器转子转速的影响

体系的微混合程度和高剪切转子转速有很大的关系，因此笔者研究了在高剪切反应结晶器中其他反应条件相同情况下，转子转速对碳酸钙形成的影响。其中CO_2

流量为 200mL/min、Ca(OH)$_2$ 悬浮液流量为 315mL/min，反应温度为 83℃，[H$_3$PO$_4$] = 11.2g/L 及 [PAM]=0.5g/L。图 9-17（a）显示了高剪切头转子转速从 $1.0×10^4$r/min 到 $1.9×10^4$r/min 条件下，所制的碳酸钙的 XRD 谱图。在每个转子转速下，文石对应的 XRD 峰（26.2°、27.2°、33.1° 和 45.8°）的强度明显高于方解石对应的峰强（29.4°、39.4° 和 43.1°），文石为主要晶型。图 9-17（b）显示了对应的文石质量分数和平均直径。从图中可以看出，在各个转子转速下制备的文石型碳酸钙质量分数均大于 96%，而碳酸钙颗粒随着转速从 $1.0×10^4$r/min 增加到 $1.9×10^4$r/min，平均直径从 46nm 降到 35nm。这是因为转速越高，湍动程度和剪切速率越高，在晶体生长过程中会有效地阻止粒子团聚，从而在越高的转速下获得的碳酸钙粒径越小。

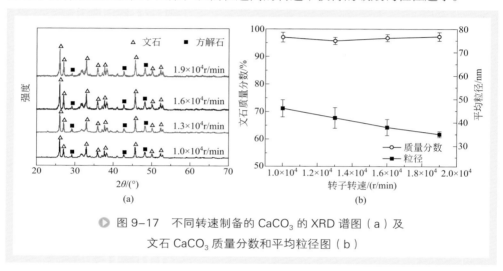

图 9-17　不同转速制备的 CaCO$_3$ 的 XRD 谱图（a）及
文石 CaCO$_3$ 质量分数和平均粒径图（b）

由于 CO$_2$ 气体通入氢氧化钙悬浮液后会形成碳酸钙，体系的 pH 值会随之降低。所以根据 pH 值随时间的变化可以确定完全反应时间，其中 pH 值快速下降的部分可以反映 Ca(OH)$_2$-CO$_2$ 体系的相对反应速率。如图 9-18 所示，在高剪切反应结晶器中，当转子转速分别为 $1.0×10^4$r/min、$1.3×10^4$r/min、$1.6×10^4$r/min 和 $1.9×10^4$r/min，Ca(OH)$_2$ 和 CO$_2$ 接近完全反应的时间分别为 60min、54min、42min 和 31min。所以，在高剪切反应结晶器中，转子转速越高，湍动程度越高，从而使得气液固三相反应结晶过程的微混合更加充分，故反应越快。从图 9-18 还可以看出，在普通搅拌反应结晶器中，反应时间为 180min。在高剪切反应结晶器中的反应时间是普通搅拌结晶器的 1/3 ～ 1/6，说明采用高剪切反应结晶器可以大大缩短反应时间。

三、反应温度和CO$_2$流量的影响

反应温度对反应结晶过程中的过饱和度有较大的影响，因此笔者研究了在高剪切反应结晶器中其他反应条件相同情况下，反应温度对碳酸钙形成的影响。其

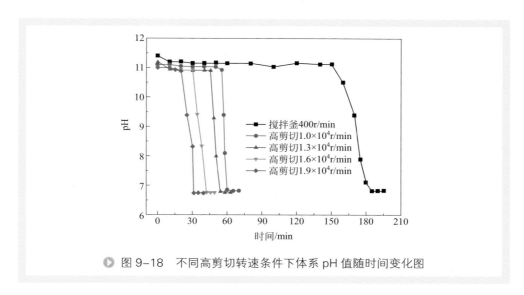

图9-18　不同高剪切转速条件下体系 pH 值随时间变化图

中 CO_2 流量为 200mL/min、$Ca(OH)_2$ 悬浮液流量为 315mL/min，$[H_3PO_4]$=11.2g/L，转子转速为 1.0×10^4r/min 及 [PAM]=0.5g/L。图 9-19（a）显示了反应温度从 40℃到 91℃条件下制备的碳酸钙的 XRD 谱图。结果显示，当反应温度为 40℃时，在 29.4°、39.4° 和 43.1° 呈现出很强的方解石特征峰，而没有出现属于文石的特征峰；当反应温度为 63℃时，在 26.2°、27.2°、33.1° 和 45.8° 处出现较小的文石特征峰，说明有少量的文石形成；反应温度超过 63℃后，文石碳酸钙对应的 XRD 峰的强度增强，文石成为主要的晶型。图 9-19（b）显示了反应温度对文石质量分数和碳酸钙颗粒平均直径的影响。从图中可以看出，文石的质量分数随着反应温度的升高而增大。当温度低于 63℃时，文石含量低于 20%；而当反应温度为 71℃时，文石含

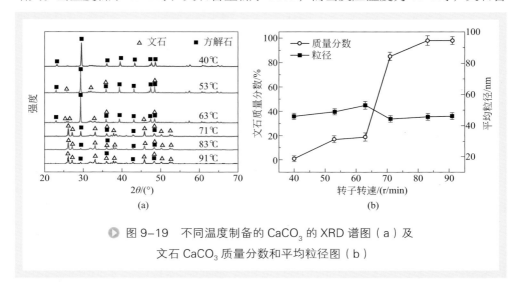

图9-19　不同温度制备的 $CaCO_3$ 的 XRD 谱图（a）及
文石 $CaCO_3$ 质量分数和平均粒径图（b）

量增加到 85%；当温度达到 83℃时，文石含量为 98.1%，且不再增加。以上实验结果和文献［20］研究结果一致，反应温度高于 60℃后，有利于文石的生成。这是由于当反应温度增加后，CO_2 的溶解度会随之降低，所以溶液里 CO_3^{2-} 的浓度会变得非常低。这会导致形成相对较低的过饱和度，利于文石的形成。也就是说，在较高的反应温度下相对过饱和度较低，文石容易形成。此外，图 9-19（b）结果显示，在不同的反应温度下制备的碳酸钙粒子的平均直径变化不大，都在 50nm 左右，这表明反应温度对颗粒直径影响不大。

CO_2 流量也是影响溶液里 $CaCO_3$ 过饱和度的重要因素，进而影响文石 $CaCO_3$ 的形成。因此，笔者研究了在高剪切反应结晶器中其他反应条件相同情况下，CO_2 流量对碳酸钙形成的影响。图 9-20（a）显示了在高剪切反应结晶器中 CO_2 流量在 150 ～ 400mL/min 条件下所制备的 $CaCO_3$ 的 XRD 谱图。其中转子转速为 10000r/min、$Ca(OH)_2$ 悬浮液流量为 315mL/min、反应温度为 83℃、$[H_3PO_4]$=11.2g/L 及 $[PAM]$=0.5g/L。当 CO_2 流量为 150mL/min 时，几乎没有文石特征峰出现，主要是方解石特征峰；当 CO_2 流量达到 200mL/min 时，主要是文石特征峰；随着 CO_2 流量的进一步增大，文石的特征峰强度逐渐减小，方解石特征峰强度逐渐增大；当二氧化碳流量为 400mL/min 时，几乎无文石特征峰出现，几乎全部是方解石特征峰。文石质量分数和碳酸钙颗粒平均直径随 CO_2 流量的变化如图 9-20（b）所示。

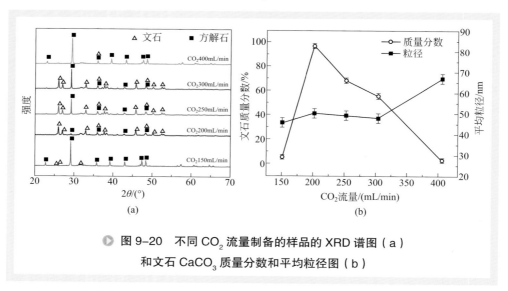

● 图 9-20　不同 CO_2 流量制备的样品的 XRD 谱图（a）
和文石 $CaCO_3$ 质量分数和平均粒径图（b）

在 CO_2 流量为 200mL/min 条件下，文石碳酸钙质量分数几乎达到 100%。当 CO_2 流量低于 200mL/min 时，文石含量非常低，主要由于过饱和度太低，达不到文石形成的条件。当 CO_2 流量从 200mL/min 增加到 400mL/min 时，文石含量明显减少。这是因为随着 CO_2 流量的增加，CO_2 的溶解量随之增加，溶液里 CO_3^{2-} 的浓度会增大，导致溶液里碳酸钙的相对过饱和度会相应增大；在较高的相对过饱和度下，更利于方解石的形成。因此，在该型号高剪切反应结晶器内制备文石碳酸钙时，最佳的 CO_2 流量为 200mL/min。

四、添加剂的影响

1. 有、无添加剂所制备样品的比较

在其他反应条件保持相同，即 CO_2 流量为 200mL/min、$Ca(OH)_2$ 悬浮液流量为 315mL/min、反应温度为 83℃的情况下，在高剪切反应结晶器中有、无添加剂（磷酸和 PAM）条件下合成碳酸钙晶体，所得样品的 XRD 谱图见图 9-21。从图 9-21 可以看出，加入磷酸和 PAM 添加剂所制备的样品，在 26.2°、27.2°、33.1° 和 45.8° 处有明显的文石特征峰，在 29.4°、39.4° 和 43.1° 处有弱小的方解石特征峰出现；无添加剂存在时，样品中只出现了明显的方解石特征峰。这表明在以 $Ca(OH)_2$ 悬浮液和 CO_2 为原料，通过气液固三相反应结晶过程制备碳酸钙过程中，添加剂磷酸和 PAM 对碳酸钙晶型调控有重要的作用。

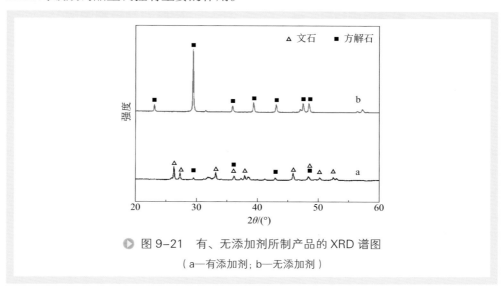

▶ 图 9-21　有、无添加剂所制产品的 XRD 谱图

（a—有添加剂；b—无添加剂）

图 9-22 为在高剪切结晶器中有、无添加剂时所制备的两种碳酸钙粒子的 SEM 图。当添加剂磷酸和 PAM 存在时，样品呈现出大量的针状粒子，平均直径为 48.8nm，长径比约为 10，说明生成的碳酸钙以文石相存在。无添加剂时，样品呈现出纺锤状的颗粒，平均直径为 358nm，说明生成的是方解石碳酸钙。SEM 图像结果与图 9-21 的 XRD 结果相一致。

图 9-23 为有、无添加剂加入条件下制备的碳酸钙粒子的红外谱图。如图所示，1446cm⁻¹ 和 1795cm⁻¹ 的吸收峰对应碳酸钙中 C—O 和 C=O 的伸缩振动峰；

(a) 有添加剂

(b) 无添加剂

图 9-22　有、无添加剂制备的 $CaCO_3$ 样品的 SEM 图和颗粒直径分布图

850cm^{-1} 和 703cm^{-1} 处的吸收峰是文石型 $CaCO_3$ 中 C—O 的向面外的弯曲振动峰（ν_2 模式）和向面内的弯曲振动峰（ν_4 模式），877cm^{-1} 和 713cm^{-1} 的吸收峰是方解石的典型吸收峰 [19]。红外结果表明，在磷酸和 PAM 添加剂存在时可以制得文石型碳酸钙。从图 9-23 还可以看出，在 1046cm^{-1}，606cm^{-1} 和 563cm^{-1} 处出现了 PO_4^{3-} 的振动峰。这是由于磷酸加入后生成少量的晶种羟基磷灰石（HAP）造成的，磷酸在合成文石型纳米碳酸钙中发挥了重要的作用。

2. 磷酸浓度的影响

在其他反应条件保持相同，即 CO_2 流量为 200mL/min，$Ca(OH)_2$ 悬浮液流量为 315mL/min，反应温度为 83℃及 [PAM]=0.5g/L 的情况下，在高剪切结晶器中考察磷酸加入量对所制备碳酸钙的影响。图 9-24 为在不同磷酸加入量的条件下制备的 $CaCO_3$ 的 XRD 谱图。如图所示，在无磷酸加入时，得到几乎纯的方解石碳酸钙；当磷酸浓度为 3.7g/L 时，文石 $CaCO_3$ 的特征峰出现；随着磷酸浓度的增加，文石特征峰强度逐渐增加，方解石特征峰强度逐渐减小。当磷酸浓度增加到 11.2g/L 时，几乎无方解石特征峰出现，得到几乎纯的文石 $CaCO_3$；当继续增加磷酸浓度到 13.1g/L 时，文石晶型特征峰强度几乎不变。这些结果表明，在高剪切结晶器中

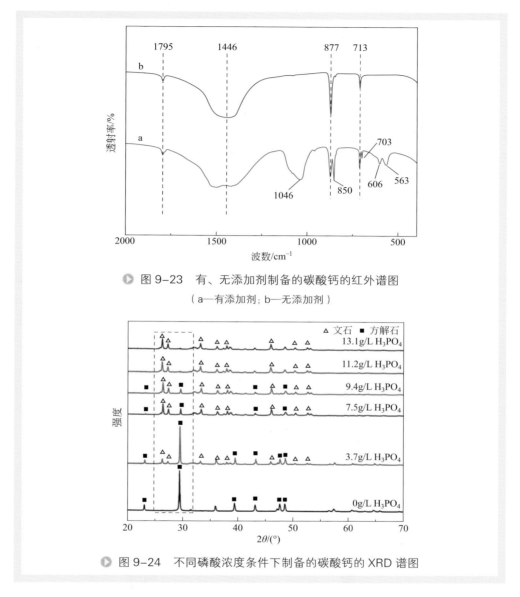

图 9-23　有、无添加剂制备的碳酸钙的红外谱图

（a—有添加剂；b—无添加剂）

图 9-24　不同磷酸浓度条件下制备的碳酸钙的 XRD 谱图

合成文石碳酸钙的过程中，磷酸加入量对于碳酸钙晶型调控起到重要作用。

文献[21]研究也表明，磷酸加入 $Ca(OH)_2$ 悬浮液后可以和 $Ca(OH)_2$ 快速反应，在碱性条件下生成羟基磷灰石（HAP）。在通入 CO_2 碳化过程中，碳酸钙在较低的过饱和度下发生非均相成核比较困难，HAP 作为碳酸钙结晶的晶种，诱导碳酸钙在较低的过饱和度下发生非均相成核，从而利于文石的生成。同时 HAP 呈针状，在此结晶中心上 Ca^{2+} 与 CO_3^{2-} 不断叠加生长，最后成为针状的文石碳酸钙。元素分析结果显示制备的样品中碳含量为 9.72%（质量分数），由此计算出碳酸钙的含量为81%（质量分数）。总的来说，研究中制备的针状粒子中，主要成分为碳酸钙和少量作为晶种的 HAP。

3. PAM 的影响

PAM 是一种表面活性剂，在纳米粒子制备过程中能够起到稳定作用。图 9-25 为在添加磷酸浓度为 11.2g/L 时，有、无 PAM 制备的 $CaCO_3$ 样品的 SEM 图和颗粒直径分布图。从图中可以看出，不管有、无 PAM，所制备的样品都呈现出大量的针状粒子，说明两种条件下生成的碳酸钙均以文石相存在。但两种条件下产生的颗粒尺寸不同，不添加 PAM 时，平均直径为 103nm；添加 PAM 后，平均直径为 49nm。图 9-26 显示了有、无添加剂 PAM 对文石碳酸钙的质量分数和平均直径的影响。由图 9-26（a）可以看出，有 PAM 存在时，文石的含量随着磷酸浓度的增加由 38.6% 增加到 98.1%，碳酸钙的平均直径从 75nm 降到了 45nm。在没有 PAM 加入的情况下［图 9-26（b）］，虽然文石含量与添加 PAM 情况下的结果基本一致，但是碳酸钙颗粒的平均直径明显变大，均大于 100nm。这个结果说明 PAM 在高剪切反应结晶器中制备文石碳酸钙时，对晶型的调控影响较小，但对晶体尺寸的调控起到了重要的作用。

阴离子 PAM 对 $CaCO_3$ 晶体粒径调控作用解释如下。在反应初始阶段，磷酸

(a) 无PAM

(b) 有PAM

● 图 9-25　有、无 PAM 制备的 $CaCO_3$ 样品的 SEM 图和颗粒直径分布图

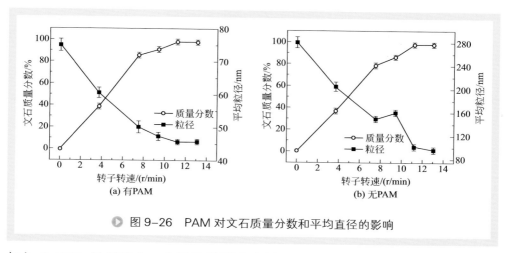

图 9-26　PAM 对文石质量分数和平均直径的影响

加入 $Ca(OH)_2$ 悬浮液中，会迅速地形成小尺寸的针状羟基磷灰石（HAP）。HAP 作为晶种，诱导文石 $CaCO_3$ 异相成核。当 PAM 加入时，PAM 在溶液里溶解形成 $PAM(COO^-)$ 和 Na^+。$PAM(COO^-)$ 会吸附到针状文石型碳酸钙的表面，并且是沿着颗粒的 c 轴方向。这些吸附在文石表面的 $PAM(COO^-)$ 离子会和溶液里的 Ca^{2+} 强烈作用，在一定程度上能降低溶液中碳酸钙的过饱和度，有利于文石的形成。在文石表面形成的稳定化合物一方面能够阻止晶体沿着径向生长，另一方面能够使亚稳态的文石在溶液里稳定存在，防止粒子间的团聚。所以，PAM 的加入对减小文石碳酸钙粒径起到了重要的作用。

第三节　工业应用

一、选型指导

目前，各高剪切混合器设备供应商都没有定型的用于气液固三相高剪切混合器供客户直接选用。

对于气液固三相高剪切混合器的选型。首先，要根据工艺要求来确定采用间歇还是连续高剪切混合器。其次，可以依据对于过程影响更为重要的两相的分散与传质来选择气液或液固高剪切混合器作为基本结构，在此基础上再进行优化。例如，对于气相在液相中的分散及气液传质更为重要的过程，可以按照气液高剪切混合器进行选型；在此基础上，由设备供应商根据工艺要求，进行结构的设计与优化。

对于间歇气液固三相高剪切混合器，建议要与低速搅拌配合使用，利用低速搅拌形成强力的轴向循环，促进待剪切的分散相更多地进入剪切头。

对于气液固三相连续高剪切混合器，在进行结构设计时，要格外注意腔室结构的优化，要避免混合器内形成气相死区或者固体颗粒沉积区。

对于气液固三相连续高剪切混合器，在进行结构设计时，要格外注意剪切头、级联结构和出口结构对于混合器内压力分布的影响，要充分避免压力变化带来的振动，及其对旋转轴和混合器腔室强度的不利影响。

对于高剪切混合器过流部位的材质选择时，要充分考虑腐蚀和磨蚀的叠加作用。

二、工业应用举例

甲苯二异氰酸酯（TDI）是一种重要的化工产品，可用于制备聚氨酯泡沫、弹性体、胶黏剂、密封剂和涂料等。聚氨酯材料作为一种品种最多、用途最广、发展最快的有机合成材料已经在涂料、保温材料、垫材、新能源和铁路等轨道交通领域有广泛的应用。我国经济的发展和国家经济战略将进一步刺激市场扩大对聚氨酯材料的需求，这必定会给 TDI 的生产带来广阔的市场前景。目前合成 TDI 的方法主要有：光气合成法、羰基化法和碳酸二甲酯法。由于光气法具有技术成熟、经济性好等优点，使其在目前和未来一段时间内都将是 TDI 合成的主流工业方法 [22]。

光气法 TDI 工艺中，存在甲苯二胺与光气反应工段，该工段可能发生的反应如下：

$$\text{（式1：甲苯二胺} + 2COCl_2 \longrightarrow \text{（TDI氨基甲酰氯）} + 2HCl）} \qquad （1）$$

$$\text{（式2：TDI氨基甲酰氯} \longrightarrow \text{（TDI）} + 2HCl）} \qquad （2）$$

$$\text{（式3：甲苯二胺} + 2HCl \longrightarrow \text{（MTD盐酸盐）}）} \qquad （3）$$

$$\text{（式4：MTD盐酸盐} + 2COCl_2 \longrightarrow \text{（TDI）} + 6HCl）} \qquad （4）$$

反应式（5）、（6）为化学结构反应式（图示）。

$$\text{TDI} + \text{脲} \longrightarrow \text{TDI缩二脲} \tag{7}$$

$$\text{TDI} + \text{TDI缩二脲} \longrightarrow \text{聚脲} \tag{8}$$

反应（1）、反应（2）是生成异氰酸酯的主反应，其余为反应体系中的一些副反应。其中，有机胺与光气反应生成氨基甲酰氯是一个快速强放热反应，反应过程好坏极大程度上取决于混合效果。反应物料要快速混合均匀，防止有机胺局部过剩，发生副反应。同时，反应产生的 MTD 盐酸盐会以固体形式析出，可能堵塞反应器；反应过程生成的氯化氢会部分以气态形式存在。因此，光气法制 TDI 的光气化反应是一个气液固三相混合反应体系。利用连续高剪切混合器作为 TDI 合成的光气化反应器，可以强化有机胺与光气反应生成氨基甲酰氯，减少 MTD 盐酸盐的生成；工业应用后，可以使 TDI 的收率提高 3% 以上。

参考文献

[1] Kasat G R, Pandit A B. Review on mixing characteristics in solid-liquid and solid-liquid-gas reactor vessels [J]. The Canadian Journal of Chemical Engineering, 2005, 83 (4): 618-643.

[2] Hessel V, Angeli P, Gavriilidis A, et al. Gas-liquid and gas-liquid-solid microstructured reactors: contacting principles and applications [J]. Industrial & Engineering Chemistry Research, 2005, 44 (25): 9750-9769.

[3] Howard Brenner. Gas-liquid-solid fluidization engineering [M]. Elsevier Science, 2013.

[4] Özcan-Taşkın N G, Padron G A, Kubicki D. Comparative performance of in-line rotor-stators for deagglomeration processes [J]. Chemical Engineering Science, 2016, 156: 186-196.

[5] Kamaly S W, Tarleton A C, Özcan-Taşkın N G. Dispersion of clusters of nanoscale silica particles using batch rotor-stators [J]. Advanced Powder Technology, 2017, 28 (9): 2357-2365.

[6] Shi J, Xu S, Qin H, et al. Gas-liquid mass transfer characteristics in two inline high shear mixers [J]. Industrial & Engineering Chemistry Research, 2014, 53 (12): 4894-4901.

[7] Gu J, Xu Q, Zhou H, et al. Liquid–liquid mass transfer property of two inline high shear mixers [J]. Chemical Engineering and Processing: Process Intensification, 2016, 101: 16-24.

[8] Qin H, Zhang C, Xu Q, et al. Geometrical improvement of inline high shear mixers to intensify micromixing performance [J]. Chemical Engineering Journal, 2017, 319: 307-320.

[9] Jasińska M, Bałdyga J, Cooke M, et al. Application of test reactions to study micromixing in the rotor-stator mixer (test reactions for rotor-stator mixer) [J]. Applied Thermal Engineering, 2013, 57 (1-2): 172-179.

[10] Zhang J, Xu S, Li W. High shear mixers: A review of typical applications and studies on power draw, flow pattern, energy dissipation and transfer properties [J]. Chemical Engineering and Processing: Process Intensification, 2012, 57: 25-41.

[11] Kars R L, Best R J, Drinkenburg A A H. The sorption of propane in slurries of active carbon in water [J]. Chemical Engineering Journal, 1979, 17 (3): 201-210.

[12] Alper E, Wichtendahl B, Deckwer W D. Gas absorption mechanism in catalytic slurry reactors [J]. Chemical Engineering Science, 1980, 35 (1-2): 217-222.

[13] Ruthiya K C, Van der Schaaf J, Kuster B F M, et al. Modeling the effect of particle-to-bubble adhesion on mass transport and reaction rate in a stirred slurry reactor: influence of catalyst support [J]. Chemical Engineering Science, 2004, 59 (22-23): 5551-5558.

[14] Shah Y T. The effect of solid wettability on gas-liquid mass transfer in a slurry bubble column[J]. Chemical Engineering Science, 1990, 45 (12): 3593-3595.

[15] Kluytmans J H J, Van Wachem B G M, Kuster B F M, et al. Mass transfer in sparged and stirred reactors: influence of carbon particles and electrolyte [J]. Chemical Engineering Science, 2003, 58 (20): 4719-4728.

[16] Ruthiya K C, Kuster B F M, Schouten J C. Gas-liquid mass transfer enhancement in a surface aeration stirred slurry reactors [J]. The Canadian Journal of Chemical Engineering, 2003, 81 (3-4): 632-639.

[17] 杨超 . 高剪切混合器在制备纳米材料中的应用研究 [D]. 天津 : 天津大学 , 2017.

[18] Yang C, Zhang J, Li W, et al. Synthesis of aragonite CaCO$_3$ nanocrystals by reactive crystallization in a high shear mixer [J]. Crystal Research and Technology, 2017, 52 (5): 1700002.

[19] Du L, Wang Y, Wang K, et al. Growth of Aragonite CaCO$_3$ whiskers in a microreactor with calcium dodecyl benzenesulfonate as a control agent [J]. Industrial & Engineering Chemistry Research, 2015, 54 (28): 7131-7140.

[20] Hu Z, Deng Y. Supersaturation control in aragonite synthesis using sparingly soluble calcium sulfate as reactants [J]. Journal of Colloid and Interface Science, 2003, 266 (2): 359-365.

[21] 李丽匣 , 韩跃新 , 朱一民 . 碳酸钙晶须合成过程中可溶性磷酸盐的作用机理研究 [J]. 无机化学学报 , 2008, 24 (5): 737-742.

[22] 许金玉 , 王志琰 , 景研 . 甲苯二异氰酸酯的研究进展 [J]. 山东化工 , 2016, 45 (17): 56-57.

第十章

高剪切混合器研究及应用展望

第一节　高剪切混合器性能影响规律

　　目前，已经有近 300 篇文献从不同角度对高剪切混合器的流动与功耗、分散与混合、相间传递性能、反应性能进行了研究，涉及的体系涵盖了单相、液液两相、气液两相、液固两相、气液固三相等；涉及的影响因素包括物性参数、操作参数和结构参数。但是，多相高剪切混合器性能影响规律的研究依然需要进一步深入和拓展，主要包括：①与仪器仪表学科结合，开发更好的能适合多相体系的高剪切混合器性能测试方法，特别是局部性能的测试方法；②与微纳加工技术结合创新剪切头结构，更深入、细致地研究结构参数对高剪切混合器性能的影响规律；③从工业应用中提炼关键科学问题，全面开展多相体系高剪切混合器性能影响规律研究；④从职业卫生和环境保护的角度出发，开展高剪切混合器工作噪声影响规律及减噪方法的研究；⑤从生产安全的角度出发，开展高剪切混合器流固耦合分析研究。

一、高剪切混合器性能测定方法

　　高剪切混合器设计、放大与工业应用中，比较重要的性能参数有：功耗、流体速度及其时空分布、浓度及其时空分布、温度及其时空分布、传递系数、分散相（气泡、液滴或者固体颗粒）大小及其分布等。目前，扭矩和转速的测量方法已经成熟、准确，可以采用扭矩法准确测定高剪切混合器的功耗。但是，其他高剪切混合器的性能测定方法，还存在着许多需要完善之处；对于个别重要的性能参数的测定，还需要开发新的方法。

对于高剪切混合器中流体速度及其时空分布的测定，随着高速、显微 PIV 技术的发展，可以用于单相高剪切混合器内流体速度及其时空分布的测定，需要完善的是焦平面的准确定位。对于两相体系，在分散相含量比较低时（分散相含量不超过1%），可以用 PIV 结合荧光显色技术来测定两相高剪切混合器内流体速度及其时空分布；分散相含量超过 1% 以后，需要开发准确的测量方法。对于三相及其以上的多相体系，目前还没有比较好的测定高剪切混合器内流体速度及其时空分布的方法。

对于高剪切混合器中浓度及其时空分布的测定，目前可以采用的测量方法主要有电导法、显色法、取样离线测定法。其中，显色法可以进行二维浓度场的测量，是一种比较好的在线测量方法；但其拓展到三维空间进行测量存在着较大的困难。对于多相体系的测量，需要完善电导法，以消除分散相的影响，在高剪切混合器内部设置电导探针阵列来进行空间分布的测定；但是，存在着电导探针对流场干扰的问题。

对于高剪切混合器中温度及其时空分布的测定，可以采用接触式阵列传感器测量；但是该方法存在对流场干扰比较大且测量点很少的缺点。对于红外线的传输没有影响的高剪切混合器，可以采用红外 CCD 进行温度场的测量；但存在焦平面准确定位的问题。

对于高剪切混合器中的传递系数，主要包括分散相与连续相的相间传质系数、分散相与分散相的相间传质系数、分散相与连续相的相间传热系数、分散相与分散相的相间传热系数、连续相与壁面的传热系数等。传递系数可以分为总体积传递系数和局部传递系数两类。对于分散相与连续相的总体积传质系数、分散相与连续相的总体积传热系数、连续相与壁面的传热系数的测量，可以采用目前文献中比较成熟的方法。对于局部传递系数及其分布、分散相与分散相的总体积传质系数、分散相与分散相的总体积传热系数，目前尚没有比较好的测量方法。

对于高剪切混合器中分散相大小及其空间分布的测量，在低分散相含量的条件下，可以采用高速、高分辨率 CCD 结合片光源技术进行测量；对于高分散相含量体系，可以采用电导探针阵列的方法进行测量，但是同样存在着对流场干扰比较大且测量点很少的缺点。

从上面的叙述可以看出，高剪切混合器内流体速度及其时空分布、浓度及其时空分布、温度及其时空分布、传递系数大小及其分布、分散相大小及其分布的测定方法尚不完善，今后需要加强研究。

二、结构参数对高剪切混合器性能影响的研究

针对高剪切混合器结构参数进行系统研究是加深对高剪切混合器的认识和理解，指导高剪切混合器的设计、优化、放大和应用的重要途径。目前，针对高剪切混合器功耗、混合、分散和传质特性的研究相对碎片化。一方面，关于高剪切混合

器功耗特性的研究虽然较多，所研究的高剪切混合器的定转子剪切头构型复杂多样，但针对单一结构参数进行系统的考察和对比研究仍较少；另一方面，关于高剪切混合器混合、传质特性的研究相对分散，大多为固定高剪切混合器的结构参数，考察转子转速、进料流量、各相进料量比等操作参数和物料黏度、密度等物性参数对混合、传质特性的影响。

常见高剪切混合器的剪切头结构，如图 10-1 所示。其中，图 10-1（a）为定转

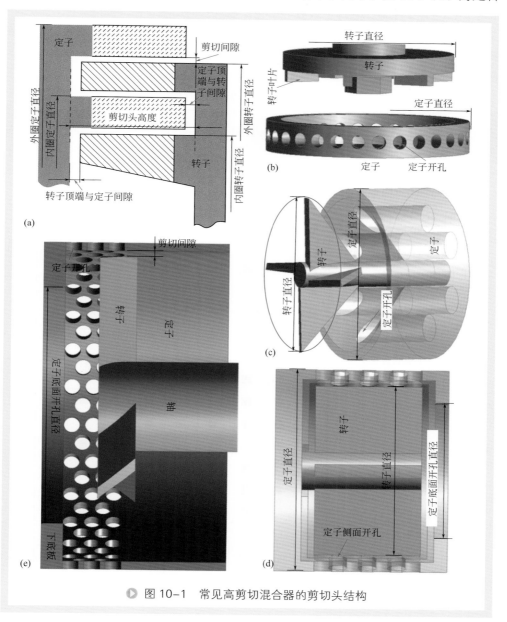

▶ 图 10–1　常见高剪切混合器的剪切头结构

子齿合型剪切头的结构图，图 10-1（b）为叶片网孔型剪切头的结构图，图 10-1（c）为轴流间歇式剪切头的结构图，图 10-1（d）为径流间歇式剪切头的结构图，图 10-1（e）为捷流间歇式剪切头的结构图。

关于高剪切混合器结构参数对其性能影响的研究，汇总在表 10-1 中；其中，标注了文献号的表示已经开展了系统研究，标注了■的表示已经开展了研究，标注了□的表示尚未开展研究。从表 10-1 可以看出，目前对于定子顶端与转子间隙、转子顶端与定子间隙、定转子级数等结构参数对高剪切混合器性能的影响，需开展更加细致而系统的研究；同时，还需要加强分布器结构、连续高剪切混合器外壳结构、间歇高剪切混合器容器结构等如何影响高剪切混合器混合、分散、传递和反应性能的研究。

表 10-1　结构参数影响高剪切混合器性能的研究汇总

剪切头种类	结构参数	单相体系			液液体系				气液体系		
		功耗	宏观混合	微混合	功耗	分散	传质	反应竞争	功耗	分散	传质
定转子齿合连续式	定转子直径	■	■	■	■	■	■	■	■	■	■
	定转子间隙	[1]	[2]	■	■	■	■	■	■	■	■
	定转子圈数	■	[2]	■	■	■	■	■	■	■	■
	定转子级数	□	□	□	□	□	□	□	□	□	□
	定子开孔型式	■	[2]	■	■	■	■	■	■	■	■
	定子开孔率	■	■	■	■	■	■	■	■	■	■
	转子开孔型式	■	■	■	■	■	■	■	■	■	■
	转子开孔率	■	■	■	■	■	■	■	■	■	■
	定子顶端与转子间隙	[1]	[2]	■	□	□	□	□	□	□	□
	转子顶端与定子间隙	[1]	[2]	■	□	□	□	□	□	□	□
叶片网孔连续式	定转子直径	[3]	■	■	[4]	[4]	■	■	■	■	■
	定转子间隙	■	■	■	■	■	■	■	□	■	■
	定转子圈数	[5]	■	□	■	■	■	□	■	■	■
	定子开孔型式	[6]	[1]	■	■	■	■	[7]	■	■	■
	定子开孔率	[8]	■	■	■	■	■	■	■	■	□
	转子型式	[5]	□	■	■	■	■	■	■	■	■
轴流间歇式	定转子直径	■	□	□	□	□	□	□	□	□	□
	定转子间隙	■	□	□	□	□	□	□	□	□	□
	定子型式	■	□	□	□	□	□	□	□	□	□
	定子开孔型式	■	□	□	□	□	□	□	□	□	□

剪切头种类	结构参数	单相体系			液液体系				气液体系		
		功耗	宏观混合	微混合	功耗	分散	传质	反应竞争	功耗	分散	传质
轴流间歇式	定子开孔率	■	□	□	□	□	□	□	□	□	□
	转子型式	■	□	□	□	□	□	□	□	□	□
径流间歇式	定转子直径	[9]	[9]	■	■	[10]	■	■	■	□	■
	定转子间隙	■	■	■	■	■	■	■	■	□	■
	定子型式	[11]	□	□	□	□	□	□	□	□	□
	定子开孔型式	[12]	■	■	■	[13]	■	[13]	■	□	■
	定子开孔率	[11]	□	□	□	□	□	□	□	□	□
	转子型式	■	□	■	■	■	■	□	■	□	■
捷流间歇式	定转子直径	■	□	□	□	■	■	□	■	■	■
	定转子间隙	■	□	□	□	■	■	□	■	■	■
	定子型式	□	□	□	□	■	■	■	■	■	■
	定子开孔型式	□	□	□	□	■	■	■	■	■	■
	定子开孔率	□	□	□	□	■	■	□	■	■	□
	转子型式	■	□	□	□	■	■	□	■	■	■

剪切头种类	结构参数	液固体系				气液固体系					
		功耗	分散	溶解	传质	功耗	气相分散	固相分散	固相溶解	气液传质	液固传质
定转子齿合连续式	定转子直径	□	■	■	■	□	■	■	□	■	□
	定转子间隙	□	■	□	□	□	■	■	■	□	□
	定转子圈数	□	□	□	□	□	□	□	□	□	□
	定转子级数	□	□	□	□	□	□	□	□	□	□
	定子开孔型式	□	■	□	□	□	■	■	■	□	□
	定子开孔率	□	■	□	□	□	■	■	□	□	□
	转子开孔型式	■	□	□	□	□	■	■	□	□	□
	转子开孔率	■	□	□	□	□	■	■	□	□	□
	定子顶端与转子间隙	□	□	□	□	□	□	□	□	□	□
	转子顶端与定子间隙	■	□	□	□	□	□	□	□	□	□
叶片网孔连续式	定转子直径	□	■	□	■	□	□	□	□	□	□
	定转子间隙	□	■	□	□	□	□	□	□	□	□
	定转子圈数	□	■	□	□	□	□	□	□	□	□
	定子开孔型式	[14]	[15]	□	□	□	□	□	□	□	□
	定子开孔率	[14]	[15]	□	□	□	□	□	□	□	□
	转子型式	□	■	■	■	□	□	□	□	□	□

剪切头种类	结构参数	液固体系				气液固体系					
		功耗	分散	溶解	传质	功耗	气相分散	固相分散	固相溶解	气液传质	液固传质
轴流间歇式	定转子直径	□	□	□	□	□	□	□	□	□	□
	定转子间隙	□	□	□	□	□	□	□	□	□	□
	定子型式	□	□	□	□	□	□	□	□	□	□
	定子开孔型式	□	□	□	□	□	□	□	□	□	□
	定子开孔率	□	□	□	□	□	□	□	□	□	□
	转子型式	□	□	□	□	□	□	□	□	□	□
径流间歇式	定转子直径	□	■	□	□	□	□	□	□	□	□
	定转子间隙	□	■	■	■	□	□	□	□	□	□
	定子型式	□	■	■	■	□	□	□	□	□	□
	定子开孔型式	□	[16]	□	□	□	□	□	□	□	□
	定子开孔率	□	■	□	□	□	□	□	□	□	□
	转子型式	□	[16]	□	□	□	□	□	□	□	□
捷流间歇式	定转子直径	■	□	■	■	■	□	□	■	□	■
	定转子间隙	■	□	■	■	■	□	□	■	□	■
	定子型式	■	□	■	■	■	□	□	■	□	■
	定子开孔型式	■	□	■	■	■	□	□	■	□	■
	定子开孔率	■	□	■	■	■	□	□	■	□	■
	转子型式	■	□	■	■	■	□	□	■	□	■

定转子表面微结构对于高剪切混合器内剪切速率和局部能量耗散率的大小和分布具有重要影响，目前对其关注不够，相关研究尚为空白。因此，需要结合微纳加工技术的最新进展，开展高剪切混合器定转子表面微结构加工技术的研究；进而，研究定转子表面微结构对高剪切混合器性能的影响规律，以降低高剪切混合器的功耗，提升高剪切混合器的分散、破碎与传递性能。

高剪切混合器的结构参数对其传热特性的影响规律，目前尚未见文献报道；而传热特性对于高剪切混合器作为反应器来强化反应过程又十分重要，急需开展此方面的研究。

三、多相体系高剪切混合器性能的研究

通过表 10-1 的总结，可以看出：目前，对于单相体系的高剪切混合器的性能

研究已经比较全面。对于两相体系的研究，多集中于液液体系，对于气液、液固体系的研究相对较少。对于气液固三相体系的研究，多集中于应用研究；对于三相体系下的高剪切混合器性能影响规律的研究，刚刚开始。

对于工业生产过程中存在的气液液、液液固、固液固、气液液固、气液固固等多相体系的快速混合、分散与传递问题，如何利用高剪切混合器进行过程强化还鲜见报道；从工业实际需求中提炼关键科学问题，进行三相及更多相体系高剪切混合器性能的研究，尚未见文献报道，急需开展。

四、高剪切混合器噪声的研究

在工业应用中，由于高剪切混合器要保证优异的工作性能，则需要达到高的转子转速，这会使高剪切混合器在使用时产生高的噪声，不仅会缩短设备的使用寿命，也会对车间生产人员的身心健康产生危害。因此，如何降低高剪切混合器的使用噪声而又不降低其性能是一个急需解决的问题。

高剪切混合器的噪声主要由流体动力学噪声、机械噪声和电机噪声组成。流体动力学噪声是由高剪切混合器内部的流体流动产生的；机械噪声则是由流体流经混合器内部所产生的无规律的压力起伏导致混合器内部零件之间碰撞、摩擦等产生的噪声。当转子转速较低时，由流体产生的流动噪声远远小于机械噪声和电机噪声；当转子转速较高时，流动噪声则为混合器的主要噪声，其与高剪切混合器内部的流场息息相关。高剪切混合器内的剪切头结构复杂，间隙多且狭窄，内部流动极其复杂，转速高时会出现射流、尾迹涡等现象。在这些复杂的流动中往往伴随着伴生涡的生成，流体动力学噪声通常是因为这些伴生涡的拉伸和破裂形成。所以要解决高剪切混合器的噪声问题，就得充分了解其结构参数对流场、噪声的影响规律。

图 10-2 是流动噪声的分析流程图，可以采用实验和模拟相结合的方法来优化高剪切混合器结构参数，降低高剪切混合器的工作噪声。实验方面，首先需进行模态试验分析，得出机器的固有振动特性；其次布置传感器，进行机器噪声测试实验。模拟方面，需先进行混合器内部流场模拟分析，导出流场信息，在声学模拟软件中，根据坐标信息插入流场信息，提取主要的面声源和体声源，再进行声传播计算，得出与实验布置点对应位置的频谱分析图，对噪声源进行分析。根据计算结果分析得出反馈信息，对高剪切混合器结构参数进一步进行优化。

图 10-3 是利用流场模拟软件 CFD 和声学模拟软件 ACTRAN，模拟研究高剪切混合器的流体动力学噪声结果图。首先，通过 CFD 模拟得到其流场信息，再将流场信息导入 ACTRAN 中，提取高剪切混合器剪切头的动静结合面为面声源，静域作为体声源，进行声传播计算，得出了在高剪切混合器 1m 处分布的噪声测试点的频谱分析图和整个流体域内分布的声压云图。

这样，采用图 10-2 和图 10-3 所示的方法，模拟与实验结合，可以获得结构参

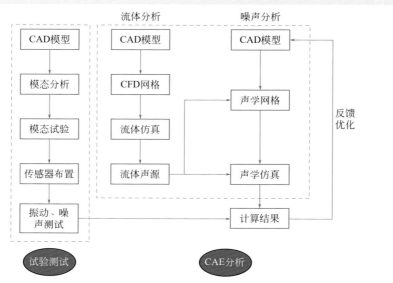

流体分析　　　　　噪声分析

CAD模型　　　　CAD模型　　　　CAD模型

模态分析　　　　CFD网格　　　　声学网格

模态试验　　　　流体仿真　　　　声学仿真

传感器布置　　　流体声源

振动、噪声测试　　　　　　　　　　计算结果

反馈优化

试验测试　　　　　　　CAE分析

▶ 图 10-2　流动噪声分析流程图

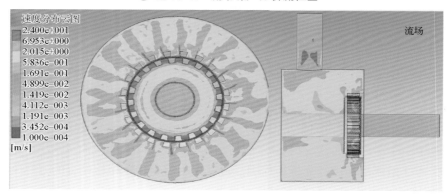

速度分布云图

2.400e+001
6.953e+000
2.015e+000
5.836e-001
1.691e-001
4.899e-002
1.419e-002
4.112e-003
1.191e-003
3.452e-004
1.000e-004
[m/s]

流场

(a) 连续高剪切混合器的速度场分布

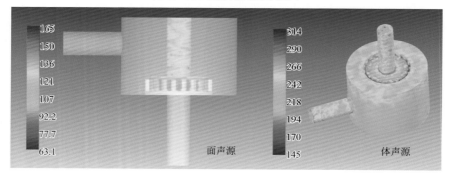

面声源

体声源

(b) 声学模拟提取的面声源和体声源

▶ 图 10-3

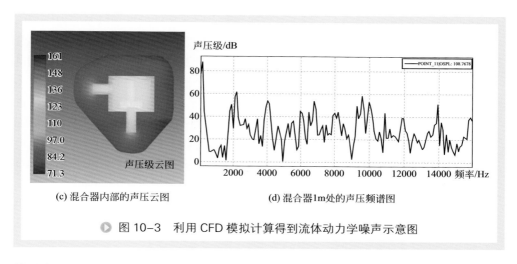

(c) 混合器内部的声压云图　　　　　(d) 混合器1m处的声压频谱图

▶ 图 10-3　利用 CFD 模拟计算得到流体动力学噪声示意图

数对高剪切混合器工作噪声的影响规律；进而，优化结构参数，在保证高剪切混合器性能不下降的前提下，降低高剪切混合器的工作噪声，以满足职业卫生和环境保护的要求。

五、高剪切混合器的流固耦合分析

流固耦合（Fluid Solid Interaction，FSI），是将计算流体力学（CFD）与计算固体力学（CSM）结合在一起计算固体在流体作用下应力应变及流体在固体变形影响下的流场改变。流固耦合可以分为单向流固耦合和双向流固耦合。单向流固耦合是指把 CFD 分析计算的结果（如力、温度和对流载荷）传递给固体结构分析，但是没有固体结构分析结果传递给流体分析的过程。双向耦合指既有流体分析结果传递给固体结构分析，又有固体结构分析的结果（如位移、速度和加速度）反向传递给流体分析。

高剪切混合器在工作时转子高速转动，高速转动的转子在给流体施加强大的推动力和剪切力的同时也会受到流体反作用力的影响；与此同时，高速流动和剧烈湍动的流体会对定转子齿和混合器腔室壁面产生周期性的冲击作用。流体反作用力和冲击力的作用会对定转子齿等部件施加周期性的载荷，导致高剪切混合器产生周期性的振动，从而使得高剪切混合器定转子齿等部件产生一定的应力应变。周期性的振动和应力应变，一方面会对高剪切混合器的安全运行以及高剪切混合器寿命产生重要影响；另一方面会为高剪切混合器设计过程中的材料选择、各部件结构及尺寸设计提供依据。因此，对高剪切混合器进行流固耦合分析获得高剪切混合器各部件的振动以及应力应变信息对指导高剪切混合器的选材、设计和优化具有重要的意义。

图 10-4 是流固耦合分析的流程图，采用实验和模拟相结合的方法研究分析高

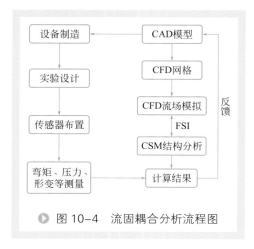

图 10-4　流固耦合分析流程图

剪切混合器各部件的振动以及应力应变信息。在实验方面，针对相应的高剪切混合器设备设计实验、布置传感器，主要测量高剪切混合器相应部件的弯矩、压力分布以及形变量。在模拟方面，使用 CFX 进行流场模拟同时结合 ANSYS Mechanical 进行结构分析，最终获得相应的流场、弯矩、应力应变信息。实验和模拟结果相互印证不仅验证模拟方法的正确性，还对高剪切混合器设计、制造、优化和放大提供指导。

第二节　高剪切混合器的放大与优化

一、高剪切混合器的数值模拟放大与优化模型

为了实现高剪切混合器的理性放大与优化设计，基于计算流体力学、计算传热学、计算传质学和反应动力学的高剪切混合器的数值放大与优化模型的研究，十分必要。目前，对于单相体系高剪切混合器的数值放大与优化模型已经有了较多的研究，基于大涡模拟的放大模型在精度方面具有较好的优势。目前，关于多相体系的高剪切混合器的数值放大与优化模型的研究尚显薄弱。表 10-2 汇总了多相体系高剪切混合器模拟的研究现状；其中，标注了文献号的表示已经开展了研究，标注了 □ 的表示尚未见文献报道。由表 10-2 可知，由于高剪切混合器利用转子高速旋转所产生的高切线速度，在定子与转子间的狭窄间隙中形成极大的速度梯度，在定转子的剪切间隙中存在剪切、挤压、摩擦、撞击、研磨、湍流和空化等多种作用；因此，对于多相体系的准确模拟十分困难，导致了多相体系的模拟研究基本为空白。

表 10-2　多相体系高剪切混合器模拟研究汇总

多相体系	流动	分散与破碎	传质	传热	反应
气液两相	□	□	□	□	□
液液两相	[17,18]	[17,18]	□	□	□
液固两相	[19,15]	[19,15]	□	□	□
气液固三相	□	□	□	□	□

多相体系	流动	分散与破碎	传质	传热	反应
气液液三相	☐	☐	☐	☐	☐
液液固三相	☐	☐	☐	☐	☐
固液固三相	☐	☐	☐	☐	☐
气液液固四相	☐	☐	☐	☐	☐
气液固固四相	☐	☐	☐	☐	☐

建议多相体系下高剪切混合器的数值放大与优化模型的研究重点如下：

（1）通用多相流模拟软件的开发。目前，市面上常见的 CFD 求解器有超过 200 款，可以分为五大类：①开源求解器（Open-Source），这类软件的自由度很大，允许用户学习内部的求解思想和源代码，也可以在源代码的基础上改进。目前使用最多的开源 CFD 求解器是 OpenFoam。目前，已有部分学者通过开源求解器 OpenFoam 探究求解群体平衡方程的新的矩方法，集成新的破碎、聚并模型等。②开源代码求解器封装（Open Source wrappers），即在开源求解器的基础上与某些前处理和后处理软件捆绑，集成界面友好的 GUI，例如 Visual-CFD，HELYX 和 simFlow 等。③在 CAD 中集成（CAD integrated）：这类软件 CFD 求解功能较弱，仅能处理一些稳态、单相且无反应的流动。④专用软件（Specialty），即针对特殊功能设计的 CFD 求解器，例如 CONVERGE 专注于多相流动和湍流燃烧等过程，在汽车、内燃机等领域有广阔的应用，CPFD 可用于流化床反应器等。⑤通用商业软件（Comprehensive Packages）：例如 Fluent 和 Star-CCM + 等。这些软件用户界面友好，计算稳定成熟，但价格昂贵，用户无法对软件的底层算法进行修改。综上，笔者认为在多相模拟软件的开发上，一方面可以利用商业软件在现有模型的基础上进行参数的调整或者通过用户自定义函数的方式对源项进行改进，进行定性的模拟研究，来部分满足现有需求；另一方面更迫切的是通过开源软件或者自己从头编写软件，针对高剪切混合器这类具有高速旋转部件且定转子间具有强相互作用的高度湍动、各向异性的多相流动体系，从底层开始，开发具有较好通用性的多相流模拟软件，提高模拟精度和计算速度，来满足定量设计与优化多相体系高剪切混合器。

（2）多相、高速旋流体系下湍流方程的合理选择与修正。在高剪切混合器内，几乎所有的流动都是湍流且存在各向异性。如何实现在多相和高速旋流的体系下对湍流问题精确地求解显得十分重要。在多相流动中湍流的求解仍不成熟。若采用欧拉 - 欧拉方法模拟多相流动，常用的湍流模型有 k-ε 模型、k-ω 模型以及雷诺应力模型（RSM）。其中 k-ε 模型使用最广，其收敛性好，计算资源需求较低，但是对处理逆压梯度、强曲率流动和射流流动等强各向异性湍流存在模拟不精确的问题；而 k-ω 模型其计算需求与 k-ε 模型相当，适用于内流、射流和曲率流等过程，但也存在收敛困难、对初值敏感等问题；RSM 模型与前两种不同，其从雷诺应力的输运方程出发直接求解雷诺应力，因此其求解的方程数更多，也更难收敛，而且在很多场合也不一定使得计算结果更精确，因此一般情况下不采用（RSM）模型。对于欧拉 - 欧拉多相流模型的高级数值模拟如大涡模拟（LES）仍有待进一步的开发和完善。因此，为了提高模拟质量，需要及时借鉴湍流研究的最新进展，来选择或修订湍流方程，以提高高剪切混合器的数值模拟质量。

（3）分散相的破碎、聚并（聚集）模型。分散相的破碎聚并过程是模拟分散相粒径分布、相含率、相间传递等必须要考虑的因素，分散相不同，破碎聚并的机理也有所区别。破碎模型做的工作较多，例如，在液液两相的破碎过程中，液滴受到周围流体施加的剪切力产生形变，当剪切力大于液滴的抵抗力（表面张力）后液滴会产生破碎。普遍应用的破碎模型包括基于湍流统计理论的 CT 破碎模型，以及基于湍流多重分形并考虑湍流间歇性影响的 MF 破碎模型；相比较而言，聚并的机理更加复杂，而且在高相分率情况下难以获得实验数据，在多数的模拟工作中通常不考虑分散相的聚并过程。目前最受认可的聚并机理为液膜排干模型，简单来说，当气泡（液滴）发生碰撞时，由于中间存在连续相液膜，会导致无法聚并，需要借助外力排干液膜从而发生聚并行为，同样地有关聚并模型也存在 CT 聚并模型和 MF 聚并模型。可以看到，液滴的破碎和聚并模型依赖于流动问题的求解，如何在高剪切混合器内复杂的流动条件下实现对分散相破碎聚并的准确描述，仍有待学者进一步开展工作。

（4）相间传递模型。目前，高剪切混合器实验研究过程中，获得的相间传递模型，基本为总体积传递模型；而结合计算传质学和计算流体力学进行流动与传质耦合模拟计算，需要用到描述微元的相间传递模型，如何建立适宜的实验测量与理论推导方法，二者结合获得相间传递模型，是一个急需解决的问题。

（5）网格优化的方法。高剪切混合器内既存在定转子剪切间隙这样微米级的狭缝，又存在连续高剪切混合器定转子外围分米量级的腔室空间和间歇高剪切混合器剪切头外部米量级的立体空间；这使得网格尺寸分布从几十微米到几十毫米，在如此大的网格尺寸跨度范围内绘制尺寸过渡平缓的网格十分困难。因此，十分必要探究高剪切混合器的网格优化方法，以获得高质量的网格、提高高剪切混合器 CFD 模拟的精度和降低计算量。

（6）并行计算方法。一方面，实际工业应用的高剪切混合器的剪切头都是由多级、多圈定转子构成的，由于定转子间隙为亚毫米级，使得待模拟的高剪切混合器模型内的网格数量为几千万；另一方面，由于高剪切混合器的转子转速通常为2900r/min，为了保证模拟过程中库朗数（Courant number）适宜，通常设定计算的时间步长为转子旋转一周所用时长的 1/800 ～ 1/200，这样导致完成一个工况的全部计算需要极多的步数；此外，将传递模型、反应动力学与流动模型耦合后，会使模拟体系的计算量较单纯流动过程模拟有数量级的提高。因此，需要开发适合的并行计算方法，来满足超大计算量的需求。

在上述 6 个多相体系下高剪切混合器的数值放大与优化模型的研究建议方向中，针对高剪切混合器的通用多相流模拟软件的开发最为重要。

二、机器学习在高剪切混合器的设计与优化中的应用

对于多相体系下高剪切混合器的数值放大与优化模型的研究，目前来看挑战很大，需要长时间地持续研究才能取得成功。因此，为了满足工业应用需求，需要采用适当的黑箱模型来代替大量实验进行高剪切混合器的设计与优化。

机器学习是一门多领域交叉学科，涉及概率论、统计学、逼近论、凸分析、算法复杂度理论等多门学科。机器学习算法是一类从数据中自动分析获得规律，并利用规律对未知数据进行预测的算法。机器学习已经有了十分广泛的应用，例如：数据挖掘、计算机视觉、自然语言处理、生物特征识别、搜索引擎和机器人运用等。常用的机器学习算法有：人工神经网络回归算法、决策树学习、回归算法、聚类算法、关联算法、深度学习、降维算法、支持向量机、集成算法。

因此，可以将机器学习的方法引入到高剪切混合器的选型、设计和优化中，通过收集已有的数据，确定合适的输入变量、输出变量，选择合适的学习方法来建立输出 - 输入网络；利用建好的网络，来进行特定要求下的高剪切混合器的选型、优化与设计。更详细地讲，机器学习的方法具体可以应用到以下几个方面：

（1）预测实验结果。针对高剪切混合器的回归预测主要包括功率消耗、混合特性、分散相直径及其分布、总体积等的预测，其原理是利用机器学习方法建立输入数据与目标数据的关系模型，充分挖掘试验指标与试验因素及其水平之间的内在联系，以得到精度较高的预测结果。这样，既可以减少实验工作量，又可以较好地预测实验结果。例如，采用神经网络算法中的 BP 算法，建立高剪切混合器性能与结构参数、操作参数和物性参数的神经网络预测模型；在 BP 算法中，两个神经元之间分配不同的权重，各个神经元分配不同的阈值，训练过程中调整权重和阈值，使得预测值与真实值的误差尽可能小，从而达到预测的目的。这样可以利用建立好的人工神经网络模型，来预测不同参数下的高剪切混合器的性能。

（2）确定最优条件。例如，已经建立好了高剪切混合器性能与结构参数、操作参数和物性参数的神经网络预测模型之后，各个神经元的权重和阈值也就确定了。可以利用确定好的神经网络，采用遍历的方法，以很小的步长来改变输入层的参数（操作温度、转子转速、操作时间、各相流量、表面张力、黏度）大小，可以得到输出层参数（如功率、混合特性、分散相直径及其分布、总体积传质系数等）的大小及其变化规律，利用多目标优化的思想，建立起多个输出层参数之间的多目标优化模型，可以获得最优的输出层参数及其对应的输入层参数状态，进而得到最优的高剪切混合器结构参数、操作参数。

建立机器学习模型实现高剪切混合器性能的数据处理、解释和预测、优化，其准确度很大程度上取决于机器学习方法的性能和样本数据的选取。为此，今后的研究需要从以下几个方面展开：①深入研究目标参数与其他测量参数之间的响应特征及内在联系，优选具有代表性的样本数据；②利用更高性能的机器学习方法充分挖掘数据资料之间的内在关系，进而提高预测的精度；③建立合适的检验方法，来避免局部过度拟合问题。

例如，笔者最近采用人工神经网络模型（ANN），对带孔阵列射流分布器的定转子齿合型连续高剪切混合器（如图 10-5 所示）的微混合性能进行了建模与预测[20]。

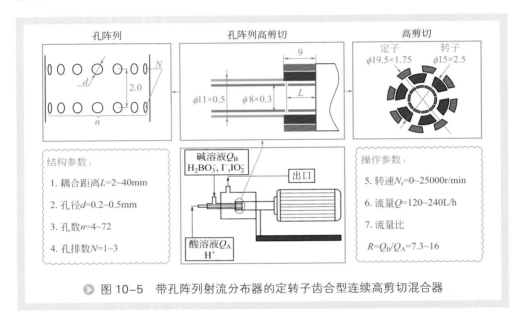

图 10-5　带孔阵列射流分布器的定转子齿合型连续高剪切混合器

具体方法为：采用前馈 - 反向神经网络模型（BPNN）对实验数据进行训练，该模型由一个输入层和一个输出层及至少一个隐藏层组成。输入层包含 6 个参数：耦合距离 L、孔径 d、孔数 n、孔排数 N、转子齿尖线速度 u_t 和环隙内流速 u_c。输出层为微混合时间 t_m，共计 121 组实验数据被随机地分为训练集（90%）和测试集（10%）。虽然，ANN 模型不能获得输入和输出的具体关联式，但可以通过网络的参数权重值来估算各个输入参数对输出参数的重要程度，可通过式（10-1）进行估算：

$$\mathrm{WI}=\frac{\sum\limits_{j=1}^{n}\left[\left(\left|w_{i,j}\right|\bigg/\sum\limits_{i=1}^{m}\left|w_{i,j}\right|\right)\left|w_{j,k}\right|\right]}{\sum\limits_{i=1}^{m}\left\{\sum\limits_{j=1}^{n}\left[\left|w_{i,j}\right|\bigg/\sum\limits_{i=1}^{m}\left|w_{i,j}\right|\right]\left|w_{j,k}\right|\right\}} \tag{10-1}$$

式中　w——每一层网络的权重；

　　　m——输入层和隐藏层神经元个数；

　　　i——输入层；

　　　j——隐藏层；

　　　k——输出层；

　　　WI——输入参数对微混合时间的影响大小的权重。

最终得到如图 10-6 所示的输入层具有 6 个神经元，隐藏层具有 8 个神经元，输出层具有 1 个神经元的 ANN 网络；因此在本书的研究工作中，$i=1$，2，3，$\cdots$，6，$j=1$，2，3，$\cdots$，8，$k=1$。表 10-3 列出了神经网络的模型参数值。图 10-7 显示训练集的平均相对误差（MRE）、均方差（MSE）和相关系数（R^2）分别为 1.9%、1.3×10^{-10} 和 0.999989，测试集对应的值分别为 3.7%、7.1×10^{-10}、0.999431。测试集的最大相对偏差小于 10%，说明 BPNN 模型对实验数据进行了非常好的拟合。图 10-8 显示输入参数对输出参数微混合时间的影响大小，结果表明：耦合距离 L 对

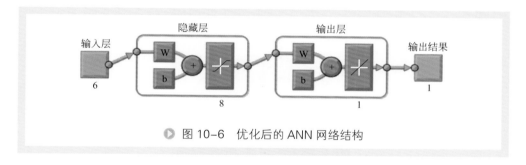

图 10-6　优化后的 ANN 网络结构

表 10-3　预测 t_m 的 ANN 模型参数

序号	$w_{j,i}$						b_k	−0.8765
	u_t/(m/s)	u_c/(m/s)	L/mm	d/mm	N	n	b_j	$w_{k,j}$
1	0.1372	−0.4143	−11.0760	−0.2731	0.1572	0.2937	−6.8624	−0.2672
2	1.4223	1.2074	3.1127	−0.4262	0.9632	−0.6133	4.1304	1.3014
3	−1.1859	−0.5633	−4.8793	0.7854	0.3259	1.1393	−3.4967	15.2840
4	−0.2725	0.7307	0.0231	−2.7874	5.0721	−6.9148	−1.1956	−0.2653
5	−1.8300	−0.4265	0.1142	0.0481	5.7752	1.7459	6.9338	0.1412
6	0.9519	0.4598	1.9986	−1.0963	−0.3646	−1.1969	1.2926	4.2531
7	−8.9353	1.6228	−9.4927	−1.5119	−2.1252	−2.4810	3.0946	−0.0365
8	1.3213	0.4153	5.7544	−0.5367	−0.3527	−1.1550	4.5038	10.1540

注：$w_{j,i}$ 为输入层中第 i 个神经元与隐含层中第 j 个神经元之间的权重；$w_{k,j}$ 为隐含层中第 j 个神经元与输出层中第 k 个神经元之间的权重；b_j 为隐含层中第 j 个神经元的偏差；b_k 为输出层中第 k 个神经元的偏差。

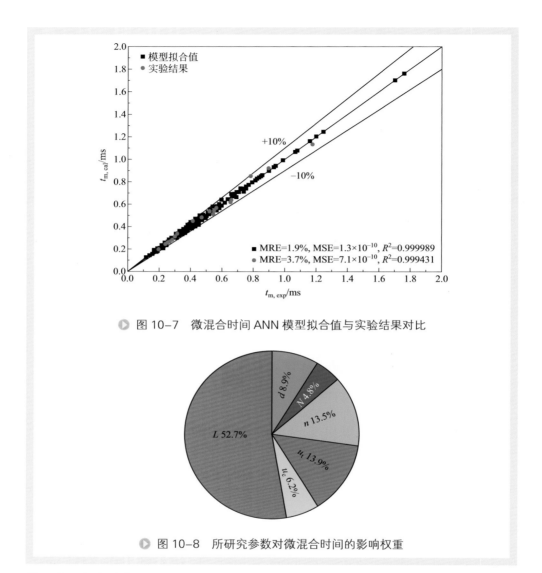

▶ 图 10-7　微混合时间 ANN 模型拟合值与实验结果对比

▶ 图 10-8　所研究参数对微混合时间的影响权重

带孔阵列射流分布器的高剪切混合器的微混合时间影响最大，占比 52.7%；而孔排数 N 对带孔阵列射流分布器的高剪切混合器的微混合时间影响最小，仅占比 4.8%。影响因素从大到小的排序为：耦合距离（L 52.7%）> 转速（u_t 13.9%）> 单排孔数（n 13.5%）> 孔径（d 8.9%）> 流量（u_c 6.2%）> 孔排数（N 4.8%）。

　　图 10-9 显示采用所建立的 ANN 模型估算的不同结构参数和流量下所对应的 t_m 值的三维图。从图中可以看出，最大的 t_m 值总是出现在 $u_t=0\text{m/s}$ 时，这表明孔阵列射流分布器单独作为混合器时，其微混合性能较差。所有条件下，微混合时间 t_m 随着转速的增加先急剧减小后趋于平缓。图 10-9（b）显示，微混合时间 t_m 随着孔径的增加先减小后增加，且最优孔径随着转速的提高而增加。在 $u_t=0\text{m/s}$ 下的最

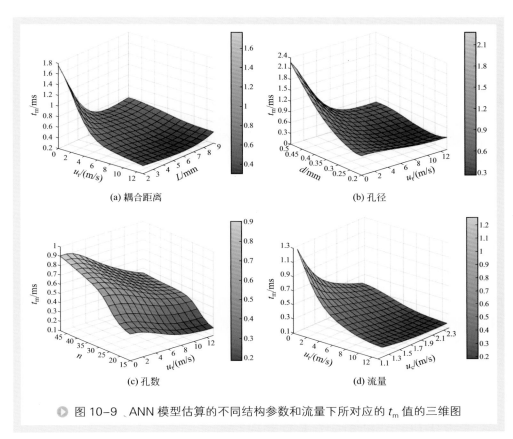

(a) 耦合距离　　　　　　(b) 孔径

(c) 孔数　　　　　　(d) 流量

图 10-9　ANN 模型估算的不同结构参数和流量下所对应的 t_m 值的三维图

优孔径为 0.25mm 和孔数为 15，对应的孔间距 H 为 1.67mm，这与孔阵列射流分布器单独作为混合器时的实验结果相一致。ANN 模型得到的最优分布器结构参数为：耦合距离 L=8mm、孔径 d=0.25mm、孔数 n=15、孔排数 N=1，在此结构参数下，转子齿尖线速度 u_t=13m/s 时，取得最小的微混合时间 t_m=0.17ms，这与实验结果相一致。这表明所建立的 ANN 模型可以很好地指导设计合适的孔阵列射流分布器用于强化高剪切混合器的微混合性能。

第三节　高剪切混合器强化化工过程

化学工业在国民经济中具有举足轻重的地位，是国民经济良好运行的物质基础；其过程强化，对于社会发展具有重要意义。因此，需要利用新技术进行化工过程的强化。

一、高剪切混合器强化化学反应过程

高剪切混合器的微混合时间在 $10^{-2} \sim 10^{-1}$ms 之间、液液总体积传质系数 k_La 能够达到 $10^0 \sim 10^1$min^{-1} 数量级、气液总体积传质系数 k_La 能够达到 $10^0 \sim 10^1$s^{-1} 数量级，其具有优异的微混合性能、液液传质性能和气液传质性能；因此，特别适合于快速、竞争反应过程的强化。目前，基于高剪切混合技术强化化学反应的研究已经开展，高剪切混合器作为反应器已经在光气化、磺化、氧化、硝化、氯化、氰化、重排、重氮化、中和等反应过程中与常规反应器相比，表现出了巨大优势；随着工业应用案例逐渐增多，需要提取共性规律来实现跨越中试甚至小试实验、直接利用高剪切混合器作为工业反应器，以强化现有的工业反应过程。

目前，工业生产过程中对于反应物为固相的反应体系，通常选用溶剂将固体溶解后，进行单相或者液液两相反应；反应结束后，需要设置溶剂回收工段来实现溶剂的回收与循环利用。高剪切混合器具有良好的固体破碎、解聚能力，其作为反应器可以高效强化含固体系的反应过程，特别是反应物和反应产物均为固相的固液固反应体系。高剪切混合器作为反应器来强化含固体系的反应过程，已经有了成功案例；但还需要开展更多的反应工艺研究，来拓展工业应用范围。

高剪切混合器作为反应器还可以强化聚合反应、高黏度体系反应等，可以减少反应时间、降低反应体系助剂用量、改善产品质量、提高时空收率等；关于此方面的研究，才刚刚开展，需要大力加强与工艺人员的合作研究，来推进工业应用进程。

二、高剪切混合器强化化工分离过程

如本书第四、八章所述，高剪切混合器具有良好的固体破碎、解聚能力；因此，适用于浸取分离过程的强化。既可以用于固体颗粒中有用物质的浸取，也可以用于细胞破碎浸取。需要开展的工作是多级逆流高剪切混合器的结构优化及相应浸取工艺研究。

单级剪切头连续高剪切混合器的萃取效率可以达到 90% 左右，当剪切头为两级时，萃取效率可以接近 100%；同时，其萃取平衡时间为秒的量级。因此，高剪切混合器特别适合于作为萃取设备来取代现有的萃取塔；例如，转子直径约 400mm 的高剪切混合器作为萃取设备时，处理的两相总体积流量可以达到 100m³/h 以上。可以预见，会有越来越多的高剪切混合器作为萃取设备来强化萃取过程；例如，盐湖卤水提取锂等。需要开展的工作是根据工业应用需求，建立萃取体系、优化萃取工艺。

如本书第九章所述，高剪切混合器可以作为反应结晶器来强化反应结晶过程；可以用于各种纳米晶体材料生产过程的强化。基于同样的原理，高剪切混合器可以作为溶析结晶器来强化各种溶析结晶过程；例如，用于药物多晶型的调控、电子化学品的精制等。需要开展的工作是根据工业应用需求，选取合适的高剪切混合器并优化结晶工艺。

如第二、六章所述，高剪切混合器具有良好的气液传递性能，连续高剪切混合器的气液总体积传质系数 k_La 能够达到 $10^0 \sim 10^1 s^{-1}$ 数量级，气液相界面积能够达到 $10^3 \sim 10^4 m^2/m^3$ 数量级；可以用于强化吸收过程，特别是选择性化学吸收过程、液膜控制吸收过程等。需要开展的工作是根据工业应用需求，优化高剪切混合器的结构参数。

三、高剪切混合器强化化工混合过程

如第四章所述，间歇高剪切混合器可以快速溶解固体颗粒，并在几十秒内得到均匀溶液。如第八章所述，带有固体进料装置的连续高剪切混合器，同样可以用于固体物料的快速溶解过程；同时，还可以防止粉尘外逸，避免污染环境和粉尘爆炸。需要开展的工作是测定固体颗粒的流动特性和黏结性质，选取适宜的高剪切混合器结构与操作方式，来强化固体溶解过程。

高剪切混合器与其他乳化设备相比，具有最佳的性价比，适合于各种乳化过程，可以代替静态混合器等常用乳化设备，强化乳化过程；同时，还可以降低乳化剂的用量。需要开展的工作是根据工业应用需求，确定高剪切混合器的操作条件和乳化剂的种类与用量。

如本书第四、八章所述，高剪切混合器具有良好的固体破碎、解聚能力；因此，可以单独选用高剪切混合器或者与砂磨设备联用，进行悬浮液制备过程的强化。要开展的工作是根据工业应用需求，确定悬浮液可以稳定保存的最大颗粒粒径；进而，确定是高剪切混合器单独工作还是与砂磨设备联用，并优化高剪切混合器结构；最后，优化悬浮液的助剂配方。

参考文献

[1] Zhang C, Gu J, Qin H, et al. CFD analysis of flow pattern and power consumption for viscous fluids in in-line high shear mixers [J]. Chemical Engineering Research and Design, 2017, 117: 190-204.

[2] Xu S, Shi J, Cheng Q, et al. Residence time distributions of in-line high shear mixers with ultrafine teeth [J]. Chemical Engineering Science, 2013, 87: 111-121.

[3] Schönstedt B, Jacob H J, Schilde C, et al. Scale-up of the power draw of inline-rotor–stator mixers with high throughput [J]. Chemical Engineering Research and Design, 2015, 93: 12-20.

[4] Hall S, Cooke M, Pacek A W, et al. Scaling up of silverson rotor–stator mixers [J]. The Canadian Journal of Chemical Engineering, 2011, 89 (5): 1040-1050.

[5] Jasińska M, Bałdyga J, Cooke M, et al. Specific features of power characteristics of in-line rotor-stator mixers [J]. Chemical Engineering and Processing: Process Intensification, 2015, 91: 43-56.

[6] Özcan-Taşkın G, Kubicki D, Padron G. Power and flow characteristics of three rotor-stator heads [J]. The Canadian Journal of Chemical Engineering, 2011, 89 (5): 1005-1017.

[7] Qin H, Xu Q, Li W, et al. Effect of stator geometry on the emulsification and extraction in the inline single-row blade-screen high shear mixer [J]. Industrial & Engineering Chemistry Research, 2017, 56 (33): 9376-9388.

[8] Cooke M, Rodgers T L, Kowalski A J. Power consumption characteristics of an in-line Silverson high shear mixer [J]. AIChE Journal, 2012, 58 (6): 1683-1692.

[9] James J, Cooke M, Trinh L, et al. Scale-up of batch rotor-stator mixers: Part 1. Power constants [J]. Chemical Engineering Research and Design, 2017, 124: 313-320.

[10] James J, Cooke M, Kowalski A, et al. Scale-up of batch rotor-stator mixers: Part 2. Mixing and emulsification [J]. Chemical Engineering Research and Design, 2017, 124: 321-329.

[11] John T P, Panesar J S, Kowalski A, et al. Linking power and flow in rotor-stator mixers [J]. Chemical Engineering Science, 2019, 207: 504-515.

[12] Utomo A, Baker M, Pacek A W. The effect of stator geometry on the flow pattern and energy dissipation rate in a rotor-stator mixer [J]. Chemical Engineering Research and Design, 2009, 87 (4): 533-542.

[13] Jasińska M, Bałdyga J, Cooke M, et al. Investigations of mass transfer with chemical reactions in two-phase liquid–liquid systems [J]. Chemical Engineering Research and Design, 2013, 91 (11): 2169-2178.

[14] Padron G A, Özcan-Taşkın N G. Particle de-agglomeration with an in-line rotor-stator mixer at different solids loadings and viscosities [J]. Chemical Engineering Research and Design, 2018, 132: 913-921.

[15] Özcan-Taşkın N G, Padron G A, Kubicki D. Comparative performance of in-line rotor-stators for deagglomeration processes [J]. Chemical Engineering Science, 2016, 156: 186-196.

[16] Kamaly S W, Tarleton A C, Özcan-Taşkın N G. Dispersion of clusters of nanoscale silica particles using batch rotor-stators [J]. Advanced Powder Technology, 2017, 28 (9): 2357-2365.

[17] Qin C, Chen C, Xiao Q, et al. CFD-PBM simulation of droplets size distribution in rotor-stator mixing devices [J]. Chemical Engineering Science, 2016, 155: 16-26.

[18] Jasińska M, Bałdyga J, Hall S, et al. Dispersion of oil droplets in rotor-stator mixers: Experimental investigations and modeling [J]. Chemical Engineering and Processing: Process Intensification, 2014, 84: 45-53.

[19] Bałdyga J, Orciuch W, Makowski Ł, et al. Dispersion of nanoparticle clusters in a rotor-stator mixer [J]. Industrial & Engineering Chemistry Research, 2008, 47 (10): 3652-3663.

[20] Li Wenpeng, Xia Fengshun, Zhao Shuchun, et al. Mixing performance of inline high shear mixer with a novel pore-array liquid distributor [J].Industrial & Engineering Chemistry Research, 2019, 58 (44): 20213-20225.

索　引

A

氨纶行业　314

B

饱和溶解度　140

泵送能力　179

泵送效率　181

鼻喷悬浮剂　313

边界层　225, 277, 322

边界层混合机制　322

边界条件　245

标准 k-ε 湍流模型　29, 172, 177

标准 Smagorinsky-Lilly 亚网格模型　172

表面更新理论　275

表面张力　93, 237

布朗运动　149, 154

C

操作参数　91, 117, 151

操作工况　200, 206, 249

操作时间　117, 131

层流功率常数　6, 67

齿槽宽度　172

齿合型　11, 112, 116

齿尖 - 基座间距　172, 180, 194, 245

传递特性　10

传递系数　139, 341, 342

传质效率　11, 130, 272

重氮偶合反应体系　8, 73, 209

D

大涡模拟　32, 172, 350

单程通过模式　171

单峰分布　123

单圈叶片网孔型连续高剪切混合器　224

单位质量能量　310, 311

单旋转参考系模型　33

底板直径　133

碘化物 - 碘酸盐反应体系　8, 73

电导率　139

电导探针阵列　342

电流电压法　185

定转子级数　227, 234

定子　1, 21

定子内径　94, 102

定子域　245

定子 - 转子几何结构　228

动态（非惯性）参考系　33

动域　245

端盖　171

短路　46, 197, 203

堆积密度　167

多重参考系模型　33

E

二次成核　329

F

返混　5, 114, 273

范德华力　149

芳烃烷基氧化　108

非均相成核　335

分块处理　34

分散特性　9

分散相黏度　121

分散相体积分数　119, 132

弗鲁德特征数　189

G

高固含量　13, 155, 297

高剪切反应结晶器　326

高速 CCD 相机　22

各向同性湍流　172, 250

根据速度梯度加密　34

更新速率　103, 318

功耗特性　5, 64, 269

功率曲线　188

功率特征数　5, 64, 185

沟流　11, 199, 209, 225, 323

固含量　10, 151, 287

固相分散特性　10

固液传质特性　11

固液传质系数　11, 316

固液混合与分散过程　13

惯性应力　250

惯性子区　257

光气反应　209

硅烷醇基团　157

过饱和度　136

H

宏观混合性能　71, 79

滑移网格　33, 172

化学反应过程　14

环流　246, 250

混合均匀时间　143, 316

混合器腔室几何结构　227

J

机器学习　353

激光多普勒测速　171

几何构型　21

计算流体力学　22, 172, 220

计算网格划分　34

计算域　245

间歇高剪切混合器　1, 21, 244

剪切间隙　4, 20, 88, 126, 175, 229

剪切速率　4, 114, 179

剪切速率梯度　142, 144

剪切应力　257

搅拌釜　136, 138

阶跃法　197

接触式阵列传感器　342

捷流式高剪切混合器　6, 21, 137, 316

解聚　10, 149, 290

解聚动力学　153

介观混合　209

界面张力　9, 123, 277

进料储罐　244

进料分布器　221

近壁面区域　172

径流式　1, 21, 35

径向射流速度　5, 41, 319

净功率　252

静态（惯性）参考系　33

静态混合器　136

局部环流　173, 175, 177

局部能量耗散速率　4

局部气含率　87

矩方法　247

聚集体　136, 150

均匀分散程度　318, 319

K

颗粒解聚机理　299

空穴现象　26

控制方程　28

快速竞争化学反应体系　203, 209

L

雷诺平均法　30

雷诺平均 Navier-Stokes 方程　29

雷诺数　246

雷诺应力模型　30, 351

累积停留时间分布函数　198

离集指数　73, 209

离散法　247

粒子成像测速　22, 171

连续操作模式　244

连续高剪切混合器　1

连续竞争反应体系　8, 73, 209

连续送入 - 分散 - 输出模式　290, 312

连续吸入 - 分散 - 输出模式　290

两方程模型　30

量热法　137, 185

临界胶束浓度　237, 277

零方程模型　30

流变特性　295

流变因子　187, 194

流场模拟　35

流动特性　4, 22, 220

流动噪声　347

流固耦合　341

流量特征数　186

流通截面积　230

鲁棒性　172

掠过效应　322

滤波函数　32

M

脉冲法　197

N

纳米材料制备　14

能量耗散率　3, 171, 250

能量最小多尺度模型　248

拟稳态　172

黏性子区　257

扭矩法　64, 137, 185, 221

农药水乳剂　134

O

奥氏熟化　168

欧拉 - 欧拉模型　244

P

排液能力　43, 118, 250, 317

平均液滴直径关联式　129

平行竞争反应体系　8, 73, 209

破碎动力学　156

破碎模型　246, 352

破碎纳米颗粒聚集体　10

破碎能力　95, 126, 168, 322

Q

气含率　87, 101, 318

气体出口位置　227, 236

气相流量　91, 224, 239

气液传质　10, 97, 224

气液分布器结构　227, 232

气液相界面积　11, 224, 241

气液总体积传质系数　10, 228

腔体　171, 173

强化传质　221, 230, 233

侵蚀　150

侵蚀机制　10

亲水型 Aerosil 200V 纳米二氧化硅　299

去卷积方法　198

群体平衡模型　220, 246

R

扰动效应　323

溶解时间　12, 140, 317

乳化燃料　134

乳化时间　119

乳液分散度　244

S

三氧化硫磺化反应　242

舍伍德特征数关联式　239

射流　4, 24

神经网络　353, 354

生物基表面活性剂　313

示踪剂　197

示踪 - 响应实验　197

疏水型 Aerosil R816 纳米二氧化硅　299

疏水型 Aeroxide Alu C 纳米氧化铝 - 水低浓度悬浮液　299

输运方程　246

数量密度函数　246

双层叶片网孔连续型高剪切混合器　246

双峰分布　9, 123

双圈超细直齿转子　221, 239

双圈定转子齿合型　214, 224

双圈直齿定子　221, 239

水 - 苯甲酸 - 煤油萃取体系　130

速度场　111, 171, 220

速度矢量　28, 114

速度梯度　142, 179

速度云图　112, 245

酸性气体的化学吸收　241

羧甲基纤维素钠溶液　194

T

特征峰　10, 150, 291, 327

提升式转子　96, 105

停留时间分布　220

湍动场　220

湍动程度　45, 101, 160, 225, 295, 322

湍动能　113, 175

湍动能耗散率　5, 30, 113, 175

湍流模型　29

湍流抑制　172, 252

湍流应力　246

团聚力　299

团聚模型　214

W

网格优化　352

微观混合　8, 71, 209

微混合特性　8, 72

韦伯特征数　253, 256

无量纲混合时间关联式　72

物性参数　93, 116, 121

X

吸收峰　328, 333

细颗粒平均粒径　299

细颗粒生成速率　153, 294, 312

细颗粒体积分数　150, 291, 312

细颗粒体积分数关联模型　165, 310

下压式转子　96, 105

相间传递模型　352

硝化反应　14, 110, 209

修饰雷诺特征数　187

循环回路模式　171

循环时间　292, 309

循环速率　12, 21, 47, 317

循环涡流　67, 142

Y

牙膏　314

亚格子尺度应力　32

亚硫酸钠氧化法　98, 224, 238

扬程　180

氧传质系数　98, 99

氧传质系数关联式　106

叶面　105, 316

叶片倾角　10, 47, 69, 89, 104, 145, 318

叶片网孔型　3, 116, 124

液滴直径　9

液膜排干模型　352

液相传质系数　225, 322

液相分散特性　9

液液传质特性　11

液液两相乳化　116

一方程模型　30

抑制气泡聚并机制　322

预分散 - 双向循环模式　290, 312

预分散 - 自循环模式　290, 313

Z

整体轴向循环速率　21

滞流区　173, 227

轴流式　1, 21, 64

主流强度　59, 317

主体环流强度　318

转子齿长　127, 305

转子齿间距　227, 232

转子齿数　125, 132, 301

转子齿弯曲方向　307

转子弧型　95, 105

转子末端线速度　4, 63, 136, 254

转子域　245

转子直径　94, 103

状态矢量　246

自吸　180

总体积传质系数　10, 98, 224, 272, 322

总体积传质系数经验关联式　224

组分输运法　198

其他

ACTRAN　347

Alopaeus 模型　248

CCD　22, 342

Coulaloglou-Tavlarides 破碎模型（CT
模型）　247

EMSC 细网孔型　290, 310, 312

GPDH+SQHS 标准网孔型定子　289,
310

Kolmogorov 尺度　9, 246

k-ε 模型　47, 172, 175, 351

k-ω 模型　351

Metzner-Otto 方法　194

MRF 技术　172

Multifractal 破碎模型　247

PIV　22, 35, 171, 220, 342

RANS　29, 172

Realizable k-ε 模型　172

Sauter 平均直径 d_{32}　116, 253

Silverson 150/250MS　7, 289, 310

TDI　338, 339

XRD　327

Zeta 电位　156, 300